Deepen Your Mind

前言

在過去的四十年中，行動網路已經更新了五代，從 1G 到萬物互聯的 5G，行動通訊不僅深刻影響了人們的生活方式，更成為社會經濟數位化和資訊化水準加速提升的新引擎。1G 使用模擬技術，帶來了公用和商業可用的蜂巢網路，並提供語音通訊。2G 主要使用數位技術，除了語音服務，還可以提供資料傳送服務。3G 能夠實現多樣化的多媒體技術。4G 提供了更快的上網速率，傳輸高品質的圖型與視訊。5G 實現了高速率、低延遲和大寬頻連線，開啟了萬物互聯的新時代。

隨著 5G 的商業部署，世界各國對 6G 的研究也開始步入軌道。按照行動通訊產業「使用一代、建設一代、研發一代」的發展節奏，業界預期 2030 年左右商用 6G，各國家及組織也紛紛展開了關於 6G 的研究。預計在未來十年，6G 網路將得到蓬勃發展。不同於 5G 的人—機—物互聯，6G 將實現巨量機器之間的連接。空天地海一體化的網路將實現通訊的全球覆蓋，解決偏遠地區的通訊問題；智慧化的引入進一步實現了自動化系統，真正減少了人類在各行各業的參與；綠色節能網路的應用也應對了全球功耗增加與資源缺乏的問題，對實現全球可持續發展非常重要。此外，6G 將頻帶擴充到更高頻段，在解決頻譜缺乏問題的同時，為人們帶來極致的資料速率體驗。6G網路將是行動通訊的變革性發展，帶來更高的系統容量、更快的資料速率、更低的延遲、更可靠的安全性和更優的服務品質。

5G 技術在日益豐富的應用需求面前逐漸顯現出不足。這些複雜應用的性能指標對即將到來的 6G 關鍵技術提出了挑戰：一方面，6G 將延續 5G 中已有的技術並進一步增強，如機器學習、全雙工、MIMO、非正交多址等；另一方面，一些新技術也將成為 6G 的潛在使能技術，如邊緣智慧、RIS、太赫茲通訊和軌道角動量技術等。目前，6G 尚處於研發初期，關鍵技術的研究進展將決定 6G 的實現速度。

本書共 10 章。第 1 章介紹了 6G 研究的概況，包括發展願景、驅動力、垂直服務與各國研究現狀。第 2 章介紹了 6G 的使用案例與性能指標。第 3 章介紹了 6G 通訊的頻譜。第 4 章介紹了 6G 面臨的挑戰與潛在關鍵技術。第 5 章介紹了基礎傳輸技術編碼調解波形。第 6 章～第 10 章介紹了空間資源利用技術，包括 OAM、RIS、大規模 MIMO、無蜂巢 MIMO 與全息技術。

參與本書撰寫的團隊來自北京郵電大學資訊與通訊工程學院，感謝撰寫過程中王晨晨、趙東升、梁藝源、冀思偉、段高明、李培德、楊立、張靜、劉昊翔、孫宇澤、張翀羽、何智斌、閆嘯天等同學的支持。

由於作者的知識視野存在一定的局限性，書中可能存在不全面之處，請讀者們與同行批評指正。

目錄

01 概述

02 6G 使用案例與指標

03　6G 全頻譜通訊

04　6G 面臨的主要挑戰與使能技術

05 編碼、調解與波形

06 OAM

07 智慧超表面

08　MIMO

09　無蜂巢大規模 MIMO

10　全息技術

概述

幾十年來，無線通訊產業一直保持快速增長並對社會的發展做出創新。目前，無線網路的發展主要是由對更高速率的需求驅動產生的。連接數百萬人和數十億台機器的 IoE 系統的產生，正在產生一個根本性的範式轉變。目前 5G 技術已經實現了商用，為了保持無線通訊的可持續性發展，產業和學術界也已將 6G 研究提上日程。本章將展望 6G，對無線通訊的發展歷史、6G 驅動力、6G 願景及 6G 的發展動態進行簡述。

1.1 歷史回顧

1.1.1 從蒸汽時代到網際網路時代

資訊通訊技術起源於電信產業和電腦產業的融合，大量用於行動裝置的連接，推動了社會的網路化與連接化的發展。資訊通訊技術對人類社會的政治、經濟和文化領域都產生了深遠的影響，改變著社會的生產方式。從 20 世紀 70 年代半導體技術和積體電路技術的發展，到資訊技術產業的成熟，再到 20 世紀 80 年代現代電子通訊技術的發展，資訊通訊技術逐步成熟。

從 18 世紀後半葉的第一次工業革命開始，人類進入了蒸汽時代。19 世紀 70 年代後，第二次工業革命使人類進入了電氣時代。20 世紀 60 年代以來，在第三次工業革命中，資訊技術的高速發展帶來網際網路的誕生，人類進入了全球資訊網時代。第四次工業革命利用資訊化技術促進產業變革，此時人類進入了智慧化時代。5G 加快了第四次工業革命的進展，實現了將以人類為主要物件的服務，延伸到人與物全連接的世界。第六代通訊技術將在 5G 的基礎上進一步發展，相較於人與物的連接，6G 將實現物與物的連接，即實現 IoE。6G 將使人類社會進入新的階段，人們可以透過各種電子裝置與環境進行各種真實的互動，物與物之間也可以進行直接互動。

1.1.2　1G 到 5G 的發展

1. 行動通訊技術 1G 到 4G：一部科技史的變化

1G 是世界上最早的模擬訊號，其剛開始只能夠實現蜂巢電話的語言傳輸，產生的標識是在 1876 年 2 月 14 日由亞歷山大‧格拉漢姆‧貝爾發明並向美國國家專利局申請了專利技術的電話。1G 的出現並不是為了商業民用，與大多技術一樣，1G 的出現是為了實現軍事通訊。舉例來說，20 世紀 40 年代出現的戰地行動通訊電話。而最早用於民用的是 20 世紀 80 年代出現的 1G 技術產品——大哥大，其是摩特羅拉公司旗下的產品。早期的 1G 時代並沒有通訊巨頭，創世之初只有 A 網和 B 網，而由這二者所演進的後市的市場主宰就是我們現在所熟知的易立信公司和摩特羅拉公司。它們在當時的 1G 市場中具有絕對的統治地位。雖然 1G 開啟了通訊的時代篇章，但是它留給人們的最大印象還是它的缺陷：保密性差、傳輸成本高、頻譜使用的效率低等。1G 採用的是 0.3～3GHz 的頻率其是一種分米波。1G 採用的是頻率為 0.3~3GHz 的分米波，由於很多國家同時利用這一頻段的頻率進行通訊，故使用者變多之後會導致傳送速率變慢。而且透過無線電波進行訊號傳輸的保密性能很差，訊號容易遭到竊取，其安全性

能極低。1G 頻寬比較窄，無線電波雖然能實現很遠的傳播，但也僅侷限在一定區域大小內，無法實現長途的跨區域傳輸。1G 技術的很多問題在其產品——大哥大上都具有縮影，如不方便攜帶、製作成本高、保密性能低等的問題，使得只有很少的一部分人才能擁有它。

1G 只是開始通訊篇章的標識，由於其性能上的偏差和技術的缺陷根本無法滿足人們的通訊需求，由此開啟了 2G 的篇章。在當時所有國家都使用 TDMA 的時候，美國已經專注於開發 CDMA 技術了。因為 TDMA 只能靠壓縮其頻寬，CDMA 相比於 TDMA 容量更大，頻率的可使用率更高，也有更加強大的抗干擾能力。這就是為什麼 2G 比 1G 有更好的保密性能和更高的容量。而在這場 2G 爭奪戰中，芬蘭的諾基亞公司先下一城，搶下了巨大的市場蛋糕。諾基亞 7110 的發佈，象徵著手機上網時代的來臨。其不僅開始進行簡單的文字傳輸，還可以玩簡單的手機小遊戲、瀏覽一些初級的網頁等。這樣，諾基亞公司就佔據了 2G 時代。

由於 2G 並沒有完全解決通訊中的某些問題，FDMA 也開始逐漸曝露一些問題。於是各個通訊公司開始尋求新的通訊技術。由此開啟了 3G 的篇章。3G 技術需要使用新的頻段，並在新的頻段中制定了新的標準，以提高各項性能，於是 CDMA 的潛能再次被採擷，它具有頻率資源多且可使用率高、容量大、通訊品質高等特點。3G 是行動通訊技術的分水嶺，之前的 1G 和 2G 通訊時代都無法進行長途的漫遊通訊，只能在一個區域中實現通訊，是一種區域技術，而 3G 是國際標準。3G 時代可以實現全國的漫遊，有足夠的通訊容量可以實現更加高效的通訊服務，通訊的保密性能也更加完善。由於 3G 時代可以滿足更加完整的通訊需要，因此 3G 開啟了行動通訊的新紀元。3G 時代由日本率先起步，其在 2000 年就頒發了 3G 的營運牌照。在 3G 時代，三星、蘋果等智慧型手機開始進入人們的生活，甚至平板電腦也已有了一定的雛形。從 3G 時代開始，行動通訊開始改變人們的日常生活。2008 年由史蒂夫・賈伯斯發佈的第一部 3G 手機更是 3G 時代的里程碑事件，真正做到了在行動情況下發送文字、圖片和多媒體簡訊，也可以瀏覽網際網路基本網頁。

而在 3G 開始出現不久，甚至都還沒有普及的時候，學術界就已經開始研究 4G 了。相比於 3G，4G 帶來了更加巨大的進步。當時候 3G 通訊給人們構造了一個很美好的行動通訊的藍圖，但是由於技術的缺陷，無法真正滿足人們在各方面的通訊需求。為了更進一步地滿足人們的通訊需求，4G 的速度更快、通訊品質更高、更加智慧且大大壓縮了成本，更加接近人們的通訊需求。2011 年，韓國開始部署 4G 網路。4G 基地台基本能滿足人們日常通訊需求，但是當時許多國家都採用高頻網路，這就如同在一個車道上出現很多的車會造成交通堵塞一樣，頻率資源的使用率也會因此降低。

使用者不斷增長的通訊需求及學術界對通訊技術的不斷開拓革新共同推動著整個通訊系統向前發展。在通訊的開篇中，第一代行動通訊完成了「移動」與「通訊」的結合，自此拉開了行動通訊的大幕。在數位技術不斷成熟的背景下，第二代行動通訊系統實現了從模擬訊號到數位訊號的轉換過程，並不斷加深新的業務深度。而當第二代行動通訊所提供的業務也無法滿足人們日益增長的通訊需求的時候，第三代行動通訊系統採用全新的分碼多址的連線方式，完美地實現了對多媒體業務的結合。從此，傳送速率與支持頻寬成為行動通訊中重要的參考指標。而以多入多出和正交分頻多址連線技術為核心的第四代行動通訊系統不僅在頻譜效率和支撐頻寬能力上做出了進一步的提升，還一舉成為行動網際網路的基礎支持。同時，在 4G 商業化取得重大成果的時候，第五代行動通訊也在逐漸向垂直產業滲透。在基於大規模 MIMO、毫米波傳輸、多連接等技術的基礎上，5G 技術可以實現峰值速率、使用者體驗資料速率、頻譜效率、行動性管理、延遲、連接密度、網路能效、區域業務容量性能等全方位的提升。縱觀上述演進歷程，滿足使用者的通訊需求是每代系統演進的首要目標，而新的通訊技術則是每代系統演進的驅動力。

2. 5G 的發展

3GPP 在第 15 版中定義了第五代蜂巢技術，以滿足 ITU 的 IMT-2020 性能要求，並支援與使用場景相關的各種服務，如 eMBB、uRLLC 和

mMTC。5G 是支援諸如超過 10GHz 的毫米波頻帶的高頻帶的第一代行動通訊系統，並且使用幾百 MHz 的頻率實現每秒幾 GB 位元的超高速通訊。5G 的性能目標是超高速度、超低延遲時間、廣連接、低功耗等。5G 還減少了基地台壓力，節省了更多的資源，降低了各類成本。在 5G 的演進過程中，既滿足個人使用者資訊消費需求，同時也向社會各產業和領域廣泛滲透，實現了行動通訊由消費型向產業型的升級。

5G 是經過 4G、3G 和 2G 技術之後獲得的又一大重大成就。4G 技術在傳輸視訊上的缺點是網速慢等，5G 的到來改善這一缺點，極大地滿足了人們各方面傳輸巨量資料的需求。4G 延遲高，在人流擁擠的情況下，手機基本用不了。5G 延遲低，可以低至 1ms，5G 的超低延遲提高了手機的使用品質。5G 網路容量較大，足以容納上千萬、上億萬的裝置，可以實現面對面傳輸，滿足了物聯網的通訊要求。頻譜採用高頻，波段為毫米波，波長較短，具有行動性，極大地滿足了使用者各種需求。每一平方公里就有一百萬個 5G 終端，比每一平方公里只有一萬個 4G 終端多了一百倍。

到目前為止，1G 到 5G 的設計都遵循網路側和使用者側的鬆散耦合準則。透過技術驅動，使用者和網路的基本需求獲得了一定的滿足，如使用者資料速率、延遲、網路譜效、能效等。但是受技術驅動能力的限制，1G 到 5G 的設計並未涉及更深層次的通訊需求。在第六代行動通訊系統中，網路與使用者將被看作一個統一整體。使用者的智慧需求將被進一步採擷和實現，並以此為基準進行技術規劃與演進版面配置。5G 的目標是滿足大連接、高頻寬和低延遲場景下的通訊需求。在 5G 演進後期，陸地、海洋和天空中都存在巨大數量的互聯自動化裝置，數以億計的感測器將遍佈自然環境和生物體內。基於 AI 的各類系統被部署於雲端平台、霧平台等邊緣裝置，並創造數量龐大的新應用。

5G 目前已在全球實現了商業化，但是仍存在一些技術問題，不能滿足一些期望的應用使用，因此有必要進行 5G 的演進以進一步進行技術增強。目前在已有的實驗中發現，毫米波通訊在 NLoS 環境中在提高覆蓋範圍和

上行鏈路性能方面還有待提高。舉例來說，基地台未覆蓋的沙漠、無人區、海洋等區域內將形成通訊盲區，預計 5G 時代仍將有 80%以上的陸地區域和 95%以上的海洋區域無行動網路訊號。5G 可通訊範圍集中在陸地地表高度 10km 以內的有限空間區域，難以實現空天地海一體化的目標。隨著感測器技術和物聯網應用的發展，在很多應用場景下將需要連線更多的物理裝置，5G 網路目前的連線裝置數量還不能滿足一些應用場景。6G 的早期階段將是 5G 進行擴充和深入，以 AI、邊緣計算和物聯網為基礎，實現智慧應用與網路的深度融合，實現虛擬實境、虛擬使用者、智慧型網路等功能。

1.2　6G 發展驅動力

1.2.1　5G 的限制

回顧前幾代行動通訊技術的發展，語音在 1G 時代定義，但是 2G 時代才得以實現；行動網際網路在 3G 時代就已定義，但在 4G 時代才得到最佳的解決方案。5G 時代的主要目標是實現 IoE，但實現 5G 的垂直應用，如車聯網和工業網際網路等，將是一個長期的過程。雖然 5G 蜂巢系統可以支援超可靠、低延遲通訊，但其性能仍限制了高資料速率、高可靠性、低延遲服務的提供，這些服務包括擴增實境、混合現實和虛擬實境等。這些新興的應用將需要通訊、傳感、控制和計算功能的融合，這在 5G 中基本上被忽視了。類似前幾代行動通訊技術的發展，5G 時代不能實現的應用將是6G 時代需要解決的問題。

另外，目前大量產品、應用和服務不斷湧現和發展，行動流量也迅速增長。根據 ITU 的預測，到 2030 年，全球行動資料流量將達到 5ZB，如圖1.1 所示。智慧型手機、平板電腦和可穿戴電子裝置的數量將進一步增加，到 2030 年，行動使用者總數將高達 171 億。除了人與人之間的通

訊，M2M 的終端數量也將迅速增加，預計到 2030 年，M2M 的使用者數量將達 970 億，是 2020 年的 14 倍。行動視訊服務的流量也隨著應用種類的豐富而增加，目前來自行動視訊的流量佔行動服務流量的三分之二，並不斷增加。一些應用如電子健康和自動駕駛對延遲和輸送量有更嚴格的要求。根據以上分析可以看出，5G 系統將無法極佳地滿足 2030 年及以後的需求。

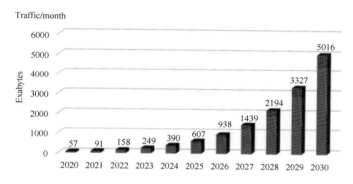

圖 1.1 ITU 預測 2020—2030 年全球行動資料流量變化趨勢

1.2.2 巨觀驅動力

聯合國發佈了可持續發展目標，預計下一代網路技術將加速實現可持續發展目標。為了實現社會的可持續發展，關鍵是要以人為本，了解技術和相關服務如何改變生活與環境。歷代行動通訊技術的發展離不開人們對應用需求的提高，本節將從巨觀角度說明哪些社會需求驅動更先進的通訊技術的發展。

綠色的生態環境對社會發展有重要影響。從 1G 到 5G，技術的進步雖然帶來了性能的提升，但是也帶來了耗能問題，技術的發展與生態產生了衝突。舉例來説，5G 中的大規模機器連接與基地台的密集部署所帶來的能源消耗，給環境帶來了巨大的壓力；一些技術的提出也阻礙了綠色環境的建構。為了實現可持續發展的目標，下一代通訊技術應使用綠色節能的通訊方式。這一願景驅動了 6G 技術向綠色節能的方向發展。在技術發展過

程中,應該實現整體能源低消耗;使用無毒的材料,排放到環境中不會造成污染;使用環境友善型基地台,即不會對周圍環境造成電磁污染;各項技術的使用應為可持續的供應鏈。

隨著社會向數位化發展,任何關鍵資訊都可以用資料形式進行表達。資料所有權將成為創造價值的主要因素,資料的有效管理將促進社會的和諧發展,但是資料所有權的氾濫將帶來極大的利益問題。下一代網路需要建立一個能夠即時轉換資料收集、共用和分析的系統,在對資料進行合理監管的同時也可為社會創造更大的價值。但是這也可能帶來資料使用的隱私和道德問題。這一願景也促使了隱私監管與平台資料經濟、點對點共用經濟、智慧助理、智慧城市互聯生活、跨文化交流和數位對映等新興應用的發展。

傳統網路中頻譜的劃分是不平均的,不同國家與不同地區之間的使用頻段不同。在 6G 中,網際網路連線商應平等地對待所有流量,不區分發送者、接收者、內容、服務、應用或使用裝置的類別。使用更先進的頻譜管理方式實現以上願景無疑是一個好的選擇,但是由於不同頻譜共用的等級不同,且頻譜連線模型存在多樣,6G 頻譜管理的複雜性也將進一步提高。

隨著社會的發展,人們的生活也變得更加多樣化。傳統教育方式是面對面授課,隨著最近幾年 5G 技術的應用,越來越多的人選擇網上直播課堂的教學方式。相比傳統面對面的授課方式,網上授課克服了距離與時間的限制,便利了人們的學習。因此,未來會有一個功能更強大的教育系統,帶來更便捷公平的學習方式,將會對社會的教育模式做出改變。在未來課堂上,即使老師與學生不在同一地點,也可以實現面對面的觸覺交流。這一願景對全息技術與觸覺網路有極大的要求,全息技術與觸覺網路將把老師投影到學生面前,帶來傳統面對面授課的體驗感。

目前世界經濟正處於國家之間、地區之間、企業之間的發展的嚴重不平衡的階段。在未來,國家與企業共用藍圖和工作流程將成為常態,開放設定

與開放原始程式碼將為民間企業參與國家社會發展提供一個強有力的途徑。6G 商業模式將是分散的，不同機構之間透過共同描述交易內容、結構和治理以創造更大價值。邊緣智慧將能夠實現共用資訊與共用資源。公司還可以利用客戶資料、雲端基礎設施和人工智慧/行動運算能力來改變營運系統。另外，6G 網路無處不在的連通性與網路可存取性預計將促進偏遠地區的社會和經濟發展，包括當地土著人民和生活在農村地區的人，提升農村經濟價值並釋放發展機遇。

6G 提供的不僅是創新的使用案例驅動的行動通訊解決方案，還有服務於整個社會的理念。6G 將為社會的進步和發展做出貢獻，舉例來說，幫助人們、社會和經濟適應數位時代，以造福人民和增進人民福祉的方式加強經濟，透過「綠色交易」和較高的能源效率來保護地球環境。6G 作為資訊通訊技術的組成部分，與營運技術的融合將給人們的生活方式帶來前所未有的變化。

1.3 6G 整體願景

6G 將帶來全新的顛覆性無線技術與創新的網路架構。6G 將建構人機物互聯、智慧體高效互通的新型網路，在大幅提升網路能力的基礎上，同樣具備智慧內生、多維感知、數位對映、安全內容等功能。6G 將物理世界中的人與人、人與物、物與物進行高效智慧互聯，打造無處不在精細、即時可信、有機整合的數位世界，即時精確地反映和預測物理世界的真實狀態，助力人類走進人機物智慧互聯、虛擬與現實深度融合的全新時代，最終實現「萬物智聯、數位對映」的美好願景。6G 將與先進技術、巨量資料、人工智慧、區塊鏈等資訊技術交換統合，實現感知與通訊、計算、控制的深度耦合，成為服務生活、賦能生產、綠色發展的基本要素。

由 IoT 向 IoE 發展：IoT 設想建構一個能夠實現機器和裝置相互互動的全球網路。由於工業 IoT 等應用的增長，IoT 裝置的數量正在增加。預計 IoE

將擴大 IoT 的範圍，形成一個連接人、資料和事物的互聯世界。IoE 將連接許多生態系統，包括異質感測器、使用者裝置、資料類型、服務和應用。

更寬的頻譜：6G 大部分應用都需要比 5G 有更高的資料速率，為了滿足 6G 應用的需求，6G 速率希望提到到 1Tbps，這觸發了對高頻段頻譜資源的需求。另外，6G 需要更高可靠性的應用，這在較低頻段更容易滿足。因此，6G 將趨向使用更寬的頻段，Sub-6GHz、毫米波、THz 波段與可見光將根據其特性應用於特定的場景。

更先進的通訊技術：行動通訊技術獲得了顯著的技術進步。舉例來說，將智慧電磁表面放置在牆壁、道路、建築和其他智慧環境中。新一代行動網路將出現一組新的通訊技術，這些技術將提升網路在性能上的表現。舉例來說，MIMO 和毫米波通訊都是 5G 的關鍵促成因素；而在 6G 時代，編碼調解、全雙工、多址連線等技術將在 5G 的基礎上進一步改進，而一些新的通訊技術，如 RIS 和 OAM 將帶來下一代通訊網網路的新範式。

通訊、計算、控制、定位和傳感的融合：未來的通訊網路將匯聚運算資源、控制架構和其他用於精確定位和傳感的基礎設施。不同技術的融合對於促進未來個性化與極低延遲的應用程式極為重要。以人為中心的服務預計將依賴於通訊、計算、控制、定位和傳感的融合服務，以促進透過以人類為中心的感測器收集的大量資料流程的高效通訊和即時處理。

智慧化：在過去十年裡，人工智慧技術獲得了高速發展。近幾年來，人工智慧開始逐漸被應用於無線通訊中。在 6G 中，人工智慧將身為增強技術，對網路各部分進行設計與最佳化。傳統網路涉及大量多目標性能最佳化問題，這些問題受到一系列複雜的約束。多目標性能最佳化問題通常難以獲得最佳解。隨著機器學習技術的發展，透過在核心網路中使用相關演算法，可以有效分配資源，以達到最佳的性能。基於人工智慧與智慧材料的發展，有望實現智慧無線電空間，在智慧無線電空間中裝置可以感知無線環境，並以自我調整的方式對電磁波進行控制。另外，作為以人為中心

的網路，6G 網路的智慧性也表現在大量的通訊服務中，如室外定位、多裝置管理、電子健康、網路安全等。智慧化使服務能夠以令人滿意與個性化的方式提供。

全覆蓋：前幾代行動通訊中主要是地面行動通訊網路，使用者量約佔全球人口的 70%。由於成本和技術的限制，這些網路僅覆蓋全球陸地面積的 20%，不到地球表面的 6%。舉例來說，5G 最初被定義為地面行動通訊，因此也受到覆蓋面積的限制。為了實現廣泛的連接，未來的行動通訊應該覆蓋地球的整個表面區域，包括海洋、沙漠、森林和天空。

低功耗：在 4G 與 5G 網路中，電子裝置的充電受到充電裝置的限制，為了方便下一代通訊的服務，低功耗與高容量電池將是 6G 的重點研究專案。為了降低功耗，使用者裝置的計算任務可以移除到具有可靠電源或普及智慧無線電空間的智慧基地台。為了獲得更長的電池待機時間，可以採用各種能量收集方法，不僅可以從周圍的無線電中收集能量，還可以從微震動和陽光中收集能量。遠端無線充電也是延長電池待機時間的有效方法。

1.4 6G 未來垂直服務

1.4.1 針對 2030 年的工業 4.0+的服務

在 6G 時代，技術的發展將使工業產業的分散式製造成為可能，顛覆了當前的商業模式。連接供應網路、工廠、裝置和資料顯然需要流暢的生態系統協作工具。此時社會需要能夠辨識、量化、評估和管理環境廢物的流動，同時有效地設計產品和流程。

未來的工業允許消費者購買專屬訂製產品，從供應鏈的角度來看，這種操作對物流、客戶需求和庫存有非常清晰的透明度要求。對公司來說，快速、主動地保持供需平衡非常重要。規劃、開發、採購、生產、運輸和銷

售產品的過程需要認知供應網路，來自原材料供應商、生產商和物流提供商的資訊需要即時共用。這些變化需要多種技術的融合，以及公司管理模式的變更。在自主和獨立的決策過程中，對公司與員工來說將不再需要人工操作。企業內部網將在防火牆之外連接一套更通用的大型控制中心。大型全球公司的控制中心的操作員可以遠端監控他們的工廠網路，辨識機械成功和失敗的共同特徵，並利用收集的歷史資料進行處理。此外，由於工廠內無線連接感測器的大量使用，機器人和人類的合作將加強。以上這種模式也將促使社會經濟向循環經濟邁進。

1.4.2　針對 2030 年的行動運輸服務

自動化運輸的未來機遇包括提高安全性、有效性和環境友善性。無人運輸，特別是無人航空運輸將廣泛被應用。所有運輸方式對無線通訊具有較高的要求。在未來，不同的自動運輸方式包括公路、航空、海運和鐵路，這些運輸方式對無線系統和數位基礎設施同樣有較高的技術要求。

垂直使用案例的開發必須與未來無線系統的開發平行，並在一定程度上推動未來無線系統的開發。無線通訊和定位系統是未來交通系統數位基礎設施的重要組成部分。無線系統應用應該在未來公路、海上、空中、鐵路運輸以及無人駕駛航空和自動車輛的規劃中。新的垂直服務通常會以最先進的無線解決方案為重點進行規劃。垂直產業需要與電信領域的專家合作。首先應該定義垂直使用案例，然後將其轉化為通訊系統和數位基礎設施的需求，這些需求包括覆蓋範圍、服務品質和其他關鍵性能指標。

在應用 6G 後，一些車輛、船隻和無人機將是經過最佳化的機器人，用於收集和共用環境資訊。車輛將支援對其動態環境的態勢感知技術，如感知交通流量和無人機群。無線系統應該支援不同速度和覆蓋要求的車輛，包括空中遠端連接。運輸系統的智慧計算也將趨向於邊緣雲端。對促進運輸系統中的關鍵資訊共用將是重要問題，舉例來說，關於天氣和安全條件的資訊，以及如何確保資料安全和保障的資訊。在未來的網路中，車輛將既

是基地台又是終端。以車輛為節點的網路將支援超高效的短程連接，如透過使用車輛之間的可見光通訊，也可以增強遠端區域的連接。

1.4.3 針對 2030 年的電子健康服務

科技的發展帶領醫療健康產業針對改革，6G 時代將實現以人為本的無處不在的醫療保健服務基礎設施。在護理產業，將護理移出護理機構將為全新的護理模式創造機會，在這種模式下，患者可自主維護自己的健康。將會為預防與保健創造新的模式，並增加患者自我管理疾病的作用，特別是慢性疾病。新的醫療模型將需要收集更多的個人電子健康資料，臨床決策支援系統利用基於人工智慧的自動化系統來處理收集的巨量資料，利用最大似然法來連結和辨識症狀之間的相似性，以預測個人的健康情況。未來的醫療保健模式將臨床和醫療資料與人們日常生活的資料相結合。健康資料包括人的一生中累計的健康資料量，其中也包括如基因組學或與藥物治療相關的化學過程。

1.4.4 針對 2030 年的金融服務

金融服務與能源、零售和運輸等其他產業的界限越來越模糊。6G 將引領和共用綠色經濟。商業模式將在共用經濟中發生巨大變化。一些高價值的交易需要極低的延遲，分散式帳本及其在金融領域的擴充使用也將受益於極低延遲的性能。另外，混合現實場景能夠改善客戶體驗，尤其是在農村和偏遠地區。隨著共用經濟的發展，新的激勵模式將出現，將以環保的方式補貼產品和服務的共用使用。在未來十年，機器將替代人類支付大部分款項，舉例來說，車輛自動支付道路或停車場的通行費，機器人自動進行與電力有關的交易。在未來，這種裝置的多樣性將增加。除了交易數量，交易的安全性和稽核也將給 6G 網路帶來重大挑戰。

1.5 全球 6G 研究進展

1.5.1 6G 標準化組織

1. ETSI

ETSI 是一家大型電信 SDO，擁有來自 65 個不同國家的 900 多個成員組織。由於 6G 相關研究仍處於早期的階段，ESTI 目前主要致力於 5G 和 5G 進階標準化活動。ETSI 預計在 2030 年後推出第一批 6G 服務。此外，ETSI 支持 6G 歐洲資助計畫——Horizon Europe 2020－2027，該計畫將進行 6G 標準化工作。ETSI 初步研究表明，6G 標準化工作將包括毫米波或 Sub-6GHz 通訊、智慧表面、人工智慧、SSN、能量收集和傳輸、奈米電子學等技術。

2. NGMN 聯盟

NGMN 聯盟是一個專注於行動通訊標準開發的協會，其成員來自不同的電信利益相關方，如行動電信業者、供應商、製造商和研究機構。NGMN 聯盟啟動了一個名為「6G 願景和驅動程式」的新專案，該專案將為全球 6G 研發活動提供早期指引。NGMN 將與其合作夥伴，即全球的行動網路電信業者、供應商、製造商和學術界合作，研究下一代行動網路技術。

3. ATIS

ATIS 是一家 ICT 解決方案開發組織，在全球擁有 150 家成員公司。ATIS 致力於研究不同技術，包括 6G、5G、物聯網、智慧城市、人工智慧網路、DLT/區塊鏈技術和網路安全。ATIS 呼籲推動美國在 6G 發展上的領導地位，促進創新研究，並將美國定位為未來十年及 6G 服務和技術的全球領導者。

4. ITU-T

ITU-T 的主要任務為召集全球電信專家開發電信標準。電信聯盟於 2018 年 7 月成立了 FG-NET-2030，該小組將研究 2030 年及以後的網路。FG-NET-2030 組織了一系列研討會，強調未來網路的要求。2020 年 2 月，在瑞士日內瓦召開的第 34 次國際電信聯盟工作會議上，針對 2030 年及未來 6G 的研究工作正式啟動，此次會議明確了 2030 年前國際電聯 6G 早期研究的時間表，包含形成未來技術趨勢研究報告、未來技術願景建議書等重要報告的計畫。

5. IEEE

IEEE 是最大的電子工程和電氣工程專業協會，IEEE FN 計畫主要關注 5G 和下一代網路的開發和部署，目前正在制定 5G 及以上技術路線，以突出初期、中期和長期研究的技術趨勢。FN 組織了技術會議和研討會，FN 還將與 IEEE 標準協會合作，制定與 B5G 網路相關的 IEEE 標準。

6. 3GPP

3GPP 是日本無線工業及商貿聯合會、中國通訊標準化協會、美國電信產業解決方案聯盟、日本電信技術委員會、歐洲電信標準協會、印度電信標準開發協會、韓國電信技術協會七個電信 SDO 的聯合聯盟，這些 SDO 被稱為 3GPP 的「組織合作夥伴」。3GPP 的主要目標是為其組織夥伴提供一個平台，以定義規範和報告，從而定義 3GPP 電信技術。

3GPP 正在實現 B5G 網路的標準化，3GPP 技術規範小組目前正在制定第 17 版。從標準化進展來看，預計在 2025 年左右啟動 6G 標準第 20 版，3GPP 將專注於具體的 6G 標準化工作。預計在 2028 年下半年將有 6G 裝置產品。

1.5.2 各國進展

1. 美國

美國對 6G 的研發也十分重視，2018 年 9 月，美國 FCC 官員第一次在公開場合展望 6G 技術，提出 6G 將使用 Sub-6GHz 頻段，6G 基地台容量將可達到 5G 基地台的 1000 倍。2019 年，美國聯邦傳播委員會決定開放 Sub-6GHz 頻段，供 6G 實驗使用。美國國防部資助成立「Sub-6GHz 與感知融合技術研究中心」，該研究專案由 30 多所美國大學組成，致力於發展6G。美國泰克公司和法國 IEMN 研究實驗室還開發了一種 100 Gbps 的通訊解決方案，被稱為「無線光纖」。另外，美國的電信產業協會成立了「6G 聯盟」，聚集了 Google、蘋果、高通、三星、微軟、英特爾、諾基亞等科技公司。

目前，美國在衛星通訊領域領先一步。2015 年，美國 SpaceX 公司推出了星鏈計畫，星鏈計畫將利用龐大的衛星網路在太空中建構一個覆蓋全球的寬頻網路。SpaceX 公司星鏈計畫的目標是在 2025 年前發射 12000 顆衛星，截至 2020 年 5 月已發射了第 21 批 60 顆星鏈衛星。亞馬遜公司宣佈將投資 100 億美金，發射 3236 顆衛星進入軌道，為全球使用者提供高速寬頻服務。另外，Google 公司也在合作切入衛星網路課程。

2. 韓國

韓國是世界上第一個成功實現 5G 電信商業化的國家。5G 商用前，LG 電子已成立 6G 研發中心，採取 5G 和 6G 技術研發齊頭進行。

2020 年 6 月，韓國科學技術資訊通訊部召開了 6G 戰略會議，開啟了「6G 研發實行計畫」，該計畫預計在未來 5 年內投入 2 200 億韓元研發 6G 技術，並計畫在 2028 年實現 6G 的商用。韓國科學技術資訊通訊部在韓國6G 戰略會議上提出確保下一代核心原創技術、搶先拿下國際標準和專利、建構研究產業基礎等目標。韓國政府將著力推動低軌道通訊衛星、超

精密網路技術等六大重點領域的十項戰略。韓國政府對外宣佈,計畫在 2031 年發射 14 顆 6G 通訊衛星,供 6G 通訊商使用。2020 年 7 月,韓國三星電子發佈 6G 白皮書,說明了 6G 通訊願景與架構。韓國三星集團表示已順利通過了全球第一個 6G 原型系統的測試。

韓國與美國就 6G 領域達成合作協定,投資了 35 億美金作為研究資金使用。韓國資訊通訊企劃評價院與美國國家科學基金會簽署了關於聯合研究的合作諒解備忘錄。韓國還與芬蘭奧盧大學進行了合作。

3. 日本

2020 年,日本政府啟動了日本 B5G/6G 推廣戰略,以促進 6G 無線通訊服務的研發。2020 年 4 月和 6 月,日本相繼發佈以 6G 作為國家發展目標和倡議的 6G 發展綱要,日本也是全球首個出台 6G 發展戰略的國家。該綱要顯示,日本將在 2025 年突破 6G 的關鍵核心技術,在 2030 年開始使用 6G 網路。為了支持 6G 研發,日本政府還設立了 300 億元左右的基金。為了推動民營企業加入 6G 研發的工作中,日本政府還設立了 200 億日元的特別基金支援民營企業的技術發展。

日本政府將發展 Sub-6GHz 技術列為「國家十大重點戰略目標」之首。日本在材料和半導體產業優勢明顯,擁有 NTT 光驅動晶片技術與量子暗號通訊系統技術。2019 年 10 月,日本通訊公司 NTT 公司與索尼公司共同和美國英特爾公司簽署了聯合研發 6G 的協定,目的是實現新半導體技術與智慧型手機充電技術的突破。NTT 公司目前已研發出僅需現在百分之一的電就可以用光驅動的半導體晶片。日本 TDK 公司與美國高通公司合資公司,宣佈變成完全的子公司,以強化 6G 與相關產品的研發。韓國典型電信業者 LGU 與日本行動電信業者將共同開發 6G,為下一代網路建構國際標準。2020 年 6 月,日本與芬蘭合作開發 6G,日本「B5G 推進聯盟」與芬蘭 6G 旗艦組織由芬蘭奧盧大學科學基金會領導,致力於推動 6G 通訊技術的發展。同時,日本總務省提出了日本企業的 6G 專利百分比在全球達

到 10%以上，裝置和軟體的總百分比達到 30%以上的目標。日本還將與美國合作投資 45 億美金用於 B5G/6G 技術研發。

4. 歐洲

2018 年 6 月，歐盟委員會發佈新科技發展計畫，致力於 6G 等前端科技開發。歐盟在多項戰略中要求加快 6G 的研發，以使歐洲成為全球 6G 技術的領跑者。2020 年，歐盟預計在 6G 研發上將投資 25 億歐元，企業也將投資 75 億歐元。在 2021 年世界行動大會上，成立 6G 夥伴合作計畫，稱為歐洲地平線計畫。2021 年 1 月，芬蘭諾基亞公司與瑞典易立信公司成立了 Hexa-X 聯盟，該專案受到地平線研究與創新計畫資助，預計將持續兩年半，為 2030 年啟用新網路做準備。Hexa-X 聯盟共有 20 多家企業和科學研究機構參與，具體內容包括研發 6G 智慧型網路架構、6G 技術、6G 使用案例等。歐盟還在 5G 公私合作計畫中啟動了多個 6G 專案，包括 REINDEER、RISE-6G 等，進行可重構智慧表面、智慧連接計算平台、新型互動式應用等多方面技術的開發。歐盟委員會於 2021 年 3 月宣佈，將為 5G 發展/6G 研發的「智慧型網路和服務」合作夥伴專案投資，該專案將在歐盟 2021-2027 年預算中獲得 9 億歐元的公共投資。該專案將從「歐洲地平線」計畫中獲得研發資金。

芬蘭、德國、英國等大學及科學研究機構加強 6G 研發工作，開發更先進的 6G 技術和詳細方案。芬蘭奧盧大學聯手多國大學與產業界專家成立「6G 旗艦」組織，致力於 6G 通訊技術的研究。該組織於 2019 年發佈了全球首份 6G 白皮書，2020 年，6G 旗艦專家發佈了不同主題的 12 份白皮書。德國政府目前也開始為 6G 研發專案提供資助，推動德國在開發 6G 技術、標準、專利方面發揮更大的作用。2021 年 2 月，德國研究機構弗勞恩霍夫協會啟動 6G 研究專案——6G SENTINEL，開發 6G 網路中的衛星、機載平台和 Sub-6GHz 技術。2021 年 4 月，德國聯邦教育與研究部啟動德國首個關於 6G 技術的研究專案，計畫在 2025 年之前為專案提供約 7 億歐

元資金，用於 6G 技術的研究。2020 年 11 月，英國薩里大學成立 6G 創新中心，主要研究智慧表面與衛星技術。

歐洲國家還積極與亞洲國家開展 6G 研究合作。舉例來說，英國任命越南教授為英國皇家工程學院 6G 通訊技術科學研究小組，並與馬來西亞科技網聯合共建 6G 新媒體實驗室；芬蘭、瑞典也分別與韓國達成 6G 合作協定。

參考文獻

[1] Samsung Research .6G The Next Hyper Connected Experience for All [R].2020.

[2] NTT DOCOMO, INC. White Paper 5G Evolution and 6G[R]. 2020.

[3] 賽迪智庫無線電管理研究所. 6G 概念及願景白皮書[R]. 2020.

[4] Chen S, Liang Y C, Sun S, et al. Vision, Requirements, and Technology Trend of 6G: How to Tackle the Challenges of System Coverage, Capacity,User Data-Rate and Movement Speed[J]. IEEE Wireless Communications, 2020.

[5] Huang T, Yang W, Wu J, et al. A Survey on Green 6G Network: Architecture and Technologies[J]. IEEE Access, 2019, 7:175758-175768.

[6] Han B, Jiang W, Habibi M A, et al. An Abstracted Survey on 6G: Drivers, Requirements, Efforts, and Enablers [J]. 2021.

[7] The 5G Infrastructure Association .European Vision for the 6G Network Ecosystem [R]. 2021.

[8] University of Oulu. White Paper on 6G Drivers and the UN SDGs[R]. 2020.

[9] 中國 IMT-2030(6G)推進組. 6G 整體願景與潛在關鍵技術白皮書[R]. 2021.

[10] 賽迪智庫無線電管理研究所. 6G 全球進展與發展展望白皮書[R]. 2021.

[11] University of Oulu. 6G White Paper on Validation and Trials for Verticals towards 2030's [R]. 2020.

[12] Alwis C D, Kalla A, Pham Q V, et al. Survey on 6G Frontiers: Trends, Applications, Requirements, Technologies and Future Research [J]. IEEE Open Journal of the Communications Society. 2021.

6G 使用案例與指標

相對於之前的網路，5G 在技術上有重大的突破，5G 減少了延遲，提高了連線性與可靠性，實現了 Gbps 等級的資料速率，另外 5G 還支援在一個平台上提供多種服務類型。這些特性使 5G 成為 IoT 應用環境的關鍵推動者，出現機器與人的通訊、機器與機器的通訊等應用，包括工業自動化、智慧城市、感測器之間的通訊等。但 5G 系統的功能是否能跟上 IoE 應用程式的快速增長的步伐仍值得商榷。同時，隨著個人和社會趨勢的革命性變化，除了人機互動技術的顯著發展，預計到 2030 年，市場需求將見證新一代 IoE 服務的滲透。電腦科學、人工智慧和通訊之間的界限正在逐漸弱化，這一演變驅動了新應用的出現，並以提供新服務的成本和複雜性之間的持續競爭挑戰未來的 6G 網路。

在未來，6G 網路在提供了新服務的同時也帶來了性能提升上的挑戰。本章將介紹 6G 服務的演進趨勢，包括 6G 服務願景帶來的新使用案例與性能要求，進而概述 6G 網路的整體性能指標。

2.1 6G 服務的演進

在 5G 系統中，2015 年 ITU-R 建議 M.2083 第一次定義了三種使用場景，即 eMBB、URLLC 和 mMTC。eMBB 解決以人為中心的應用程式，以高資料速率存取行動服務、多媒體內容和目標；URLLC 專注於為可靠性、延遲和可用性有嚴格要求的新應用程式實現任務關鍵型連接；mMTC 旨在支持與大量低成本、低功耗裝置的密集連接。為了實現 5G 的服務需求，研究人員探索了大量技術，如正交分頻多址、極化碼、巨量多輸入多輸出、毫米波和軟體定義網路。提高 5G 性能目標還包括各種附加技術，如全雙工、非正交多址和行動邊緣計算。

3GPP R17 針對 5G 提出了 NR-Lite，NR-Lite 既補充了 eMBB、URLLC 和 mMTC 性能上的不足，也實現了提高資料速率、傳輸延遲和連線性能的目標。NR-Lite 能在這些目標之間實現性能權衡，但 NR-Lite 只能應用於具有多種性能需求的低層使用者，不能滿足具有多種高性能需求的使用者。由於是為高度專業化的應用訂製的，5G 應用場景都透過犧牲一方面的性能來實現某些方面的極端性能，並且不能完全滿足預想的 6G 使用案例的要求。

為了擴充當前 5G 應用場景的範圍，有研究學者設想了四個場景來覆蓋不同服務之間的重疊區域，如圖 2.1 所示。四種 6G 核心服務被確定為與 5G 相結合的增強性能。其中包括增強型 eMBB+URLLC、增強型 eMBB+mMTC、增強型 URLLC+mMTC 及基於折衷的增強型 eMBB+URLLC+mMTC，可以分別稱為 uMBB、ULBC、mULC 與 6G-Lite。uMBB 將實現 eMBB 服務在整個地球上實現無處不在的覆蓋，滿足 6G 中商業客機、直升機、船舶、高速列車和偏遠地區的連接需求和不斷增長的容量需求。ULBC 支援具有低延遲、高可靠性連接和高資料輸送量的服務，如工業現場的移動機器人和自動車輛。mULC 結合了 mMTC 和 URLLC 的功能，便於在垂直領域部署大規模感測器和執行器。

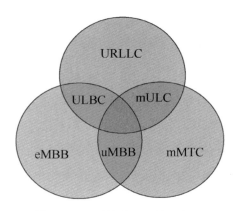

圖 2.1 6G 系統的設想使用場景

ULBC 的典型應用包括 AR、VR 和全息電話會議。此類應用要求高畫質晰度視訊流和大量互動式指令的高資料速率，即時語音的低延遲和即時控制回應，這些要求在未來可用於太空探索、空中和海上旅行及磁懸浮運輸的高機動性方案。uMBB 的主要使用場景是觸覺 IoT。觸覺 IoT 要求更高的資料速率來支援觸控相關體驗，物聯網還要求密集部署的感測器和裝置具有強大的連通性。

mULC 將在大規模 IoT 中引起廣泛關注，其應用包括智慧製造和自動運輸。這些應用需要大量的人員、感測器和執行器之間的通訊連接，還需要低延遲來處理這些裝置之間的頻繁互動。6G-Lite 的典型代表場景為智慧駕駛，在智慧駕駛中，必須聯合考慮多個事件，包括路徑規劃、自動駕駛、障礙物檢測、車輛監控、行動娛樂和緊急救援操作。6G-Lite 可以在不同性能目標之間進行最佳化權衡，在高行動性條件下實現高速率、低延遲和大規模連接。

上面詳述的服務旨在基於複雜物理場景中的多個目標和事件來提高人和機器的聯合 QoE。它們在物理世界中可以統稱為場景中心服務，目標是提供給使用者高品質的無線體驗。

2.2　6G 使用案例

6G 網路將實現「通訊服務」、「計算服務」和「智慧服務」的三位一體。通訊服務是指傳統通訊中的資訊傳遞服務；計算服務是指基於雲端運算、邊緣計算和新型算力平台的資訊處理服務，包括資料分析與資料儲存；智慧服務是基於通訊服務和計算服務提供的 AI 服務和產品。

未來 6G 的使用案例將具有更高容量、Tbps 的峰值輸送量及低於 1ms 低延遲性能。伴隨分散式運算、智慧計算和透過邊緣雲端實現的儲存，將出現新的羽量級裝置或可穿戴裝置。這些新服務將透過涉及人類和一切事物的超連結引入，並提供終極多媒體體驗。

5G 中，eMBB 的典型業務是 VR 業務，這開啟了虛擬空間業務的序幕。6G 將實現物理世界與虛擬世界融合互動，可以在虛擬世界中對物理世界做出改造。虛擬世界與物理世界結合的虛實互動業務包括智慧空間、數位對映、自動駕駛、MR 等業務，虛擬空間業務包括 VR、全息顯示及 XR 等業務。

隨著人工智慧和數位對映技術的滲透，6G 有望促進智慧社會的升級，將人類社會從物理空間擴充到虛擬空間。預計 6G 服務具有更加沉浸式、遠端控制和無人值守的特點。6G 全力支持世界數位化，推動社會經濟資訊化從「網際網路+」升級為「AI+」和「數位對映+」時代。6G 將推動世界走向「數位對映，智慧無處不在」，實現 6G 將重塑世界的目標。虛實融合互動需要物理空間與虛擬空間關鍵參數保持一致的時空結構，這對 6G 無線連線和傳輸提出了超高精度的定時和定位要求。同時，對物理空間超大維度的即時感知，產生了巨量的異質資料，需要更高的傳輸頻寬。6G 需要被設計成支援多維資訊確定性傳輸的大容量網路。

2.2.1 全息通訊

多媒體的下一步開發包括全息媒體與多感知通訊,以獲得更真實的體驗。全息圖是一種 3D 技術,它透過操縱射向物體的光線,然後使用記錄裝置捕捉產生的干涉圖案。隨著建構和繪製全息圖的技術逐步提高,全息應用正在成為現實。全息應用不僅包括全息圖的再現,還涉及網路方面,特別是遠端網站傳輸和流式傳輸全息資料的能力。

全息通訊是下一代媒體技術,可以透過全息顯示器呈現手勢和面部表情。要顯示的內容可以透過即時捕捉、傳輸和 3D 繪製技術獲得。人們可以與接收到的全息資料進行互動,並根據需要修改接收到的視訊。所有的這些資訊都需要透過可靠的通訊網路進行捕捉和傳輸。

將全息通訊與觸覺網路應用相結合,允許使用者「觸控」全息圖,為遠端業務提供了更便捷的應用。沉浸式全息空間既會將來自遠處的人工製品投影到房間中,也會將本地使用者投影到遠處。技術人員可以在遠端和難以到達的位置與項目的全息投影進行互動以進行遠端故障排除和應用程式修復。教育訓練和教育應用程式可以讓學生做到與老師和其他學生遠端互動,以便他們積極參與課堂活動。此外,沉浸式遊戲和娛樂領域也將有更好的體驗感。全息技術也將不僅侷限於娛樂,還可以應用到生活中的其他重要場景,如遠端手術。

全息應用為了使全息顯示作為即時服務的一部分,需要極高的資料傳輸速率,這是因為全息圖由多個三維圖型組成。所需的資料速率取決於全息圖是如何建構的,以及需要同步顯示的類型和圖型數量。基於圖型的方法生成人體大小的全息圖,資料速率從幾十 Mbps 至 4.3Tbps 不等。

全息應用在進行即時顯示或即時互動的服務時,要求延遲達到次毫秒級,以實現真正沉浸式的場景。在部分需要觸覺資訊傳輸的全息應用中,對延遲的要求也將達到次毫秒級。在整個全息技術實現系統中,不同的感測器需要同步和協調發表。舉例來說,從錄製、傳輸到顯示由多個部分組成,

如一個地方的不同攝影機或多個地方的不同攝影機進行錄製，經過不同的通訊鏈路傳輸到目的地，透過多個裝置進行顯示。此時通訊系統需要嚴格的同步，普通多媒體資料流程的同步精度大概在毫秒級以確保資料封包及時到達，而視覺、聽覺、觸覺資訊的同步精度需要達到毫微秒級。在全息圖生成和接收的過程中存在大量的即時計算，採用壓縮可以降低頻寬需求，但是會影響延遲。因此需要在壓縮程度、計算頻寬和延遲之間有一個權衡。不同全息應用對安全性有不同的要求，如果要進行遠端手術，那麼應用程式的完整性和安全性非常重要，因為任何失誤都會危及生命，協調多個協作流的安全性是一個額外的挑戰。

對終端來說，除了基頻處理能力需要進一步提升，終端顯示能力需要支援4K、8K 視訊播放，終端運算能力需要實現解碼、繪製與 AI 功能。此外，在終端形態上，除了手持終端，頭戴式、牆掛式終端等不同形態的終端都將在不同的全息應用中發揮各自的優勢。行動裝置實現全息圖，存在額外的 GPU 和電池壽命的限制，行動裝置的 GPU 性能是普通個人電腦 GPU 的 1/40，需要顯著的改進才能滿足全息圖的服務需求。

圖 2.2　行動裝置上的 3D 全息顯示

2.2.2　沉浸式 XR

XR 是一種新興的沉浸式技術，指由電腦技術和終端生成的所有真實和虛擬的組合環境和人機界面，融合了物理和虛擬世界、可穿戴裝置和電腦產生人機互動。

VR、AR 和 MR 技術正在融合到 XR 中。真實的沉浸式 XR 體驗需要不同技術的聯合設計，不僅整合了無線、計算、儲存等技術需求，還整合了來自人類感官、認知和生理學的感知需求。在 XR 的應用中，視覺、聽覺、觸覺、嗅覺、味覺乃至情感將被充分調動，使用者將不再受到時間和地點的限制，將以「我」為中心享受虛擬教育、虛擬旅遊、虛擬運動、虛擬繪畫等虛擬體驗。這需要一種新的 QoPE 度量概念來描述人類使用者本身的物理因素，與經典的 QoS 和 QoE 結合。影響 QoPE 的因素包括大腦認知、身體生理和手勢等。

在使用者端，XR 體驗將由輕型眼鏡提供，此類眼鏡有較高的解析度、畫面播放速率和動態範圍，可以將圖型投射到眼睛上，並透過耳機和觸覺介面回饋給其他感官。實現以上功能需要整合成像裝置、生物感測器、電腦處理器和用於提供定位服務和感知物理環境的無線技術。傳感和成像裝置可以捕捉真實的物理環境，並且虛擬世界的保真度也不斷提高。沉浸式 XR 對終端的要求較高，新型的 XR 終端需要滿足輕質、高解析度/高刷新率顯示、高保真定位音訊及真實觸感回饋等要求，此外，還需增強智慧互動方面的能力。而當前的行動裝置缺乏獨立的運算能力，這些體驗加上對分散式運算的需求，突出了無線網路對性能的需求。

對沉浸式 XR 來說，將繪製任務全部放在終端上，對終端的能力和功耗提出了極大的要求。因此可以將複雜資料處理等功能雲端化，利用雲端對模型進行繪製，提升模型精細度，而終端只負責擷取和播放視訊流，這又可以被稱為沉浸式雲端 XR。此時對終端本身的能力要求有所降低，但對網路的要求會進一步提升。

現在的 AR 技術需要 55.3Mbps 才能支援 8K 顯示，在行動裝置上為使用者帶來較好的體驗，XR 技術為了給使用者帶來更好的沉浸式體驗，將需要 0.44 Gbps 的輸送量。為了使沉浸式環境中的即時使用者互動能夠滿足大規模低延遲的需求，資料速率需要達到 Tbps。隨著人工智慧和壓縮感知方法的整合，6G 有望提供不間斷和無縫的通訊服務，以獲得更好的 XR 體

驗。另外，同步定位和繪圖方法將能夠實現 XR 應用。

2.2.3 觸覺網路

觸覺網際網路正在改變人們對透過無線通訊系統實現的可能性的了解，觸覺網路將基於網際網路的應用的邊界推向遠端物理互動、高度動態過程的網路控制及觸控體驗的通訊。全息通訊使得傳輸接近真實的人、事件和環境的虛擬視覺成為可能。如果沒有一個可以即時傳送圖型的觸覺網際網路，體驗將是不完整的。

在 IEEE 1918.1 工作群組中，觸覺網際網路的定義為：一種由人或機器即時遠端存取、感知、操縱或控制真實或虛擬物件或過程的網路。具體標準定義如下：① 觸覺網路為遠端物理互動提供了一種媒介，這通常需要觸覺資訊的交換。② 這種互動可能在人或機器之間，也可能在機器和機器之間。③ 在觸覺網路的定義中，術語「物件」指任何形式的物理實體，包括人類、機器人、聯網功能、軟體或任何其他連接實體。④ 人與人在包含有觸覺回饋的物理互動場景中的操作通常被稱為雙邊觸覺遠端操作。在這種情況下，觸覺網路的目標是：人類不應該區分地點執行操縱任務，而應在觸覺網路上遠端執行與本地相同的任務。⑤ 機器與機器之間的物理互動的結果與機器直接與物件互動結果相同。⑥ 觸覺資訊有兩大類，即觸覺資訊和動覺資訊，也可能兩者兼而有之。觸覺資訊是指人類皮膚的各種機械感受器對資訊的感知，如表面紋理、摩擦和溫度；動覺資訊是指人體骨骼、肌肉和肌腱感知到的資訊，如力、力矩、位置和速度。⑦ 感知即時的定義對於人和機器可能不同，因此是特定於使用案例的。

觸覺網路在不同使用案例的性能指標可以有以下表示。

（1）遠端操作：環境高度動態時觸覺網路的延遲要求低至 1～10ms，在中等動態環境中延遲可延長到 10～100ms，在靜態或準靜態環境中延遲可以達到 100ms～1s。

（2）沉浸式虛擬實境：為了在沉浸式虛擬實境中準確實現觸覺操作，延遲應該小於 25ms。由於繪製和硬體引入了延遲，觸覺過程的通訊延遲應該小於 10ms。

（3）人際溝通：各種形式的人類接觸，包括握手、輕拍或擁抱，是人類身體、社會和情感發展的基礎。典型的觸覺人際傳播系統包括本地使用者、遠端參與者、本地環境中的遠端參與者模型和遠端環境中的本地使用者模型。在對話模式中，互動是高度動態的，觸覺通訊的延遲需要達到 0～50ms 的要求。在觀察模式下，互動是靜態的，延遲可延長至 0～200ms。

觸覺網路有助遠端操作、協作自動化駕駛和人際傳播。使用通訊網路可以實現觸覺觸控，觸覺網路設計過程中需要取消開放系統網際網路絡模型並採用跨層通訊系統設計。實現觸覺網路涉及新的物理層方案設計，包括增強訊號系統設計和波形重複使用的實現。在設計過程中應使 6G 網路滿足緩衝、排隊、排程、切換和協定等過程。

2.2.4　數位對映

目前，數位技術主要用於巨觀物理指標的監測和顯性疾病的防治。借助先進的感測器、人工智慧和通訊技術，將有可能在虛擬世界中複製完整的物理實體，這個物理實體的數位複製品被稱為數位對映體。數位對映是指物理空間和虛擬空間之間的互動映射，將物理物件複製成虛擬物件的能力。數位對映使用傳感、計算、建模等技術，透過軟體定義對物理物件進行描述、診斷、預測和決策。虛擬物件反映了原始物件的所有重要屬性和特徵。人們可以與數位對映體互動，這與實體互動具有相同的效果。使用者可以透過控制自己的數位對映體，完成一些遠端的工作，如可以將城市映射到一個數位對映體中，透過觀察城市的數位對映體可以實現對城市的即時監控與管理。

為了對物理實體進行完整複製，需要使用大量感測器，舉例來說，複製一個完整人體數位對映需要大量智慧感測器（>100 台/人）。另外，為了複製 1m×1m 的區域，需要一個兆像素，假設週期同步為 100ms，壓縮比為 1/300，則這需要 0.8 Tbps 的輸送量。為了保證能對物理世界能夠及時做出預測或判斷，數位世界和物理世界的資料交換應當盡可能快。對於關鍵任務，需要低至毫秒級的延遲。數位對映活動需要處理大量異質資料且難以依靠人工進行時，可以借助人工智慧技術。另外，映射城市的數位對映體時，城市中大部分基礎設施都是不具有行動性的，而對於市民、汽車、地鐵等具有高行動性或群行動性的部分，在數位對映中，也需要靈活、隨選支援高度差異化的行動性。

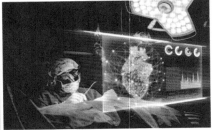

圖 2.3 數位對映

2.2.5 工業 4.0+

5G 希望在工業中實現機器類通訊、超低延遲和高可靠性通訊，但是一些超低延遲和高可靠性可能較難使用 5G 實現，因此希望在 6G 實現以上功能。在 6G 時代，工業改成工業靈活性、通用性和效率將具有顯著的提高。另外，6G 時代的工廠將更加智慧化，以實現工業 4.0+，工業 4.0+中將實現人們、機器人和智慧型機器的場景。與 5G 時代的工業 4.0 相似，雲端運算，邊緣計算、巨量資料和人工智慧有望將成為工業 4.0+的關鍵技術。

理想的工業 4.0+將需要大量的資料，利用 6G 網路的超高頻寬、超低延遲和超可靠等特性，可以對工廠內廠房、機床、零組件等運行資料進行即時擷取。工業服務的數位化和自動化對網路提出了越來越高的延遲要求。為了提高未來工業自動化的品質和成本效益，每個感測器、執行器、網路物理系統和機器人都需要以幾毫秒的精度來完成指令執行。由於大量資料由工業機器人和感測器生成，僅在中心雲端處理資料並不是有效的解決方案，所以工業 4.0+中所有終端之間可以直接進行資料互動，而不需要經過雲端中心，實現去中心化操作，提升生產效率。利用邊緣計算和 AI 等技術，在終端直接進行資料監測，並且能夠即時下達執行命令。基於先進的 6G 網路，工廠內任何需要聯網的智慧裝置均可靈活網路拓樸，智慧裝備的組合約樣可根據生產線的需求進行靈活調整和快速部署，從而能夠主動適應製造業個性化、訂製化的大趨勢。另外，操作人員可以透過 VR 或全息通訊來監控遠端機器，並透過觸覺網路進行驅動和控制。

在 6G 時代的工業 4.0+中，不僅通訊，而且計算、快取、控制和智慧都得到聯合最佳化。預計需要大於 24Gbps 的資料速率，$10 \sim 100\,\mu s$ 的點對點延遲，以及 $\geq 125 \times 10^6$ 設備 / km^2 的覆蓋率。無線能量傳輸、能量收集和反向散射通訊，將為工業 4.0+中的能量受限感測器和機器人提供可持續的解決方案。Sub-6GHz 通訊、機器學習、區塊鏈、叢集無人機、3D 網路與可見光通訊也將支持工業 4.0+的發展。

此外，針對工業 4.0+的終端也將隨 6G 演進：如相關研究中所描述的，針對工業的終端主要包括智慧型機器裝置、多智慧體系統和微型感測器三部分，涵蓋了目前在工業中所使用的終端種類。

1. 智慧型機器裝置

智慧型機器裝置，也就是智慧型機器人，具備形形色色的內部資訊感測器和外部資訊感測器，如視覺、聽覺、觸覺、嗅覺感測器。除了具有感受器，它還有效應器，作為作用於周圍環境的手段，這就是筋肉，或稱自整

步馬達，它們使機器人的手、腳、觸角等動起來。因此智慧型機器人至少要具備三個要素：感覺要素、運動要素和思考要素。智慧型機器人是一個多種新技術的整合體，它融合了機械、電子、感測器、電腦硬體、軟體、人工智慧等許多學科的知識，涉及當今許多前端領域的技術。

智慧製造系統借助電腦模擬人類的智慧活動，是一種在工業製造過程中能自主進行資料分析、推理、判斷、構思和決策等智慧活動的人機一體化系統。同時，它還可以收集、儲存、完善、共用、繼承和發展人類的製造智慧。透過人機智能互動，可以擴大、延伸並部分地取代人類在製造過程中的腦力工作。在製造過程的各個環節，廣泛應用人工智慧技術，使製造自動化向智慧化方向發展。

智慧製造源於人工智慧的研究和發展。隨著產品性能的完善化及其結構的複雜化、精細化，和功能的多樣化，產品所包含的設計和製程資訊量暴增，生產線和生產裝置內部的資訊流量隨之增加，製造過程和管理工作的資訊量也必然劇增，因而促使製造技術的發展轉向了提高製造系統對於爆炸性增長的製造資訊處理的能力、效率及規模上。先進的製造裝置離開了資訊的輸入就無法運轉，製造系統正在由原先的能量驅動型轉變為資訊驅動型，這就要求製造系統不但要具備柔性，而且還要智慧，否則難以處理如此大量而複雜的資訊工作量。其次，瞬息萬變的市場需求和激烈競爭的複雜環境，也要求製造系統更加靈活、敏捷和智慧。因此智慧製造日益成為未來製造業發展的重大趨勢和核心內容。

除了位於工廠的智慧製造等應用場景，未來工業網際網路應用還將包含大量高行動性終端，如基於無人機的相關應用等。如圖 2.4 所示的高空高解析度球形顯示系統，可以在高空中顯示大量資訊。在這些應用中，終端裝置除了需要具備強大的通訊能力，對功耗、重量、體積等也有較高的要求，以提高實際使用時的續航能力。為實現上述功能，需要對通訊、電池、計算平台和針對應用的專用技術等系統聯合進行最佳化，提高裝置的實用性。

圖 2.4　高空高解析度顯示（左圖：裝置；右圖：顯示時效果）

2. 多智慧體系統

多智慧體系統針對未來多形態智慧終端機組成的系統（大規模系統），從另一個層面擴充對終端新形態的探索。隨著機器人產業和 ML 技術的快速發展，具有 ML 能力的智慧體（Intelligent Agent）的數量將出現快速增長。因此具有大規模互動能力的終端將是未來一種終端類型，且智慧體之間的智慧互動需求也將成為下一代寬頻行動通訊系統的重要設計目標之一。

為了實現智慧體之間的協作操作和合作學習，需要在智慧體之間互動 ML 相關的智慧資料。根據不同的智慧互動場景，所需互動的智慧資料可能包括 ML 模型、ML 訓練集（Training Set）、機器感知（Machine Perception）資料。下面將結合具體的互動場景探討智慧體的具體互動及處理能力。

1）協作機器感知（Collaborative Machine Perception）場景

機器感知的目的是指定智慧體「類人的」觀察、感知世界的能力，進而使其可以像人類那樣思考、了解及行動，包括對圖型、聲音等環境因素的感知。在機器人技術中，機器感知是機器人進行決策推理和動作控制的重要依據。在傳統機器人技術中，機器人獲取的感知資料只在本地處理。但隨著機器人承擔任務的日益複雜化和對動作即時性的要求日益提升，機器人

的本地處理能力已不足以在要求的延遲內完成對感知資料的處理和學習，並形成即時決策和行動，因此需要透過雲端或 MEC 分流運算能力。如圖 2.5 所示，智慧體將感知資料即時上傳到雲端或 MEC，在雲端或 MEC 完成推理運算後，將動作控制指令（沒有 ML 能力的機器人）或 DNN（有 ML 能力的機器人）下載給智慧體。還能夠透過智慧體之間互動感知資料，以便智慧體能夠獲取更全面的感知資料。因此，需要支援感知資料在智慧體與雲端或 MEC 之間（透過 Uu 介面）、智慧體之間（透過 Sidelink）即時傳輸。

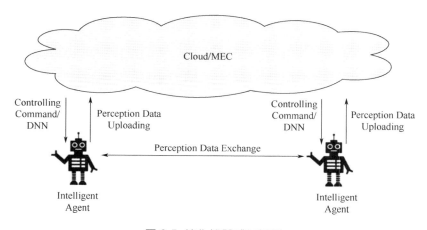

圖 2.5 協作機器感知場景

2）DNN 互動場景

在以下場景中，需要智慧體與雲端或 MEC 之間、智慧體之間即時傳輸 DNN。

DNN 下載：此場景下，雲端或 MEC 將訓練好的 DNN 下載到智慧體。之所以要即時下載 DNN，是因為所需完成的任務和智慧體所處的環境緊密相關，無法用一個通用的靜態 DNN 適用各種環境，而智慧體的儲存空間不足以將所有可能的 DNN 都儲存在本地，智慧體需要根據環境的變化即時下載適合的 DNN，如圖 2.6 所示。

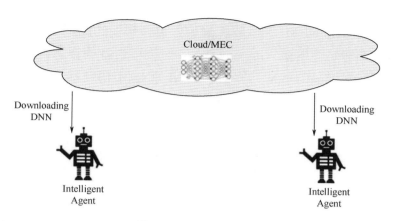

圖 2.6　DNN 下載場景

協作學習（Collaborative ML）：在兩種情況下需要協作學習，第一種是每個智慧體的運算能力不足以單獨完成 DNN 的訓練，需要多個智慧體、或智慧體與雲端或 MEC 分工完成 DNN 訓練；第二種是不同智慧體所處的環境不同，可以獲取的訓練集不同，單一智慧體無法單獨獲取 DNN 訓練所需的完整訓練集，且由於資訊安全與隱私保護的要求，智慧體不能將自己的感知資料或訓練集共用給其他智慧體或上傳到雲端或 MEC，此時需要智慧體基於自身環境完成各自的 Local DNN 訓練，然後上傳到雲端或 MEC，或在智慧體之間互動 DNN，如圖 2.7 所示。

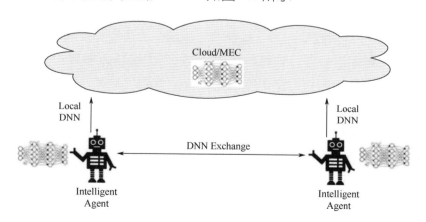

圖 2.7　協作學習場景

聯邦學習（Federated ML）：聯邦學習與協作學習的區別在於先由雲端或 MEC 向各個智慧體下載 Global DNN，然後再由各個智慧體基於 Global DNN 分別訓練 Local DNN，然後將 Local DNN 上傳到雲端或 MEC，形成新的 Global DNN，如圖 2.8 所示。

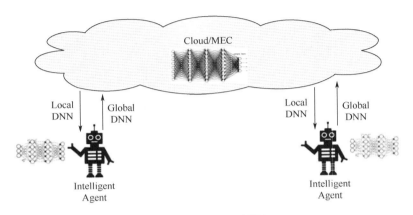

圖 2.8 聯邦學習場景

3）ML 訓練集互動場景

在不同類型的智慧體之間（如不同功能的機器人之間），無法直接互動 DNN，而需要進行訓練集的互動。一種類型的智慧體通常不具備對與自身任務無關的 ML 模型的訓練能力，因此無法將另一種智慧體類型所需的 ML 模型訓練好再傳輸給對方。如圖 2.9 所示，A 類型智慧體不具備將收集到的資料訓練成 B 類型智慧體所需 DNN 的能力，所以將與 B 智慧體相關的訓練集或背景資料共用給 B 智慧體，或上傳到雲端或 MEC，由 B 智慧體或由雲端或 MEC 完成訓練。隨著機器人的功能增強、類型多樣化和在非結構化環境中工作的需求日益增長，訓練集背景資料的互動將變得越來越重要。

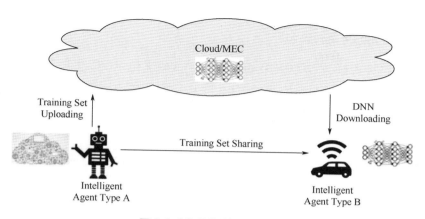

圖 2.9 ML 訓練集互動場景

3. 微型感測器

感測器是物體感知世界的媒介，透過感測器，可以讓物體擁有視覺、聽覺、味覺、嗅覺和觸覺等，是實現萬物互聯、萬物智聯的基礎。微型感測器具有微型化、智慧化、低功耗、易整合等特點，在未來的 6G 終端中，一個終端裝置可以配備一個或多個微型感測器，這些感測器將指定終端五大感官，可以獲取更多資訊，結合其他技術，實現真正的智慧化。

2.2.6 互聯機器人自主系統

CRAS 將由無人駕駛飛機運載系統、無人駕駛汽車、無人駕駛飛機群和自主機器人等裝置組成。這些裝置也可以被稱為智慧體，它們具備感知、推理、決策和執行能力，它們既可以是物理實體，也可以是虛擬系統。

CRAS 將實現智慧體獨立運作的零干預業務，包括無人物流、無人倉儲、無人廠房、無人農田、無人運行維護系統等生產型業務場景，通常需要無人機、無人車、機器人、監控系統、交通管理系統等智慧體的聯動。智慧體的互動將加速智慧城市互聯，數十億個具有網際網路連接的裝置或感測器將直接互動，提供互動式智慧和周圍環境。CRAS 要求有較低的延遲，以及需要高畫質晰度地圖的可靠傳輸。

2.2.7 智慧運輸系統

AI 支援的未來車輛網路為未來 6G 智慧交通系統和 V2X 通訊清除了障礙。在不久的將來，6G 必將帶來真正自主、可靠、安全和商業上可行的無人駕駛汽車。2030 年及以後，希望大量聯網的無人車輛以不同程度的協調運行，以盡可能提高運輸和物流效率。這些車輛可以包括在家庭、工作場所或學校之間運送人員的自動汽車，也可以是運送貨物的自動卡車或無人機。無人駕駛車輛相對人為駕駛有更高的效率，還可以透過減少化石燃料消耗實現節能的目標。更重要的是在安全方面，無人駕駛相對於人為駕駛的不確定因素較少，對人類更為安全。聯網無人駕駛運輸致力於降低目前全球運輸和物流網路的傷亡率，因此需要感測器、感測器融合和控制系統的不斷進步。

完全自主的運輸系統要求極高的可靠性和極低的延遲，即高於 99.99999% 且低於 1ms。為了使車輛網路高效安全地運行，無線網路還需要提供超高的可靠性。自主車輛嚴重依賴基於極低延遲的連接及基於人工智慧的技術來提供有效的路線徑劃和決策。在自主運輸系統中，每一輛車都需要配備許多感測器，包括攝影機和雷射掃描器等。系統的演算法必須快速融合多類資料，資料包括車輛周圍環境、位置、其他車輛、人、動物、結構或可能導致碰撞或傷害的危險的資訊，同時需要在短時間內快速決定如何控制車輛。

2.2.8 無人機技術

近年來，無人機應用已經擴充到軍事和民用領域。目前無人機的應用提供了許多新的應用場景，包括空域監視、邊境巡邏、交通和人群監控、農業植物保護與環境檢測。與固定的基礎設施相比，無人機的主要特徵是易於部署、視線連接以及可控機動性。

隨著 6G 和 IoE 的出現，研究人員探索了 U2X 網路的使用，透過調整通訊模式以充分發揮其潛力，擴充了傳感應用的範式。將 6G、IoE 和無人機整

合為 U2X 網路的關鍵挑戰是設計無線電資源管理以及實現資訊聯合傳輸和感知協定。U2X 網路的最大挑戰是軌跡設計，軌跡的設計針對特定的領域，如客運計程車的軌道設計和蜂巢基礎設施動態不同，需要根據應用要求進行設計。

在 6G 中，UAV 可用作可攜式基地台或中繼站。UAV 在熱點區域、擁擠區域中可作為中繼基地台，將會成為下一代網路基礎設施的固有部分。在緊急情況下或當蜂巢基礎設施不可用或不再執行時期，使用 UAV 可以快速部署網路。透過利用適當的訊號方向，UAV 基地台還可以為地面飛機上的乘客提供網際網路連接，從而降低昂貴的衛星通訊成本。將 UAV 整合到 6G 網路的關鍵挑戰為無線電資源管理、傳輸協定與軌跡設計。隨著 6G 與 AI 的整合，一些與基於 UAV 的行動性相關的主要問題，如有效的路線徑劃和電力傳輸，預計都將得到解決。

在 UAV 系統中，預計使用的速率需要達到 10〜100Mbps，點對點的延遲為 1〜10ms。區塊鏈、AI、叢集 UAV、零接觸網絡、能量轉移與收集、智慧反射表面與 3D 網路等關鍵技術將支援 UAV 在 6G 中的應用。

2.2.9 新型智慧城市群

隨著數位時代的不斷演進，通訊網路成為智慧城市群不可或缺的公有基礎類別礎設施。目前，不同的基礎設施由不同的部門分別建設和管理，絕大部分城市公有基礎類別礎設施的資訊感知、傳輸、分析、控制仍各自為政，缺乏統一的平台對城市資訊進行管理。在 6G 時代，將利用邊緣計算、網路切片等結構將整個城市連接起來，城市的各個角落都將被連接起來，使用相同的標準對城市各個基礎設施進行管理，實現城市的統一管理。

2.2.10 智慧醫療

在 6G 時代，網路可以為醫療提供遠端診斷，醫生可以遠端為患者提供醫療服務。在遠端手術中，醫生可以獲得遠端手術患者的即時視聽回饋。醫生首

先得到機器人傳送的即時視覺回饋與觸覺資訊，再透過操控機器人操作，觸覺網路將是實現遠端手術的關鍵技術。高資料速率、低延遲、超高可靠的 6G 網路將有助快速可靠地傳輸大量醫療資料，改善醫療服務和品質。

Sub-6GHz 技術在醫療保健中將有重大用途，Sub-6GHz 可以用於皮膚病學、口腔保健、製藥工業和醫學成像領域。此外，在人體內配備無電池通訊的體內感測器可以對人體實現可靠的監控功能，這對觀察人的身體健康特徵有重要用途。

2.2.11　無線腦機互動

BCI 將實現為使用者訂製無線系統。BCI 在傳統使用案例上侷限於醫療裝置，使用大腦植入物控制義肢或其他鄰近裝置。BCI 是大腦和外部裝置之間的直接通訊路徑，BCI 獲取大腦訊號，並將訊號傳輸到數位裝置，然後分析訊號並將其解釋為進一步的命令。6G 場景中，BCI 將帶來更高性能的體驗。透過腦機介面與裝置的聯合，人們可以與周圍環境實現觸覺接觸。無線腦機還可以實現人透過裝置與其他人進行情感上的溝通。與 XR 相比，BCI 使用案例需要對身體感知更敏感，因此 BCI 需要更高的速率、更低的延遲與更高的可靠性。

2.2.12　全球連接和整合網路

從 2016 年到 2021 年，行動通訊量預計將增長 3 倍，2020 年，密集地區有 $10^7/km^2$ 的裝置數量，全球有超過 1250 億台裝置。6G 網路將連接個人裝置、感測器與車輛等裝置。此時相對於 5G 網路，6G 需要 10～100 倍的整體網路能效。6G 網路希望實現可擴充、低成本的部署，並具有低環境影響和更好的覆蓋範圍。5G 蜂巢網路主要部署在室外，但是 80%的行動通訊量在室內產生，毫米波等高頻訊號無法輕易穿透介電材料，因此難以提供較好的室內連通性。6G 網路預計將在不同的環境中提供無縫且普及的連接，並要求室外與室內的服務品質相匹配。

目前通訊網路架構主要考慮二維，預計在未來 6G 將實現全球連接，通訊節點將無處不在，如圖 2.10 所示。為了實現全球連接的目標，在設計網路時需要考慮三維網路，包括地面、空中和衛星通訊。整合的三維網路將為使用者帶來服務與性能上的提升。

圖 2.10　全球連接和整合網路

除了地面和空中通訊，由於地球表面 70%以上被水覆蓋，一些海洋應用需要即時監測。水下無線通訊基於聲波、射頻波和光波的通訊系統來實現。由於水下聲波和射頻波的低頻寬和低資料速率限制，使用光波可提供低延遲的高速水下光無線通訊，以換取有限的通訊範圍。傳統的陸地和水下技術方案將不再滿足水下無線網路的要求，在物理層、資料連結層、網路層、傳輸層、應用層及無線感測器網路都將需要新的設計方案。

在世界上的許多地方，如農村和偏遠地區，都缺乏適當的連接，這導致了日益擴大的數字鴻溝。這些地區可能人口密度低、收入低、地形複雜、沒有基礎設施、缺乏電網。農村連通性的不足限制了網際網路服務的使用和新技術的採用，這嚴重影響了農村和偏遠地區的福祉和經濟發展。一些綠洲在電網之外，但可以依靠燃料發電機或可再生能源，如太陽能、風能和水。切片和快取、聯合資源最佳化和使用行動平台進行資料收集，將適用於偏遠地區地面無線行動解決方案。高空平台、衛星系統和 UAV 等非地面網路也可透過提供直接使用者存取或回程連接為偏遠地區使用者提供連接。

未來十年，物聯網連接裝置的數量預計增長三倍。6G 網路基於無處不在的巨量資料，將 AI 賦能各個領域的應用，創造出「智慧無處不在」的世界。近乎即時的無線連線性是整個數位化的主要推動力，需要更先進的通訊基礎設施來實現巨量資料高速、無延遲、安全可靠的分發。

2.3 6G 的指標

5G 的性能指標之間的關係是獨立的，預計 6G 的不同性能指標將存在交換關係。假設使用案例所需的性能按組劃分，一個組的所有指標都要同時完成，但是不同的組可以有不同的要求。6G 的性能指標將不再是單一的，將實現不同寬頻應用的需求變得更加專業化，需要實現應用指標需求的完全相同。因此 6G 需要即時設定，以滿足這些不同的應用。表 2.1 顯示了 5G 和 6G 關鍵績效指標，這裡提出的關鍵績效指標不限於某一應用場景，而是從整體的角度提供了 6G 的預期關鍵績效指標。圖 2.11 所示為 5G 到 6G 的主要性能演進趨勢。

表 2.1 5G 和 6G 關鍵績效指標

KPI	5G	6G
峰值資料速率	上行：20Gbps 下行：10Gbps	1Tbps
使用者體驗資料速率	0.1 Gbps	1 Gbps
峰值頻譜效率	30 bps/Hz	60 bps/Hz
使用者體驗頻譜效率	0.3 bps/Hz	3 bps/Hz
最大頻寬	1 GHz	100 GHz
區域通行容量	$100\ Mbps/m^2$	$1\ Gbps/m^2$
連接密度	$10^6/km^2$	$10^7/km^2$
能量效率	未定義	1 Tb/J
延遲	1ms	100μs
可靠性	$1-10^{-5}$	$1-10^{-7}$

KPI	5G	6G
抖動	未定義	1μs
行動性	500km/h	1000km/h
定位精度	≤10m	cm 級

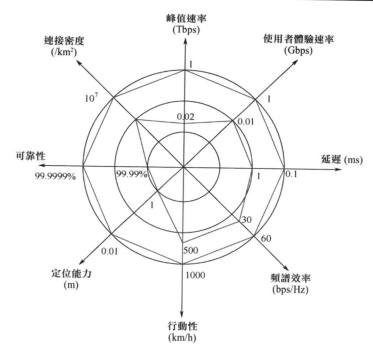

圖 2.11　5G 到 6G 的性能演進趨勢

2.3.1　資料傳輸速率

6G 的峰值資料速率為 1Tbps，這是 5G 峰值速率的 100 倍。在某些特殊情況下，如 Sub-6GHz 無線回程和前端傳輸，峰值速率將達到 10Tbps。95% 使用者位置的使用者體驗資料速率預計將達到 1 Gbps，是 5G 的 10 倍。對於某些場景，如室內熱點，它還可以提供高達 10 Gbps 的使用者體驗資料速率。

6G 網路將透過使用多波段高擴頻技術，允許每秒數百 GB 位元到每秒兆位元的鏈路。舉例來説，Sub-6GHz、毫米波波段、THz 波段與可見光波段的組合使用。這觸發了對更多頻譜資源的需求，從而推動了對 FR2 頻段的進一步探索。

新興應用要求有極高的使用者體驗率，使用者體驗率是指使用者在單位時間內與媒體存取層之間的資料傳輸量。在實際網路應用中，使用者體驗率受多種因素影響，包括網路覆蓋環境、網路負載、使用者規模和分佈範圍、使用者位置、業務應用等因素。良好的使用者體驗率要求更高的資料傳輸速率。

2.3.2 超低延遲

在 6G 時代，新型業務對快速回應和即時體驗的要求也越來越高，這表示對延遲有精確的要求。在需要在有限時間內傳遞資料封包的及時服務場景中，如工業自動化、自治系統和大規模感測器網路，延遲的資料封包是沒有意義的，系統中大多數機器的運行必須有時效性。

工業網際網路中的微小連接實體，如可程式化邏輯控制器、感測器和執行器，必須以 10ms 的延遲精度執行，並且有時可能需要達到次毫秒精度。交通系統也將具有數萬輛車、交通訊號、內容和其他元件的連接端點。為了協調這種緊密相連的機器的運行，資訊的及時傳遞是必要的。對於需要按時到達的服務，如 UAV 叢集的同步操作，需要同步不同的資料流程傳輸，還包括在相關時間內完成的協作服務。總之，未來很多產業不僅需要降低延遲，還包括具體延遲、相關延遲等精準要求，需要精準的延遲保障服務。

為了確保對延遲敏感的即時應用的體驗，與延遲相關的性能需要顯著提高。性能目標包括 $10 \sim 100 \mu s$ 的空中延遲、小於 1ms 的點對點延遲及 μs 級的極低延遲抖動。滿足這些要求後，使用者體驗到的延遲可以小於 10 ms，使用者體驗延遲包括無線鏈路、有線鏈路中所有延遲元件的總和，以

及用戶端和伺服器端的計算。使用 10GHz 以上的頻寬允許延遲低至 0.1ms，延遲抖動應低至 1 秒，以提供確定性延遲。

2.3.3 極高的可靠性

6G 網路需要極高的可靠性，網路錯誤率應達到極低才能滿足一些應用的正常運行。為了支援可靠性極高的延遲敏感型服務，如工業自動化、緊急回應和遠端手術，6G 網路可靠性需要比 5G 提高 100 倍，從而使錯誤率達到 10^{-7}。對於一些新的使用案例要求極高的可靠性，最高可達 10^{-9}，以支援關鍵任務和安全應用。

為了提高現有網路的可靠性，需要對無線技術中的調解和編解碼技術進行改進，另外需要提高媒介存取控制層的資訊交換的正確率。通訊環境中的障礙物會降低可靠性。隨著頻率變得更高，收發器之間的障礙物對訊號的堵塞將越來越明顯，可重構的智慧表面可以透過控制通訊傳播環境來提高可靠性。

2.3.4 定位能力

定位能力是指對一個或多個目標進行三維位置測定與追蹤的功能及對應精度。6G 預期提供高精度定位能力，保障虛實空間融合結構的一致性。6G 將提供比現有 5G 定位技術方案更精確的時間資訊和空間資訊，進一步提高 6G 未來使用者的即時體驗，促進資訊社會的發展。

6G 定位在智慧空間、混合現實等一般場景中需要公分級精度，在精密製造、精細手術等關鍵現場級場景中可能需要毫米級精度。隨著物聯網技術的快速發展，醫院、機場、工廠、隧道、養老院等場所對位置的需求也越來越大。醫院希望即時定位醫療裝置，方便在需要時快速呼叫；它還希望對特殊病人進行位置監控，以防止事故發生。高危化工廠需要對人員進行當地語系化管理，防止發生安全事故等。以智慧工廠為例，智慧工廠需要即時準確地定位員工、車輛和資產的位置，零延遲地在工廠控制中心顯示

人、車輛和物體的位置資訊,進行安全區域控制、人員在職監控和車輛即時追蹤監控,透過準確控制和合理排程提高智慧工廠的管理水準。

2.3.5 覆蓋能力

連接密度是指每單位面積可以支援的線上裝置總數。5G 時代,平均每平方公尺最多支援一台 5G 裝置。隨著物聯網、體域網路、人工智慧和低功耗技術的快速發展,快遞物流、工廠製造、農業生產、智慧穿戴和智慧家居都需要網路連接。在 6G 時代,預測每個人將至少配備 1~2 部手機、1 塊手錶、多個貼身健康監測器、放置在鞋底的兩個運動探測器等,將會使連接密度比 5G 增加近 10 倍。在熱點場景,連接機器數量的爆炸性增長將需要 6G 來支援 10^7 裝置/km²。就容量而言,6G 將能夠靈活高效率地連接上兆級物件。因此 6G 網路將變得極其密集,區域容量高達 1Gb/s/m²。6G 將比 5G 支援更大的覆蓋範圍。行動裝置支援的最大速度從 4G 的 350 km/h 提高到 5G 的 500 km/h,根據運輸系統的發展,在 6G 中進一步改進,預計將達到 ≥1000km/h。

6G 預期提供廣域立體覆蓋能力,幫助人類擴充物理活動空間,透過空天地一體化設計和水下無線通訊等豐富的連接技術,實現天空、邊遠、遠洋、水下等多種場景的無處不在連接。壓縮感知和稀疏編碼、邊緣快取、遷移學習和光纖將有助解決網路密度的問題。壓縮感知和稀疏編碼可以透過壓縮資訊來減少使用者的通訊資料量;邊緣快取可以儲存社區中的熱門內容,降低中心速率需求;遷移學習可以透過共用 DNN 結構減少計算服務的資料量;光纖也可以降低回程網路和極高密度無線網路中無線速率需求。

2.3.6 頻譜效率

在改進 MIMO 技術的支援下,頻譜效率最高可達 60 bps/Hz,更重要的是需要在覆蓋區域上實現頻譜效率的均勻性,使用者體驗的頻譜效率將達 3 bps/Hz。

2.3.7 能量效率

通訊技術能源消耗越來越大，增大了成本效益和節能解決方案的壓力。為了實現可持續發展的目標，6G 技術預計將特別關注更高的能效，包括每台裝置的絕對功耗和傳輸效率。傳輸效率應該達到 1Tb/J，節能通訊策略也將是 6G 的核心組成部分。在 6G 時代，使用者期望在日常生活中獲得不間斷的服務，因此電池續航時間需要得到改善。考慮到環境可持續性發展，6G 網路的功耗應該最小化。能源效率也將與工業自動化製造的經濟性密切相關。

索引和空間調解是增強能效的有效物理層方法。WPT 與 SWIPT 可利用能量收集向無線接收器提供能量。此外，多輸入多輸出系統的低解析度多天線架構對於降低功耗和提高能效非常有效。分散式和協作式多點傳輸可以有效地降低基於密集社區的通訊的功耗，而中繼和中繼站傳輸可透過更高的複雜性和延遲為代價來降低長距離通訊的功耗。

2.3.8 計算性能

傳統行動通訊網路運算資源主要指完成資訊傳遞所需的計算與儲存需求，表現了網路自身運行與網路營運能力等。6G 計算涉及資訊獲取、處理、傳輸、儲存、再現、安全、利用等全鏈條，除了傳統 CPU 等算力，還需要 AI 晶片、GPU、NPU 及其他 XPU 等新算力及其組合。多種計算架構並存是 6G 計算的發展趨勢。保障高性能的同時，低功耗同樣是 6G 計算設計的重要準則。

終端具有較高的資料處理速度和傳送速率，這使得終端的功耗將進一步提升，為了保證良好的使用者使用體驗，6G 終端應當具有更強的續航能力。透過採用新型電池材料，設定新的充電技術，實現更節能的通訊過程。另外還需要採用更先進的終端硬體及設計實現更高的計算性能。

2.3.9 安全能力

網路規模擴大和 AI 技術普及給 6G 安全問題帶來新衝擊。6G 網路將具備內生安全能力，內生安全從被動防禦向主動防禦與預測危險相融合方向發展。透過多標識路由技術、可信計算技術、可信區塊鏈技術、量子保密通訊技術等，解決虛實融合、智慧體互聯情況下的資訊基礎設施性能不足與網路空間安全問題。

在 6G 時代，需要整合傳統安全機制和新引入的內生安全系統，建立點對點的安全系統。傳統硬體級隔離確保安全，軟體級引入可信機制。從預測到感知、到回應、到防禦，基於業務特徵和安全需求，建立獨立的安全能力，在遇到網路攻擊時可以自我發現、自我修復和自我平衡；對於大規模的網路攻擊，它可以自動預測、警告和回應緊急情況，並可以確保關鍵服務在應對極端網路災難時不會中斷。傳統安全機制與內生安全系統的結合系統，可以保證多樣化大規模連接的安全運行。

為了提高 6G 服務的安全性，可採用基於經典資訊理論的主要物理層技術，如安全通道編碼、基於通道的自我調整、人工干擾訊號和秘密序列提取。另外，可以採用基於深度學習的攻擊預測方法以預防網路中的惡意檢測活動。

2.4 小結

6G 定義的新使用案例對指標有了更高的需求，僅依靠 5G 現有的網路和技術是難以實現的。需要發展新的潛在使能技術實現目標，潛能技術的發展將極大擴充 6G 業務的範圍。

參考文獻

[1]   Bariah L, Mohjazi L,Sofotasios P C, et al. A Prospective Look: Key Enabling Technologies, Applications and Open Research Topics in 6G Networks [J]. IEEE Access, 2020, (99):1-1.

[2]   Gui G, Liu M, Tang F, et al. 6G: Opening New Horizons for Integration of Comfort, Security and Intelligence[J]. IEEE Wireless Communications, 2020, (99):1-7.

[3]   Han B, Jiang W, Habibi M A , et al. An Abstracted Survey on 6G: Drivers, Requirements, Efforts, and Enablers[J]. 2021.

[4]   Baiqing, Zong, Chen, et al. 6G Technologies: Key Drivers, Core Requirements, System Architectures, and Enabling Technologies[J]. Vehicular Technology Magazine, IEEE, 2019, 14(3): 18-27.

[5]   Zhang Z, Xiao Y, Ma Z, et al. 6G Wireless Networks: Vision, Requirements, Architecture, and Key Technologies[J]. IEEE Vehicular Technology Magazine, 2019, (99):1-1.

[6]   中國移動. ICDT Integrated 6G Network [R]. 2020.

[7]   Tataria H, Shafi M, Molisch A F, et al. 6G Wireless Systems: Vision, Requirements, Challenges, Insights, and Opportunities [J]. 2020.

[8]   ITU-T FG NET2030.A Blueprint of Technology, Applications and Market Drivers Towards the Year 2030 and Beyond [R]. 2019.

[9]   Samsung Research .6G The Next Hyper Connected Experience for All[R].2020.

[10] Saad W, Bennis M, Ch En M. A Vision of 6G Wireless Systems: Applications, Trends, Technologies, and Open Research Problems[J]. IEEE Network, 2020, 34(3):134-142.

[11] 紫光展銳中央研究院. 6G 無界，有 AI 白皮書[R]. 2020.

[12] Alwis et al. Survey on 6G Frontiers: Trends, Applications, Requirements, Technologies and Future Research[J]. IEEE Open Journal of the Communications Society,2021.

[13] Huang B, Zhao J, Liu J. A Survey of Simultaneous Localization and Mapping with an Envision in 6G Wireless Networks[J]. 2019.

[14] Aggarwal S, N Kumar. Fog Computing for 5G-Enabled Tactile Internet: Research Issues, Challenges, and Future Research Directions [J]. Mobile Networks and Applications, 2019(10).

[15] The IEEE 1918.1 "Tactile Internet" Standards Working Group and its Standards[J]. Proceedings of the IEEE, 2019.

[16] Samsung. 6G The Next Hyper—Connected Experience For All[R]. 2020.

[17] 未來行動通訊討論區. 初探 B5G/6G 終端[R]. 2019.

[18] NTTn DOCOMO[EB/OL].
https://www.nttdocomo.co.jp/binary/pdf/corporate/technology/
rd/topics/2018/topics_180419_01.pdf.

[19] Kad A, Gd A, Bs B. Industry 5.0 and Human-Robot Co-working - ScienceDirect[J]. Procedia Computer Science, 2019, 158:688-695.

[20] University of Oulu. Key Drivers And Research Challenges For 6G Ubiquitous Wireless Intelligence[R]. 2020.

[21] University of Oulu. White Paper on 6G Networking [R].2020.

[22] 6G 概念及願景白皮書. 賽迪智庫無線電管理研究所[R]. 2020.

[23] Chowdhury M Z, Shahjalal M, Ahmed S, et al. 6G Wireless Communication Systems: Applications, Requirements, Technologies, Challenges, and Research Directions[J]. IEEE Open Journal of the Communications Society, 2020, (99):1-1.

[24] Dang S, Amin O, Shihada B , et al. What should 6G be?[J]. 2019.

[25] Saeed N, Celik A, Al-Naffouri T Y , et al. Underwater optical wireless communications, networking, an ICDT INTEGRATED 6G NETWORK d localization: A survey[J]. Ad hoc networks, 2019, 94(Nov.):101935.1-101935.35.

[26] IMT-2030. 6G 整體願景與潛在關鍵技術白皮書[R]. 2021.

[27] University of Oulu. 6G White Paper on Connectivity for Remote Areas[R]. 2020.

[28] University of Oulu. White Paper on Broadband Connectivity in 6G[R]. 2020.

[29] FuTURE 討論區.6G Gap Analysis And Candidate Enabling Technologies [R]. 2019.

[30] Gui G, Liu M, Tang F , et al. 6G: Opening New Horizons for Integration of Comfort, Security and Intelligence[J]. IEEE Wireless Communications, 2020, (99):1-7.

[31] FuTURE 討論區. 多角度點繪 6G 藍圖[R]. 2019.

6G 全頻譜通訊

隨著具有極高資料速率和嚴格頻寬要求的新使用案例出現，實現 6G 網路的關鍵挑戰是如何解決頻譜的缺乏問題。由於 Sub-6GHz 與毫米波已不能滿足 6G 需求，因此 6G 網路需要開發更高頻段的頻譜，如 THz 與可見光。5G 頻譜已支持其某些典型應用，5G 部分頻譜將繼續應用於 6G 中，且 6G 頻譜將在 5G 的基礎上進一步擴充。

3.1 行動通訊頻譜的演變

3.1.1 從 1G 到 5G：行動通訊頻譜發展

頻譜在各代行動通訊技術發展中不斷演進。1G 的典型頻段為 800～900MHz，傳輸速率為 2.4Kbps，頻寬為 30KHz。主要使用者是 AMPS、NMT 和 TACS。

2G 主要頻段包括 GSM850/900/1800/1900，GSM850 的頻段範圍為 824～894MHz，GSM900 的頻段範圍為 890～960MHz，GSM1800 的頻段範圍為 1710 ～ 1880MHz ， GSM1900 的 頻 段 範 圍 為 1850 ～ 1990MHz 。 GSM900/1800 頻段主要由歐洲和中國使用，GSM850/1900 頻段主要由美

國使用。2G 的資料速率可達 10Kbps，最高頻寬可達 1.5MHz。GPRS 是 GSM 網路向第三代行動通訊系統過渡的一項 2.5G 通訊技術，GPRS 可支援的資料速率為 20Kbps。EDGE 也是一項 2.5G 通訊技術，支援資料速率可達 200Kbps，最高頻寬可達 200KHz。

3G 頻段標準為 WCDMA 800/850/900/1800/1900/2100MHz。其中，美國主要使用 WCDMA850/1900/1700 頻段，歐洲使用 WCDMA 2100 頻段。3G 涉及 WCDMA、UMTS 和 CDMA 2000 技術的引入和使用。WCDMA 和 UMTS 可實現的頻寬為 5MHz，CDMA2000 可實現的頻寬為 1.25MHz。HSUPA/HSDPA 和 EVDO 等不斷發展的技術已經形成了 3G 和 4G 之間的中間一代，稱為 3.5G，資料速率提高到 5～30 Mbps。LTE 中的 OFDMA 與 SC-FDMA 技術，WIMAX 中的 SOFDMA 技術的發展形成了 3.75G，此時資料速率達到 100～200Mbps，LTE 中的頻段為 1.8GHz 與 2.6GHz，頻寬為 1.4～20MHz。WIMAX 中的頻段為 3.5GHz 與 5.8GHz，在 3.5GHz 時的頻寬為 3.5～7MHz，在 5.8GHz 時的頻寬為 10MHz。3G 的資訊傳輸速率比 2G 網路明顯提升，這也使得行動網際網路得以實現。

4G 的典型頻段標準按照雙工的模式可以分為 TDD-LTE 與 FDD-LTE。其中，LTE 的 FDD 部分頻段分為 B1～B31，FDD-LTE 上行頻段範圍為 1755～1765MHz，下行頻段範圍為 1850～1860MHz。TDD 部分為 B33～B44，TD-LTE 上行頻段範圍為 555～2575MHz，下行頻段範圍為 2300～2320MHz。4G 的主要技術為 LTE-A 與 WIMAX 中的 SOFDMA。LTE-A 支持的頻段為 1.8GHz 與 2.6GHz，WIMAX 支持的頻段為 2.3GHz、2.5GHz 與 3.5GHz。LTE-A 中的上行資料速率為 1.5Gbps，下行資料速率為 3Gbps，頻寬為 1.4MHz 到 20MHz。WIMAX 的資料速率為 100～200Mbps，頻寬為 3.5MHz、7MHz、5MHz、10MHz 與 8.75MHz。

ITU-R M.2083-0 指出，在 2020 年後，沒有一個單一的頻率範圍可以滿足部署 IMT 系統所需的所有準則，特別是在地形和人口密度差異很大的國家中。因此，要滿足 IMT 系統的容量和覆蓋要求，需要多個頻率範圍。

WRC-15 議程專案 1.1 特別注意低於 6GHz 的行動寬頻頻譜，但是 5G 的部分實際應用需要達到 6GHz 以上的頻率。5G 中不僅只包含毫米波，低於 6G 的頻率對於實現 5G 的容量和範圍、提供跨時間和空間的一致 QoS、支援廣域的 M2M 與支援超可靠的服務將很重要。

3GPP 定義了兩個 5G NR 的 FR，5G 頻段如圖 3.1 所示。其中，FR1 定義的頻率範圍為 450～6000MHz，由於該頻段在 6GHz 以下，因此也通常稱為是 Sub-6G。FR2 定義的頻率範圍為 24250～52600 MHz，該範圍屬於毫米波。5G NR 包含了部分 LTE 頻段，也新增了一些頻段。5G NR 的頻段號以 "n" 開頭，目前 3GPP 制定的 FR1 頻段範圍內包括 FDD、TDD、SDL 與 SUL 的雙工模式，FR2 頻段範圍內為 TDD 的雙工模式。5G 期望獲得高達 10Gbps 的網路速度、大於 100Mbps 的社區邊緣速率和小於 1ms 的延遲，為了達到以上性能，5G 將在高達 100GHz 的頻帶中工作。

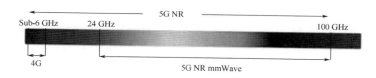

圖 3.1 5G 頻段範圍

從行動通訊的頻譜劃分來看，1G 到 5G 行動通訊頻譜的發展趨勢為頻段逐漸增高，頻寬逐漸增大，傳輸速率逐漸增快，這也帶來了更好的體驗。因此，6G 頻譜必然將向著更高與更寬的頻段發展，以滿足日益增長的應用需求。

3.1.2 全頻譜通訊驅動力

根據埃德霍姆定律的預測，在過去的三十年裡，無線資料速率每十八個月成長一倍。Tbps 的資料速率預計將在 2030 年之前實現，從而可提高當前網路的容量。目前在無線區域網（IEEE 802.11）和高速率無線資料個域網（IEEE 802.15.3）中的標準化工作中，資料速率的定義正從幾十 Gbps 逐漸超過 100 Gbps。

在低毫米波波段，雖然先進的數位調解和複雜通訊方案可以在低於 5GHz 的頻率實現較高的頻譜效率，但是缺乏的頻寬限制了可實現的資料速率，在低毫米波波段無法達到 Tbps 鏈路。舉例來説，在 100MHz 的頻寬上使用 MIMO 方案可以達到 1Gbps 的資料速率，但是仍比 1Tbps 低三個數量級。6GHz 波段可以在 1m 範圍內實現 10Gbps 的資料速率，但仍比 1Tbps 的資料速率低兩個數量級。

據估計，2019 年全球有 95 億個物聯網裝置聯網。ITU 進一步估計，到 2025 年，互聯物聯網裝置的數量將增加到 386 億台，到 2030 年將增加到 500 億台。處理這種巨量資料流和大量物聯網裝置是未來的兩個關鍵設計目標。為了支援這些極高的資料速率，需要開發更好的訊號處理技術，還需要提高蜂巢網路的密集化程度，更重要的是，需要新的頻譜帶和硬體技術來提供足夠的性能。擴充頻譜對於網路性能的提升具有更大的可能性。在這種背景下，為了緩解當前無線系統的頻譜缺乏和容量限制，並在不同領域實現大量期待已久的應用，開發更寬的頻譜資源將是 6G 的關鍵使能技術。

行動通訊網路需要開發更多的頻譜，6GHz 以下的頻譜已經殆盡，26GHz、39GHz 的毫米波頻段已分給 5G 使用，因此需要研究更高頻段，THz 和可見光，以滿足更高容量和超高體驗速率的需求。

3.2 6G 頻譜定義與特點

3.2.1 6G 頻譜定義

2015 年，在 WRC2015 大會上確定了第 5 代行動通訊研究備選頻段：24.25～27.5GHz、37～40.5GHz、42.5～43.5 GHz、45.5～47GHz、47.2～50.2GHz、50.4～52.6GHz、66～76GHz 和 81～86GHz，其中，31.8～33.4 GHz、40.5～42.5GHz 和 47～47.2GHz 在滿足特定使用條件下允許作為增

選頻段。這些頻帶的選擇基於各種因素，如通道傳播特性、現有服務、全球協定和連續頻寬的可用性。WRC-2019 偏重於 5G 系統專用高頻毫米波頻段的分配，定義了總共 17.25GHz 的頻譜。為了實現未來的 THz 通訊系統，WRC-2019 還定義了在 THz 波段範圍 252～450GHz 內 160GHZ 的頻譜。不同頻段的應用簡述如下。

- 26 GHz 頻段：用於地球探索衛星和空間研究探險、衛星間通訊、回程、電視廣播分發、固定衛星地球到空間服務和 HAPS 應用。
- 28 GHz 頻段：用於 LMDS 與 ESIM 應用。
- 32 GHz 頻段：用於 HAPS 應用、衛星間服務分配。
- 40 GHz 頻段：低頻段用於固定和行動衛星和地球探索和空間研究衛星服務，用於 HAPS 應用；高頻段用於固定和行動衛星、廣播衛星服務、行動服務和射頻天文學應用。
- 50 GHz 頻段：固定非靜止衛星和國際行動電信服務，用於 HAPS 應用。
- 60 GHz 低頻帶：在超密集網路場景下，個人室內服務、透過連線和回程鏈路的裝置到裝置通訊的未經許可的操作。
- 60 GHz 高頻段：這是英國和美國即將推出的無牌照行動標準，目前用於航空和陸地行動服務。
- 70～90 GHz 頻段：目前用於固定和廣播衛星服務。在美國超高密度網路環境中，用於無線裝置對裝置和回程通訊服務的未經許可的操作。
- 252～296 GHz 頻段：用於陸地行動和固定服務，適合戶外使用。
- 306～450 GHz 頻段：用於陸地行動和固定服務，適合短距離室內通訊。

5G 分別定義了低於 6 GHz 和 24.25-52.6 GHz 的頻帶。美國聯邦傳播委員會建議，對於 6G，應考慮高於 5G 的頻率，如 95～3000GHz。2019 年 3 月，聯邦通訊委員會開放了 95～3 000GHz 之間的頻譜，用於實驗用途和未經許可的應用，以鼓勵新無線通訊技術的發展。此外，關於在 52.6 GHz

以上頻段運行的 5G 新無線電系統的使用案例和部署場景的討論已經開始。遵循這一趨勢，在未來的無線系統中，行動通訊將不可避免地使用 Sub-6GHz 波段。但目前只有大約 1177 MHz 的國際行動通訊頻譜得到利用，預計未來十年頻譜分配將增加近 3～10 倍。

6G 將透過開發 THz 頻段與可見光頻段獲得更寬的頻譜，可見光通常指頻段為 430～790THz，有約 400THz 候選頻譜，THz 通常指的是 0.1～10THz 的電磁波，有約 10THz 候選頻譜。THz 頻段與可見光頻段都具有大頻寬的特點，易於實現超高速率通訊，是未來行動通訊系統頻譜的關鍵技術。

但並非所有的 6G 關鍵指標都可在高頻段實現，高頻對峰值資料速率和延遲等性能指標來說是更好的選擇，但是相對於頻譜效率、可靠性和行動性而言，較低頻譜更可取。6G 頻譜也將延續毫米波頻段的使用，對於一些場景，如大面積行動蜂巢，將在毫米波段進行通訊。因此未來 6G 頻譜將包括 Sub-6GHz、毫米波段、THz 波段及可見光波段多個頻段。

6G 頻譜將在 5G 頻譜的基礎上增強，從 Sub-6GHz 到毫米波，再到低 THz 和可見光區域。在未來的無線系統中，行動通訊將使用 THz 波段與可見光頻段，預計 6G 最高將使用高達 3 000GHz 的頻率，6G 潛在頻譜區域如圖 3.2 所示。

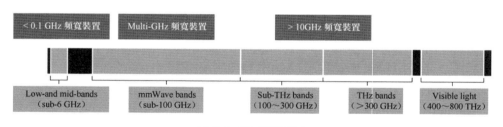

圖 3.2　6G 頻譜區域

目前，標準化機構正在制定針對未來無線系統的 Sub-6GHz 和 VLC 解決方案的研究專案，如 IEEE 802.15.3d 和 802.15.7，但這些技術尚未納入蜂巢網路的標準。

3.2.2 不同頻段的特點

5G 頻譜在 4G 頻譜的基礎上，從 Sub-6GHz 擴充到毫米波，並繼承了 Sub-6GHz 部分頻段。6G 將在 5G 的應用需求上進一步發展，因此 6G 頻譜也將繼續繼承 5G 頻譜並繼續擴充。Sub-6GHz 與毫米波不能夠滿足 6G 新興的應用的要求，因此有必要開發 THz 頻段與可見光頻段。圖 3.3 所示為在典型的部署場景中這些頻帶的路徑損耗，列出了不同頻段之間的差異與每一部分的特點。接下來將對 Sub-6GHz、毫米波、THz 波與可見光頻段的定義、區別與在通訊中的應用做簡介。

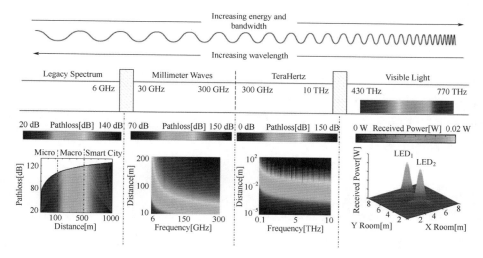

圖 3.3 Sub-6GHz、毫米波和 THz 波段的路徑損耗，以及 VLC 的接收功率

1. Sub-6GHz

在 4G 蜂巢標準之前，蜂巢通訊僅限於 6 GHz 以下的傳統頻帶，現在稱為 Sub-6 GHz 蜂巢頻帶。Sub-6GHz 通常指低於 6GHz 的頻段。在 4G 之後，隨著應用需求的提高，僅使用低於 6GHz 的頻段已不能滿足更高的資料速率。頻段範圍也逐漸向高於 6GHz 的範圍擴充。

相對於高頻段的訊號，Sub-6GHz 經歷的路徑損耗小，穿透性強，不易受到阻塞。因此使用 Sub-6GHz 波段可實現較廣的覆蓋範圍。4G 頻譜中，Sub-

6GHz 可以輕鬆應用於 5G 通訊，因此 Sub-6GHz 也是 5G 中的重要波段，提供了連續覆蓋和相對可靠的通訊。對於 6 GHz 以下的頻帶，3.5～4.2 GHz 之間的通訊頻帶也被應用於 5G 中，並且可以提供高達 300 MHz 的頻寬。Sub-6G 波段還可以為毫米波訊號品質較差的使用者裝置提供可靠的資料通訊。在高於 6GHz 頻段中，由於高使用者容量和干擾效應，宏基地台和小社區基地台之間的傳輸會成為一個瓶頸。低於 6 GHz 的回程通訊可以作為這個問題的解決方案。Sub-6GHz 頻帶也可以被宏基地台附近的使用者用於上行鏈路和下行鏈路傳輸。在行動應用程式中，如連接的自主車輛、VR 和 AR，行動使用者可能經常受到來自建築物、車輛、植被、人類或城市傢俱引起的阻塞。因此在行動性下高頻段範圍內很難保證高可靠性，但在高頻網路中無縫整合 Sub-6GHz 可以提供超高可靠和高速無線連線。

另外，根據 Google 對相同範圍內、相同基地台數量的 5G 覆蓋進行的測試實驗，在 Sub-6GHz 下營運的 5G 網路覆蓋率毫米波 5 倍以上。相比於 Sub-6GHz 的基地台部署，毫米波基地台由於需要進行大量部署，因此將導致較高的部署成本。

2. 毫米波

毫米波頻段的頻段範圍通常被定義為 30～300GHz，其波長為 1～10mm。毫米波的頻譜豐富，可以實現每秒數十億位元的通訊，資料速率最高可達 100Gbps，具有較大的傳輸範圍。由於具有較高的頻率，這些波段因氧氣吸收而面臨嚴重衰減。在一些特殊的頻帶中，如 35 GHz、94 GHz、140 GHz 和 220 GHz，傳播經歷相對較小的衰減，此時兩點之間能夠進行長距離通訊。在其他頻段如 60GHz、120GHz 和 180GHz，衰減高達 15dB/km，嚴重的阻塞也導致了較差的衍射。另外，路徑損耗、分子吸收和大氣衰減等都會引起毫米波傳輸範圍的縮短。雖然較高的穿透和阻塞損失是毫米波通訊系統存在的主要缺點，但在現代蜂巢系統中，毫米波的這一特點卻有助減輕干擾，可在蜂巢系統中實現密集的社區部署。另外由於更大的覆蓋範圍和行動性支持，毫米波通訊也適用於回程通訊。

與 Sub-6GHz 頻段相比，毫米波頻帶的頻寬增加了數百倍。毫米波傳輸在本質上與 Sub-6GHz 相比更安全。舉例來說，對阻塞敏感性的高度衰減使得遠端竊聽者甚至很難偷聽毫米波傳輸，除非它們離發射機非常近。而毫米波訊號更容易受到阻塞和植物損耗的影響，這就需要高度定向的傳輸。在天線尺寸相同的情況下，毫米波頻率下的天線元件比 Sub-6GHz 頻率下的天線元件多。因此，形成的波束可以更窄，這可以進一步促進其他應用的發展，如探測雷達。另外，在現代蜂巢系統中，毫米波系統雖然具有較高的穿透和阻塞損失的缺點，但小社區的密集部署有助減輕干擾。

5G 之前，毫米波主要應用於雷達與衛星業務，近年來，電信業者也開始使用毫米波實現通訊。使用毫米波進行 5G 行動通訊將需要大量基地台來提供所需的覆蓋範圍。大約 24 GHz 到大約 100 GHz 的毫米波頻率已經被探索作為 5G 標準的一部分。

毫米波頻率可以實現室外基地台之間的無線回程連接，將會降低光纖電纜的購置、安裝和維護成本，特別是對於超密集網路。此外，資料伺服器在高度定向的筆形波束的幫助下，透過毫米波頻率進行通訊，能夠實現完全無線的資料中心。毫米波另一個潛在的應用是在高機動性情況下的車對車通訊，包括子彈頭列車和飛機，其中同時應用毫米波通訊系統和 Sub-6GHz 的系統有可能提供更好的資料速率。

第五代蜂巢標準正式採用了毫米波系統，並為許可通訊分配了幾個毫米波子帶。相對 Mbps 數量級的資料速率，毫米波可實現 Gbps 數量級的資料速率，滿足 5G 複雜應用的需求。但是 5G 標準無法滿足未來十年資料流量的預測增長率。舉例來說，802.11ad 標準中，工業、科學和醫療頻帶可達到 6.8Gbps，但是實驗室環境中的速率只能達到 1Gbps。毫米波頻段連續可用頻寬小於 10GHz，因而難以實現 Tbps 的資料速率需求。由於毫米波中資料速率的限制，全自動無人駕駛車輛與虛擬實境等應用將繼續受到毫米波的影響。許多新興應用將透過利用 0.1～10THz 的 THz 頻譜範圍，擴大應用性能。

3. THz 頻段

毫米波通訊可實現的資料速率，可以滿足 5G 中的大部分應用需求。但未來一些新興應用可能需要 5G 系統不支援的 Tbps 鏈路，實現 Tbps 等級的資料速率的目標引起了人們對探索 THz 波段的濃厚興趣。

THz 波段處於微波波段與光學波段之間，其低頻段與電子學領域的毫米波頻段有重疊，高頻段與光學領域的遠紅外頻段有重疊。通常來說，THz 頻率範圍在 0.1～10THz 之間，有約 10THz 的候選頻譜，波長為 0.03～3.0 mm，是整個電磁波譜中的最後一個範圍，從 100GHz 到 200GHz 的波段也被稱為次 THz 波段。根據 IEEE THz 科學與技術學報可知，THz 的範圍是 300GHz～10THz，這與 ITU-R 定義的超高頻頻段即 300GHz～3THz 相近。根據已有的實驗測試，在 240GHz 時可以達到 10Gbps 的資料速率，在 300GHz 時可以達到 64Gbps 的資料速率，在 300～500GHz 頻段可實現大於等於 160Gbps 的資料速率。

THz 可以用於需要高輸送量和低延遲的地方。WRC-19 規定了在 275-450GHz 的 THz 頻率範圍共 137 GHz 的頻寬，分配給行動和固定服務（即 275～296 GHz、306～313 GHz、318～333 GHz 和 356～450 GHz）。

但是 THz 頻段的功率消耗較高，使用 THz 進行通訊時的主要雜訊來源是環境中的分子雜訊。和毫米波相似，路徑損耗、分子吸收和大氣衰減等也容易引起 THz 傳輸範圍的縮短。THz 頻帶具有一組隨距離變化的傳輸視窗，頻寬超過幾十 GHz 甚至是 THz。

THz 波和毫米波是相鄰的波段，但它們的性質不和。相比之下，毫米波頻段的連續可用頻寬小於 10GHz，無法支援 Tbps 鏈路速度，而 THz 頻段的距離變化傳輸視窗高達 THz 頻寬。如果要達到 100 Gbps 的資料速率，需要達到 14bps/Hz 的頻譜效率。在 THz 波段，隨著頻率的增加，Tbps 可以實現 bps/Hz 等級的頻譜效率。與毫米波相比，THz 波段的自由空間衍射更小、波長更短，在相同的發射器孔徑下，THz 波段也可以實現更高的波束方向性。透過在 THz 通訊中使用高方向性天線，可以降低發射功率與天線

之間的干擾。較強的方向性增加了波束對準和波束追蹤的難度和負擔,同時減少了干擾管理的負擔。由於 THz 波束的良好的方向性,在 THz 波段,被竊聽的機會也比毫米波波段低,在毫米波波段,未經授權的使用者也必須在同一窄波束上才能攔截訊息。THz 波的通訊視窗高於毫米波,因此,THz 頻率更適合高資料速率和低距離通訊。

自由空間衰減隨著頻率的增加而增加,毫米波中分子吸收損耗是主要由氧分子引起的,而 THz 波段分子吸收損耗主要是由水蒸氣引起的。毫米波和 THz 波段的反射損耗都很高,導致 NLoS 路徑比 LoS 路徑損耗嚴重。在 THz 頻段,當波長降低到 1mm 以下時,散射效應也會變得很嚴重,將會導致多徑分量、角展度和延遲的增加。目前,毫米波天線比 THz 天線成熟得多,因此可以為毫米波部署天線分集和波束控制和追蹤。

在 60GHz 和 1THz,自由空間衰減是 21.6dB 和 46dB,高於 5GHz 系統在相同的距離的衰減。此外還需要考慮分子吸收損耗,因為 100 GHz 以上的衰減比低頻帶的衰減大得多。由於存在路徑損耗與分子吸收,毫米波和 THz 波與其他系統相比具有極高的路徑損耗。在毫米波與 Sub-6GHz 波段,由於與表面相比極小的波長,低頻段時光滑的表面在毫米波與 THz 波段都會變的粗糙。這一特徵將產生較高的反射損耗,從而造成多徑效應減弱和散射環境稀疏。

4. 可見光頻段

過去二十年,隨著行動資料流量的指數級增長,射頻通訊開始出現局限性。即使有高效的頻率和空間重複使用,當前的射頻頻譜也不足以滿足日益增長的流量需求。與此相比,包括數百 THz 無許可頻寬的可見光譜完全未被用於通訊。VLC 在設計大容量行動資料網路時可以作為射頻行動通訊系統的補充。

可見光是電磁波譜中非常獨特的頻段,它是指人眼可以感知的電磁波譜部分。由於不同個體的感知能力差異,可見光的頻段定義不太統一。可見光

的頻段為 430THz 至 790THz，波長為 390～750nm，資料速率為 100Mbps
至 1Gbps。此頻段的訊號傳播範圍較短。可見光頻段無須頻段許可授權，
可用於自由通訊，功耗低，連接基礎設施部署成本低，能夠在不能使用射
頻的環境中提供無線資料連接。與傳統採用的射頻頻段相比，VLC 提供了
超高頻寬 Sub-6GHz、零電磁干擾、自由豐富的無執照頻譜和極高的頻率
重複使用。

在未來 6G 網路中，射頻與 VLC 技術可以共存，6G 可以受益於 VLC 的特
性。混合射頻 VLC 系統將同時利用兩種技術的優勢，使用射頻可以克服
VLC 的限制，使用光無線連線網路則可以提高資料速率。

3.3 6G 頻譜新使用案例

電磁波譜不同頻段對應的應用如圖 3.4 所示。6G 頻譜將不僅侷限於 Sub-
6GHz 頻段或毫米波頻段，不同的應用對無線連接的要求也不一樣，6G 系
統需要適應使用案例的變化，以服務於使用者。

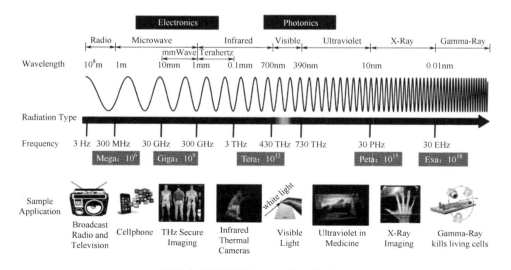

圖 3.4 電磁波譜與不同頻段的應用

3.3.1 長距離回程

由於安裝和營運成本增加,在高密度小社區部署中提供光纖回程具有挑戰性。在 5G 中,毫米波頻譜適用於短程通訊,並且非常適合於 LOS 的傳播模型。在 60GHz 中,開發技術可以支援無線區域網和個人區域網中的操作,實現在家庭、辦公室、交通中心和城市熱點的網際網路連線。基於 IEEE 802.11ay 的 mDN 可以成為固定光纖鏈路的低成本替代方案,行動資料網路的目的是在室內和室外場景中提供點到點和點到多點毫米波連線,以及在自我組織網路場景中為小社區提供無線回程服務。基於 IEEE 802.11ay 的 mDN 網路的優勢是更便宜的網路基礎設施和高速無處不在的覆蓋。目前的 5G 蜂巢回程網路預計將在 60 GHz 和 71～86 GHz 頻段上運行,由於其相似的傳播特性,預計將擴充到 92～114.25 GHz 頻段。5G 被視為透過毫米波頻段實現蜂巢通訊的重要一步,預計在 6G 及更高的系統中會進一步成熟。

目前,通訊基礎設施由光纖維護,但光纖網路在對一些地方擴充通訊時會受到限制,如天空、太空或海上。使用 THz 通訊可以用來建立強大的鏈路,預計在未來將實現連接地面和衛星。透過使用更高的毫米波頻段和 THz 頻譜,可以為未來 6G 的資料密集型應用提供回程解決方案。當主幹網使用 THz 通訊時,需要透過增加輸出功率和接收靈敏度來提高基本性能。此外,在高增益天線的前提下,波束控制技術是 THz 通訊的關鍵。當 THz 通訊用於主幹網或低地球軌道通訊時,即使是固定站也需要波束控制以方便安裝,其發展在未來將是重要的。然而,轉向寬度可能不需要很寬,並且可能不需要高速追蹤。

3.3.2 傳感網路

在 6G 使用案例中,很多場景涉及傳感網路的使用,網路基礎設施和不同裝置都配備了傳感功能。將傳感功能和基地台相結合是建構 6G 傳感網路的有效技術途徑。感知功能將是實現 6G 多個場景的基本功能。基於基礎

設施的傳感網路可以應用於智慧交通，舉例來說，透過使用部署在道路或交叉路口附近的基礎設施來感應附近的交通狀態，然後在網路中共用該資訊以實現交通管理智慧。從終端的角度來看，為了獲得傳感能力，在智慧型手機上增加觸控板、攝影機、紅外或陀螺儀等各種感測器的方法貫穿了整個智慧型手機的發展歷史。在自動駕駛中，車輛上的所有汽車雷達都能感知周圍環境的情況，然後透過無線連接將結果上傳到網路端，最後由網路啟動或輔助車輛的駕駛操作。從這個過程來看，感知是智慧的基本能力，是未來 6G 網路和裝置的重要組成部分。

一個新應用的例子是 60GHz 毫米波片上雷達系統。毫米波雷達晶片的發展帶來了許多新的應用，包括運動辨識、材料檢測和三維掃描成像。因此，將毫米波雷達晶片與行動通訊終端整合可以極大地擴充其應用範圍。然而，感應需要巨大的可用頻寬。由於解析度的限制，毫米波雷達在真實環境中的姿態辨識率很難令人滿意。

毫米波和 THz 頻率可以根據觀察到的傳播訊號特徵獲取環境資訊。傳感應用可以利用 100GHz 以上的通道頻寬及各種材料的頻率選擇性諧振和吸收特性，能夠實現高增益天線及定向感應。頻率的升高使得作為波長函數的空間解析度變得更加精細，因此當頻率超過 300GHz 時，可以表現次毫米級的差異。

鑑於傳感所需極高速率需求，THz 波段具有一定潛力。透過波束掃描，在各種不同角度對接收訊號特徵進行系統檢測，可以建立物理空間的圖型。透過收集任何位置的地圖或視圖，可以生成各個位置物體的詳細三維視圖。由於在整個 THz 波段的特定頻率下的某些材料和氣體的震動吸收，可以實現基於光譜技術檢測環境中的物體。THz 將支持新的傳感應用，如用於手勢檢測和非接觸式智慧型手機的小型化雷達、用於爆炸物檢測和氣體傳感的光譜儀、THz 安全身體掃描、空氣品質檢測、個人健康監測系統、精確時間/頻率傳輸和無線同步。

3.3.3　聯合雷達通訊應用

高頻波段的另一個應用是聯合雷達通訊，聯合通訊將雷達和通訊功能整合在一個系統中。通訊系統正在向高於 100 GHz 的頻譜帶發展，這些頻譜帶適用於高資料速率通訊和高解析度雷達感應。

基於毫米波 THz 頻率的聯合雷達通訊比光或紅外成像的方法更有效。雖然雷射雷達可以提供更高的解析度，但在有霧、下雨或多雲時，雷射雷達無法執行。毫米波和 THz 雷達在惡劣天氣下也可用於輔助駕駛或飛行。能在幾百 GHz 頻率下工作的高畫質晰度視訊解析度雷達將足以提供類似電視的圖型品質。還可以使用低於 12.5GHz 的雷達，雷達在低頻段時能提供更長的距離探測，但解析度較差。同時使用高頻與低頻的雙頻雷達系統可以在大霧或大雨中駕駛或飛行。

THz 波可以增強人類和電腦的視覺範圍，使其能夠查看到周圍的角落與 NLoS 目標，這有助監視、自主導航和定位等能力。建築表面通常表現為一階反射鏡，因此如果有足夠的反射或散射路徑，可以看到角落周圍和牆壁後面。在基於可見光和紅外線的 NLoS 成像中，光學波長小於大多數表面的表面粗糙度，因此光學 NLoS 成像需要複雜的硬體和演算法，同時顯示出較短的成像距離，一般小於 5m。由於散射訊號弱、視線範圍小，可見光系統在聯合雷達通訊中實際應用還沒有得到很好的發展。

在低於 10GHz 的 NLoS 中雷達系統的損耗較小，物體也相對更平滑。然而，在較低的頻譜中，由於材料是半透明的，邊緣衍射變得更強，並且由於強烈的多次反射傳播，圖型很容易被混淆。此外，雷達系統需要精確的靜態幾何知識，並且僅限於物件辨識，而非隱藏場景的詳細圖型。

THz 波結合了微波和可見光的許多優點，即具有小波長和寬頻寬的特點，允許中等尺寸成像系統的高空間解析度圖型。THz 散射可以對障礙物周圍的物體成像，同時保持空間相干性和高空間解析度。雷達成像系統用 THz 波照亮場景，透過計算後向散射訊號的飛行時間生成三維圖型。當散射訊

號的路徑涉及周圍表面的多次反射時，生成的三維圖型會出現失真。如果 LoS 表面由於強烈的鏡面反射可以視為鏡子，則可以透過應用相對簡單的映像檔變換來重建 NLoS 物體的校正圖型。

3.3.4　自動汽車駕駛

更智慧的通訊網路的趨勢是汽車自動駕駛系統。由於低訊號雜訊比的可能性很高，並且需要支援高資料速率，在自動駕駛發展的早期，毫米波雷達已經應用於防撞和駕駛輔助領域。然而，成熟的自主車輛技術需要處理複雜的環境，並且容錯性極低，這就需要高精度的感測器。與毫米波相比，THz 具有更高的頻率，可以實現更寬的頻寬，能夠提供行人、車輛和障礙物的超高解析度成像。THz 的特性可以提高自動駕駛技術的安全水準。同時，可以在車內安裝一個超高速、低延遲的通訊系統，將資料上傳到雲端中。智慧雲端可以反過來指導駕駛操作。因此，在用於汽車自動駕駛系統的感測器中，較高的毫米波和 THz 範圍是優選的。

3.3.5　智慧建築與智慧城市

VLC 典型的室內應用包括形成無線通訊網路的多個 LED 燈泡，提供類似於無線網路的連接體驗。在城市中，VLC 技術可以應用於汽車通訊，其中汽車和交通燈可以用來傳輸控制訊號或緊急資訊資料。VLC 系統允許在 V2I 或 V2V 之間建立一個 attocell 網路，用於超低延遲通訊。VLC 為辦公和家庭環境提供高速、安全、密集和可靠的無線網路，並成為智慧建築和智慧城市的推動者。

3.3.6　無線認知

無線認知的概念是指在提供一個通訊鏈路的情況下，大量的計算能夠從遠端的裝置或機器中進行並提供即時的操作。舉例來説，輕型 UAV 不能提供進行大規模計算所需的功率或重量裝置。如果具有足夠寬的通道頻寬和

足夠快的資料速率，則可以在固定基地台或邊緣伺服器上進行極其複雜任務的即時計算，如實現情景意識、視覺和感知能力，並支持對 UAV 的即時認知，機器人、自動駕駛車輛和其他機器也可實現回應的功能。因此該應用在毫米波和 THz 波段有很好的應用前景。

THz 頻率能夠提供無線遠端人類認知所需的即時運算能力。人腦中大約有 1 000 億個神經元，每個神經元每秒可以發射 200 次，每個神經元連接到大約 1 000 個其他神經元。如果假設每個運算都是二進位的，則需要 20 000 Tbps 的資料速率。6G 可能在 THz 範圍內為每個使用者分配高達 10 GHz 的射頻通道，並且透過假設每個使用者能夠利用 10bit/符號調解方法，並且使用 CoMP 和 mMIMO 及更先進的技術將通道容量增加 1 000 倍，此時可以實現 100Tbps 的資料速率。100 Tbps 的鏈路在 10 GHz 的通道頻寬內提供了 0.5%的即時人類運算能力。如果想實現 1 Pbps 的資訊傳輸速率或 5%的人腦即時運算能力，需要在 100GHz 的通道頻寬透過無線傳輸實現。

3.3.7 精確定位

與其他方法相比，利用毫米波和 THz 成像進行定位具有獨特的優勢。在毫米波成像與通訊方法中，即讓使用者到基地台或存取點的路徑中經歷了多次反射，使用者也可以定位在 NLoS 區域。在經典的定位和映射方法中，需要環境的先驗知識和校準，相關文獻中提出，基於毫米波成像/通訊的技術不需要任何先驗知識。透過建構或下載環境地圖，行動裝置能夠利用其他功能，舉例來說，預測訊號電位、使用即時網站特定預測，或將地圖上傳到編譯物理地圖的雲端中，或將地圖用於行動應用程式。

使用毫米波或 THz 成像在未知環境中重建周圍環境的 3D 地圖，可以同時合併傳感和成像及位置定位。毫米波和 THz 訊號透過對大多數建築材料強烈反射作用，可以使隱藏物體成像，即 NLoS 成像，因此散射也可以有助建模和預測。基於物理環境的 3D 地圖，以及來自行動裝置的時間和角度

資訊，公分級定位和成像可透過毫米波和 THz 頻率的大頻寬和大天線陣列實現。

3.4 6G 頻譜面臨的挑戰

未來十年的無線服務目標是在小區域達到 Mbps 的取樣率，這表示需要更高資料速率、更寬頻譜和更高網路密度。為了解決這一複雜的任務，6G 必須開發不同的使能技術。當諸如毫米波和 THz 波的新頻帶被增加到現有頻帶時，與過去相比，將使用非常寬的頻帶。因此，似乎有許多相關的研究領域，如根據應用最佳化多頻帶的選擇應用，重新檢查小區間的頻率重用方法，升級上行鏈路和下行鏈路中的雙工方法，以及重新檢查低頻帶的使用方法。在 Sub-6GHz 頻段的無線通訊技術已經較為成熟，從 Sub-6GHz 到毫米波的頻譜擴充在 5G 時代帶來了從初始連線到波束形成實施的多種技術挑戰。6G 時代頻譜擴充至 THz 與可見光頻段，頻段的擴充將帶來更多技術上的挑戰，下面將對 6G 頻譜擴充所帶來的問題進行簡要概述。

3.4.1 無線電硬體

寬頻無線電路的實現，通常會導致性能下降。有效通道頻寬可能同樣受到無線模組的帶通響應及基頻路徑中高速封裝的低通特性的限制。高品質被動元件和天線元件的片內整合雖然具有挑戰性，但在大幅降低高頻訊號逃逸的封裝成本方面仍顯示出被低估的優勢。即使在較高的毫米波區域，單一無線收發器也只能支持 20～30 GHz 的頻寬。因此硬體限制，如數據轉換器的速度和計算複雜性，將對寬頻的有效使用提出挑戰。此外，還需要研究新的波形、減輕硬體損傷，以及實現該頻段器件的新材料。

3.4.2 多頻段共存

為了滿足傳輸速率不斷提高的需求，6G 系統將能夠在多個不同的頻率區域如 Sub-6GHz、毫米波、THz 或可見光頻段發送和接收訊號。較高和較低的頻率各有利弊，可以靈活地用於不同的應用。較高的頻率，如毫米波和 THz 頻率，相比較低的頻率提供了更寬的頻寬與更高的資料速率。因為高頻段的傳播損耗較大，不適用於一些長距離場景的通訊，此時較低頻段的訊號更適用。

頻譜發展到更高的頻率時，關鍵的問題不是如何實現工作頻率增加，而是將這些不同頻帶中的現有技術融合成一個聯合無線介面，從而實現頻帶之間的無縫切換。在支援多種應用的情況下，必須透過仔細的頻率規劃來防止諧波重疊。多頻段混合將影響無線通訊的性能，可以透過改進無線技術包括多頻段調解、多頻段網路拓樸和多頻段雜訊處理等技術來提升超寬頻通訊品質。

3.4.3 傳播損耗

在低於 6 GHz 的較低頻率下，波的衰減主要是由自由空間中的分子吸收引起的。但是在較高的頻率下，由於波長接近灰塵、雨、雪或冰雹的大小，米氏散射的影響變得更加嚴重。另外，大氣中氧氣、氫氣和其他氣體的各種共振會導致某些頻段被吸收大量訊號。

對於 183GHz、325GHz、380GHz、450GHz、550GHz 和 760GHz 頻段，其特殊性質使其在空氣中經受更大的距離衰減，大頻寬通道傳輸距離將非常迅速地衰減到幾十公尺、幾公尺甚至更短，因此這些特定的頻帶非常適合短距離和安全通訊。與 Sub-6G 頻帶相比，一些頻段的毫米波與 THz 遭受著較小的損耗，在 300GHz 空氣的傳播中，比自由空間傳播引起的損耗少 10dB/km。在 600GHz 與 800GHz 之間的大部分頻譜遭受 100dB/km 至 200dB/km 的衰減，但在 100 公尺以上的距離時衰減僅為 10dB/km 至

20dB/km。但是高增益天線可以較好地克服大氣衰減，該技術也表示未來行動產業能夠使用小型蜂巢架構能在高達 800GHz 的頻率下工作。

在 100GHz 至 500GHz 之間，雨不會引起額外的衰減。對於城市中 200m 範圍傳播毫米波頻段，雨雪衰減可以透過額外的天線增益來克服。在 THz 和紅外頻率下，雨、霧、灰塵和空氣湍流環境下的接收功率相對於晴天的變化較小。另外，在降雪期間需要更高的發射功率來保持相同的資料速率，對於 100GHz 以上的毫米波與 THz 無線通道，經歷的最大降雨衰減可以達到 30 dB/km。

在高頻波段考慮較高的通道損耗時，也應考慮高頻下天線將更加定向且具有更高的增益。弗里斯自由空間方程式與天線增益很容易證明更高頻率的鏈路是可行的，損失更少。理論上，只要天線的物理尺寸在鏈路兩端的頻率上保持不變，自由空間中的路徑損耗就會隨著頻率的增加而二次下降。較高頻率下無線鏈路能夠使用更寬的頻寬，同時保持與較低頻率下相同的訊號雜訊比，這表示高度定向的可操縱天線將使行動系統能夠克服空氣引起的衰減，進入 THz 區域。

3.4.4　頻譜管理

頻譜管理旨在有效利用缺乏的國家頻譜資源，多年來採取了不同的形式。一般來說，頻譜管理方法可分為三類，包括行政分配、基於市場的機制和未經許可的共用空間方法。

目前，許多國家預測用於 2G/3G/4G/5G 的頻譜帶將繼續用於未來的 6G 網路。因此 6G 的頻譜波段範圍將比以往任何時候都大，將需要各種頻譜管理方法來解決中、高甚至更高波段的差異。6G 需要靈活地在多個頻段和不同的頻譜管理方法下工作。本地網路的作用在 6G 中變得越來越重要，這也需要頻譜管理的支援。另外隨著新頻段的開發，還需要考慮如何管理舊頻段的應用。

頻譜共用是指兩個或多個無線電系統在同一頻帶工作的情況。這涉及頻譜共用技術和監管規則的發展。在 5G 中可以使用集中頻譜共用來調整不同網路片中的頻譜分配。6G 將支援各種各樣的服務，不同服務的需求會在 6G 中動態變化，頻譜共用的需求將更高。隨著人工智慧技術的發展，人工智慧技術演算法在頻譜連線決策方面的應用為動態操作提供了基礎。6G 需要分佈與智慧的頻譜共用，可以支援靈活和動態的頻譜連線，並且頻譜共用可以在沒有中央管理單元參與的情況下動態和自動地調整。6G 中的基地台具有豐富的計算和快取資源。區塊鏈是多種計算技術的結合，包括分散式資料庫、智慧契約和共識機制，有望在基地台中用於動態和智慧頻譜共用。基於區塊鏈的防篡改分散分類帳、智慧合約和共識流程非常適合靈活、動態、智慧和合理的頻譜共用。

關於 6G 網路的頻譜討論目前還處於起步階段。隨著新一代行動通訊網路的出現，對新頻譜帶的需求促進了國際電聯無線電通訊系統的全球處理程序。6G 波段從低、中、高到太赫茲波段範圍不等，需要不同的方法進行管理，如果擁有頻譜使用權的電信業者因擔心競爭加劇而不願出售頻譜使用權，將減少頻譜的使用率。6G 時代，需要對如何將市場機制納入使用進行更多的研究。特別是需要開發新的頻譜授予機制，包括估值和定價機制，在吸引投資的同時刺激創新。

參考文獻

[1]   Wen Tong, Peiying Zhu. 6G: The Next Horizon[M]. Cambridge university press,2021.

[2]   Gupta A, Jha R K. A Survey of 5G Network: Architecture and Emerging Technologies [J]. IEEE Access, 2015, 3:1206-1232.

[3]   University of Oulu.White Paper On RF Enabling 6G－Opportunities And Challenges From Technology To Spectrum[R]. 2021.

[4]   K. L. Lueth. IoT 2019 in review: The 10 most relevant IoT developments of the year [R]. 2020.

[5]   Dhillon H S, Huang H, Viswanathan H . Wide-area Wireless Communication Challenges for the Internet of Things [J]. 2015.

[6]   中國行動通訊有限公司研究院. 2030+技術趨勢白皮書[R]. 2020.

[7]   洪偉，余超，陳繼新，等. 毫米波與 Sub-6GHz 技術[J]. 中國科學：資訊科學，2016, 46(8):1086.

[8]   Acts P F. World radiocommunication conference (WRC-15) [J]. 2015.

[9]   University of Oulu. White Paper on Broadband Connectivity in 6G [R]. 2020.

[10]   F Qamar, Siddiqui M, Dimyati K, et al. Channel Characterization of 28 and 38 GHz MM-Wave Frequency Band Spectrum for the Future 5G Network[C]// IEEE Student Conference on Research and Development (SCOReD). IEEE, 2017.

[11]   Qamar F, Siddiqui M, H India M N, et al. Issues, Challenges, and Research Trends in Spectrum Management: A Comprehensive Overview and New Vision for Designing 6G Networks[J]. Electronics, 2020, 9(9):1416.

[12]   Semiari O, Saad W, Bennis M, et al. Integrated Millimeter Wave and Sub-6 GHz Wireless Networks: A Roadmap for Joint Mobile Broadband and Ultra-Reliable Low-Latency Communications [J]. IEEE Wireless Communications, 2018.

[13]   Andrews J G, Buzzi S, Choi W, et al. What Will 5G Be?[J]. IEEE Journal on Selected Areas in Communications, 2014, 32(6):1065-1082.

[14]   Xiong W, Kong L, F Kong, et al. Millimeter Wave Communication: A Comprehensive Survey[J]. IEEE Communications Surveys & Tutorials, 2018, PP(3):1-1.

[15]   Ghafoor S, Boujnah N, Rehmani M H, et al. MAC Protocols for Terahertz Communication: A Comprehensive Survey. 2019.

[16]   Millimeter-wave and Terahertz Spectrum for 6G Wireless[J]. 2021.

[17] Ghosh A, Thomas T A, Cudak M C, et al. Millimeter-Wave Enhanced Local Area Systems: A High-Data-Rate Approach for Future Wireless Networks[J]. IEEE Journal on Selected Areas in Communications, 2015, 32(6):1152-1163.

[18] Sara C A, Kunal S, Marcello C, et al. Beyond 5G: THz-Based Medium Access Protocol for Mobile Heterogeneous Networks [J]. IEEE Communications Magazine, 2018, 56(6):110-115.

[19] Sarieddeen H, Alouini M S, Al-Naffouri T Y. An Overview of Signal Processing Techniques for Terahertz Communications [J]. arXiv, 2020.

[20] Han C, Zhang X, Wang X. On Medium Access Control Schemes for Wireless Networks in the Millimeter-wave and Terahertz Bands[J]. Nano Communication Networks, 2019, 19(MAR.):67-80.

[21] Pathak P H, Feng X, Hu P, et al. Visible Light Communication, Networking, and Sensing: A Survey, Potential and Challenges[J]. IEEE Communications Surveys & Tutorials, 2015, 17(4):2047-2077.

[22] Haas H. LiFi is a paradigm-shifting 5G technology[J]. Reviews in Physics, 2018, 3:26-31.

[23] Wireless Communications and Applications Above 100 GHz: Opportunities and Challenges for 6G and Beyond[J]. IEEE Access, 2019, 7:78729-78757.

[24] Jaber M, Imran M A, Tafazolli R, et al. 5G Backhaul Challenges and Emerging Research Directions: A Survey[J]. IEEE Access, 2017, 4:1743-1766.

[25] Rodwell M, Fang Y, Rode J, et al. 100-340GHz Systems: Transistors and Applications[C]// 2018 IEEE International Electron Devices Meeting (IEDM). IEEE, 2018.

[26] Aladsani M, Alkhateeb A, TrichopouLoS G C. Leveraging mmWave Imaging and Communications for Simultaneous Localization and Mapping[C]// ICASSP 2019 - 2019 IEEE International Conference on Acoustics, Speech and Signal Processing (ICASSP). IEEE, 2019.

[27] U S, Shah S, Javed M A, et al. Scattering Mechanisms and Modeling for Terahertz Wireless Communications[J]. IEEE, 2019.

[28] Doddalla S K, TrichopouLoS G C. Non-Line of Sight Terahertz Imaging from a Single Viewpoint[C]// 2018:1527-1529.

[29] Garg S. Enabling the Next Generation of Mobile Robotics using 5G Wireless[J]. IEEE Access.

[30] Rappaport T S, Xing Y, Kanhere O, et al. Wireless Communications and Applications Above 100 GHz: Opportunities and Challenges for 6G and Beyond[J]. IEEE access, 2019, 7: 78729-78757.

[31] Rappaport T S.6G and beyond: Terahertz Communications and Sensing[EB/OL].2019 Brooklyn 5G Summit Keynote, (2019-4). https://ieeetv.ieee.org/conference-highlights/keynote-ted-rappaport-terahertz- communication-b5gs-2019?.

[32] NTT DOCOMO, INC. 5G Evolution and 6G[R]. 2020.

[33] Zhou Y Q, Liu L, Wang L, et al. Service aware 6G: An intelligent and Open Network Based on Convergence of Communication, Computing and Caching[J]. Digital Communications and Networks, 2020.

6G 面臨的主要挑戰與 使能技術

6G 服務正在經歷前所未有的改變，如前三章所述，6G 的服務需求將打破 5G 的技術範圍。目前，6G 系統的實現面臨著挑戰，這些挑戰伴隨著 6G 的性能要求產生。為了克服這些挑戰，需要一個顛覆性的 6G 無線系統，透過設計更高性能的物理層、網路層和應用層等技術實現 6G 的服務願景。本章將說明 6G 面臨的主要挑戰，並介紹未來 6G 網路中的關鍵使能技術。

4.1 6G 面臨的主要挑戰

4.1.1 高精度通道建模

在設計 6G 系統和研究新的 6G 技術時，需要建立合適的通道模型。6G 新元素的引入，如新的頻譜、應用場景和天線，將給通道建模帶來重大挑戰。在對通道建模時需要考慮多方面條件的限制，如服務需求與頻段特性。傳統通道模型包括確定性通道建模與非確定性通道建模。在新的 6G 設計中，某些技術如 RIS、定位和成像的通道與特定環境高度相關，這是隨機模型無法描述的，因此確定性通道建模方法能帶來更精確的評估。6G

網路中的應用場景複雜多樣，對性能精度有較高的要求，確定性通道建模可以更準確地描述不同的環境。在 6G 中將引入複雜的新場景如感知，此類使用案例的演算法設計和性能強烈依賴於目標的位置和周圍環境。在對此類應用進行建模時，與地理位置相關的確定性模型將更有優勢。不僅如此，當物體的尺寸大約等於一個波長時，傳感和成像的典型應用需要考慮傳播效應如衍射，並且很難透過傳統的幾何光學方法建模，因此計算電磁方法學被期望可以描述此類物理現象。

隨著天線和整合技術的發展，ELAA 將影響通道建模和性能評估。大規模陣列中的近場與非平穩通道將給通道建模帶來一定的挑戰。舉例來説，在普通通道中可以用簡單的平面波來近似，但是在近場中需要考慮球面波。在對大陣列天線的通道進行建模時需要考慮多天線通道的時空特性，因此這類特性高度依賴於環境，需要基於這些特性對通道進行建模。

另外，預計 6G 將擴充到 Sub-6GHz、毫米波與 THz 射頻波段，由於 THz 頻段的特性，THz 的建模將不同於 THz 與毫米波的通道建模。THz 高頻段提供高資料速率，但同時也帶來了高傳播損耗和大氣吸收特性的問題。目前 THz 只適用於適用於短距離通訊，因此需要克服長距離資料傳輸的挑戰。由於受大氣吸收的影響，THz 建模需要考慮吸收、散射效應與超大規模天線陣列上的空間非平穩性。但是氣候條件經常變化，因此模型也需要適應環境的動態變化。

4.1.2　極致性能傳輸

6G 網路中的使用者應用體驗要求傳輸性能相對 5G 將進一步提高。如第 2 章所述，6G 應實現 10Tbps 的峰值速率、100μs 的極低延遲、60bps 的峰值頻譜效率與 10^{-7} 的可靠性。為了實現 6G 極限性能傳輸，6G 網路的頻譜、物理層、媒介存取控制層與網路層等設計面臨著巨大的挑戰，需要在現有技術基礎上進行改進與開發新的技術。

為了提高使用者的資料速率，需要使用更先進的調解方案，索引調解與空間調解將是有效的解決方案。該兩種調解方案利用資源區塊和天線的索引來傳送額外的位元，由於不需要額外的資源，回應的頻譜效率與能量效率也可以得到提高。分配更大的頻寬也可以獲得更高的資料速率，現有頻譜資源越來越缺乏，擴寬頻帶將成為提高資料速率的另一解決方式。

為了減小延遲，可以採用基於下行鏈路的傳輸預測方法。資料驅動的下行鏈路系統可以主動預測使用者的請求和時變通道狀態，從而縮短傳輸延遲。為了減少操作延遲，模型驅動的動態學習可以用來訓練深層神經網路，並用線上加速的深層神經網路代替傳統演算法。基於邊緣裝置上的本地和協作操作，分散式和協作處理也是減少操作延遲的重要方法。

為了提高現有網路的可靠性，需要對無線技術中的調解和編解碼技術進行改進，另外需要提高媒介存取控制層的資訊交換的正確率。通訊環境中的障礙物會降低可靠性。隨著頻率變得更高，收發器之間的障礙物對訊號的堵塞將越來越明顯，RIS 可以透過控制通訊傳播環境以提高可靠性。

除了索引和調解，超大規模 MIMO 也可以被用於進一步增強系統頻譜效率。在鏈路層，新的多址方法可以在相同的頻譜上容納更多的鏈路，包括非正交多址連線技術與速率分割多址連線。OAM 也可以作為提高頻譜速率的方法。在網路層面，可以採用靈活的頻譜管理和共用。在相鄰網路中重用頻率可進一步改善三維空間的頻譜效率。

4.1.3 網路全覆蓋

未來全球通訊網路的前景是隨時為無處不在的個性化使用者提供快速、綜合的服務。6G 需要支援 3D 空間的通訊，實現地面和空中網路的整合，包括在 3D 空間為使用者服務和部署 3D 基地台。UAV、地球低軌道衛星和水下通訊的連線將使 6G 中的 3D 連接無處不在。相關研究表明，由於新的維度和自由度，這種 3D 規劃與傳統的 2D 網路有很大不同。

3D 網路的建構包括多個方面的設計，例如 3D 傳播環境的測量和資料驅動的建模。基於隨機幾何和圖論為 2D 無線通訊設計的分析框架需要在 6G 環境中重新調整。對於 3D 網路中的複雜資源管理的最佳化，由於 3D 網路中增加了一個新的維度，與傳統的 2D 網路有顯著不同，此時多個對手可能會攔截合法資訊，這可能會顯著降低整體系統保密性能。因此，需要新的資源管理、支援行動性的最佳化、路由式通訊協定和多址連線的新技術，網路的排程方式也需要新的設計。

衛星通訊具有支援系統覆蓋和使用者移動速度的優勢，將在 6G 基礎設施中發揮重要作用。但使用低軌道衛星與地面通訊仍面臨一些挑戰，包括多普勒頻移和多普勒變化、較大的傳輸延遲、星間鏈路傳輸技術等。由於低地球軌道衛星的移動速度比地球自轉快得多，在通訊中產生了明顯的多普勒頻移。由於衛星傳輸距離比地面傳輸距離長得多，低地球軌道訊號的傳輸延遲和路徑損耗比地面系統高得多，導致在波形、調解、通道編碼、混合自動重傳請求、媒體存取控制等方面的設計存在的差異。另外，由於傳輸波束窄、移動速度快，星間鏈路波束搜索、定位、捕捉和追蹤困難。此外，由於星間鏈路傳輸距離長，訊號衰減嚴重，導致接收機靈敏度、訊號檢測品質和接收性能面臨挑戰。

為了實現 3D 網路的基本性能，需要設計速率—可靠性—延遲的權衡方法，這種分析需要根據驅動應用量化 6G 頻譜、能量和其他通訊要求。

4.1.4　網路異質約束

為了實現更高的性能與複雜的應用場景，6G 網路將涉及大量異質類型的通訊系統，如不同頻率的頻帶、通訊拓撲、多種服務之間的發表等。

在硬體設定上，存取點和行動終端會有很大的不同。大規模的 MIMO 技術將從 5G 進一步升級到 6G，這可能需要更複雜的架構，這也會使通訊協定和演算法設計複雜化，可使用機器學習進行簡化，但是無監督和強化學習

也可能造成硬體實現的複雜性，因此將所有通訊系統整合到單一平台將是一項挑戰。

6G 中開發毫米波和 Sub-6GHz 通訊帶來了不同頻段的異質。對毫米波來說，支援毫米波頻率下的應用向高頻率遷移將是一個核心的開放問題。對於 Sub-6GHz 波，需要新的收發器架構和傳播模型。高功率、高靈敏度和低雜訊係數是克服極高 THz 路徑損耗所需的關鍵收發器特性。考慮毫米波和 Sub-6GHz 環境的變化和不確定性，需要開發新的網路和鏈路層協定來最佳化跨頻率資源的使用。由於不同頻段的特性不同，Sub-6GHz、毫米波和微波單元多頻段的共存也是關鍵問題。

6G 中包括 Sub-6G、毫米波、THz 頻段的通訊，同時有望擴充到可見光等非射頻頻段的通訊，非射頻通訊可以開發射頻通訊不能實現的頻譜，以及彌補射頻通訊其他不能實現的性能。射頻與非射頻鏈路之間需要透過制定標準或無線介面實現不同鏈路的轉換與同時工作。這也表示 6G 將見證射頻和非射頻鏈路的融合，這種聯合射頻與非射頻系統的設計是一個開放的研究領域。在 Sub-6GHz 波段，收發器的設計方式包括基於光子的方式與基於電子的方式兩種，也可以混合使用光子與電子方式，但是這種混合方式會帶來異質系統上的複雜性。

在多頻率和異質通訊技術的緊密整合情況下，使用者需要無縫地從一個網路移動到另一個網路，自動從可用的通訊技術中選擇最佳網路，而無須在裝置中進行任何手動設定。將會打破無線通訊中社區概念的限制。目前，使用者從一個社區到另一個社區的移動在密集網路中將存在多次切換，還可能導致切換失敗、切換延遲、資料遺失和乒乓效應。6G 無蜂巢通訊預計可以解決這些問題，並用於提供更好的 QoS。

6G 網路還將為自動化系統提供全面支援，如支援無人駕駛汽車。自動化系統中關鍵問題為融合許多異質子系統，如自主計算、交互操作過程、機器學習、自主雲端、系統機器和異質無線系統。因此，整個系統的開發將變得更有挑戰性。

4.1.5　巨量資料通訊

6G 中的連線網路將具有非常高的密度，預計連接密度將達到$10^7/km^2$，這表示 6G 網路的終端數量將進一步增長。由於服務的多樣性，資料需要在快速的變化的環境中進行準確的處理。由於網路節點將是自治的，因此還需要對資料進行分散處理。處理巨量資料通常使用神經網路或粒子群，但是此類系統的改進和最佳化要建立在反覆試驗的基礎上。因此需要開發新的理論工具，此類模型需要能夠對巨量資料網路進行系統、可靠的分析，並且能夠實現網路的自訂。目前隨機矩陣理論、分散隨機最佳化、張量代數和低秩張量分解均可以作為理想的建模方式。

在 6G 的複雜應用場景中，連線網路在將是多樣和廣泛的，並且這些連線網路需要為不同類型的使用者提供非常高的資料速率連接。6G 回程網路必須處理連線網路和核心網路之間連接的巨量資料，以支援使用者的高資料速率服務，否則將產生瓶頸。光纖和 FSO 網路是高容量回程連接的可能解決方案。因此，對於 6G 指數級增長的資料需求，回程連接必須以高容量回程網路為特徵，以支援巨大的流量。

另外，密集網路、聯合學習、無社區 MIMO、分散式 MIMO 和邊緣通訊等技術都可以作為處理大規模資料的理論技術。

4.1.6　新頻譜利用

在 5G 和以前的系統中，專用頻譜分配使頻譜資源被充分佔用，使用率低。因此，有效的頻譜管理仍然是提高 6G 通訊系統頻譜效率的關鍵方案。透過利用頻譜感知和干擾管理技術，允許多個無線系統共用同一頻譜。認知無線電技術允許網路中的不同子系統進行智慧協調，實現互利傳輸和高效資源分享，包括智慧認知無線電、高效動態頻譜連線和智慧頻譜共用。

為了使智慧動態頻譜連線演算法適用於複雜的頻譜共用環境，非常需要新的計算負擔更低的無模型分散式學習演算法。區塊鏈和深度學習技術被證明是頻譜共用的有效方法，因此，需要開發新的智慧頻譜共用框架和機制。對智慧認知無線電的研究還處於起步階段，還有許多未解決的問題需要解決。舉例來說，對於大型服務請求網路，無線連線和多維資源設定也具有挑戰性，需要透過人工智慧和巨量資料分析等技術來解決。另外，研究人員需要解決如何共用頻譜及如何管理異質網路中同步同一頻率傳輸的頻譜機制等問題，還需要研究如何使用標準干擾消除方法來消除干擾，如平行干擾消除和連續干擾消除。

4.1.7 聯合管理

在未來 6G 的應用實例中，6G 網路的關鍵特徵表現為能夠將通訊、計算、快取和控制系統作為一個整體的系統來處理，對不同過程進行聯合最佳化。舉例來說，在自動化工廠中的自主控制過程中，行動機器人拍攝工業過程的視訊，並將資料發送到邊緣雲端，在邊緣雲端中運行學習演算法檢測異常並做出決策，這些資訊被發送回執行機構，以實施適當的對策。邊緣雲端可以存在於固定的基礎設施中，也可以透過空中平台獲得。

此時該系統關鍵績效指標應為點對點延遲，包括在不同節點之間傳輸資料所花費的時間，以及計算過程花費的時間。5G 中的行動邊緣計算實現了使運算資源盡可能接近使用者，盡可能實現更確定的控制與更短的延遲。在 5G 中，通訊和運算資源是分開處理的。

但是網路邊緣處理存在的限制要求對通訊、計算、快取和控制進行聯合的管理。此時將使用者分配到存取點、動態快取和遷移虛擬機器需要聯合協調，以保證嚴格的點對點延遲與資源的高效利用。相關研究中提出了聯合計算、通訊和快取同時管理的方法，但是沒有聯合控制。因此未來的挑戰將在於如何同時實現智慧控制和嚴格的點對點延遲保證。

4.1.8 低功耗綠色通訊

隨著 6G 通訊過程資料量的大幅度增長，需要對能效做出對應控制。在毫米波頻段中，透過使用大型陣列等裝置大幅利用能量，從而提高能量效率，但此時功率放大器與使用者裝置雜訊係數都會降低。在收發器上變頻或下變頻通道中，大陣列雖然帶來了較高的資料速率，但是大陣列收發器的功率損耗可能仍然很高。由於電壓調整等方法功能有限，因此需要依賴於網路層技術實現節能目標。

與 1G 及 5G 通訊不同，6G 通訊可以提供一種創新的路由一中斷、能量收集技術，在顯著最佳化頻譜效率和能量效率之間權衡。未來網路中充滿可以進行能量收集的裝置，裝置可以吸收環境中存在的無線電和太陽能等，充分利用環境中分佈的能量，降低能量消耗。透過對應無線電傳播條件實現頻譜效率與能量效率的權衡十分重要，材料的特殊物理表面可透過收集環境中因反射和散射而浪費的能量實現對環境的控制。可以使用能量收集電路實現裝置自供電，這對實現離網運行、持久的物聯網裝置和感測器、很少使用的裝置和長待機時間間隔的裝置來說可能是非常重要的。

4.1.9 資料與通訊安全

在 6G 時代，經濟和社會對資訊技術和網路的依賴將加深，資訊技術和網路在國家安全中的作用將繼續上升。6G 中大量增加的物聯網裝置將帶來額外的威脅與安全隱私問題。點對點的全雙工需要使用者與使用者更高的信任，人工智慧的出現將帶來新型與更智慧的攻擊。隨著向 THz 等更高頻段的發展與天空地一體化網路的連接，數十億裝置將進行連接，此時需要使用自動化的安全演算法進行解決，這給 6G 網路安全隱私都帶來了極大的挑戰。

4.1.10 終端能力

隨著未來 6G 網路使用者數量增加與更可靠的使用者體驗出現，6G 終端預計將出現新的特徵，未來終端需要針對消費者提供更複雜、輕量與快速的服務；針對工業需要提供巨量、共用與智慧的服務。因此 6G 終端的將呈現出無處不在化、智慧化、輕量化、共用化與融合化的趨勢。6G 終端在通訊能力、運算能力、顯示/互動/傳感能力與續航能力方面將面臨的更高性能的挑戰。

4.2　6G 關鍵使能技術

6G 將繼承和增強 5G 大部分技術，在 5G 基礎上進一步發展。6G 系統將由許多技術驅動。為了實現理想的 6G 網路的性能，需要在現有基礎上發展新技術。與 5G 相比，這些技術預計將引入大量新應用，這些應用在延遲、可靠性、能源、效率和容量方面都有非常嚴格的要求。此外 6G 還會在 5G 的基礎上進一步探索新的技術領域，甚至是改變現有的通訊範式，並且與通訊之外的一些技術如 AI、區塊鏈、計算、感知、定位等進行深度結合。本節對 6G 關鍵使能技術進行概括介紹，本書後面章節將對以下關鍵技術展開詳細的介紹，包括原理介紹、研究進展與未來研究方向。

4.2.1　基礎傳輸技術

1. 編碼調解

為了適應 6G 系統的變革，實現更低的延遲、更高的可靠性和更低的複雜性，需要更加先進的無線連線技術，這其中包括了協定/演算法等級的技術，即改進的編碼、調解和波形。

6G 網路預計實現萬物互聯，在編碼方面，可以用於 6G 系統的編碼技術主要包括 Polar 碼、Turbo 碼、LDPC 碼、Spinal 碼、物理層網路編碼等。6G 系統具有 Tbps 等級的資料速率與更高的能量效率，為了獲得更好的性能，調解方案也需要進行改進，可能在 6G 系統中得到應用的調解方案包括索引調解、OTFS 技術、高階 APSK 調解、過零調解及連續相位調解等。波形是指透過特定方法形成的物理媒體中的訊號形狀，在 6G 系統中的波形需要支援靈活的網路切片。6G 中將有許多不同類型的使用案例，每個使用案例都有自己的特點，任何單一波形解決方案都不能滿足所有場景的需要。6G 系統中可能涉及的波形包括多載體波形（靈活的 OFDM 及非正交波形）和單載體波形（SC-FDE 和 DFT-s-OFDM）。此外，身為有效的傳輸方案，FTN 傳輸技術可以提高資訊傳輸的鮑率速率，是一種很有潛力的技術，極有可能在 6G 系統中得到廣泛應用。

對本節內容感興趣的讀者，請詳細閱讀本書的第五章，在第五章裡對於編碼、調解與波形的有關內容進行了較為詳細的說明。

2. 新型多址技術

當前系統中的多址技術主要採用載體監聽多路存取，但是該方法不適用於多個連線裝置的場景。非正交多址連線技術已在 5G 網路中進行了廣泛的研究，但仍需要進一步提升其性能以用於 6G 網路中。基於深度學習和基於極化碼的非正交多址連線技術預計是未來的發展方向，基於速率分裂的方法預計也是一種有前途的技術，速率分裂的主要優勢是透過將其部分解碼視為雜訊來靈活管理干擾。因此，6G 中的多址技術需要進一步的研究發展，滿足大規模連接與極低功耗的性能要求，6G 研究應集中在如何進一步提升性能至理論極限，同時考慮預編碼和可用通道狀態資訊量的實際限制。有關內容將在本書第十四章詳述。

4.2.2 空間資源利用技術

1. OAM

電磁波具有線性動量與角動量，其中 OAM 是一種替代的空間多工方法，可以身為新的調解資源，在 6G 系統中顯示出巨大的潛力。OAM 有大量拓撲電荷，即 OAM 模態，這種基於 OAM 模態的多工透過傳輸多個同軸資料流程，在 LoS 下可以實現多流傳輸，能顯著地提高無線通訊鏈路的系統容量和頻譜效率。

基於此，本書第六章將介紹 OAM 的基本概念及在無線通訊中使用 OAM 實現空間多工的原理，回顧 OAM 在無線通訊中的發展並介紹其研究現狀，簡單介紹了與 OAM 相關的技術，包括 OAM 的產生、接收。此外還介紹了 OAM 的無線通訊鏈路演示實驗和 OAM 通道的傳播效應。最後複習了 OAM 與其他調解技術的結合，展望了 OAM 未來的研究方向。

2. RIS

RIS 被設想為 6G 中的大規模 MIMO2.0，由許多反射單元組成，可以透過改變電磁波的相位與幅度，對環境中的電磁波重新導向。與環境中的感測器相互配合後，可以根據環境狀態即時對電磁波進行控制，根據最佳通訊狀態對電磁波的傳播做出改變；可以實現低功耗通訊，由於沒有放大器，在轉發過程中消耗的能量遠遠少於使用中繼轉發消耗的能量。透過使用對波束做出最佳化，可以改善通道狀態，進而提高系統的訊號雜訊比。可以提升資料速率與降低發射功率，是 6G 網路中的關鍵使能技術，並可以與 UAV、Sub-6GHz、人工智慧等技術相結合以實現整體系統的性能提升。另外，還可以支援全息射頻與全息 MIMO 等應用。將在第七章對 RIS 進行詳細介紹。

3. 無蜂巢 MIMO 網路

6G 網路希望利用更高的頻段範圍，實現更高的頻譜效率與更大的系統容量。隨著蜂巢網路的發展，蜂巢網路的最小單位已經難以再分裂以提升系統的容量，此時蜂巢網路的發展將受到限制。在無蜂巢 MIMO 網路中，使用者端將體驗到只有一個整體網路的網路與之相連，在移動過程中保證通訊的無縫切換，不會因切換帶來額外的負擔。在無社區網路中設定智慧演算法，可以自動辨識使用者的無線通訊環境，並動態地為使用者設定性能最佳的資源設定。將在第九章對無蜂巢 MIMO 網路進行詳細介紹。

4. 先進 MIMO 技術

在 5G 網路中，MIMO 技術的使用極大提高了 5G 網路的頻譜效率，是 5G 關鍵技術。由於 MIMO 的極大潛能，預計 6G 網路中 MIMO 技術將得到進一步研究，充分發展其優勢。MIMO 技術預計可以提高 6G 網路的頻譜效率、能量效率和資料速率。另外，MIMO 系統的低解析度對於實現 6G 網路中低功耗的願景也將非常有效。MIMO 的使用也將使 6G 網路的天線數量級進一步提高，因此需要研究更先進的技術平衡 MIMO 帶來的影響。將在第八章對當前的一些先進 MIMO 技術進行詳細介紹。

5. 全息技術

全息技術包括全息 Radio、全息 MIMO、全息 Beamforming、全息通訊和全息定位等。全息無線電是一種新的方法，它可以創造一個空間連續的電磁孔，以實現全息成像、超高密度和像素化的超高解析度空間重複使用。全息 MIMO 陣列由大量的（可能是無限的）天線組成，分佈在一個緊湊的空間中。全息波束形成使用軟體定義的天線，可以實現多天線裝置中訊號高效靈活的發送與接收。全息通訊塑造了全息式的智慧溝通、高效學習、醫療健康、智慧顯示、自由娛樂，以及工業智慧等許多領域的生活新形態。全息定位具備充分利用訊號相位輪廓來推斷位置資訊的能力。有關內容將在本書第十章詳細敘述。

4.2.3 頻譜利用技術

1. Sub-6GHz 通訊

從 2016 年到 2021 年，無線資料流量的快速增長將使行動資料流量增長 7 倍。毫米波等寬頻無線電預計將滿足 5G 網路的資料需求。但射頻頻段目前已沒有更大的開發空間，因此需要開發新的頻段。Sub-6GHz 頻段高頻寬與高資料速率的特點可以作為 6G 網路中新的應用頻段，彌補毫米波的缺點。除了擴充頻寬，Sub-6GHz 通訊由於在這些波段經歷的波長較短而提供放大增益，從而允許部署大量天線。相比於毫米波技術的成熟研究，Sub-6GHz 頻段仍有較大的發展空間，尤其是 Sub-6GHz 高損耗性建模與高功耗。在 6G 網路中，Sub-6GHz 將是提供高資料速率的關鍵技術。第十一章將對 Sub-6GHz 通訊技術進行詳細介紹。

2. 可見光通訊

可見光在過去的 20 年已經獲得了成熟的發展，並應用於多種應用場景。可見光可以應用於 Sub-6GHz 頻段，並提供高頻寬，因此可繼續應用於 6G 網路中。與射頻訊號不同，可見光主要使用二極體作為發射器。預計在 6G 中，LED 與多工技術的進步將使可見光通訊更加成熟。為了獲得更好的體驗，6G 中應該實現可見光通訊與射頻通訊的混合系統與基礎設施，以同時利用可見光通訊與射頻通訊的優勢，因此射頻鏈路與非射頻鏈路將是發揮可見光通訊潛能的關鍵技術挑戰。第十二章將對可見光通訊進行詳細介紹。

3. 全雙工技術

全雙工技術可以在收發器端同時進行發送訊號與接收訊號，但是傳統全雙工通訊中發射機與接收機電路之間的串擾比較大。在 6G 網路中將實現上行鏈路與下行鏈路的同時傳輸，此時全雙工技術可以發揮其優勢，在不使用額外頻寬的情況下提高重複使用能力和整體系統輸送量。預計未來全雙

工中需要進一步提高抗干擾技術與資源排程能力，將有利於全雙工技術更好的適用於 6G 網路。第十三章將對全雙工技術進行詳細介紹。

4. 動態頻譜共用

動態頻譜共用採用智慧化、分散式的頻譜共用連線機制，透過靈活擴充頻譜可用範圍、最佳化頻譜使用規則的方式，進一步滿足未來 6G 系統對頻譜資源使用的需求。在未來，結合 6G 大頻寬、超高傳輸速率、空天海地多場景等需求，基於授權和非授權頻段持續最佳化頻譜感知、認知無線電、頻譜共用資料庫、高效頻譜監管技術是必然趨勢。同時也可以推進區塊鏈+動態頻譜共用、AI+動態頻譜共用等技術協作，實現 6G 時代網路智慧化頻譜共用和監管。有關內容將在本書第 17.4 節詳細敘述。

4.2.4　人工智慧輔助的通訊

1. 人工智慧

為了實現 6G 的願景，當前的無線網路應該從傳統的功能集中型轉變為新型的使用者集中型、內容集中型和資料集中型。因此，將計算和人工智慧能力增加到無線網路是非常重要的。人工智慧支援的 6G 將提供無線電訊號的全部潛力，並實現從認知無線電到智慧無線電的轉換。機器學習的進步為 6G 中的即時通訊創造了更多的智慧型網路，在通訊中引入人工智慧將簡化和改善即時資料的傳輸。傳統無線技術已不能提供跳躍式的發展，將機器學習技術應用於傳統無線技術中將發揮無線通訊網路的極大潛能。人工智慧的引入將使通訊網路進入新的發展方向。隨著行動資料量的增加、計算硬體的進步和學習的進步，未來 6G 網路中的許多問題可以透過人工智慧方法有效解決，如調解分類、波形檢測、訊號處理和物理層設計。第十六章將對人工智慧有關技術內容進行詳細介紹。

2. 邊緣智慧

現代人工智慧的潛在收益幾乎涉及每個產業的資料分析，如交通、製造業自動化、醫療保健、教育、短視訊業務、線上購物和客戶服務等。這要求分散式智慧應具有安全、高效和穩固的服務。另外 6G 可支援高達 1Tbps 的峰值資料速率，這使其在邊緣處能夠在不考慮使用者裝置和邊緣伺服器之間的距離的情況下在幾分之一秒內執行任務關鍵型應用程式計算，保證了高可靠性、低延遲、高安全性和大規模連線性，足以處理上述各產業任務關鍵型應用程式。在 6G 幫助下，資料透過多個互聯的邊緣裝置共用，訓練出共同的網路進行建模。透過 6G 與邊緣智慧的精準融合，可以使邊緣智慧系統能夠快速高效率地預測資訊、訓練模型並且在極短時間內回應，進而幫助客戶在未來使用具有極高複雜性的裝置，處理極其複雜的智慧物件。信任與安全、故障檢測、可靠性、穩固性和服務水準將成為 6G 網路的基本要求，以實現針對任務關鍵型應用的邊緣智慧解決方案。有關內容將在本書第 16.2 節詳細敘述。

3. 區塊鏈

區塊鏈作為去中心化的應用，在過去幾年獲得了快速的發展，區塊鏈是分散式帳本技術，提供了可擴充的去中心化平台，該平台具有安全性、隱私性、互通性、可靠性和可擴充性的特點。因此，區塊鏈技術將為 6G 通訊系統的大規模連接提供多種設施，如跨裝置的互通性、巨量資料的可追溯性、不同物聯網間的自主互動及可靠性，以實現超大型積體電路服務的目標。區塊鏈建立了網路應用程式之間的信任，提供了分散的防篡改特性和保密性。透過建立透明度、驗證交易和防止未經授權的存取，為頻譜管理建立了一種安全和可驗證的方法。此外，區塊鏈在工業 4.0 的應用、無線環境監測與保護、智慧醫療、6G 通訊基礎設施等方面可以更進一步地去中心化、安全性和隱私性等方面的性能。未來區塊鏈在萬物互聯、資料儲存、專有領域應用和人工智慧方面存在系統級的大規模連接、可擴充的高

安全性、高資料消耗、裝置資源限制等問題,這些將是區塊鏈在 6G 網路中的關鍵挑戰。有關內容將在本書第 16.3 節詳細敘述。

4.2.5 應用層技術

1. 語義通訊

目前急劇增長的資料速率與頻寬的需求,驅動了對香農公式需求的提高。未來虛擬世界與網路世界將進行融合,6G 網路應該把語義和有效性方面作為網路設計的核心方面。此網路可以透過學習人腦對問題的處理方式,在短時間內對人的處理方式進行學習。語義通訊的提出將對之前的通訊方式帶來跨越式改變。從保證每個傳輸位的正確接收轉變為資訊中語義的正確接收,不僅節省了頻寬和資料速率的負擔,還能夠提升傳輸資訊的保真度。本書將在第 17.1 節討論語義通訊的概念、可能的通訊框架和幾個應用實例。

2. 機器類通訊

6G 預計實現 IoE,這也表示 6G 的連接密度將進一步提高。6G 中的新型使用案例,如互聯生活、未來工廠、數位現實與車輛自動駕駛驅動著 MTC 的進一步發展。5G 中 MTC 技術分為 URLLC 與關鍵 MTC,在受控環境中具有小負載和低資料速率的特徵,關鍵 MTC 適用於具有零星流量模式的大型/密集部署。6G 中機器類通訊技術對於大規模物聯網裝置連接的需求,將使可靠性、資料速率等指標相對於 5G 機器類通訊進一步提高。當前的 MTC 架構不能實現理想和高效的連接,因此需要新的 MTC 網路架構實現 IoE。本書將在 17.2 節對 6G 中的 MTC 進行說明,並介紹完整的 MTC 網路架構和低功耗的 MTC 裝置,以及 mMTC 與關鍵 MTC 在 6G 中的進一步發展。

3. 感知通訊計算一體化

預計未來 6G 在提高無處不在通訊的同時，還能提供高精度定位和高解析度傳感服務，新型技術（如人工智慧、全頻譜、RIS 與智慧波束空間處理等）的發展，推動了通訊傳感計算一體化。感知、通訊和計算一體化是點對點資訊處理中同時實現資訊獲取、資訊傳遞和資訊計算的資訊處理框架，包括增強感知和計算性能的感知行為，增強感知和計算性能的通訊行為，以及增強感知和通訊性能的計算行為。計算、感知將與通訊共存，共用時間、頻率和空間上的可用資源。RIS、人工智慧、主動與被動感知、雷達和波束域處理技術將是實現 6G 感知計算通訊一體化的關鍵技術挑戰。有關內容將在第 17.3 節詳細敘述。

4. 同步無線資訊和電力傳輸

SWIPT 是 WIPT 的子集，指資訊和功率從發送方到接收方的同步傳輸，它適用於為低功耗無線裝置或感測器服務的基地台組成的系統，如物聯網網路。該基地台能夠傳輸資訊訊號，同時為低功率無線裝置充電。WPT 是 SWIPT 的重要組成部分。絕大多數的 WPT 研究都致力於設計高效的能量收穫器，從而提高 RF-to-DC 的轉換效率。實驗也表明收集的能量不僅取決於整流天線的設計，還取決於整流天線的輸入訊號。有關內容將在第 17.5 節進行詳細敘述。

參考文獻

[1]   Tong W, Zhu P Y，et al. 6G: The Next Horizon[M]. Cambridge University Press, 2021.

[2]   Chen S, Liang Y C, Sun S, et al. Vision, Requirements, and Technology Trend of 6G: How to Tackle the Challenges of System Coverage, Capacity, ser Data-Rate and Movement Speed[J]. IEEE Wireless Communications, 2020.

[3]   Tataria H, Shafi M, Molisch A F, et al. 6G Wireless Systems: Vision, Requirements, Challenges, Insights, and Opportunities[J]. Proceedings of the IEEE, 2021, (99): 1-34.

[4]   Saad W, Bennis M, Ch En M. A Vision of 6G Wireless Systems: Applications, Trends, Technologies, and Open Research Problems[J]. IEEE Network, 2020, 34(3): 134-142.

[5]   Mozaffari M, Kasgari A, Saad W, et al. Beyond 5G With UAVs: Foundations of a 3D Wireless Cellular Network[J]. IEEE transactions on wireless communications, 2018.

[6]   Chowdhury M Z, Shahjalal M, Ahmed S, et al. 6G Wireless Communication Systems: Applications, Requirements, Technologies, Challenges, and Research Directions[J]. IEEE Open Journal of the Communications Society, 2020, (99):1-1.

[7]   Chowdhury M Z, Shahjalal M, Ahmed S, et al. 6G Wireless Communication Systems: Applications, Requirements, Technologies, Challenges, and Research Directions[J]. 2019.

[8]   Weiss M B, Werbach K, Sicker D C, et al. On the Application of Blockchains to Spectrum Management[J]. IEEE Transactions on Cognitive Communications and Networking, 2019, (99):1-1.

[9]   Ndikumana A ,Tran N H, Ho T M, et al. Joint Communication, Computation, Caching, and Control in Big Data Multi-access Edge Computing[J]. IEEE Transactions on Mobile Computing, 2018.

[10]   Alsharif M H, Kelechi A H, Albreem M A, et al. Sixth Generation (6G) Wireless Networks: Vision, Research Activities, Challenges and Potential Solutions[J]. Symmetry, 2020, 12(4): 676.

[11]   未來行動通訊討論區. 初探 B5G 6G 終端[R]. 2019.

[12]   Giordani M, Polese M, Mezzavilla M, et al. Towards 6G Networks: Use Cases and Technologies[J]. 2019.

[13] Gui G, Liu M, Tang F, et al. 6G: Opening New Horizons for Integration of Comfort, Security and Intelligence[J]. IEEE Wireless Communications, 2020, (99):1-7.

[14] Alwis C D, Kalla A，Pham Q V, et al. Survey on 6G Frontiers: Trends, Applications, Requirements, Technologies and Future Research[J]. IEEE Open Journal of the Communications Society. 2021.

[15] Bariah L, Mohjazi L, Sofotasios P C, et al. A Prospective Look: Key Enabling Technologies, Applications and Open Research Topics in 6G Networks[J]. IEEE Access, 2020, (99):1-1.

[16] Samsung. 6G The Next Hyper—Connected Experience For All[R]. 2020.

[17] Strinati E C, Barbarossa S. 6G networks: Beyond Shannon towards Semantic and Goal-oriented Communications[J]. Computer Networks, 2021, 190:107930.

[18] University of Oulu. White Paper On Critical And Massive Machine Type Communication Towards 6G[R]. 2020.

編碼、調解與波形

目前，5G 的發展正如火如荼。它具有高速率、低延遲、大規模連接的特點，不僅能讓使用者享受到高速度、高品質的網際網路服務，還在自動駕駛、智慧城市、智慧遠端醫療服務等方面大放異彩。然而，學者們並不會在此止步，行動通訊技術將以幾乎每十年為一代的速度持續發展，6G 時代將很快到來。根據各個國家和各個產業界的期望和設想，6G網路將實現 100Gbps 的資料速率，通道頻寬以 GHz 為單位，可以使用高於 275GHz 的 Sub-6GHz（THz）頻段。與此同時，它面臨著更為複雜的業務傳輸場景，如海洋、空間和毫米波。

然而，6G 的實現並不可為空中樓閣，很多先進的技術會成為它的基礎。為了適應場景和需求的多樣性，6G 核心技術將呈現多元化。然而這些技術具體將是什麼呢？這是一個還很難肯定回答的問題，但研究人員已經開始尋找答案，並探討出了一些有趣的概念。如果比較保守而謹慎地回答這個問題，那麼答案則是，一些尚未成熟的技術可能會被應用於 6G 網路，它們還無法納入 5G 系統。基於這一觀點，任何不符合 3GPP 標準的技術都可能成為未來幾代無線蜂巢系統的組成部分。從更大膽的角度來說，一些在設計和開發 5G 網路時根本沒有考慮的新技術將應用於 6G 網路。這些新技術會結合上一代無線蜂巢網路中已有技術的增強內容。

基於先進的無線連線技術，主要包括協定/演算法等級的技術，即改進的編碼、調解和波形，以實現更低的延遲、更高的可靠性和更低的複雜性。利用這三個層面的推動因素，6G 技術不僅可以在城市地區提供更好的寬頻服務，還可以提供全覆蓋的寬頻連線。

5.1 編碼

6G 網路具有 Tbps 的輸送量、以 GHz 為單位的大通道頻寬、THz 的通道特性、空天海地的網路架構。它的傳輸模型會基於複雜的受到場景干擾吧。6G 的通道編碼需要在 5G 已有的三個場景 eMBB、URLLC、mMTC 上增強性能：提升 eMBB 峰值速率，消除 URLLC 解碼錯誤平層，提升 mMTC 短碼解碼性能並達到有限碼長性能界。作為無線網路通訊的基礎技術，新一代通道編碼技術應提前對其特徵進行研究和最佳化，對硬體晶片實現方案和通道編碼演算法進行驗證和評估。

1. 6G 的編解碼方案面臨硬體方面的壓力

未來的性能和效率改進可能來自 CMOS 擴充，但它的情況相當複雜。事實上，研究者必須權衡諸如功率密度/暗矽、互連延遲、可變性和可靠性等因素，此外還需要考慮成本方面的問題，這使情況變得更加複雜：光罩會在 7 奈米或更小的情況下爆炸，因此需要考慮矽面積和製造光罩的成本等問題。

2. 6G 的編碼策略同樣也需要改進

香農的創新工作給通道編碼的發展帶來了啟發，他提出了一種觀點，即透過在發送的訊息上附加容錯資訊，通道編碼可以達到無限低的誤取樣率。在幾十年間，從香農的預測以來，人們提出了無數的 FEC 碼，它們大致可以分為線性分組碼和卷積碼。Turbo 碼、LDPC 碼、Polar 碼都是通道編碼

的過程中經常使用的編碼方式。LDPC 碼在編碼速率、編碼長度和解碼延遲方面非常靈活,同時它可以方便地支持 HARQ。Polar 碼則更適合於低延遲控制通道,也可以在量子編碼中進行擴充。學者們已經開始了一些預先研究,如結合現有 Turbo 碼、LDPC 碼、Polar 碼等編碼機制,研究未來通訊場景應用的編碼機制;針對 AI 技術與編碼理論的互補研究,開展突破改錯碼技術的全新通道編碼機制研究。6G 網路的資訊傳輸面臨著多使用者及多複雜場景的考驗,因此需要綜合考慮干擾的複雜性,對現有的多使用者通道編碼機制進行最佳化。

從 4G 到 5G,資料傳輸的峰值速率提升了 10～100 倍,這一趨勢很可能在6G 延續。6G 裝置中的單一解碼器的輸送量將達到數百 Gbps。對於基礎設施鏈路,要求會更高,因為需要將指定社區或虛擬社區中的使用者輸送量聚合在一起。由於需要同時處理很多資料,可以採用向量處理、空間重複使用等方法提高處理的速度,實現資料的快速處理。

在 6G 中,物聯網系統的裝置部署會更加密集,衝突會加劇,代碼需要攜帶 UE IDs 和資料,因此需要可以支援非相干檢測/解碼的極大序列/碼空間的聯合序列編碼設計。

為了保證 6G 通訊系統性能的提升,不能僅依靠積體電路製造技術的進步,還必須在編解碼演算法方面找到解決方案。需要減少解碼的迭代次數,提高解碼器的平行度,綜合考慮解碼設計和對應的編解碼演算法,碼構造必須足夠靈活以適應不同場景需求。此外,對解碼器來說,獲得合理的高能量效率非常重要。如果要保持與當前裝置相同的功耗,每個位元的功耗需要降低 1～2 個數量級。面積效率(以 Gbps/mm^2 為單位)、能量效率(以 TB/J 為單位)和絕對功耗(以 W 為單位)等因素給編碼設計、解碼器架構和實現帶來了巨大的挑戰。

5.1.1　Polar 碼

1. Polar 碼的簡介及原理

Polar 碼是一種新型編碼方式，可以實現 BEC 和對稱二進位輸入離散無記憶通道，如 BSC 容量的代碼構造方法。在 2008 年，Polar 碼由土耳其畢爾肯大學的 Erdal Arikan 教授第一次提出，由此引發了學術界的廣泛關注，包括華為在內的各大通訊公司都了研究。Polar 碼可透過理論證明達到香農極限，並且具有可實用的線性編解碼能力，是 5G 中通道編碼方案的強有力候選者。2016 年 11 月 18 日，美國內華達州雷諾舉行了 3GPP 的 RAN1#87 會議，3GPP 確定了的 Polar 碼方案作為 5G eMBB 場景的控制通道編碼方案。

通道極化是指將一組可靠性相同的 B-DMC，採用遞推編碼的方法，變換為一組有相關性、可靠性各不相同的極化子通道的過程。隨著碼長的增加，子通道將呈現兩極分化的現象。

如果通道數目充分大，通道根據相互資訊兩極分化：一種是無噪的好通道，它的相互資訊趨於 1；另一種是包含的差通道，它的相互資訊趨於 0。

可以使用不同的構造方法評價 N 個子通道的可靠性。資訊集合 P 為 K 個高可靠的子通道集合，可以承載資訊位元。剩餘的 $N \sim K$ 個低可靠子通道集合 P^c 可以承載收發兩端都已知的固定位元（一般預設為全 0），稱為凍結位元。

指定（N，K）Polar 碼，資訊位元長度為 K，碼長為 N，編碼器輸入位元序列由資訊位元與凍結位元組成，有 $a_1^N = (a_1, a_2, \cdots, a_N) = (a_P, a_{P^c})$。$x_1^N = (x_1, x_2, \cdots, x_N)$ 表示編碼位元序列，Polar 碼可以編碼表示為：

$$x_1^N = a_1^N \boldsymbol{H}_N \qquad\qquad （5\text{-}1）$$

編碼生成矩陣 $H_N = B_N F^{\otimes n}$ ， B_N 是排序矩陣，完成位元反序的操作， $F^{\otimes n}$ 表示矩陣 F 進行 n 次克羅內克（Kronecker）積操作。Polar 碼採用蝶形結構編碼，它的編碼複雜度為 O（$N\log N$）。

2. 6G 中的 Polar 碼

在 6G 高可靠性場景中使用的通道編碼方案必須提供比 5G 情況下更低的誤碼平底和更好的性能，需要考慮具有優異性能的中短碼。由於其校正能力和缺乏誤碼平底，Polar 碼可能是 6G 的首選。

Polar 碼在 5G 中可以控制通道編碼方案，但它還具有被進一步採擷的潛能。有學者已經發現基於 CRC 輔助逐次消除表的 Polar 碼的位元錯誤率性能優於使用相似參數的 LDPC 碼。因為基於 SC 的解碼中沒有出現誤碼平底，因此可以在行動通訊中應用長 Polar 碼。為了提高可達輸送量，可以將 Polar 碼與高階調解方案有效結合，如多級極化編碼調解和位元交織極化編碼調解。在 Polar 碼調解的串流速率分配中選擇可靠性高的極化通道傳輸原始資訊位元，只需要考慮極化通道的可靠性，但極化通道可靠性計算的複雜度非常高，因此設計低複雜度的代碼結構也是一個重要的研究課題。與此同時，研究者需要尋找接近最佳的低複雜度的映射方案，將 Polar 碼的輸出映射到調解器的輸入。由於合法的映射方案的數量非常大，任務可能會非常艱鉅。

除了考慮 Polar 碼的編碼構造，通道特性也是需要注意的問題，它對於性能與複雜度的關係和解碼演算法的選擇都具有重要的影響。研究者需要對衰落通道和 AWGN 通道進行有益碼結構的設計。大多數現有的 Polar 碼的長度是 2 的整數次方，對它們的實際應用有一定的影響，人們常常使用增信刪餘碼來適當地調整碼長度和碼速率，但會導致性能下降。為了解決這個問題，一個新的研究方向產生了：基於多核心的碼構造，使用特定的核心矩陣就可以構造長度靈活的 Polar 碼。

5G 中基於隨機計算的極化解碼器還未得到廣泛關注,在 6G 中它可能是一個有前景的研究方向。

3. 高性能的極化編解碼

SC Polar 碼解碼演算法最早由 Arikan 提出。這一演算法具有良好的漸近性能。但在有限碼長的情況下,單獨採用極化編碼以及 SC 解碼性能較差,遠低於 LDPC 碼和 Turbo 碼。為了提高 Polar 碼有限碼長的性能,人們採用了 CRC 碼串聯 Polar 碼及高性能解碼演算法,如果碼長有限,相比於 LDPC 碼和 Turbo 碼,它具有顯著的性能增益。為了滿足 6G 超高可靠性,需要進一步探索 Polar 碼在有限碼長下的極限性能。

經典意義上的通道容量只適用於評估無限碼長條件下通道編碼的極限性能,它具有重要的理論意義。但是在工程應用方面,碼長通常是有限的,因此這個容量極限是不能達到的。為了評估有限碼長條件下的通道容量,提出了修正通道容量計算式:

$$\tilde{C} \approx C - \sqrt{\frac{V}{N}} Q^{-1}(P_e) + \frac{\log N}{2N} \qquad (5\text{-}2)$$

其中,V 是通道擴散函數;C 是通道容量;P_e 是差錯機率,在通道容量基礎上增加了修正項得到的近似式,稱為 NA。它可以方便地評估有限碼長下特定通道的容量,是近年來資訊理論的重大進步之一。

一種高性能的 Polar 碼編解碼方案如圖 5.1 所示,在發送端有 CRC 編碼器與極化碼編碼器。訊號經過 AWGN 通道到達接收端。接收端使用了一種混合解碼演算法接收訊號,這種演算法由 CRC 輔助的自我調整 SCL 解碼演算法與 CRC 輔助的 SD 演算法組成。當代碼較短時,CRC 的結構非常重要,它對於整個串聯碼的重量譜分佈和最小漢明距離都有影響。最佳化 CRC 的生成多項式可以顯著提高串聯碼的整體性能。

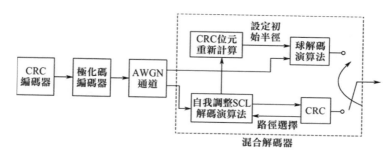

圖 5.1 高性能的 Polar 碼編解碼方案

4. 多天線極化編碼

在廣義極化思想的指導下，可以建立 PC-MIMO 系統的框架，PC-MIMO 的新穎性表現在極化編碼、訊號調解和 MIMO 傳輸的聯合最佳化上。透過多級通道變換串聯的方式，可以逐漸增強極化效果。最後，原始的 MIMO 通道將被分割成一組 BMC，其容量趨向於 0 或 1。

三級通道極化變換的 PC-MIMO 系統的理論框架如圖 5.2 所示。該變換由天線→調解→位元模組組成。在第一階段，利用天線模組將 MIMO 通道分解成一組天線合成通道。在第二階段，利用調解模組將這些天線合成通道轉換成一系列位元合成通道。天線模組和調解模組的結構會影響極化效果。在兩級通道變換後，透過二進位通道極化變換，在第三級將位元合成通道進一步拆分成一系列位元極化通道。提出的這種三級通道變換結構便於二進位極性編碼、訊號調解和 MIMO 傳輸聯合 應用。

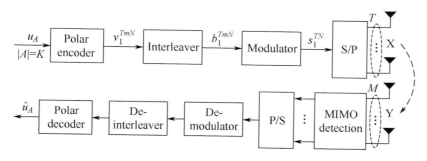

圖 5.2 PC-MIMO 系統的理論方塊圖

透過理論分析可知，當碼長為無限長的情況下，這種三級極化的 PC-MIMO 系統能夠達到通道容量極限。PC-MIMO 系統的整體極化方案可以提升系統的頻譜效率，滿足 6G 的高效率傳輸。由於這個 PC-MIMO 系統基於 MIMO 遍歷容量的編碼構造，因此適用於不相關的快衰落通道。對於其他通道模型，如快衰落通道，Polar 碼的構造仍然是一個懸而未決的問題。同理，未來還將研究一些在複雜度和性能之間取得更好折中的代碼構造方法。

5. NOMA 中的極化編碼

目前，對 NOMA 技術的研究主要集中在 NOMA 技術本身對輸送量和連通性的最佳化上。在實作方式中，有效的通道編碼方案對於 NOMA 是非常重要的，它保證了理論預測的可達速率能夠實現。Turbo 碼與 NOMA 的整合是一種簡單的組合，它沒有充分利用 NOMA 系統中使用者可靠性的特點。本質上，連線使用者的可靠性將在 NOMA 傳輸中表現出明顯的多樣性。特別是對於 PDMA，這種現象被詳細描述為「完全不同的分集順序」。從極化的角度來看，使用者之間的這種可靠性的差別可以看作是廣義的極化效應。因此，研究 NOMA 通道中的廣義極化將是提高 NOMA 系統性能的關鍵。

在 Polar 碼的通道感知特性和廣義通道極化思想的指導下，可以設計出一個 PC-NOMA 系統。與其他編碼 NOMA 系統相比，PC-NOMA 的新穎性在於允許對二進位極性編碼、訊號調解和 NOMA 傳輸進行聯合最佳化。透過多級通道變換串聯的方式，可以逐步增強極化效果。最後，NOMA 通道將被精心地分成一組 BMC，它們的容量趨向於 0 或 1。透過這種聯合設計，NOMA 通道的極化使編碼 NOMA 系統的性能有了很大的提高。

PC-NOMA 系統三級通道變換結構的理論框架如圖 5.3 所示。具體地說，整個系統可以劃分為使用者→訊號→位元三個模組，其中模組順序和模組結構將影響極化效果。在第二階段，採用位元交織編碼調解方案來對抗通

道衰落。然後透過執行二進位通道極化變換，位元合成通道被拆分成第三級中的一系列位元極化通道。因此，提出的三級通道變換結構便於 Polar 碼和 NOMA 傳輸的聯合統一描述。

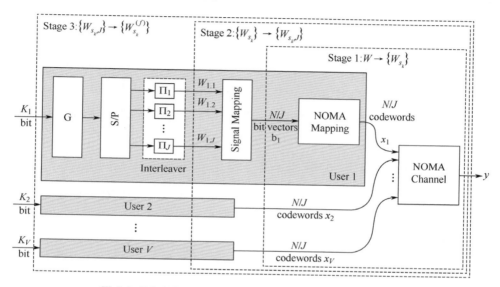

圖 5.3 PC-NOMA 系統三級通道變換結構的理論方塊圖

PC-NOMA 系統能夠更進一步地擬合和利用 NOMA 的不規則疊加結構，表明 NOMA 碼本（或疊加結構）和通道編碼方案的設計應該聯合進行。這也是未來的研究方向之一。

6. 平行 Polar 碼

平行 Polar 碼包括 Polar 碼和 Reed－Muller 碼，具有 G_N 陪集碼框架，可以支援平行和規則的高輸送量解碼。G_N 陪集碼可以是與 Polar 碼具有相同生成矩陣但不同資訊集的線性分組碼。平行解碼演算法可用於 G_N 陪集碼的因數圖，可以把 G_N 陪集碼看作串聯碼，對內碼進行平行解碼。

5.1.2 Turbo 碼

1. Turbo 碼的簡介及原理

20 世紀 90 年代初期，法國科學家 Berrou 提出了 Turbo 碼。在之後的幾十年裡，學者們構造了串聯碼，改進了 MAP 機率解碼演算法，提出了迭代解碼思想。Turbo 碼是在這些理論基礎上的一種推廣和創新，是校正編碼領域研究的重要突破。Turbo 碼是一種平行串聯碼，它的內碼和外碼都採用了卷積碼演算法。一種全新的解碼思想——迭代解碼在其中獲得了應用，串聯碼的潛力被真正地採擷出來了。它接近香農的隨機碼概念，突破了最小碼距的設計思想，因此性能更接近極限。

典型的 Turbo 碼編碼器結構方塊圖如圖 5.4 所示，由兩個回饋的編碼器（稱為成員編碼器）透過一個交織器 A 平行連接而成。如果必要，由成員編碼器輸出的序列經過刪餘陣，從而可以產生一系列不同串流速率的碼。與此同時，這種結構可以擴充到多個雙組分碼的平行串聯，從而形成多級 Turbo 碼。

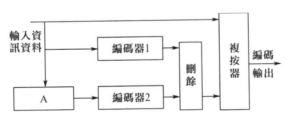

圖 5.4 Turbo 碼編碼器結構方塊圖

經常提到的元件編碼器通常是指卷積編碼器，而二進位的 BCH 編碼也常常被使用。所謂的 BCH 碼是循環碼的重要子類，它具有校正多個錯誤的能力。對於 BCH 碼，人們已經提出了嚴密的代數理論，它是目前研究得最為透徹的編碼之一。它的生成多項式與最小碼距之間有密切的關係，因此可以根據所要求的校正能力簡單地構造出 BCH 碼。它的解碼器也容易實現，是線性分組碼中應用最普遍的一類碼。

Turbo 碼由多個成員碼經過不同交織後對同一資訊序列進行編碼，因此解碼器需要使用軟判決資訊，而非使用硬判決資訊，這是為了更進一步地利用解碼器之間的資訊。Turbo 碼的解碼器採用迭代解碼演算法的原理：它由多個與成員碼對應的解碼單元、交織器和解交織器組成，將一個解碼單元的軟輸出資訊作為下一個解碼器單元的輸入。為了進一步提高解碼性能，這個過程需要迭代數次。Turbo 碼有多種解碼演算法，如 Log-MAP 演算法、Max-log-MAP 演算法和最大似然解碼 MAP。

2. Turbo 收發機下一代前向校正

Gallager 的低密度驗證碼解碼器是第一個迭代檢測輔助通道解碼器。但是在 Turbo 碼發現之後，解碼器元件之間迭代軟資訊交換的全部優勢才得到廣泛認可。

如圖 5.5 所示右部分的軟資訊的迭代交換非常有價值，因為解碼器元件在達成一致、對它的判決足夠確定它的判決之前不會做出硬判決。與同樣複雜的卷積解碼器的性能相比，當使用足夠長的 Turbo 交織器，Berrou 的 Turbo 碼的性能高出約 2dB，此時它的誤取樣率為 10^{-4}。在 AWGN 無記憶通道上，與香農理論極限相比，特定參數條件下 Turbo 碼的位元錯誤率可以僅比前者高 0.7dB，其他任何的校正編碼方案都無法與其相比。在當今資訊理論和編碼領域，Turbo 碼憑藉其優秀的解碼性能成為一個重要研究方向。在高雜訊環境下，Turbo 碼具有良好的性能，具有很強的抗衰落、抗干擾能力，這使得 Turbo 碼在通道條件較差的行動通訊系統中有很大的應用潛力。

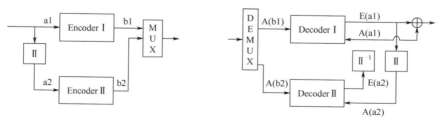

圖 5.5 平行串聯碼的編碼和解碼

Turbo 碼出現之後，各種各樣的串列編碼方案隨之出現，比較有效的串列方案有平行串聯碼、串列串聯碼和混合串聯碼。它們依賴於不同的組成碼，可以在未來對它們進行深度研究，基於迭代軟資訊交換的 Turbo 原理可用於上述方案的檢測。

另外，設計下一代收發機的關鍵是透過構想出強大的軟判決，在軟輸出解調器和極座標解碼器之間交換軟外部資訊，並輔助 Turbo 式探測方案。

3. HARQ 的多組 Turbo 碼

HARQ 技術是指 ARQ 和 FEC 相結合的差錯控制方法。這種技術透過發送附加的容錯資訊，改變編碼速率來自我調整通道條件。FEC 方式需要複雜的解碼裝置，ARQ 方式的資訊連貫性差，因此採用 HARQ 技術可以在一定程度上避免這些缺點，並且可以有效降低整個通訊系統的位元錯誤率。HARQ 技術的發展速度非常快，在衛星通訊和無線通訊領域都已獲得了廣泛的應用。

整體來說，HARQ 系統就是把一個 FEC 子系統加到 ARQ 系統中，採用 FEC 子系統是為了校正經常出現的傳輸錯誤，從而減少重傳次數。在校正能力範圍內自動校正錯誤，超出校正範圍則要求發送端重新發送，這是一種綜合權衡的方法，既提高了系統的傳輸效率，也增加了系統的可靠性。

1997 年，Turbo 碼與 HARQ 相結合的演算法被第一次提出，作者對 Turbo 轉碼器的結構做了一定的修改，當出錯重傳時，前一個傳輸資料區塊 Turbo 解碼時產生的對數似然比被本次接收端的 Turbo 解碼器使用，成為此次 Turbo 解碼的先驗資訊。在中低訊號雜訊比的條件下，這種方法的使用大大降低了系統的誤每秒顯示畫面。

多分量 Turbo 碼類是平行串聯碼的特別有價值的類族，它依賴於單位速率碼元件，對 HARQ 具有良好的支持作用。也就是說，在第一次傳輸的時候，系統並沒有分配容錯，因此整體的串流速率是統一的。如果 CRC 表示解碼失敗，則會傳輸相同資訊的不同加密版本，此時解碼器的容錯程度

變為 50%，整體串流速率變為 1/2。因為總共有 N 個不同交錯版本的原始資訊被傳輸，當 CRC 出現一直故障的情況，整體串流速率會變為 $1/N$。

4. 不規則 FEC：外部資訊傳遞圖表輔助設計時代

早期的 FEC 所設計的標準即使在高斯有線通道上傳輸，也要最大限度地提高合法代碼的漢明距離，這與最小化位元錯誤率密切相關。BCH 編碼類族可以滿足人們想要最大化所有合法代碼對之間的漢明距離這一設計準則。卷積碼的維特比解碼需要用到最大似然序列估計演算法，它最小化了錯誤序列估計機率，而非位元錯誤率。

1974 年，Bahl、Cocke、Jelinek 和 Raviv 發明了另一種線性碼組的最佳解碼演算法。該演算法可以應用於 BCJR 解碼器。這種演算法的複雜性較高，能夠直接最小化位元錯誤率，性能與最大似然序列估計相似。直到 Turbo 碼發明之前，BCJR 解碼器都很少被使用。經過幾十年使用不同的編碼設計標準，Ten Brink 以強大的外部資訊傳遞分析工具的形式獲得了一個歷史性的突破，將迭代檢測輔助 Turbo 接收機的收斂行為視覺化。

5.1.3 LDPC 碼

1. LDPC 碼的簡介及原理

通訊和廣播系統，特別是無線系統，經常出現通道損傷的現象。因此，改錯碼的使用是必不可少的。LDPC 碼是由 Gallager 在 20 世紀 60 年代提出的，後來由 MacKay 和 Neal 重新發現的一類性能非常好的碼。LDPC 碼是由稀疏同位矩陣 H 定義的線性分組碼。該稀疏同位矩陣 H 主要包含 0 而只包含少量 1，也就是説，它具有低密度的 1。LDPC 碼的優良性能可以透過與 BP 演算法相結合來獲得。該演算法借助其他位元更新每個位元的似然值作為外部資訊。一般來説，獲得的外部資訊越多，性能就越好。LDPC 碼的性能在很大程度上取決於其碼結構和解碼演算法。

適當設計的 LDPC 碼比 3G 行動通訊系統中採用的 Turbo 碼有更好的性

能。由於出色的性能，LDPC 碼可以採用多種通訊和廣播標準，如 IEEE802.16e、DVB-S2、IEEE802.3an（10BASE-T）等。除了上述標準，LDPC 碼可以應用於各種通訊系統，如 MIMO 系統。基於 BP 解碼演算法的性質，LDPC 碼是在空間和時間域中利用多樣性增益的良好選擇。LDPC 碼也已應用於 HARQ。舉例來說，在 II 型 HARQ 中，即 IR ARQ 方案，需要改錯碼在廣泛的串流速率範圍內提供良好的校正能力。

儘管 LDPC 碼可以廣泛地推廣到非二進位的情況，在本書中僅考慮簡單的二進位 LDPC 碼。除非特別說明，否則假設 H 是滿秩。如果同位矩陣 H 具有 N 列和 M 行，則代碼由滿足由同位方程式 $Hx^{\mathrm{T}}=0$ 定義的一組 M 個同位的 N 位元序列 x 組成。訊息位元數為 $K=N-M$，串流速率為 $R=K/N$。同位矩陣 H 之所以這樣命名，是因為它對接收到的代碼執行 $M=N-K$ 個單獨的同位。LDPC 碼大致可以分為規則 LDPC 碼和非規則 LDPC 碼兩種類型。規則 LDPC 碼是那些同位矩陣具有統一的列權重 ω_c 和統一的行權重 ω_r 的 LDPC 碼，其中列（行）權重指的是列（行）中的 "1" 的數量。在規則 LDPC 碼中，以下關係成立：$\omega_r = \omega_c N/M$，$\omega_c \ll M$，$R = K/N = 1 - \omega_c/\omega_r$。在不規則 LDPC 碼中，每列或每行中的 "1" 的數目不是恒定的。

（N,K）LDPC 碼具有塊長度 N 和資訊長度 K。式（5-3）示出列權重 $\omega_c = 3$，行權重 $\omega_r = \omega_c N/M = 6$ 的（12,6）規則 LDPC 碼的同位矩陣 H。

$$H = \begin{bmatrix} 1 & 1 & 1 & 0 & 0 & 1 & 1 & 0 & 0 & 0 & 1 & 0 \\ 1 & 1 & 1 & 1 & 1 & 0 & 0 & 0 & 0 & 0 & 0 & 1 \\ 0 & 0 & 0 & 0 & 0 & 1 & 1 & 1 & 0 & 1 & 1 & 1 \\ 1 & 0 & 0 & 1 & 0 & 0 & 0 & 1 & 1 & 1 & 0 & 1 \\ 0 & 1 & 0 & 1 & 1 & 0 & 1 & 1 & 1 & 0 & 0 & 0 \\ 0 & 0 & 1 & 0 & 1 & 1 & 0 & 0 & 1 & 1 & 1 & 0 \end{bmatrix} \qquad (5\text{-}3)$$

LDPC 碼可以用 Tanner 圖表示。對應於（N,K）LDPC 碼的 Tanner 圖由 N 個位元節點、$M=N-K$ 個驗證節點和一定數量的邊組成。每個位元節點表示代碼的一位元。每個驗證節點表示碼的同位。當且僅當在同位矩陣中的

對應項中存在 "1" 時，位元節點和驗證節點之間才存在邊。因此，Tanner 圖表示對代碼的約束，即碼本身。與式（5-3）中的同位矩陣相對應的 Tanner 圖如圖 5.6 所示。在該 Tanner 圖中，每個位元節點有三個邊連接，每個驗證節點有六個邊連接，這符合 $\omega_c = 3$ 和 $\omega_r = 6$ 的事實。

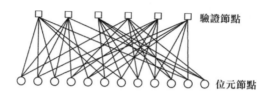

驗證節點

位元節點

圖 5.6 （12,6）LDPC 碼的同位矩陣

在不規則 LDPC 碼中，位元節點和驗證節點通常由度分佈多項式指定，分別表示為 $\lambda(x)$ 和 $\rho(x)$。λ_d 和 ρ_d 分別表示連接到 d 度位元節點和 d 度驗證節點的所有邊的分數，d_v 和 d_c 分別表示最大位元節點和驗證節點度。

在 Tanner 圖中，長度為 v 的循環是一條由 v 條邊組成的路徑，該邊循環回到自身。週期的最小長度稱為周長。LDPC 碼的優異性能通常可以透過與 BP 解碼演算法相結合來獲得，其中，位元的似然沿邊緣傳播，並用做其他位元的外部資訊。一般來說，獲得的外部資訊越多，性能就越好。因此，LDPC 碼的性能通常取決於週期和周長。較小的周長表示位元的資訊能很快循環回到自身，並且只有少量的外部資訊可以被利用，位元的似然不能得到很大改善。因此，周長可以作為 LDPC 碼的設計參數，許多文獻都試圖構造大周長的 LDPC 碼。必須注意的是，對於無循環的 Tanner 圖，BP 演算法以有限步終止，並根據符號差錯機率產生最佳解碼。然而，無循環 Tanner 圖由於其最小距離較小而具有較差的位元錯誤率性能：當串流速率 $R>1/2$ 時，它們的最小距離為 2。

2. LDPC 碼的分類

1）QC-LDPC 碼

與其他類型的 LDPC 碼及其他 QC 碼相比，QC-LDPC 碼具有編碼優勢。

它可以簡單地使用回饋移位暫存器進行編碼，其複雜度與用於串列編碼的同位檢查位元的數量及用於平行編碼的碼長成線性正比。由於循環對稱性，它在實現時也具有優勢。QC-LDPC 碼的特徵是同位矩陣，它由小區塊組成，這些塊是零矩陣或循環數。循環陣是一個方陣，其中每一行都是其上一行的循環移位（右循環移位），第一行是最後一行的循環移位。循環陣的每一列是其左邊列的向下循環移位，第一列是最後一列的循環移位。因此，循環陣的完全特徵由它的第一行或第一列決定，它被稱為循環陣的生成器。對於 QC-LDPC 碼，GF(2)上的 $L \times L$ 循環陣 $\boldsymbol{P}$ 通常是滿秩的，其元素可表示為：

$$\boldsymbol{P}_{i,j} = \begin{cases} 1, \; if \; i+1 \equiv j \; mod \; L \\ 0, \; \text{otherwise} \end{cases} \quad （5\text{-}4）$$

注意，對於任意整數 i，$0 \leq i \leq L$，$\boldsymbol{P}^i$ 表示將單位矩陣 I 向右移位元 i 次的循環置換矩陣。設 $L \times L$ 為零矩陣，用 $\boldsymbol{P}^\infty$ 表示，以便於表達。舉例來說，$\boldsymbol{P}^1 = \boldsymbol{P}$ 由下式列出：

$$\boldsymbol{P} = \begin{bmatrix} 0 & 1 & 0 & \cdots & 0 \\ 0 & 0 & 1 & \cdots & 0 \\ 0 & & \cdots & & 0 \\ \vdots & \vdots & \vdots & \cdots & \vdots \\ 0 & 0 & 0 & \cdots & 1 \\ 1 & 0 & 0 & \cdots & 0 \end{bmatrix} \quad （5\text{-}5）$$

設 $\boldsymbol{H}_{qc}$ 為下式定義的矩陣：

$$\boldsymbol{H}_{qc} = \begin{bmatrix} P^{\alpha_{11}} & P^{\alpha_{12}} & \cdots & P^{\alpha_{1(n-1)}} & P^{\alpha_{1n}} \\ P^{\alpha_{21}} & P^{\alpha_{22}} & \cdots & P^{\alpha_{2(n-1)}} & P^{\alpha_{2n}} \\ \vdots & \vdots & \cdots & \vdots & \vdots \\ P^{\alpha_{m1}} & P^{\alpha_{m2}} & \cdots & P^{\alpha_{m(n-1)}} & P^{\alpha_{mn}} \end{bmatrix} \quad （5\text{-}6）$$

其中，$\alpha_{ij} \in \{0,1,\cdots,L-1,\infty\}$。帶 $\boldsymbol{H}_{qc}$ 的 QC-LDPC 碼 C 是準循環的，即 $c = (c_0, c_1, \cdots, c_{n-1}) \in C$ 表示對於所有 i，有 $\hat{T}^i c \in C$，$0 \leq i \leq L-1$。有：

$$\hat{T}^i c \equiv (T^i c_0, T^i c_1, \cdots, T^i c_{n-1}) \qquad (5\text{-}7)$$

$$T^i c_l \equiv (c_{l,i}, c_{l,i\oplus 1}, \cdots, c_{l,i\oplus L-1}) \qquad (5\text{-}8)$$

對於 $c_l = (c_{l,0}, c_{l,1}, \cdots, c_{l,L-1})$，$\oplus$ 表示模 L 加法。在 QC-LDPC 碼中，如果列出第 i 行塊 $H_i \equiv [P^{\alpha_{i1}} \ldots P^{\alpha_{in}}]$ 第一行中 1 的位置，則 H_i 中其他 1 的位置是唯一確定的。因此，與隨機構造的 LDPC 碼相比，儲存 QC-LDPC 碼的同位矩陣所需的記憶體可以減少 $1/L$。

QC-LDPC 碼可以是規則的或不規則的，這取決於 $\boldsymbol{H}_{qc}$ 的 α_{ij} 的選擇。如果 $\boldsymbol{H}_{qc}$ 不包含零子矩陣，則它是一種具有列權重 m 和行權重 n 的規則 LDPC 碼。不然它是不規則的 LDPC 碼。

2）陣列 LDPC 碼

陣列 LDPC 碼是基於「陣列碼」的結構化 LDPC 碼。陣列碼是為檢測和校正突發錯誤而提出的二維碼。陣列碼可以被視為正常的 QC-LDPC 碼。陣列 LDPC 碼由 $L \times L$ 單位矩陣的循環移位元組成的子矩陣組成。對於質數 q 和正整數 $j \leq q$，可以定義陣列 LDPC 碼的同位矩陣為：

$$\boldsymbol{H}_A = \begin{bmatrix} I & I & \ldots & I & \ldots & I \\ I & P^1 & \cdots & P^{(j-1)} & \cdots & P^{k-1} \\ I & P^2 & \cdots & P^{2(j-1)} & \cdots & P^{2(k-1)} \\ \vdots & \vdots & \vdots & \vdots & \vdots & \vdots \\ I & P^{(j-1)} & \cdots & P^{(j-1)(j-1)} & \cdots & P^{(j-1)(k-1)} \end{bmatrix} \qquad (5\text{-}9)$$

因此，陣列 LDPC 碼是具有 $L=q$、$n=q$、$m=j$ 的 QC-LDPC 碼，其中陣列 LDPC 碼的列權重和行權重分別為 j 和 q。請注意，q 必須是質數才能獲得良好的性能。結果表明，對於 $j \geq 3$，Tanner 圖的周長為 6。

為了有效地編碼陣列 LDPC 碼，提出了一種具有以下同位矩陣的修改的陣列碼：

$$H = \begin{bmatrix} I & I & I & \cdots & I & \cdots & I \\ 0 & I & P & \cdots & P^{j-2} & \cdots & P^{k-2} \\ 0 & 0 & I & \cdots & P^{2(j-3)} & \cdots & P^{2(k-3)} \\ \vdots & \vdots & \vdots & \vdots & \vdots & \cdots & \vdots \\ 0 & 0 & \cdots & 0 & I & \cdots & P^{(j-1)(k-j)} \end{bmatrix} \tag{5-10}$$

其中，j 和 k 是指使得 $j \le k \le q$ 的兩個整數，其中 q 表示質數。I 是 $q \times q$ 單位矩陣，0 是 $q \times q$ 零矩陣，P 是表示單一左循環移位或右循環移位的 $q \times q$ 置換矩陣。改進的陣列 LDPC 碼是一種非規則的 QC-LDPC 碼，$L=q$，$n=k$，$m=j$，H 的子矩陣為零。由於 H 的上三角形式，它可以被有效地編碼，即編碼複雜度與代碼長度呈線性關係。從 H 的結構可以看出，在對應的 Tanner 圖中沒有長度為 4 的圈。因此，修改後的陣列 LDPC 碼具有非常低的誤碼平底。

3. LDPC 碼 MIMO 系統

LDPC 碼被用於具有 Turbo 迭代接收器的 MIMO-OFDM 系統。該系統由最大後驗機率解調器、BP LDPC 解碼器、線性 MMSE-SIC 解調器和 BP 解碼器組成。透過將檢測器的 LLR 輸出近似為對稱高斯變數的混合，並使用高斯近似密度演化，LDPC 碼在 AWGN 通道和特定 MIMO 通道中都被最佳化。採用最佳化的 LDPC 碼的 MIMO-OFDM 系統和基於 MAP 的最佳接收機可以使系統的遍歷容量在 1dB 以內。研究還表明，與基於 MAP 的最佳接收機相比，基於線性 MMSE-SIC 的次優接收機具有較小的性能損失。

準規則結構的二進位和非二進位 LDPC 碼可用於空時無線傳輸。準規則結構的 LDPC 碼應用於大分集階的多天線系統時，在準靜態衰落通道中可以獲得比以往提出的空時格形碼、Turbo 碼和卷積碼更高的編碼增益。

LDPC-MIMO 系統與 BP 演算法結合可以在線性處理時間內獲得優異的誤碼性能。然而，由於採用 LDPC 碼的 BP 演算法不能實現精確的 MAP 解碼，解碼不能保證在固定的迭代次數內收斂。為了達到合理的收斂程度，BP 演算法需要相當多的檢測和解碼迭代。增加迭代次數可以提高位元錯誤率性能，但隨著迭代次數的增加，改進效果趨於飽和。在實際系統中，檢測和解碼迭代的次數受到限制。此外，BP 需要多次解碼迭代才能傳播 LLR。與平行 BP 相比，順序 BP 可以以更高的解碼延遲為代價，以更少的解碼迭代來進行收斂。由於一個位元承載所有其他位元的資訊，因此順序更新比平行更新的 LLR 傳播速度更快。特別地，在解碼迭代次數較少的情況下，順序 BP 可以獲得比平行 BP 更好的誤碼性能。

4. 使用 LDPC 碼的混合自動重傳請求

對於差錯控制，有兩種眾所皆知的技術：FEC 和 ARQ。當回饋通道可用時，ARQ 是一種很好的技術。將 FEC 和 ARQ 相結合的技術稱為 HARQ，它可以提高輸送量。有三種類型的 HARQ 方案。第一種是 I 型 HARQ，其中 CRC 被附加到資料並被編碼。第二種是 II 型 HARQ，II 型 HARQ 是 IR ARQ 方案，其在不和的傳輸中傳輸不同的編碼位元。第三種 III 型 HARQ 也是 IR ARQ 方案。II 型和 III 型之間的差別在於，在 III 型中，容錯資訊是可自解碼的。

與 HARQ 相結合的碼有很多種。LDPC 碼也被應用於 HARQ。有學者提出了基於 LDPC 碼的 IR HARQ 方案，其中 LDPC 碼是基於多邊結構構造的，它與 2 次位元節點相鄰的邊排列成隻涉及 2 次位元節點的大循環。LDPC 碼也可以與 I 型 HARQ 相結合，其中採用二維 I 型循環（$0,s$）階歐幾里德幾何 LDPC 碼進行校正。在使用基於協定圖的 LDPC 碼和 Go-back-N 協定的衛星通訊中，也可以使用 LDPC 碼的 HARQ 方案。

為了實現 II 型 HARQ，RC 碼可以提供一種有效的框架，因為它們僅使用簡單的編碼器和解碼器就可以容易地實現 IR 傳輸，其響應於來自接收器

的 NACK，傳輸下一個較低延遲碼的遞增交錯位元。在卷積碼和分組碼的基礎上有學者設計了幾種 RC 碼，還提出了 RC-LDPC 碼。

學者發現在較高速率下單純的打孔不能提供一系列具有廣泛速率範圍的性能良好的 LDPC 碼，並且較大百分比的打孔位元（擦拭）會使迭代軟判決解碼器癱瘓。為了解決這個問題，有研究者提出了同時基於打孔和擴充的 RC-LDPC 碼，可以基於 PEG 構造來構造 RC-LDPC 碼。PEG 方法是一種構造平均圈長較大的 Tanner 圖的通用非代數方法。在構造具有指定可變節點度分佈的圖時，PEG 方法從邊選擇過程開始，以便在圖上放置新的邊，它對圖的圈長度的影響最小。但是，基於 PEG 方法的 RC-LDPC 碼也存在一定的問題，其中大多數大的局部循環並不一定連接到具有較低權重的列元素。在應用打孔時，有必要對權重較小的列元素進行打孔，並結合較大的局部循環，以避免性能損失。然而，基於 PEG 方法的同位矩陣中權值較低的列元素均勻地由大小不同的局部循環組成。因此，很難避免在基於 PEG 方法的 RC-LDPC 碼中由於打孔而導致的性能下降。為了克服上述困難，有學者提出了一種使用漸進式增加列權重順序的構造方法，以減少由於打孔造成的性能損失，其中大多數較低權值的列權重與較大的局部循環相結合。

5. 6G 中的 LDPC 碼

1）QC-LDPC 碼

與 Polar 碼和 Turbo 碼相比，QC-LDPC 碼具有很高的平行度，非常適合高輸送量業務。新設計的超高速 LDPC 碼有望滿足 6G 資料通道的要求。為了減少解碼迭代次數，提高解碼器的平行度，需要綜合考慮新的同位矩陣設計和對應的編解碼演算法。

2）CC-LDPC 碼

近年來，隨著 Turbo 碼、LDPC 碼和 Polar 碼的出現，最新的通道編碼方案已經非常接近香農極限。在 5G 行動通訊標準中，資料通道採用 CC-LDPC

碼，控制通道採用 Polar 碼。雖然這些方案獲得了很好的性能，但仍有明顯的局限性。CC-LDPC 解碼收斂速度慢、複雜度高、解碼延遲長，在很多方面存在不足；同時，由於碼長較短、串流速率較低，其性能不是很好。未來的 6G 通訊場景需要更高的可靠性、更低的延遲和更高的輸送量來滿足即時高速率的資料傳輸。CC-LDPC 碼最早是由 M.Lentmaier 和 A.Sridharan.et 提出的，它的編碼結構類似卷積碼。此外，有學者提出了空間耦合這一概念。這個術語是一個通用概念，用來表示將幾個獨立的碼耦合為類卷積結構的現象。CC-LDPC 碼的許多性能已被證明優於 BC-LDPC 碼。CC-LDPC 碼在更低的誤碼平底、更低的解碼延遲和更低的解碼複雜度方面具有巨大的潛力。

3）多進位 LDPC 碼

在前幾代行動通訊中，物理層的大多數通道編碼方案在二進位域中操作。為了在衰落通道中增加通道編碼的穩健性並在非常高的訊號雜訊比情況下操作，可以考慮非二進位（也稱為多進位）碼。Davey 和 MacKay 提出了多進位 LDPC 碼。這樣的碼可以在 Galois 域中定義。多進位 LDPC 碼的基本設計類似於二進位 LDPC 碼，舉例來說，同位矩陣可以隨機構造或遵循某些定義的模式，如準循環，使用 BP 或其變形作為基本解碼演算法。其設計複雜度和解碼複雜度一般高於二進位 LDPC 碼。然而，其消除同位矩陣的分割圖中的「短環」的能力使得該碼能夠有效地對抗突發錯誤。

4）VLC 中的 LDPC 碼

透過使用發光二極體作為發射器，利用自由光空間作為傳輸通道，VLC 具有進行高速資料通訊的能力，是 6G 中極具潛力的技術之一。這種無線通訊中存在的問題是距離問題，與 RF 相比，VLC 只能傳輸相對較短的距離。在 VLC 上有很多方法可以讓傳輸的距離變得更遠，其中之一就是校正。在 VLC 上使用 QC-LDPC 碼可以獲得更好的性能。QC-LDPC 碼的編碼技術採用 G-矩陣和位元翻轉演算法進行解碼。與未編碼的 VLC 系統相比，採用 QC-LDPC 碼的 VLC 系統傳輸距離增加了 7%，能量效率提高了 27.5%。

5）保密通訊中的 LDPC 碼

在日常生活中，資料庫資料被竊取和資訊失竊取的事情常常發生，這會造成非常嚴重的後果。在 6G 系統中，需要傳輸的資料數量大大增加，這增大了資料洩露的可能性，資料保密成為十分重要的問題。保密通訊是 6G 中一個具有光明前景的研究方向。

LDPC 碼與 RB-HARQ 相結合，身為重傳策略，可以增強 AWGN 竊聽通道中通訊的安全性。對於不規則 LDPC 碼，可變節點有不同的度，這表示對節點的保護是複雜的。在 RB-HARQ 協定中，合法的接收器要求重傳，包括解碼器輸出端最不可靠的位元。位元的可靠性可以用後驗機率對數似然比的平均值來評價。這種方案利用位元錯誤率來評估保密性能，採用非規則 LDPC 碼的 RB-HARQ 協定可以極大地提高通訊系統的安全性能。

6）基於機器學習的 LDPC 碼

LDPC 碼因其近通道容量性能而成為無線通訊的首選。然而，由於解碼器的迭代性質，它消耗了巨大的功率，並且還會導致延遲。為了降低功耗和延遲，人們在解碼器中引入了各種類型的 ET 技術。最近，作為 6G 研究的一部分，人們正在探索 ML 演算法來取代或改進無線通訊中複雜的接收演算法。透過在 LDPC 解碼器中使用 ML 來辨識 ET 的迭代，在多調解方案下，提出的 ET 方法比 LDPC 解碼器的同位方程式 ET 方法的性能提高了30%～36%，降低了 10%的錯誤區塊率。與固定迭代解碼器的典型實現相比，該方法在錯誤區塊率性能上的損失可以忽略不計。

7）堅固 LDPC 碼

在 6G 通訊中，資料傳輸量迅速增多，為了使物理通道中傳輸資料的高位元錯誤率降到最低，需要採用 FEC 技術。在 AWGN 雜訊通道下，堅固 LDPC 碼可以最小化位元錯誤率和 PAPR。根據系統要求，該碼可以支援較寬的串流速率範圍和較高的解碼精度。

5.1.4 Spinal 碼

1. Spinal 碼的簡介及原理

Jonathan Perry、Devavrat Shah 等人於 2011 年共同提出了一種新型的無速率碼 Spinal 碼。與之前的通道編碼方案不同，它採用了全新的編碼方案想法，可以應用於 AWGN 通道和 BSC 通道。Perry 等人的理論分析和結果證明了 Spinal 碼的輸送量已經逼近了香農容量。Spinal 碼採用了 Hash 函數進行編解碼，其本身的複雜度隨著符號數增多、碼長變長而增大，但是 Spinal 碼在短碼的情況下複雜度並不會太大，性能表現非常優異。Spinal 碼的發展歷史並不長，一些理論還不太成熟，但是它表現出了非常好的性能，值得進行深入的研究。

透過使用 Hash 函數，Spinal 碼將資訊轉化為偽隨機位元資訊，然後將偽隨機位元資訊映射為緻密的星座點進行傳輸。Spinal 碼屬於多進位無速率碼，具有普通無速率碼所具有的特性，即無速率和通道特徵即時自我調整，可以在無須拓寬頻寬的情況下實現高可靠和高效傳輸。

利用 Hash 函數的隨機性質和不可逆性質對資訊進行編碼，是 Spinal 碼高可靠和高效的根本原因。編碼隨機會導致解碼的局限性較大，只能採用最大似然的方式，重現所有可能形式的開發過程來進行判決解碼。Spinal 碼具有一定的高複雜度，但是同時也具有較好的抗衰落和抗干擾能力。

不同於之前編碼方式，Spinal 碼的低複雜度解碼是根據其圖形或代數結構來完成的。發送端將初始化資訊和分塊資訊長度傳遞給接收端，接收端收到後，需要對發送區塊進行所有可能性的遍歷。由於 Spinal 碼具有類卷積的特性，後面符號的產生與前面符號產生是有連結的，因此解碼實質是延長一棵指數增長的解碼樹，再根據最大似然準則，在解碼樹中選取與接收向量的度量最小的路徑作為譯出的代碼輸出。

2. Spinal 碼的現狀及在 6G 中的潛在應用

大多數通道編碼被設計為只能選擇有限的編串流速率,其中碼的性能可以根據特定的編串流速率進行最佳化。儘管 5G QC-LDPC 可以支持多種串流速率,但它仍然不是低串流速率的。Spinal 碼是真正的無串流速率編碼,可以在很寬的串流速率範圍內都提供良好的性能。Spinal 碼的吸引力還在於在碼區塊較短時具有接近香農容量的性能,以及在訊號雜訊比很高時具有優越的性能。因此 Spinal 編碼技術是未來 6G 發展的過程中非常具有吸引力的技術之一。

5.1.5 物理層網路編碼

1. 物理層網路編碼的簡介及原理

在 5G 中,NOMA 已經成為無線連線技術設計的重要研究方向。然而,由於使用者同時傳輸中存在的訊號干擾,NOMA 的頻譜效率降低。為了克服這一問題,人們提出了許多編碼和訊號處理技術來緩解和利用多使用者干擾。受傳統網路編碼的啟發,PNC 的概念被提出,並從資訊理論和實用的角度論證了其相對於傳統通訊的優勢。特別是 PNC 透過利用使用者干擾的特性可以顯著提高網路輸送量,那些基於 PNC 的設計方案正在成為 5G 網路中 NOMA 的競爭性解決方案。在 PNC 輔助網路中,接收器致力於解碼來自接收訊號的使用者訊息(稱為 NC 訊息)的線性加權組合。簡單的 PNC 操作的網路是 TWRC,其中兩個使用者節點希望透過中繼彼此通訊。由 PNC 協助的 TWRC 有兩個階段,第一階段是多址階段,第二階段是廣播階段。如圖 5.7 所示,在第一階段,使用者 1 發送訊息 S_1,使用者 2 同時向中繼發送訊息 S_2。指定來自兩個使用者的疊加訊息,中繼嘗試解碼 S_1 和 S_2 的線性組合 $S_1 \oplus S_2$。然後在第二階段,中繼向兩個使用者廣播 $S_1 \oplus S_2$。這樣,在實際場景中,PNC 在和速率和解碼性能方面優於傳統的傳輸方案。

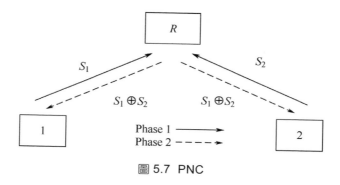

圖 5.7 PNC

2. 6G 中的物理層網路編碼

1）串流速率分集通道編碼 PNC

目前大部分的相關工作都集中在 PNC 上，其中兩個使用者使用相同的通道編碼方法。最近的一項研究調查了兩個使用者使用不同的調解方式和相同的編碼速率，以實現速率不同的 PNC。然而，很少有人關注串流速率分集 PNC，其中兩個使用者可以使用不同串流速率的通道編碼方式。這項研究有望進一步提高可實現的 PNC 速率，特別是在兩個使用者到中繼通道具有不同通道條件的 TWRC 中，PNC 速率將大大提高，滿足 6G 所追求的超高速率的要求。

2）多使用者通道編碼 PNC

有效支持巨量連接對於確保即將到來的 6G 網路能夠支持 IoT 功能非常重要。因此，研究 K 個使用者 PNC 通訊場景時，要求 $K{\geq}3$ 具有重要意義。如何基於星座最小距離刻畫 K 個使用者 PNC 的解碼行為仍然是一個具有挑戰性的任務。

3）可即時解碼的網路編碼

一種特定的網路編碼 IDNC 在各種度量的分析、最佳化和簡單的演算法設計方面獲得了較大進展。這個子類的特殊之處在於，它在接收時刻強制對接收到的編分碼組進行解碼，並且不能對將來的解碼進行儲存。這使得解碼非常簡單，對於儲電量低和運算能力較低的行動裝置非常重要。換句話

説，每個接收到的組合不是立即用於解碼來源封包，就是被捨棄。這個簡單的性質導致了 IDNC 在簡單線上演算法設計的分析和開發方面獲得了巨大的進步。IDNC 可以減少記憶體消耗並降低延遲時間，可以滿足 6G 對超低成本和超低延遲的要求。

4）通道和網路聯合編碼

對於具有雜訊通道的 MARC，透過網路編碼獲得分集的一種方式是分開對待網路編碼和通道編碼。然後，在每次傳輸的物理層中使用通道編碼，以將雜訊通道轉為基於擦拭的鏈路。在網路層，對由較低層提供的基於擦拭的網路執行網路編碼。

然而，中繼不能只用來獲得分集，它的傳輸可以被視為額外的容錯，如果中繼與基地台的連接比行動站更好，與點對點通訊相比，它改進了性能。對於這種情況，中繼對於沒有衰落的雜訊通道也是有用的，其中分集是不相關的，可以應用分散式通道編碼來有效地利用來自行動站的直接容錯和來自中繼的附加容錯。當然，MARC 的中繼也提供了額外的容錯。為了有效地利用這種容錯，必須將分散式通道碼的概念推廣到通道和網路的聯合編碼。

對於將網路編碼應用於有線網路的情況，僅考慮網路層，並且假設較低層借助通道編碼提供無差錯或基於擦拭的鏈路，通道和網路聯合編碼的原理是利用網路編碼中的容錯來支持通道編碼，以實現更好的差錯保護。它類似於訊號來源—通道聯合編碼的原理，其中訊號來源編碼後的剩餘容錯有助通道編碼對抗雜訊。

在 6G 中，大量的使用者不再是人而是機器，它們可以協作工作形成自我調整網路編碼。

5.1.6 演算法及有關方案

1. 多網格 BP 解碼演算法

3GPP 選擇了目前第 5 代行動通訊標準的控制通道的通道編碼——Polar 碼。它是已知的唯一能實現校正的編碼。因此，Polar 碼的程式碼實作是一個更具實際意義的挑戰。Polar 碼的解碼方法有兩種：一種是 SC 及其衍生方法，衍生方法在本質上是更加連續的；另一種是 BP 方法，該方法易於平行化，是一種適合於高輸送量應用的理想解碼方法。由於 SC 演算法的衍生方法，如 SCL 解碼和 CRC 輔助的 SCL（CA-SCL）的性能明顯優於 BP 解碼，因此如何使 BP 解碼器的性能與現有 SC 演算法的性能相當已成為一個熱門的研究。

BP 演算法是一種基於因數圖的迭代資訊傳播演算法，在 LDPC 碼的解碼中獲得了廣泛的應用。它身為迭代解碼演算法，在高訊號雜訊比條件下存在誤碼平底問題，人們對此進行了大量的研究，以了解和減小誤碼平底。在高訊號雜訊比條件下，造成誤碼平底的主要因素是 Polar 碼因數圖中的循環和停止集引起的錯誤收斂和振盪。週期越短，停止集越小，它們對誤碼性能的影響就越顯著。與 CRC 等高串流速率錯誤檢測方案的串聯可以在一定程度上減輕振盪錯誤的影響，但這降低了有效串流速率。

有學者提出了多網格 BP 解碼器，其中解碼器借助於 CRC 利用 Polar 碼的過完整表示來連續地對原始因數圖的不同排列執行置信傳播。由於解碼器的實現複雜度隨著使用的因數圖的數量的增加而線性增加，所以對所有排列進行解碼變得不切實際，因此不是使用有限數量的原始因數圖的隨機排列，就是使用原始因數圖的循環移位。為了進一步改進多網格 BP 解碼器，可以使用分區逐次取消列表解碼器的分區置換因數圖的思想，以犧牲性能為代價來降低複雜度，透過基於數值評估的校正性能仔細選擇原始因數圖的排列。

在多置換子圖上進行逐次 BP 解碼，即多網格 BP 解碼器，可以提高誤碼性能。然而，當排列整個因數圖時，由於解碼器忽略了先前排列的資訊，所以所需的迭代次數明顯大於標準 BP 解碼器的迭代次數。有學者提出了一種新的多網格 BP 解碼器的變形，它只置換原始因數圖的子圖，這使得解碼器能夠保留未排列的子圖中的可變節點的資訊，從而減少排列之間所需的迭代次數。所提出的解碼器可以更頻繁地執行排列，在減輕引起振盪錯誤循環的影響方面更有效。

2. 基於深度學習的編碼技術

隨著資訊理論的不斷發展，人們建立了各種各樣的通道模型，特定的數學模型可以較好地描述現有的通訊系統。雖然現代通訊系統的發展已經非常成熟，但是還有一些問題需要解決。多數通訊領域的訊號處理演算法擁有堅實的統計學和資訊理論基礎，並且可以被證明是最佳的。一般來說，這些演算法都是穩定、線性並具有高斯統計特性的。然而，實際的通訊系統有很多非線性模組，它是有缺陷的，不是完美的，這些演算法只能近似地描述它的情況。

O'Shea 在 2017 年為了設計點對點最佳化的收發信機使用了深度學習中的自編碼器。自編碼器和通訊系統物理層收發信機在功能和結構上是相似的，它的主要功能是實現資料重建，通訊系統的主要目的是在接收端恢復出發射端的訊號。他把收發信機看作一種自編碼器結構，發射機是編碼器，接收機則是解碼器。通訊系統收發信機的最佳化設計就轉變為自編碼器點對點的最佳化設計，基本結構方塊圖如圖 5.8 所示。基於自編碼器的通訊系統設計使用神經網路透過大量訓練樣本，學習資料的分佈，然後預測結果。

通常利用高斯白色雜訊通道或瑞利衰落通道作為確定通道模型的點對點系統的模擬通道。在高斯白色雜訊通道下，基於自編碼器的通訊系統可以自動學習從位元塊對應的獨熱（one-hot）向量到星座點符號的映射關係。接

收符號在接收端進行解碼，恢復出原始位元。在相同的編碼速率下，傳統的調解編碼方案的區塊位元錯誤率比基於全連接神經網路方案的位元錯誤率高。O'Shea 等人將自編碼器模型推廣到了瑞利衰落通道下的 MIMO 系統，這種方法的性能可以接近甚至超過現有的分集和重複使用方法。自編碼器模型也可以應用於有干擾的 MIMO 系統，它可以當作兩個共用同一通道的自編碼器，透過對這個模型的聯合訓練可以消除干擾。

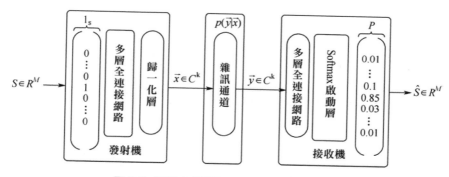

圖 5.8 基於自編碼器通訊系統結構方塊圖

在 OFDM 系統中，也可以使用基於自編碼器的通訊系統設計方法。Felix 等人在 2019 年設計的系統對每個子載體都使用了自編碼器進行調解編碼。與傳統 OFDM 系統相比，它的區塊位元錯誤率更低。

在自編碼器點對點的學習過程中，需要通道的先驗資訊進行梯度的下降最佳化。但是在實際場景中，精確的通道傳輸函數是很難獲得的，需要在通道資訊未知的情況下進行訓練，可以使用強化學習、元學習和 GAN 來解決這個問題。

Aoudia 等人於 2018 年提出了一種基於強化學習的方法解決通道梯度消失的問題。通道和接收機相當於環境，發射機相當於智慧體。環境中的資訊不斷回饋到智慧體，智慧體可以最佳化自身使回饋最大化。接收機會計算點對點的損失並回饋給發射機。這種迭代演算法可以在沒有先驗資訊的條件下適應任何通道。

Ye 於 2019 年提出了一種基於條件 GAN 的生成網路來降低資料集大小，它解決了通道梯度消失的問題。透過使用條件 GAN 生成了通道傳輸函數，條件 GAN 的條件輸入是發射機的調解符號。這種結構在頻率選擇性衰落通道、瑞利衰落通道和 AWGN 通道下都有效。

在一定程度上，實現通道模型未知條件下的點對點訓練也可以採用元學習的方法。假設有一個包含一組預設通道模型的集合，網路會在這個集合上執行元學習，模型在訓練之後可以在很少的迭代次數或樣本數下收斂並適應新的通道。透過這種訓練，即使通道參數未知，也可以在很小的代價下得到一組合適的收發信機參數，實現通訊的即時性。

3. 深度訊號來源通道聯合編碼

對於基於深度學習的 JSCC 可分為兩類。第一類設定離散的二進位通道，它相當於普通的通訊系統中的調解模組、雜訊通道和解調模組，如圖 5.9 所示為基於抽象通道的位元編碼。經過編碼器聯合編碼，訊號來源訊號轉化為位元流，經過離散的二進位通道後，被解碼模組重建。

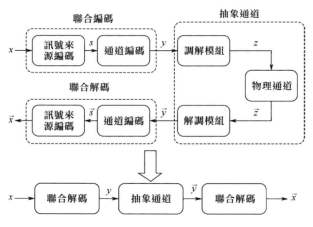

圖 5.9 基於抽象通道的位元編碼

第二類設定聯合編碼器，聯合編碼器包括訊號來源編碼、通道編碼及調解模組。透過編碼器，訊號來源符號序列會直接轉變為通道符號。經過連續

物理通道後，通道符號被解碼，模組在信宿重建。這是基於物理通道的符號編碼，如圖 5.10 所示。

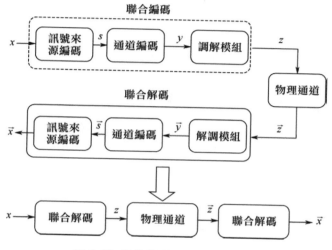

圖 5.10 基於物理通道的符號編碼

上述兩類結構需要考慮轉碼器的網路實現方式。按照深度學習的要求，不同類型的資料具有不同種類的結構，網路結構的實現與訊號來源的情況有關係。

根據是否具有結構化特徵，訊號來源可以分為如高斯訊號來源一樣的非結構化訊號來源和如視訊、圖型一樣的結構化訊號來源。

Deep JSCC 的主要研究場景是結構化訊號來源。相較於傳統設計，Deep JSCC 更具有優勢，因為神經網路對結構化資料具有強大的特徵獲取能力。具有時間序列化結構的訊號來源，如文字/語音等適合 RNN 網路結構；具有空間拓撲結構的訊號來源，如圖型/視訊等適合 CNN 網路結構。

4. 同神經網路結合的解碼演算法

如圖 5.11 所示，神經元模型是由美國數學家 Pitts 和心理學家 McCulloch 在 1943 年提出的，神經網路就是大量的神經元的組合。在圖中，a_b，c

表示兩個神經元 b 和 c 之間的連接權值，偏置改變啟動函數的網路輸入，神經元輸出的振幅由啟動函數限制。

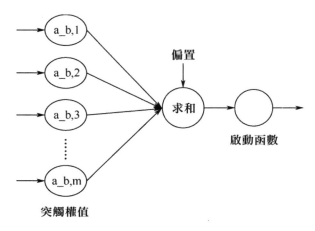

圖 5.11 神經元模型

1986 年，J.J.Hopfield 教授和 J.C.Platt 教授將神經網路用於重複碼和置換矩陣碼的解碼中，Hopfield 網路是解碼的結構。M.Blaum 與 J.Bruck 説明了神經網路和圖碼之間存在等值的關係。非線性分組碼和線性分組碼的最大似然解碼問題實際上是使一個神經網路收斂於它的能量函數的全域極大問題。為了充分利用分組碼的代數結構，可以將徑向基函數引入網路中形成徑向基神經網路。它的解碼不需要訓練網路，而是要將所解碼的代碼加入網路中。這種方案以損失校正能力為代價減少了運算量，適合任意長度的代碼，網路結構簡單。

LDPC 碼和 Polar 碼是改錯碼，也是未來 6G 行動通訊系統中可能使用的通道編碼技術。下面介紹基於神經網路的 LDPC 碼和 Polar 碼的解碼方法。

LDPC 碼已有的解碼演算法大多都是基於訊息置信度的迭代解碼。這種方法的計算量高，需要迭代解碼計算，在解碼複雜度和性能兩者間無法平衡。同神經網路結合的解碼演算法可以利用雙方的優勢，平行度高、延遲穩定、收斂速度快。

神經網路相當於一個分類器,代碼儲存在網路中進行網路訓練,訓練結束後所要譯的代碼作為網路的輸入。解碼在實質上是對代碼進行分類,將輸入的代碼與儲存的所有代碼進行匹配。

基於神經網路的 LDPC 碼的解碼方法如圖 5.12 所示。網路由輸出緩衝層和神經網路輸層組成。它易於實現、解碼結構簡單,但性能不如標準的 BP 解碼演算法。隨著 LDPC 的碼長增加,神經網路結構會更加複雜,訓練時間更長。

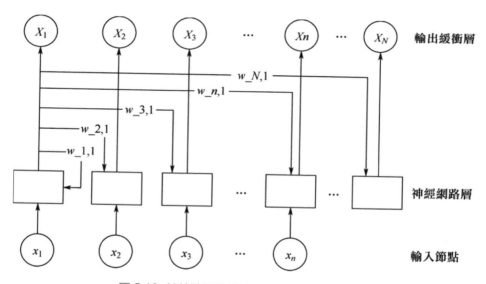

圖 5.12 基於神經網路的 LDPC 碼的解碼方法

圖 5.12 中,神經網路有 n 個輸入,通道接收到的代碼資訊會傳遞給神經網路的輸入端。神經網路每層的 N 個神經元表示所解碼字的個數。完成 LDPC 碼的解碼可以使用多項式神經網路,解碼中將多項式函數作為高階感知器的判決函數。對於碼長較短的 LDPC,解碼的性能良好,但對於碼長較長的 LDPC,解碼的儲存空間、計算量及複雜度會增加。

基於多層感知器神經網路的 LDPC 碼解碼技術使 LDPC 碼的 Tanner 圖中的節點關係與神經網路輸入和輸出的關係相對應,降低了計算複雜度和神

經網路的複雜性。但如果碼長較大,網路的訓練時間就會很長,解碼性能不如 BP 解碼演算法。

一般來說,訓練神經網路採用的是反向傳播演算法,需要神經網路的每個輸入序列是可見的,這限制了解碼演算法的性能。圖 5.13 所示是基於神經網路的 LDPC 碼非迭代解碼方法。它使用有效 LDPC 碼的基於驗證序列的行訓練網路,可以辨識獨立的子解碼結構。一般神經網路的複雜函數表現能力和網路本身的學習能力不強,可以使用平行的 Hopfield 神經網路與 LDPC 碼結合的解碼方法,減少了神經網路的個數。遞迴型的神經網路達到穩定狀態需要花費時間,不適合用在高速 LDPC 碼中。可以使用基於驗證子生成器和 LUT(Look Up Table)的 LDPC 解碼方法,它的解碼過程不需要進行迭代計算。

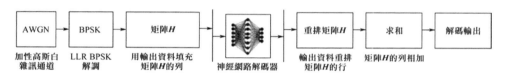

圖 5.13 基於神經網路的 LDPC 碼非迭代解碼方法

基於一般深度神經網路的解碼器可以透過學習大量的代碼來實現接近最佳位元錯誤率的性能,但是隨著碼長的增加,網路的訓練時間也會增加,這限制了在碼長較長的 Polar 碼中使用這種解碼器。可以用神經網路輔助模組來替換極化 BP 解碼器中的某些字塊,這種方法改善了解碼性能,但解碼的複雜性高,很難讓硬體具有高輸送量。

在 Polar 碼的解碼過程中,使用傳統的深度神經網路需要過高的網路訓練和計算複雜度。改進 BP 解碼演算法後獲得了多尺度 BP 解碼演算法。深度神經網路建立在多尺度 BP 演算法的基礎上,它的解碼模型適合任何形式的 Polar 碼,計算複雜度與 BP 演算法相當,訓練網路時只需要很小的零代碼集合。

5. 串列串聯方案

圖 5.14 所示是串列串聯碼的基本結構。串列串聯碼編碼器由外部編碼器
（編碼器 I）和內部編碼器（編碼器 II）組成，透過交織器相互連接。交
織器在符號被傳遞給其他組成編碼器之前打亂了符號，無論特定的位元是
否被通道嚴重污染，其他解碼器也可以提供關於這個位元的可靠資訊，這
表現了時間分集的思想。迭代處理的方法被應用在了串列串聯碼解碼器
中，它的性能與經典平行串聯碼相當。串列串聯是一個相當普遍的結構，
許多解碼/檢測方案都可以描述為串列串聯結構，如 LDPC 解碼、聯合來源
/通道解碼、Turbo 多使用者檢測、編碼調解、Turbo 均衡。一個串列串聯
方案可以含有超過兩個的元件，如圖 5.15 所示是一個三級串列串聯碼。

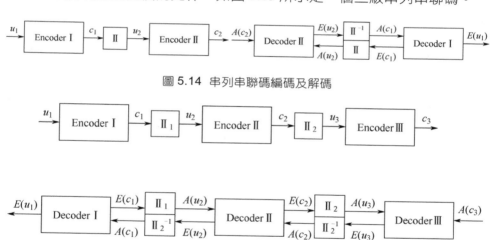

圖 5.14 串列串聯碼編碼及解碼

圖 5.15 三級串列串聯碼編碼及解碼

5.2 調解

5.2.1 6G 中的調解

在 6G 中，調解方法可以進一步改進。在高訊號雜訊比的情況下，QAM 已
被用來提高頻譜效率。然而，由於硬體的非線性，在高階 QAM 中獲得的

好處正在逐漸消失。本節中將主要說明 6G 可能使用的調解方法，包括
IM、OTFS、高階 APSK 調解、過零調解及連續相位調解、訊號整形及降
低峰值平均功率比。下面中將分別進行詳細說明。

5.2.2 索引調解

1. IM 的原理

IM 技術不是透過直接改變訊號波形來傳遞資訊，而是透過選擇不同的索
引序號來傳遞資訊。索引資源可以是虛擬的，如虛擬平行通道、空時矩
陣、天線啟動順序和訊號星座；也可以是物理的，如天線、頻率載體、擴
頻碼、子載體和時間槽。

現在的 IM 技術主要是頻域、碼域、時間、空間或它們之間的相互組合。
IM 方案把要傳遞的資訊位元分成調解位元和索引位元兩部分。索引位元
用來選擇索引，確定索引資源中（如子載體、擴頻碼、天線）哪些被啟
動，即完成資訊位元到索引之間的映射，調解位元經傳統調解（如
QPSK、BPSK）映射為調解符號。IM 技術的具體原理圖如圖 5.16 所示。

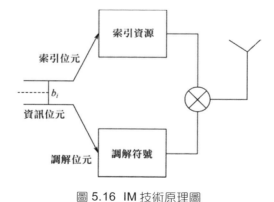

圖 5.16 IM 技術原理圖

2. IM 的分類

1）空域 IM

SM 是空域中的代表性 IM 技術。如圖 5.17 所示，SM 的索引資源是天線索引，X 是調解符號，X_a 指當前啟動的天線。在 SM 技術中，每個傳輸時間槽只有一根天線被啟動用來傳輸訊號。它與單一 RF 鏈一起工作，透過天線索引傳遞資訊。

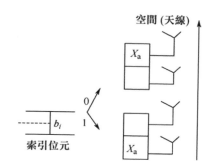

圖 5.17 SM 結構圖

2）空時 IM

在 MIMO 系統的發射分集中，重點是設計空時矩陣，這是為了獲得最大的編碼和分集增益。空時 IM 利用空時資源傳輸資訊。

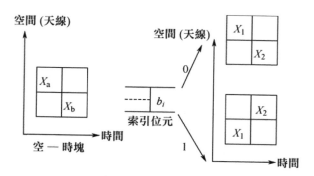

圖 5.18 差分 SM 結構圖

空時 IM 的代表是差分 SM，如圖 5.18 所示。空時 IM 中部分資訊位元會按預先設定的擴散矩陣映射為「空時塊」。天線索引是空時 IM 的索引資

源，它跨多個時間槽發送訊號，根據索引位元和「空時塊」確定天線啟動順序。差分 SM 可以省去通道估計，差分 SM 的性能損失與 SM 相比不超過 3dB。

3）頻域 IM

頻域 IM 的調解資源是頻率索引。頻域中的代表性 IM 技術是 IM-OFDM，它將 SM 原理擴充到 OFDM 子載體，具體結構圖如圖 5.19 所示。它的索引資源是子載體，在 IM-OFDM 中，將 IM 和子載體塊的概念引入頻域，調解單位為一個子載體塊，索引資訊位元會啟動其中一部分子載體，其原理是空間調解技術在頻域的變形，IM-OFDM 在相同頻譜效率下的位元錯誤率性能比傳統 OFDM 更好。

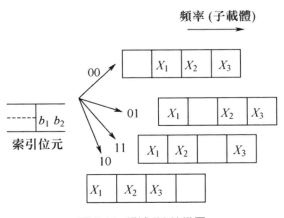

圖 5.19 頻域 IM 結構圖

4）空頻 IM

空頻 IM 是天線索引和頻率索引的結合，也可以說是 SM 和 OFDM 的結合。一般情況是把天線索引引入 MIMO-OFDM，即 MIMO-OFDM-IM。MIMO-OFDM-IM 比較複雜，尤其是在接收端的情況更加複雜。如圖 5.20 所示的廣義空頻 IM 降低了複雜度。廣義空頻索引編碼器輸出的天線索引位元用於天線選擇，是指從 n_t 個天線中選擇 n_{rf} 個天線，另一路輸出則包含 M-ary 調解位元和頻率索引位元。

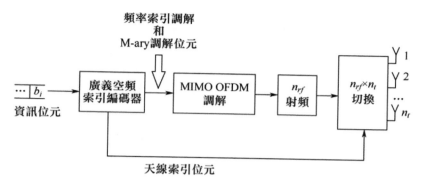

圖 5.20 廣義空頻 IM 示意圖

5）碼域 IM

碼域中很有代表性的 IM 技術是 CIM，將空間調解中的天線索引變為擴頻碼的索引，具體如圖 5.21 所示。與 SM、IM-OFDM 相比，CIM 將索引設計挑戰轉化為設計採用良好特性的擴頻碼，系統設計變得更加可控和主動。它調整映射擴頻碼個數來調節傳輸速率，既可以節省物理鏈路尤其是射頻鏈路消耗，保留了擴頻系統自身良好的抗多徑和抗干擾能力，還可以進一步提升系統的穩固性。

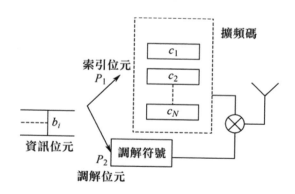

圖 5.21 碼域 IM 示意圖

6）空碼 IM

空域和碼域結合起來的一種 IM 技術是 SCIM，它將碼域中的擴頻碼和空域中的天線結合在一起，索引資源是擴頻碼和天線。資訊位元在發射端經

串並轉換後分別映射為擴頻碼的索引和天線的索引，啟動的擴頻碼調解的
訊號會透過啟動的天線發射出去。空碼 IM 的具體情況如圖 5.22 所示。與
一維的 IM 相比，擴頻碼和天線的結合節省了大量的索引資源。

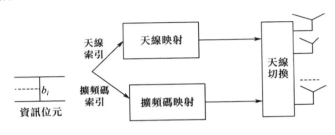

圖 5.22 空碼 IM 示意圖

3. 6G 中的 IM

1）IM 在 6G 中的研究挑戰

IM 使用一個或多個不同資源類型的索引作為資訊攜帶載體。與傳統的幅
相調解相比，它可以獲得更高的頻譜效率。IM 的資訊攜帶載體種類有很
多。在獲得額外的解碼性能增益和頻譜效率的同時，IM 也會給實際系統
設計帶來挑戰。舉例來說，在空間 IM 中，接收端想要獲得最佳性能，可
以採用最大似然檢測解碼演算法。但是，當同時啟動射頻數或發射天線數
較多時，最大似然檢測複雜度呈指數級上升，實際系統難以實現。如何在
保證終端解碼性能的同時設計出低複雜度的檢測演算法，是一個值得研究
的課題。

2）基於 RIS 的 IM

在非傳統無線通訊範例的背景下，人們對控制電磁波的反射、散射和折射
特性（控制傳播）越來越感興趣，以便提高服務品質或可實現的速率。基
於 IM 的新興方案，如基於媒體的調解、空間散射調解和波束 IM，透過利
用可重構天線或散射體在豐富的散射環境中發送附加資訊位元來使接收訊
號的特徵變化。另一方面，可重新設定的智慧表面/牆/反射陣列/元表面是
有意控制傳播環境以提高接收器處的訊號品質的智慧裝置。

事實上，基於 RIS 的傳輸概念與現有的 MIMO、波束成形、放大轉發中繼和反向散射通訊模式完全不同。在該傳輸概念中，RIS 上的大量小型、低成本和被動元件僅反射具有可調相移的入射訊號，而不需要用於射頻處理、解碼、編碼或重傳的專用能量來源。受軟體定義無線電的定義的啟發，列出了「其中一些或所有物理層功能由軟體定義的無線電」，並考慮智慧表面與軟體定義方式的入射波的相互作用，也可以對這些智慧表面使用 SDS 的術語。換句話說，由於物理層中這些智慧表面/牆壁/陣列的反射特性可以由軟體控制，因此它們可以被稱為 SDS。

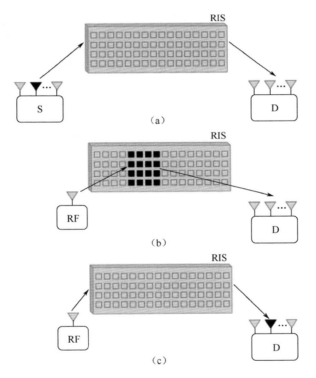

圖 5.23 基於 RIS 的三種概念性 IM 系統實現

新興的即時通訊概念屬於 5G 之外的潛在範圍，並在過去幾年中獲得了學術界和工業界的廣泛認可。與傳統的調解格式相反，可用發射實體的索引，如用於空間調解技術的發射天線和基於 IM 的 OFDM 子載體，被用於

傳送 IM 方案的資訊。基於即時訊息和基於 RIS 的通訊方案是 6G 極具潛力的研究方向。圖 5.23 所示是三種概念性的基於 RIS 的 IM 系統實現，其中分別考慮了來源(S)發射天線、RIS 區域和目的地(D)接收天線的 IM。由於第一個概念要求知道在 RIS 的被啟動的發射天線指數 S，以獲得最佳反射，即要求在 S 和 RIS 之間有一個額外的訊號鏈路；而第二個概念透過啟動一部分可用的反射器來降低 RIS 的有效增益，即降低有效接收訊號功率，因此第三種方法，目的地(D)接收天線的 IM 更值得被關注。

基於 RIS 的 IM 是一個有遠見的概念（見圖 5.24），透過融合基於 RIS 的傳輸技術和基於 IM 的接收天線索引技術來實現高可靠性和高頻譜效率，是一種超越 MIMO 的潛在解決方案。與新興的全數位或混合波束形成的大規模 MIMO 系統不同，該設計既不需要多個射頻鏈，也不需要在收發兩端使用模擬移相器，它利用了傳播環境固有的隨機性，將 RIS 看作 AP。RIS-SM 方案利用 RIS 不僅可以提高在惡劣衰落通道中的訊號品質，而且可以透過根據資訊位元選擇特定的接收天線索引來實現 IM。

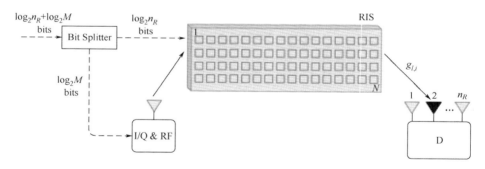

圖 5.24 基於 RIS 的 IM 方案：RIS-SM

5.2.3 OTFS 技術

1. OTFS 的原理

OTFS 技術將訊號調解到延遲多普勒域，從時變多徑通道轉換到了延遲多普勒域。它可以看作是將每個符號調解到特定為時變多徑通道設計的二維

正交基底函數集合上。OTFS 技術的收發端結構方塊圖如圖 5.25 所示。發射端在基頻資料 $x(n)$ 中應用了二維逆有限辛傅立葉變換，再進行 Heisenberg 變換，就可以得到 OTFS 技術中傳輸的時域訊號。在接收端，接收訊號去向量化為矩陣，進行 Wigner 變換和有限辛傅立葉變換。在高行動性場景下，與傳統 OFDM 技術相比，使用先進接收機的 OTFS 技術可以獲得更好的性能。

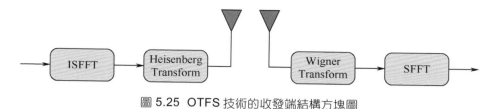

圖 5.25 OTFS 技術的收發端結構方塊圖

學者 Hadani R 和 Monk A 撰寫的文章 *OTFS: A New Generation of Modulation Addressing the Challenges of 5G* 對 OTFS 技術及相關應用進行了較為詳細的說明。OTFS 載體波形、OTFS 的多載體解讀和 6G 中的 OTFS 中的部分內容參考了這兩位學者的文獻，在此說明。

2. OTFS 載體波形

本節列出了 OTFS 載體波形作為時間函數的明確描述。為此可以選擇由以下參數指定的延遲多普勒平面中的二維網格：

$$\Delta\tau = \frac{\tau_r}{N}, \Delta v = \frac{v_r}{M} \tag{5-11}$$

以這種方式定義的網格由沿延遲週期的 N 個點組成，間距為 $\Delta\tau$ 並且沿多普勒週期有 M 個點，間距為 Δv，在基本矩形區域內總共有 NM 個網格點。接下來在特定網格點（$n\Delta\tau$，$m\Delta v$）的延遲多普勒表示中定位一個局域脈衝 $w_{n,m}$。注意到，脈衝僅定位在基本域的邊界內（由延遲—多普勒週期包圍），並且在整個延遲—多普勒平面上準週期地重複其自身，如圖 5.26 所示，其中 $n=3$，$m=2$。假設 $w_{n,m}$ 是兩個一維脈衝的乘積：

$$w_{n,m}(\tau, v) = w_\tau(\tau - n\Delta\tau) \cdot w_v(v - m\Delta v)$$ （5-12）

其中，第一個因數沿延遲（時間）局部化，第二個因數沿多普勒（頻率）局部化。在某種意義上，延遲多普勒二維脈衝是一維 TDMA 和 OFDM 脈衝的拼接。要在時間表示中描述 $w_{n,m}$ 的結構，需要計算 Zak 變換：$Z_t(w_{n,m})$。

使用 Zak 變換公式的直接驗證揭示了所得到的波形是在時間和頻率上移位的脈衝序列，其中時間偏移等於延遲座標 $n\Delta\tau$，頻率偏移等於多普勒座標 $m\Delta v$。從局部來看，每個脈衝的形狀與延遲脈衝 w_τ 相關；從全域來看，總序列的形狀與多普勒脈衝 w_v 的傅立葉變換相關。OTFS 載體波形的局部結構類似於 TDM，而全域結構類似於 FDM。

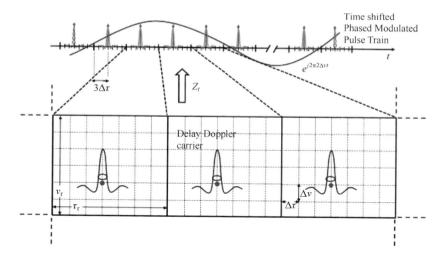

圖 5.26 OTFS 載體波形

3. OTFS 的多載體解讀

本節將描述一種更適合時頻網格和濾波器組的經典多載體形式的 OTFS 變形。新定義的結果是，OTFS 可以被看作是一個時頻擴充方案，由在一個互逆的時頻網格上定義的一組二維基函數（或代碼）組成。另一個結果

是，OTFS 可以被建構為任意多載體調解（如 OFDM）上的簡單前置處理步驟。新的定義是基於延遲多普勒平面上的網格和時頻平面上的倒數網格之間的傅立葉對偶關係。

延遲多普勒網格由 N 個沿延遲方向的點，間隔為 $\Delta\tau = \tau_r/N$ 和 M 個沿多普勒方向的點，間隔為 $\Delta v = v_r/M$ 組成；倒數時頻網格由 N 個沿頻率方向的點，間隔為 $\Delta f = 1/\tau_r$ 和 M 個沿時間方向的點，間隔為 $\Delta t = 1/v_r$ 組成。這兩個網格如圖 5.27 所示。參數 Δt 是多載體符號持續時間，參數 Δf 是子載體間隔。時頻網格可以被解釋為 M 個多載體鮑率的序列，每個多載體鮑率由 N 個子載體組成。傳輸的頻寬 $B = M\Delta f$ 與延遲解析度 $\Delta\tau$ 成反比，傳輸的持續時間 $T = M\Delta t$ 與多普勒解析度 $\Delta\tau$ 成反比。

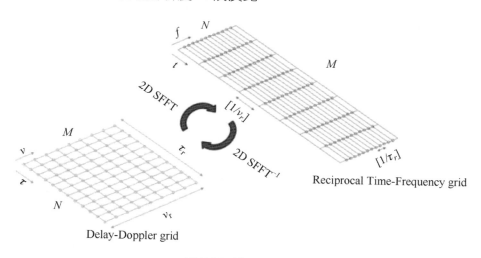

圖 5.27 傅立葉對偶

這兩個網格之間的傅立葉關係是透過二維有限傅立葉變換的變形實現的，稱為有限 SFFT。SFFT 發送 $N \times M$ 延遲多普勒矩陣 $x(n\Delta\tau, m\Delta v)$ 到倒數 $M \times N$，透過求和公式得出時頻 $X(m'\Delta t, n'\Delta f)$：

$$X(m'\Delta t, n'\Delta f) = \sum_{n=0}^{N-1} \sum_{m=0}^{M-1} e^{j2\pi\left(\frac{m'm}{M} - \frac{n'n}{N}\right)} x(n\Delta\tau, m\Delta v) \qquad （5-13）$$

其中，術語「辛」是指指數內部特定的耦合形式 $\frac{m'm}{M} - \frac{n'n}{N}$。可以很容易地驗證 SFFT 變換同等於沿矩陣 $x(n,m)$ 的列的 N 維 FFT 的應用，以及沿矩陣 $x(n,m)$ 的行的 M 維 IFFT 的應用。

OTFS 的多載體解釋是指 $N \times M$ 延遲多普勒矩陣的 Zak 變換可以首先透過使用 SFFT 將矩陣變換到時頻網格，然後透過傳統的多載體發射機（列的 IFFT 變換）將所得到的倒數矩陣變換到時域，作為大小為 N 的 M 個多載體符號的序列來計算。

因此，透過使用 SFFT 變換，OTFS 收發機可以用在多載體收發機上作為前置處理和後處理步驟。圖 5.28 所示為多載體 OTFS 處理步驟，描述了 OTFS 的多載體收發器，以及時頻域中的雙選擇乘性和對應的不變卷積延遲多普勒 CSC 的視覺化表示。

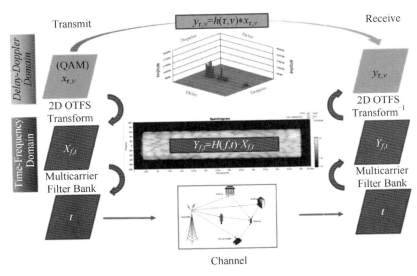

圖 5.28 多載體 OTFS 處理步驟

多載體解釋將 OTFS 投射為時頻擴頻技術，其中每個延遲多普勒 QAM 符號 $x(n\Delta\tau, m\Delta v)$ 被攜帶在時頻網格上的二維擴頻「碼」或序列上，由以下辛指數函數列出：

$$\varphi_{n,m}(m'\Delta t, n'\Delta f) = e^{j2\pi\left(\frac{mm'}{M} - \frac{nn'}{N}\right)}$$ （5-14）

其中，該函數隨時間的斜率由多普勒座標 $m\Delta v$ 列出，而沿頻率的斜率由延遲座標 $n\Delta \tau$ 列出（參見圖 5.29 中的範例）。因此，可以看到與二維 CDMA 的類比，其中代碼是彼此正交的 2D 複指數。

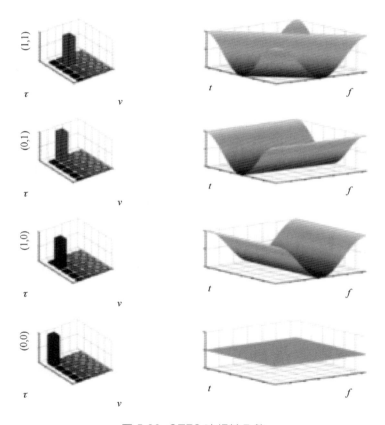

圖 5.29 OTFS 時頻基函數

從更廣的角度來看，延遲多普勒網格和時頻網格之間的傅立葉對偶關係在雷達和通訊之間建立了數學聯繫，其中第一種理論涉及根據反射器/目標的延遲多普勒特性最大化反射器/目標之間的分離解析度，而第二種理論是關於可以對由這些反射器組成的通訊通道進行可靠傳輸的資訊量進行最大化。

4. 6G 中的 OTFS

1）OTFS 在 6G 中的潛在應用

OTFS 是一種新穎的調解方案，在延遲多普勒訊號表示的局域脈衝上重複使用 QAM 資訊符號。OTFS 調解方案是諸如 TDMA 和 OFDM 的傳統時間和頻率調解方案的深遠概括。

從更廣的角度來看，OTFS 在雷達和通訊之間建立了概念上的聯繫。OTFS 波形以一種直接捕捉底層物理的方式與無線通道耦合，產生組成反射器的高解析度延遲多普勒雷達圖型。因此，時頻選擇性通道被轉換成不變的、可分離的和正交的相互作用，其中所有接收的 QAM 符號都經歷了相同的局部化損傷，並且所有的延遲—多普勒分集分支被相干地組合。

OTFS 通道—符號耦合允許容量隨 MIMO 階線性縮放，同時滿足接收端（使用聯合 ML 檢測）和發射端（使用多使用者 MIMO 的 Tomlinson Harashima 預編碼）的最佳性能—複雜度折中。在一般通道條件下，與包括諸如 OFDM 的多載體調解在內的傳統調解方案相比，在高階 MIMO 中，OTFS 具有顯著的頻譜效率優勢。

但是，OTFS 仍存在許多未解決的問題，它的通道估計和導頻設計將比 OFDM 更具挑戰性，並且均衡也將比 OFDM 更加複雜。OTFS 和大規模 MIMO 的結合也是今後的研究方向。

2）OTFS 應用於高機動性條件下的通訊

高機動性條件下的通訊使用案例圍繞著在行動接收者之間建立可靠和一致的通訊鏈路的情況，舉例來說，在車輛對車輛通訊的情況下，以及在高速列車的情況下。

行動性條件下的通訊包括極端行動性的情況，在這種情況下，發射器或接收器都在移動（與發射器和接收器都是靜止的並且唯一移動的物體是反射器的固定情況相反）。典型的場景包括車輛與另一輛車之間的通訊、車輛與靜態基地台或基礎設施之間的通訊、基地台與 UAV 之間的通訊、基地

台與快速行駛的列車之間的通訊等。高行動性通訊通道的特徵在於寬多普勒擴充。在高行動性條件下操作的主要目標是保持可靠和一致的通訊鏈路，支持不同分組大小的許多使用者的可預測性能。有兩個主要的技術挑戰：第一個挑戰是多普勒效應引起的載體間干擾，這會導致訊號雜訊比下降；第二個挑戰與通道的短相干時間尺度有關，該短相干時間尺度導致接收訊號的暫態功率分佈和相位的不可預測的波動，使得分配的副載體和調解編碼方案的轉換不現實。

OTFS 技術可以應用於高機動性條件下的通訊。舉例來說，在 500km/h 的高速列車的情況下，在如此高的速度下，多普勒擴充會佔 SCS 的比例很大，並會導致不可忽略的 ICI。提高性能常用的一種方法是增加 SCS。如果使用 OFDM 或 OTFS 技術，會提高 OFDM 和 OTFS 的性能，具有 15 kHz SCS 的 OTFS 比具有 60 kHz SCS 的 OFDM 性能高約 2.6dB。增加 SCS 會減小 OFDM 符號大小。然而，CP 的長度僅取決於通道的延遲擴充，因此，如果 OFDM 符號大小減小並且延遲擴充不改變，由此產生的 CP 負擔會以相同的倍數增加，從而進一步降低有效輸送量。換句話說，與此場景中的 OFDM 相比，OTFS 具有改進的錯誤區塊率性能和更低的 CP 負擔的雙重優勢。

與分配分組大小的時頻網格區域的時頻重複使用不同，OTFS 在延遲多普勒域上重複使用分組。在該重複使用方法中，每個調解符號在全時頻網格上擴充，因此受到通道的所有分集模式的影響，從而產生與分組大小無關的分集增益。就系統性能而言，這表示輸送量一致性的提高，而這種一致性會隨著更高層的 TCP 協定的加入而更加突出。

3）OTFS 應用於窄頻干擾下的通訊

OTFS 可以與 URLLC 資料封包共存。該使用案例支持高優先順序、低等待時間的通訊資料封包的傳輸模式的需求，這些通訊資料封包以覆蓋的方式在正常資料封包上傳輸，從而引入顯著的窄頻干擾。

6G 網路的使用案例圍繞具有超可靠、低延遲的通訊展開情況，其中包括

工業網際網路、智慧電網、基礎設施保護、遠端手術和智慧交通系統等應用。要滿足以上使用情形，網路需要支援突然傳輸用於高優先順序訊號的低延遲小通訊資料封包的選項。URLLC 資料封包的傳輸協定是透過穿孔小段並就地安裝 URLLC 內容來將它們覆蓋在正常資料封包上。有兩種方法可以實現這一點：一種是當接收器被提前通知 URLLC 入侵資料封包的位置和大小時（指示的 URLLC）；另一種是當接收器沒有被告知 URLLC 資料封包的存在時（非指示的 URLLC）。

寄生 URLLC 資料封包的存在會給託管資料封包引入窄頻附加干擾，這會顯著影響接收器的性能。然而，在 OFDM 中，這兩種傳輸模式對整體性能的破壞性影響是截然不同的。在第一種傳輸模式中，至少就其位置而言，URLLC 資料封包的干擾對於接收器是已知的，因此可以透過故意忽略位於指定的干擾影響區域的資訊來解碼主資料封包。對於巨量資料封包，接收訊號的這種遺失可以由 FEC 補償，資料不會受到損害。這類似於在存在通道衰落的情況下恢復資料，其中接收器使用通道狀態資訊來定位和忽略衰落區域中的訊號，並使用 FEC 補償接收訊號的損失。

非指示模式使人聯想到在未知的加性窄頻干擾下的操作出現的更嚴重的問題。在這種情況下，由於缺乏關於干擾位置的知識，接收器不能忽略導致 FEC 解碼週期中的系統混亂的寄生位元。在幾乎不考慮資料封包的相對大小和串流速率的情況下，性能會顯著降低。

在多載體調解中，URLLC 位元直接干擾資料位元，從而導致 FEC 解碼週期的完全混亂。而在 OTFS 中，資料資訊位元駐留在雙重延遲—多普勒網格上，並且在 FEC 解碼之前，URLLC 干擾位元透過辛傳立葉變換擴充到整個延遲—多普勒網格。由此產生很小的訊號雜訊比下降。

OTFS 身為擴充技術，對於指示的和非指示的 URLLC 兩者都具有固有的抗窄頻干擾的能力，而相比之下，OFDM 對這種類型的附加損害非常敏感。在非指示模式中，URLLC 資料封包存在的情況下，OFDM 會完全崩潰，OTFS 僅會受到一定影響。

4）OTFS 應用於物聯網

OTFS 可以應用於物聯網，此使用案例圍繞需要在基地台和大量在嚴格功率限制下運行的小型裝置之間建立通訊鏈路展開。

到目前為止，無線網路主要支援語音通話和資料服務，所有這些都是圍繞人類接收者展開的。物聯網是主要的 6G 使用案例之一，該使用案例圍繞預計將連接到無線網路的數十億裝置之間的大規模機器類型通訊的情景。這些裝置通常傳輸小資料封包，並在嚴格的傳輸功率限制下操作，以延長電池壽命。電力限制給實現建築物內的滲透和擴充覆蓋帶來了巨大的挑戰。

主要的技術挑戰涉及在傳輸功率限制和延遲要求下最大化鏈路預算和最小化重傳次數（每位元資訊的能量）。為了在這些約束下最大化鏈路預算，應該降低傳輸訊號的 PAPR，並在延遲要求下最大限度地延長傳輸持續時間。為了最小化重傳次數，應該提取時間和頻率分集增益。為最佳化性能，傳輸的波形應同時滿足以索引準：最小 PAPR、最大分集增益、最長傳輸時長。

在保持 QAM 階數不變的情況下，同時保持較低的 PAPR 和利用多載體調解提取分集增益是一個根本的限制。透過在延遲—多普勒表示中多工 QAM 符號，可以克服這一基本限制。對 Zak 變換的簡單分析表明沿著單一多普勒座標分配資訊 QAM 飽率（稱為多普勒水平分配），同時獲得最大的鏈路預算（因為它享有較低的 PAPR 和最大的傳輸持續時間），並提取完全的時頻分集，同時避免由於卷積延遲—多普勒通道—符號耦合而導致的受限容量飽和現象。多普勒水平分配的使用使得 OTFS 成為最大化鏈路預算和最小化重傳次數的最佳調解方式。

5）OTFS 應用於水聲通訊

過去，人們沒有考慮過水下的網路覆蓋。在 6G 時代，水下的網路覆蓋問題可進行規劃並有望取得突破，UACs 將成為整個網路覆蓋系統的一部分。

在實現高取樣率傳輸方面，UACs 在 OFDM 的背景下獲得了巨大的發展，並且在對抗 UWA 通道的影響（如多徑傳播）方面獲得了顯著的進展。水聲通道給通訊帶來了巨大的挑戰，如吸收損耗和擴充損耗引起的衰減，聲速低（約 1500m/s）導致的高達數百毫秒的嚴重多徑延遲擴充，無處不在的運動引起的多普勒擴充和頻移，以及 UACs 固有的寬頻特性加劇等。重要的是，延遲擴充和多普勒擴充分別導致頻率選擇性衰落和時間選擇性衰落，因此 UWA 通道具有雙選擇性或雙色散的特性。

為了對抗頻率選擇性通道的衰落，OFDM 是一種非常理想的通訊方案，它將寬頻 UWA 通道劃分為平行的窄頻通道，假設其具有時不變或慢時變特性。而在實際應用中，UWA 通道的時變性是不可忽視的，它會破壞子載體的正交性，引入 ICI，基於 OFDM 的 UAC 不再是最好的。特別是在高多普勒場景中，應該考慮時間選擇性的衰落。

OTFS 是一種二維調解技術，許多研究人員已將其應用於時變多徑無線通道中，以緩解時變多徑無線通道的時間色散影響。在 OTFS 方案中，調解和解調過程從時間—頻率域改變到延遲—多普勒域，並且對於利用延遲—多普勒表示的所有號，可以將時變頻率選擇性通道轉換成時間無關或不變的通道。

基於 OTFS 的 UACs 系統可以在延遲多普勒域處理訊號，並透過實現時間和頻率分集來提高通訊性能，非常適合雙選擇性 UWA 通道。基於 OTFS 的 UACs 系統在位元錯誤率性能、頻譜效率以及 PAPR 特性等方面均優於 OFDM 系統和 DFT-s-OFDM 系統。

6）OTFS 應用於可見光通訊

6G 時代即將到來，VLC 已被證明是一種新興的綠色、安全和低成本技術，有潛力提供高速網際網路連線。與傳統的基於射頻的通訊系統相比，VLC 具有幾個關鍵優勢，如高安全性、免許可證頻譜和抗電磁干擾。此外，基於 LED 的 VLC 系統能同時提供照明和通訊。

VLC 鏈路的性能由於行動接受器和發射器之間的多徑而惡化，這會導致延遲和多普勒頻移。時間色散引起的延遲漂移導致 ISI，行動性造成的多普勒頻移導致 ICI。由於高延遲和多普勒擴充，移動多徑 VLC 系統的性能受到限制。為了提高性能，可以在 VLC 系統中對高延遲時間擴充的通道使用 OTFS 技術。所考慮的 VLC 系統模型的方塊圖如圖 5.30 所示。

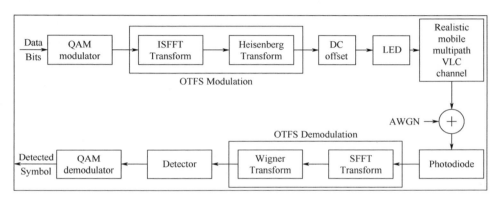

圖 5.30　VLC 系統模型的方塊圖

7）OTFS 應用於毫米波通訊

OTFS 技術可以應用於毫米波通訊。該使用案例圍繞毫米波長區域中的通訊展開，這是由對新的可用頻譜的高需求驅動的。在這些頻段上實現可靠的通訊鏈路是具有挑戰性的，因為電磁波的傳播特性很差，並且在這些頻率上存在高的相位雜訊。

毫米波體制下的大頻譜可用性為大幅提升輸送量提供了機會。因此，毫米波頻率的通訊是新興 5G 及 6G 網路演進的主要驅動力。然而，設計一個在這些高頻下工作的可擴充的、具有成本效益的通訊系統並不是一件輕而易舉的事。

有兩個基本的技術挑戰需要解決。第一個技術挑戰是與當代網路中常用的傳統釐米波（低於 6 GHz）相比，毫米波環境下電磁傳播的功率衰減問題。解決此問題的直接方法是保持 LoS 傳播條件。然而，這對網路架構施加了嚴格的限制，需要安裝許多額外的基地台來進行網路增密，從而導致

成本支出的大幅增加。第二個技術挑戰與射頻振盪器相位雜訊有關,該雜訊在高頻時明顯加劇。與這種效應相關的主要問題是相鄰訊號之間出現顯著的 ICI,從而導致訊號雜訊比下降。

有兩種方法用於減輕多載體設定中的 ICI 損害。一種方法是在接收器處結合干擾消除機制。這種方法的缺點是它使接收器結構變得相當複雜,並且另外需要知道 ICI 係數,因此產生了專門用於通道捕捉的額外容量負擔。另一種方法是緩解而非消除。在該方法中,透過增加相鄰訊號之間的子載體間隔來減小 ICI 效應。在高載體頻率下,與傳統的 LTE 相比,35 倍的擴充係數變為 10～20 倍。該方法的缺點是增加了副載體間隔導致多載體符號時間縮短相同的倍數。由於 CP 的持續時間僅取決於通道延遲擴充,因此縮短符號時間可能會導致 CP 負擔成比例增加,從而降低頻譜使用率。

在毫米波區域存在相位雜訊損害特性的情況下,使用 OTFS(無 CP)的頻譜效率與 OFDM 相比更高,這主要是 CP 負擔和 ICI 對 OFDM 性能的組合降級影響導致的。

5.2.4 高階 APSK 調解

1. APSK 基於格雷碼的數位調解原理

APSK 技術是數位通訊系統中一種極其重要的調解方式,屬於一維調解技術。它以電磁波的相移調解為主、幅度調解為輔,具有較高的頻帶使用率和較好的抗干擾性能,在通訊系統中被廣泛應用。APSK 星座圖中的所有星座一般均勻分佈在不同半徑的同心圓周上,星座點越多,圓周上相鄰點之間的相移越小,接收端的解析度越低;同心圓越多,相鄰同心圓之間的幅度值越小。調解符號中的二進位序列一般採用格雷碼,這是為了提高相鄰符號之間的校正率和接收端的靈敏度。格雷碼是一種絕對編碼,它具有循環特性和反射特性,是一種單頻自補數。由於具有自補和反射特性,求反也很方便,它可靠性高,能使錯誤最小化。由於具有單步和循環特性,它還可以消除隨機取數時可能出現的重大誤差。在通訊系統的基頻調製解

調中，格雷碼的應用十分重要，被廣泛應用在映射和逆映射的過程中。

格雷碼二進位序列編碼格式並不唯一，工程中一般採用自然二進位數字和格雷碼二進位數字之間的數學換算關係式來實現簡單轉換。這種方法簡單方便，並且具有唯一性，便於接收端解調應用。這種演算法的基本規則是，格雷碼二進位數字的最高位元是自然二進位序列的最高位元，自然二進位序列的高位元與次高位元「互斥」運算獲得格雷碼二進位序列的次高位元，其他格雷碼二進位序列數位的求法與它類似。

K 個不同半徑的同心圓組成了星座圖，每個圓圈上分佈有數量不同的等間隔的 APSK 訊號點，1 個 APSK 調解符號用 1 個星座點表示，對應的星座星點訊號集可以表示為：

$$\begin{cases} S_k = R_k \cdot \exp\left[j \cdot \left(n_k \cdot \dfrac{2\pi}{N_k} + \theta_k \right) \right] k = 1, 2, \cdots, K \\ n_k = 0, 1, 2, \cdots, N_k \end{cases} \qquad （5\text{-}15）$$

其中，R_k 是第 k 個圓周的半徑，S_k 是第 k 個圓周上的所有星點；N_k 為第 k 個圓周上的星點數；n_k 是為第 k 個圓周上的星點；θ_k 為第 k 個圓周上星點的相位偏差，可決定第 k 個圓周上第 1 個星點的初始位置。當 $\theta_k = 0$ 時，第 k 圓周上第 1 個星點位於 $\dfrac{2\pi}{N_k}$ 位置，後面星點等角度排列在圓周上。

如果 $\theta = \pi/N_k$，式（5-15）可以簡化為：

$$\begin{cases} S_k = R_k \cdot \exp\left[j \cdot \left(n_k \cdot \pi/N_k \right) \right] k = 1, 2, \cdots, K; \\ n_k = 1, 3, 5, \cdots, 2N_k - 1 \end{cases} \qquad （5\text{-}16）$$

為了充分利用整個星座圖上的訊號空間，需要合理規劃每個圓周上的星點數，各圓周上的星點數排列需要滿足條件 $N_k > N_k + 1$，它的意思是內圓星點數小於外圓星點數。APSK 符號可以表示為 $N_1 + N_2 + \cdots + N_k - \text{APSK}$，$M = N_1 + N_2 + \cdots + N_k$，$M$ 指調解階數。

2. 6G 中的高階 APSK 調解

3GPP 確定的 5G 系統以行動蜂巢網路為基礎，融合了車聯網、工業網際網路、物聯網和城市市政功能服務網等陸地網路，對應的基頻調解方式是傳統的 $\frac{\pi}{2}-$ BPSK、QPSK、16QAM、64QAM。人們可以提高有效資料的輸送量和傳輸速率，也可以根據系統應用場景的需求選擇合適的基頻調解方式。

衛星通訊系統中的衛星和終端間的距離一般都比較遠，其間大部分是太空，距離地面約 50km 厚的是大氣層，大氣層以上厚約 1000km 的是電離層。電離層與大氣層、外太空與電離層之間有一層突變媒體層。在 1000km 厚的電離層和 50km 厚的大氣層中，高度不同，媒體分佈的密度也不同。大氣層和電離層容易受到擾動，電氣參數和媒體密度等因素會受到耀斑、太陽風、太陽黑子和大氣環流等因素的影響。在衛星與地面終端相互通訊時，傳輸通道的性質為時變型非線性，不能採用只適應陸地表層空域傳統的基頻調解方式，需要使用適應非線性通道、傳輸性能更高的相移鍵控。

衛星與終端傳輸距離較遠，衛星發射機所處環境特殊，衛星通訊系統的發射與接收功率受到極大的限制，對各種裝置的重量、體積、形狀、功耗等參數都有嚴格要求，所以只能採用頻寬效率和功率效率更高的 PSK 方式。傳統的衛星通訊系統的資料輸送量和通訊容量有限，調解效率較低的 PSK 方式就可以滿足系統通訊的業務需求。如果它與行動通訊系統相結合，形成全球通系統，將大大促進衛星通訊資料輸送量和容量的快速增長。APSK 以相位調解為主，更適應非線性傳輸媒體；調解階數可以連續設定值，更適應系統輸送量的變化。因此高階 APSK 是衛星通訊系統中基頻調解技術的最佳選擇。傳統衛星通訊系統中的高階 APSK 主要是 32APSK 和 16APSK，以 16APSK 為主。

在對 6G 行動通訊系統的研究中，已經開始考慮融入衛星通訊網路，實現陸地與天空通訊網路的融合，實現陸地和海上無盲角的全球通訊系統。人

們需要做到在全世界的任何時刻、任何地方都可以通訊。5G 系統的研究中就已經開始考慮融入衛星通訊網路,初步考慮了協定最佳化、空中介面、系統架構等專案,但沒有在 3GPP 的 5G 規劃中表述出來,這可能是針對 6G 的重要技術。

當衛星通訊系統融入行動蜂巢系統時,人們開始考慮商業利益最大化和市場的通用性,衛星通訊系統將為全民服務,會降低通訊技術成本,提高通訊容量和資料輸送量。衛星通訊可以為人們提供更多更優質的衛星服務業務,會改變現有衛星通訊系統中的技術架構標準,使人們需要在系統中使用最基本的寬頻通訊技術,在基頻調解方面增大調解階數,提高輸送量和資料傳輸速率。

5.2.5 過零調解及連續相位調解

1. 過零調解的原理

當今的通訊系統通常使用高解析度 ADC。然而,考慮到未來資料速率在 100Gbps 數量級的通訊系統,由於具有高取樣速率,ADC 功耗成為一個重要的問題。一個很有前途的替代方案是基於訊號頻寬的 1 位元量化和過取樣的接收機。這種方法需要重新設計調解、接收器同步和解映射。因為需要在過零時刻攜帶資訊,過零調解是自然而然的選擇。

ZXM 與使用時間過取樣的 1 位元量化的接收器自然匹配。這樣的接收器只能在取樣時刻解析接收訊號的符號,即它可以有效地檢索接收訊號的過零點之間的時間距離。因此,ZXM 需要在過零點之間的距離上傳遞資訊。

可以利用 RLL 序列產生 ZXM 發射訊號,該序列可以從(d,k)序列中產生。在 (d,k) 序列中,1 個 1 後面至少跟 d 個,最多跟 k 個 0。k 約束對游程長度的限制、對於接收機的同步非常重要。然而,在目前的工作中,假設 $k = \infty$,對於所選的 d 值,它使所產生的 RLL 序列的熵率最大化。

$(d，k)$序列的生成可以基於如圖 5.31 所示的有限狀態機來表示。$(d，k)$序列透過 NRZI 編碼被轉換成 RLL 序列，以下例所示，其中，$d = 1$：

$$(d,k) - \text{seq.} \ [\cdots 1\,0\,0\,0\,1\,0\,1\,0\cdots]$$

$$\text{RLL} - \text{seq.} \ [\cdots 1\,1\,1\,1\,-1\,-1\,1\,1\cdots]$$

因此，兩個過零點之間的最小距離可以由 d 約束來控制。

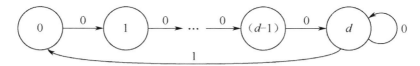

圖 5.31 以 $k = \infty$ 為有限狀態機的$(d，k)$序列定義

兩個這樣的游程長度受限序列用於生成複值發射符號序列，其可以由下式列出：

$$x^N = \frac{1}{\sqrt{2}}(a^N + jb^N) \qquad （5\text{-}17）$$

其中，向量 a^N 和 b^N 的元素由兩個長度為 n 的獨立實值 RLL 序列列出，x^N 的元素 x_n 是 QPSK 符號，有 $x_n \in X = \left\{ \dfrac{1+j}{\sqrt{2}}, \ \dfrac{1-j}{\sqrt{2}}, \ \dfrac{-1+j}{\sqrt{2}}, \ \dfrac{1+j}{\sqrt{2}} \right\}$。

利用基於 x^N 的傳輸符號序列，結合 FTN 訊號，生成連續時間通道輸入訊號：

$$x(t) = \sum_{n=-\frac{N-1}{2}}^{\frac{N-1}{2}} x_n h\left(t - \frac{nT}{M_{T_x}} \right) \qquad （5\text{-}18）$$

符號速率為 M_{T_x}/T，T 為單位時間間隔，M_{T_x} 是 FTN 訊號因數。最後，$h(t)$ 是發射濾波器的脈衝回應。除非另有說明，否則都會使用餘弦脈衝作為發射濾波器：

$$\begin{cases} h_{\cos}(t) = \left(1 - \cos\left(2\pi t \,/\, 2T\right)\right)\sqrt{1/3T} & 0 \le t < 2T \\ \qquad\qquad\qquad 0 & \text{其他} \end{cases} \qquad（5\text{-}19）$$

使用具有相對短的脈衝回應的這種發射濾波器的優點是能夠以有限的複雜度實現基於網格的接收器。

由於使用 $M_{T_x} > 1$ 的 FTN 訊號可以提高時間網格的解析度，因此，可以在時間網格上放置過零點。這抵消了由 RLL 序列中的 d 約束引起的可達速率的降低，並允許增加可達速率。注意，FTN 訊號引入 ISI，但是可以透過適當選擇最小游程長度 d 來極佳地控制 ISI。

圖 5.32 所示為透過游程編碼和 FTN 產生的過零調解發射訊號示意圖。其中 $A_k = \dfrac{T}{M_{T_x}} I_k$。序列 $\{I_k\}$ 的元素是 RLL 序列中的游程長度。

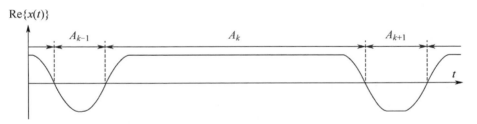

圖 5.32　透過游程編碼和 FTN 產生的過零調解發射訊號示意圖

考慮一個 AWGN 通道，使得接收濾波器輸出端的訊號由下式列出：

$$z(t) = \int_{-\infty}^{\infty} (x(\tau) + n(\tau)) h_{R_x}(t - \tau)\mathrm{d}\tau \qquad（5\text{-}20）$$

接收濾波器為 h_{R_x}。除非另有說明，否則應該在時間間隔為 $\dfrac{T}{M_{T_x}}$ 的接收濾波器上使用積分器，其脈衝回應由下式列出：

$$h_{\mathrm{Rx}(t)} = \begin{cases} \sqrt{M_{T_x}/T} & 0 \le t < \dfrac{T}{M_{T_x}} \\ \quad 0 & \text{其他} \end{cases} \qquad（5\text{-}21）$$

這裡的短脈衝回應有助限制基於網格的序列檢測的複雜度。此外，$n(t)$是圓對稱複高斯白色雜訊過程。請注意，在這裡假設完美的定時、相位和頻率同步。

訊號 $z(t)$在 1 位元量化之前以$1/T_s$的速率取樣。

$$r_k = \sum_{n=-\frac{N-1}{2}}^{\frac{N-1}{2}} x_n g(kT_s - \frac{nT}{M_{T_x}}) + n_k \qquad （5-22）$$

$$g(t) = \int_{-\infty}^{\infty} h(\tau) h_{R_x}(t - \tau) \mathrm{d}\tau \qquad （5-23）$$

$$n_k = \int_{-\infty}^{\infty} n(\tau) h_{R_x}(kT_s - \tau) \mathrm{d}\tau \qquad （5-24）$$

此外，將過取樣因數定義為 $M = \dfrac{T}{T_s M_{T_x}}$ 。請注意，對於 $M > 1$，使用式（5-21）中的接收濾波器，雜訊樣本 n_k 是相關的。

2. 連續相位調解的原理

在通訊系統中，幅度解析度高的模數轉換具有較高的功耗。降低功耗的一種有前途的替代方案是 1 位元量化。考慮這樣一個接收機，可以採用 CPM 方案，它由於頻寬效率和恒定包絡而具有良好的性能。在這種情況下，關於鮑率持續時間的過取樣是有希望的，因為 CPM 訊號沒有嚴格的頻寬限制，並且減少了量化引起的可達到速率的損失。

接收機處的粗量化是有利的，因為 ADC 的能量消耗與其解析度成指數級擴充。ADC 的功耗對於需要高取樣速率的應用、總功耗不受發射能量支配的短距離應用及具有電池驅動接收器的物聯網應用非常重要。在這項工作中，考慮了一種在低功耗方面很吸引人的特殊情況，其中，由於量化為 1 位元，接收機僅具有關於接收訊號的符號資訊。透過將取樣速率提高到比奈奎斯特速率更高的速率，可以減少可實現速率的損失。在這項研究中，

考慮了 CPM，因為它頻寬效率高、具有平滑的相變和恒定包絡，能夠使用低動態範圍的高能效功率放大器。此外，對於在連續相變中傳遞資訊的 CPM 訊號的檢測，可以採用過零檢測的方法，其中過取樣增強了過零的時間解析度。

載體頻率為 f_0 的通帶中的 CPM 訊號由下式描述：

$$s(t) = \text{Re}\{e^{j(2\pi f_0 t + \varphi(t))} \sqrt{2E_s / T_s}\} \qquad （5-25）$$

其中，Re{·} 是實部。相位項由下式列出：

$$\varphi(t) = 2\pi h \sum_{k=0}^{\infty} \alpha_k f(t - kT_s) + \varphi_0 \qquad （5-26）$$

其中，T_s 是鮑率持續時間；$h = \dfrac{K_{\text{cpm}}}{P_{\text{cpm}}}$；$f(\cdot)$ 是相位回應；φ_0 是相位偏移；α_k 是具有鮑率能量 E_s 的發射鮑率。為了獲得有限個相位狀態，K_{cpm} 和 P_{cpm} 是正整數。相位回應函數具有以下特性：

$$f(\tau) = \begin{cases} 0, & \text{if } \tau \leq 0, \\ \dfrac{1}{2}, & \text{if } \tau > L_{\text{cpm}} T_s \end{cases} \qquad （5-27）$$

其中，L_{cpm} 根據傳輸符號描述記憶體的深度。相位回應的導數稱為頻率脈衝 $g_f(\cdot)$，通常是矩形脈衝、餘弦脈衝或高斯脈衝。頻率脈衝 $g_f(\cdot)$ 決定了資訊攜帶相位的平滑度，並由此影響頻外輻射。發射符號是從由下式描述的表中取出的：

$$\alpha_k \in \begin{cases} \{\pm 1, \pm 3, \cdots, \pm M_{\text{cpm}} - 1\}, & \text{if } M_{\text{cpm}} \text{ even} \\ \{0, \pm 2, \pm 4, \cdots, \pm M_{\text{cpm}} - 1\}, & \text{if } M_{\text{cpm}} \text{ odd} \end{cases} \qquad （5-28）$$

其中，以 M_{cpm} 為輸入基數。

3. 6G 中的過零調解及連續相位調解

當前新的主流波形，如（加視窗的）OFDM、廣義 FDM、OTFS 正被使用或提出，這些技術可以與多天線及與高調解基數（如 256QAM）結合，由最大化頻譜效率驅動。毫米波頻段以下的載體頻率上需要遵循合理的最佳化目標。在接收端，這些波形技術通常需要解析度在 10 位元以上的 ADC 轉換器。由於資料傳輸速率在 100 Gbps 至 1Tbps 之間，在終端內電路中的 ADC 轉換器功耗大於 10 瓦，而 ADC 轉換器會決定終端收發信機的功耗。圍繞最佳化 ADC 轉換器功耗的基本假設可以設計出新的調解方案。尺寸化 ADC 轉換器的目標是每秒產生一定數量的轉換步驟，這些步驟必須是資料速率的倍數。目前的奈米級半導體技術的電壓波動低，可實現的時間解析度高。1-bit ADC 轉換器符合 ADC 轉換器的品質標準，它完成了每秒所需的轉換步驟數，達到了每個轉換步驟的最低能量。在 6G 系統中需要找到非常低解析度 ADC 轉換器的調解方案，最低要求是 1-bit ADC 轉換器，ZXM 和 CPM 是合適的調解方案。

5.2.6 訊號整形

1. 訊號整形的原理

PS 是一種很有前途的解決方案。透過使用相同的 QAM 星座，以不同的機率發送不同的星座點，PS 方案可以逼近最佳高斯分佈，從而接近香農極限。近年來，一種被稱為 PAS 的 PS 方案因其實現複雜度低而備受關注。結果表明，採用 DVB-S2 LDPC 碼，PAS 可以在 1.1dB 範圍內以 0.1bit/dim 的步進值實現從 1bit/dim 到 5bit/dim 的傳輸速率轉變，而無須在解調和解碼之間進行迭代。

2. 6G 中的訊號整形

ATSC3.0 標準採用了新的調解方法，如基於訊號整形的調解方案，它被證明在有線通訊或廣播系統中是有效的。它在無線通訊中的應用值得被仔細

研究。最近，在某些設定下，與當前 AWGN 通道上的 5G 調解和編碼方案相比，結合了 NR-LDPC 碼的 PAS 可以具有超過 2dB 的編碼增益。這表明訊號整形是 6G 系統中值得研究的方向。

5.2.7 降低 PAPR

1. 降低 PAPR 的原理

PAPR 是指訊號最大功率與平均功率之比，對於連續訊號 $x(t)$，可以表示為：

$$PAPR = 10\log_{10}\frac{\max\{|x(t)|^2\}}{E\{|x(t)|^2\}}dB \qquad (5\text{-}29)$$

2. 降低 PAPR 在 6G 中的潛在應用

降低 PAPR 是一個重要的技術方向，可以實現低成本裝置的物聯網、Sub-6GHz 通訊的邊緣覆蓋、高可靠性的工業物聯網應用等。已經提出了一些低 PAPR 調解方案，如 FDSS+π/2 BPSK、8-BPSK 和 CPM，但在獲得較低 PAPR 時解調性能有所損失。因此，仍然需要對性能良好的低 PAPR 調解方案進行更多的研究。

5.3 波形設計

透過特定方法形成的物理媒體中的訊號形狀被稱為波形。一個靈活的波形需要考慮各種參數，如時間/頻率彌散的穩固性、延遲和 PAPR、頻譜效率、時間/頻率定位。業內在 5G 系統的發展過程中，為了減少頻外輻射研究了多種 OFDM 的波形方案。這些方案包括含子載體濾波的多載體系統（通用濾波器多載體和濾波頻分重複使用）和含子帶濾波的多載體系統（廣義 FDM 和濾波器組多載體）。

選擇新波形不僅需要考慮上述性能，還需考慮訊號處理演算法的複雜性、參數選擇的靈活性、幀結構設計等。在未來的系統中，新的波形需要支援靈活的網路切片。

潛在的 6G 可用頻段是 52.6GHz 以上頻段。與較低頻段相比，當發射端頻率超過 52.6GHz 時，會面臨更多的挑戰，如更低的功率放大器效率、更高的大氣衰減引起的極大傳播損耗和更大的相位雜訊，因此需要有更高的峰均比、更為嚴格的功率譜密度監管要求。人們有必要研究適合高頻段的波形，單載體系統已經應用於 IEEE 802.11ad 標準，是有效的低峰均比傳輸方法。單載體傳輸時，隨著頻寬的增加，使用大頻寬的靈活性受到了限制。

6G 中將有許多不同類型的使用案例，每個使用案例都有自己的要求。任何單一波形解決方案都不能滿足所有場景的要求。舉例來說，高頻場景面臨諸如更高的相位雜訊、更大的傳播損耗和更低的功率放大器效率等挑戰，要克服這些挑戰，單載體波形可能比傳統的多載體波形更可取。相反，對於室內熱點，要求實現更高的資料速率，滿足靈活的使用者排程需求。基於 OFDM 或其變形的波形具有較低的頻外輻射，在此情況下將會是一個很好的選擇。6G 需要高度的可重構性，才能在不同的時間或頻率針對不同的使用案例進行最佳化。

5.3.1 多載體波形

CP-OFDM 作為多載體波形的基礎，其主要思想是將通道分成幾個正交子通道，將高速資料流程轉換成低速資料流程，然後調解到每個正交子載體上進行傳輸。在 OFDM 系統中，可以在發射機處增加 CP，以避免由多徑引起的符號間干擾和子載體間干擾。除了 CP-OFDM，新的多載體波形還包括 F- OFDM、UFMC、FBMC 等。

1. 靈活的 OFDM

學者們已經提出了幾種新的多載體調解方案，如 UFMC、廣義 FDM、FBMC

及 F-OFDM。這些波形的靈活相容框架可以基於載體/波形聚合。位於不同載體上的不同波形可以聚集在一個空中介面上，服務於不同的 5G 場景。每個波中的波形、子帶頻寬、子載體間隔頻寬、濾波器長度和 CP 長度可以根據專用場景和服務靈活地進行選擇。

這些新波形的共同特徵是採用濾波器來抑制頻外發射，並放寬對時間一頻率同步的要求。但這些波形之間也有細微的差別。UFMC 和 F-OFDM 中的濾波器是在每個子帶的粒度上實現的。其主要區別在於，為了向後相容，F-OFDM 使用了更長的濾波器，在每個子帶中的訊號處理過程與傳統 OFDM 相和；相比之下，UFMC 使用了較短的濾波器，並且用空的保護週期來代替 OFDM 的 CP。廣義 FDM 可以根據廣義 FDM 區塊中的子載體和子鮑率數的不同，將 CP-OFDM 作為特例覆蓋。此外，可以透過為包含多個子符號的整個區塊增加 CP 來保持較小的負擔。FBMC 中的濾波器是在每個子載體的粒度上實現的。透過設計合理的原型濾波器，FBMC 可以極佳地抑制訊號的旁波瓣。此外，也可以透過去除 FBMC 中的 CP 作為 UFMC 來降低負擔。同時，為了減少相鄰子通道的干擾和計算複雜度，在 FBMC 和廣義 FDM 方案中需要正交重複使用調解和多相網路。根據已有的研究結果，目前還不存在支持多樣化需求的多載體調解方案。下面提出一種低複雜度的相容多載體調解結構，該靈活波形的統一框架如圖 5.33 所示。

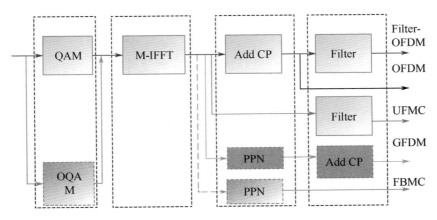

圖 5.33 靈活波形的統一框架

它也可以用以下公式表示。$s_{k,n}(m)$ 是第 n 個傳輸鮑率中的第 m 個子鮑率和第 k 個子載體。$g_{k,m}(t)$ 是單一符號中的整形濾波器。$h_u(t)$ 是每個使用者的濾波器，f_k 是副載體的頻率，T 是符號持續時間，$\otimes$ 是卷積運算子。

$$x(t) = \sum_{u \in U} \sum_{k \in K_u} \sum_{n=-\infty}^{+\infty} \sum_{m=1}^{M} s_{k,n}(m) \cdot g_{k,m}(t-nT) e^{j2\pi f_k(t-nT)} \otimes h_u(t) \quad （5\text{-}30）$$

2. 非正交波形

高頻段（如毫米波和 Sub-6GHz 頻率）在 6G 中具有廣闊的應用前景，但功率放大器的非線性限制了系統的設計。由於 CP-OFDM 的 PAPR 較高，其多載體波形可能不適用於高頻段。以 DFT-s-OFDM 為代表的低 PAPR 的單載體波形是很有前途的。考慮到 6G 極高的資料速率要求，特別是在高階調解不適用的情況下，如何保持 DFT-s-OFDM 的低 PAPR 並提高其頻譜效率將是一個挑戰。

1）NOW 收發信機的設計

有學者提出了一種 NOW 方案來改善 DFT-s-OFDM 的頻譜效率。現在的收發信機器結構如圖 5.34 所示。設計了三個重要的模組，即副載體映射模組、FTN 調解模組和 FTN 解調模組。

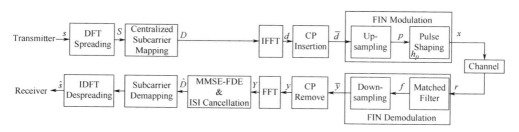

圖 5.34 收發信機結構

集中式副載體映射：N 點 DFT 之後的鮑率被映射到 N 個副載體，用於具有 N_1 個副載體的系統頻寬。對於提出的 NOW 發射機，將符號映射到低頻的局部化副載體，稱為集中映射方法。它可以看作是局部化映射法的特例。

經過集中的副載體映射後，符號依次輸入 IFFT 模組、並串轉換模組和 CP 插入模組。

FTN 調解：對插入 CP 後的訊號進行 FTN 調解。連續時間 FTN 符號可以寫為 $x(t) = \sum_{m=0}^{M+2v-1} \bar{d}(m) h(t - m\alpha T)$。$\bar{d}(m)$ 表示圖 5.34 中 $\bar{d}$ 的第 m 個符號。M 和 $2v$ 分別是 IFFT 大小和 CP 長度。$h(t)$是 T 正交基底帶傳輸脈衝，α 是時域壓縮因數，它大於 0 並且小於等於 1。資料符號的傳送速率比 Nyquist 訊號快 $1/\alpha$ 倍，因此傳輸符號速率為 $1/\alpha T$。考慮到離散時間模型訊號，FTN 調解壓縮含兩個離散時間訊號處理模組，即上取樣和脈衝整形，如圖 5.34 所示。上取樣在相鄰資料符號之間插入零值樣本，目前零值樣本的數量由 α 確定。脈衝成形濾波器以上取樣速率取樣，然後與上取樣訊號進行線性卷積。

FTN 解調：在接收端增加了 FTN 解調，還包括匹配濾波和下取樣兩個離散時間訊號處理模組。匹配濾波器具有與發射機側相同的脈衝形狀，並透過 Nyquist 上取樣間隔從 $h^*(t)$ 取樣。下取樣從接收訊號中提取有用的樣本。FFT 調解後的 MMSE-FDE 模組用於消除 FTN 產生的干擾。

2）時域壓縮因數 α 的影響分析

作為目前最重要的參數之一，時域壓縮因數 α 可以影響各種性能。下面提供了對錯誤區塊率、輸送量、訊號雜訊比性能以及 PAPR 性能的鏈路級評估結果。

如圖 5.35 所示，當時域壓縮因數小於一個設定值（圖中為 0.95）時，沒有觀察到錯誤區塊率降低。隨著時域壓縮因數的減小，位元錯誤率變差，這是因為脈衝成形濾波器會截斷有用訊號的頻譜，將會導致部分資訊遺失，增加傳輸位元錯誤率。

$$\alpha_{opt} = 0.95(NOW) \tag{5-31}$$

α 越小，輸送量增益越大。但是根據對發射訊號的功率譜密度的分析，α 小於一個設定值將導致訊號截斷，從而造成訊號雜訊比損失。表 5.1 中的鏈路級評估結果顯示了不同壓縮因數下的輸送量增益，與 QPSK 和

16QAM 下的正交波形 DFT-s-OFDM 和 CP-OFDM 進行了比較。結果表明，與正交波形相比，可以以訊號雜訊比損失為代價透過 NOW 獲得輸送量增益。

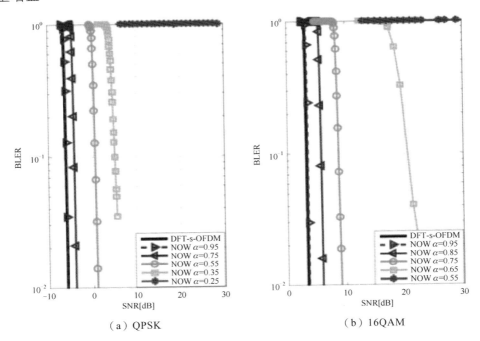

(a) QPSK   (b) 16QAM

圖 5.35 DFT-s-OFDM 和 NOW 的錯誤區塊率及不同的 α

表 5.1 NOW 的輸送量增益和訊號雜訊比損失

Compressionfactor	QPSK		16OQM	
	Throughputgain	SNR loss(dB)	Throughputgain	SNR loss(dB)
0.95	2.2%	0	2.2%	0
0.85	12.6%	1.2	12.6%	2.5
0.75	25.5%	1.9	25.5%	7.0
0.65	41.1%	3.0	41.1%	16.0
0.55	60.7%	4.3	-	-
0.45	86.0%	6.0	-	-
0.35	108%	10.0	-	-

對 NOW 的 PAPR 表現進行評價。圖 5.36 中的結果表明，NOW 的 PAPR 不僅由調解階數和子載體數量決定，還由時域壓縮因數 α 決定。研究還表明，當指定其他影響因素時，PAPR 隨 α 先減小後增大，即存在一個最佳 α 來實現最小 PAPR。

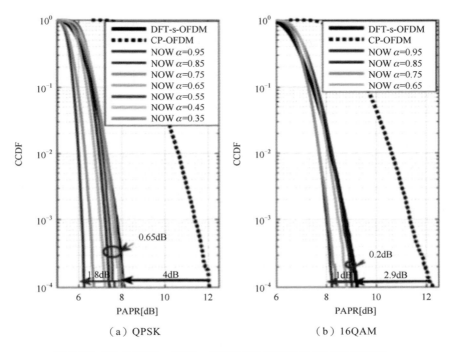

（a）QPSK　　　　　　　　（b）16QAM

圖 5.36 CP-OFDM、DFT-s-OFDM 和 NOW 的 PAPR 及不同 α

因此，透過靈活地調整壓縮因數，所提出的 NOW 方案可以獲得比傳統正交波形 DFT-s-OFDM 和 CP-OFDM 更好的輸送量增益和 PAPR 增益。

5.3.2 單載體波形

1. SC-FDE

SC-FDE 是基於頻域均衡的單載體波形。發射機和接收機的處理如圖 5.37 所示。

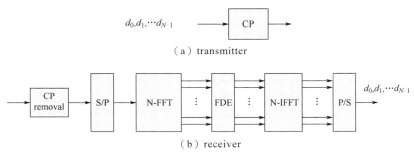

（a）transmitter

（b）receiver

圖 5.37 發射機和接收機的處理

在接收端，接收訊號透過 N 點 FFT 變換到頻域，在頻域均衡後，透過 N
點 IFFT 變換到時域，串並轉換後輸出。

2. DFT-s-OFDM

1）DFT-s-OFDM 的子類

標準 DFT-s-OFDM 的處理過程如圖 5.38 所示，即首先對 M 個調解符號進
行 DFT 變換，並將輸出映射到作為 N 點 IFFT 輸入的子載體上。

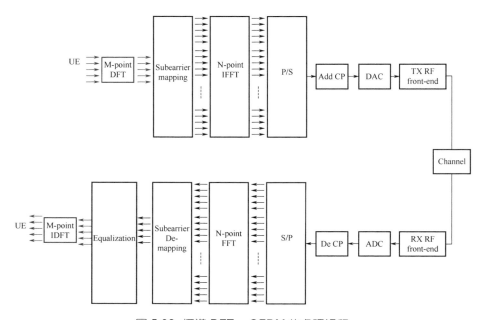

圖 5.38 標準 DFT-s-OFDM 的處理過程

ZHT-DFT-s-OFDM 是基於 DFT-s-OFDM 的變形。ZHT-DFT-s-OFDM 波形的特點是用零填充代替傳統的 CP 填充，以 M 個點對 DFT 的輸入進行填充，具有較小的 CP 負擔。

M 點 DFT 的輸入大小可以根據通道延遲擴充的變化而改變。透過零填充的方法可以抑制頻外洩漏，從而節省 CP 負擔。

ZHT-DFT-s-OFDM 的實現過程如圖 5.39 所示。

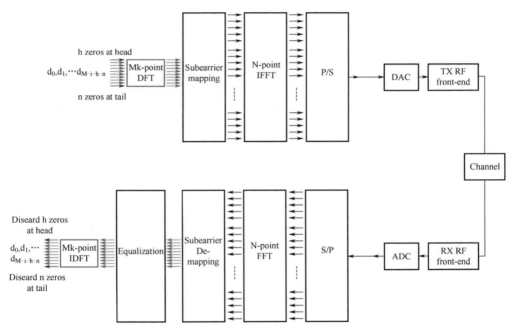

圖 5.39 ZHT-DFT-s-OFDM 的實現過程

基於 ZHT-DFT-s-OFDM 的變形生成 GI-DFT-s-OFDM 波形。在 DFT 的輸入端用 M 個點填零，同時在 IFFT 的輸出上加上保護空間 x_{GI}，發射機如圖 5.40 所示。

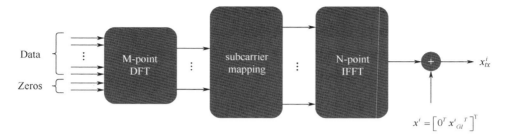

圖 5.40 GI-DFT-s-OFDM 發射機

接收機如圖 5.41 所示。

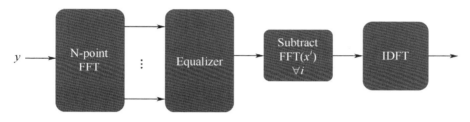

圖 5.41 GI-DFT-s-OFDM 接收機

其中，GI 序列的選擇需要滿足以下特點：良好的自相關，即對於任何原始序列及其循環移位產生的序列都不相關，自相關峰是尖銳的；良好的互相關性，即互相關值和偏相關值接近於 0。

UW-DFT-s-OFDM 波形是基於 DFT-s-OFDM 的另一種變形。在 DFT 的輸入中增加一個特定的序列，在開頭和結尾各有 M 個點。如果特定序列是 0 序列，即 UW-DFT-s-OFDM 被回歸到 ZHT-DFT-s-OFDM。可以預先定義 UW 序列在接收器處執行其他功能，如時頻域中的同步、通道估計、頻偏估計等。UW-DFT-s-OFDM 的實現過程如圖 5.42 所示。

UW-DFT-s-OFDM 不使用 CP 來避免鮑率之間的干擾，但是可以大致認為前一個鮑率的結束和當前鮑率的開始是相同的序列。

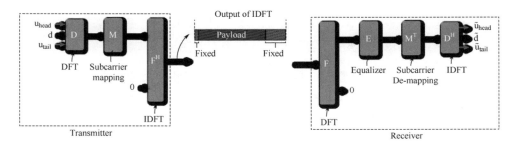

圖 5.42 UW-DFT-s-OFDM 的實現過程

2）資源映射

DFT-s-OFDM 的資源映射方法可以分為集中式和分散式兩種。集中式是指不同的使用者將 M 個點的 DFT 輸出映射到連續的子載體上，而分散式是指不同的使用者將 M 個點的 DFT 的輸出映射到整個載體範圍，不同的使用者以交織的形式存在。

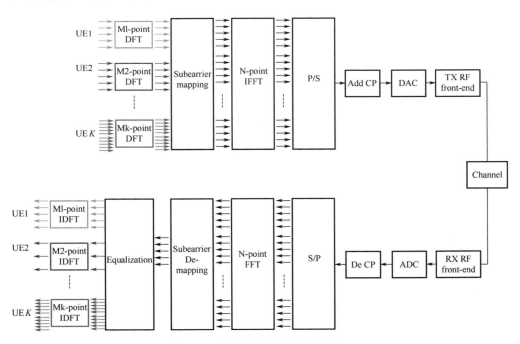

圖 5.43 集中式資源映射示意圖

圖 5.43 是 DFT-s-OFDM 集中式資源映射示意圖,不同使用者終端的 DFT 大小可以不同,即頻寬可以靈活分配給不同的使用者終端。

分散式資源映射還可以實現使用者在頻域的重複使用和靈活的頻寬分配,在這種情況下,不同的使用者會在頻域以交織的形式存在。與集中式映射相比,分散式映射對頻率誤差更敏感,對功率控制的要求也更高。圖 5.44 是 DFT-s-OFDM 的分散式資源映射示意圖。

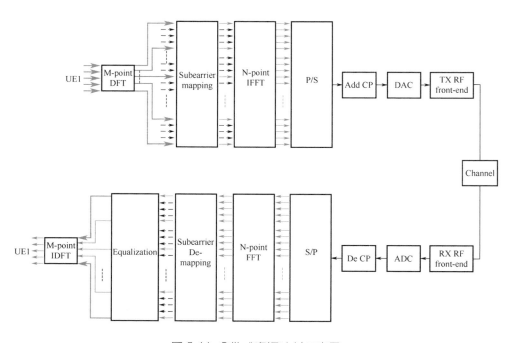

圖 5.44 分散式資源映射示意圖

3)性能

圖 5.45 顯示了採用 QPSK 和 16QAM 調解的不同 DFT-s-OFDM 波形對應的 PAPR 的性能。

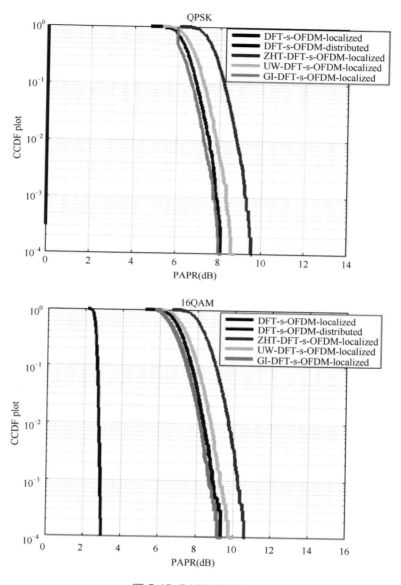

圖 5.45 PAPR 的性能

可以看出，分散式 DFT-s-OFDM 的 PAPR 最小，而 ZHT-DFT-s-OFDM 的 PAPR 最大。這是因為 M 點的 DFT 填零使得 IFFT 後取樣點的平均功率較小，所以分散式 DFT-s-OFDM 波形的 PAPR 比其他波形要大。

圖 5.46 顯示了採用 QPSK 和 16QAM 不同調解方式的 DFT-s-OFDM 波形的 CM 的性能。

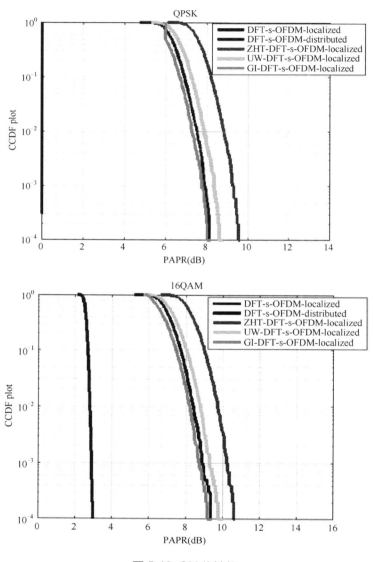

圖 5.46 CM 的性能

可以看出，傳統 DFT-s-OFDM 的 CM 小於單載體波形。

基於 DFT 擴充的 OFDM 也被稱為 DFT-s-OFDM，它具有以下特點：發射訊號的暫態功率變化不大；可以在頻域使用低複雜度和高品質的均衡；頻寬的分配是靈活的。DFT-s-OFDM 已經在 5G 系統中獲得了應用，NR 系統支援 DFT-s-OFDM，它的優勢在於可以發射更高的頻率、PAPR 值低，其值接近於單載體時的值。但它只能使用連續的頻域資源。5G 基地台的遠點一般採用 DFT-s-OFDM。在 6G 的基地台中，它很可能會被繼續使用。

5.4 FTN 傳輸技術

5.4.1 FTN 傳輸技術的原理

21 世紀的資訊技術發展非常迅速，工業界和學術界一直在探討如何傳輸更多的資訊。頻譜資源是非常昂貴的，僅開發新的頻段或增加天線數量無法滿足日益增長的資料傳輸要求。因此需要設計更好的資訊傳輸方案。

貝爾實驗室的 Mazo 提出了 FTN 傳輸，它是一種非正交傳輸方式，單載體 FTN 可以表示為：

$$S(t) = \sum_{n \in Z} x_n h(t - n\tau T)\sqrt{E_s} \qquad (5\text{-}32)$$

其中，E_s 是每符號平均能量，$h(t)$ 是能量歸一化的脈衝成形波形，τT 是發送符號間隔時間，$\{x_n, \ n \in Z\}$ 是發送符號序列。$0 < \tau \leq 1$ 是壓縮因數，當 $\tau = 1$ 時 FTN 訊號轉變為奈奎斯特訊號，即傳統的正交傳輸訊號。

FTN 傳輸的鮑率速率比奈奎斯特無 ISI 速率高是因為人為地引入了 ISI。特別要指出的是，在一定程度上引入 ISI 不會導致接收端檢測性能的下降。如果成形脈衝為 sinc()形式的函數，$\tau > 0.802$，採用 BPSK 調解時，訊號之間的最小歐氏距離 d_{min}^2 不會減小。如果頻寬相同，奈奎斯特傳輸方式比 FTN 傳輸方式少傳輸約 25%的位元。

在 20 世紀末，FTN 技術重新受到了人們的關注。FTN 現象也存在於升餘弦類型的函數中，這個發現為 FTN 技術在實際系統中的應用奠定了理論基礎。與 OFDM 技術不同，被推廣至頻域的頻域 FTN 技術子載體之間不存在正交性，它也被稱為高譜效頻分重複使用傳輸。

5.4.2 6G 中的 FTN

1. FTN+人工智慧

人工智慧是近年來新興的熱門研究方向，它具有出色的預測、推理能力。在需要複雜的、大規模的邏輯運算場景中，可以使用人工智慧技術。人工智慧是一種解決問題的潛在方案。在通訊系統中可以運用人工智慧這種新的工具來處理所遇到的問題。

目前，已有學者利用深度學習來進行 FTN 訊號的檢測，提出了一種基於全連接的多層神經網路，用它來實現 FTN 訊號檢測的演算法。這種演算法進行了大量的樣本訓練，最佳化了全連接神經網路中每條邊的權值。在相同條件下，與傳統的頻域均衡方法相比，該演算法具有更好的誤碼性能。另外一種基於深度學習的 FTN 訊號檢測演算法透過在表述 FTN 結構的因數圖上增加多層神經網路來進行 FTN 訊號檢測，該演算法採用了新的外資訊更新方式，更進一步地適應了迭代檢測系統，改善了迭代檢測的收斂性。

在未來的 6G 中，可以將深度學習等人工智慧技術與 FTN 技術相結合，有效解決各類問題。

2. FTN+MIMO

目前，頻譜資源十分缺乏，FTN 傳輸可以提高頻譜使用率，能夠為 MIMO 等熱門研究技術提供一種新的設計想法。在 6G 中可以將 MIMO 技術與 FTN 技術相結合，利用 FTN 傳輸的特點，更合理地支援更大容量、更高速率的通訊。

假設一個寬頻使用者的 MIMO 系統有 n_t 個發射天線和 n_r 個接收天線。寬頻傳輸模型的方塊圖如圖 5.47 所示。假設編碼和交織的資訊位元流的長度為 $n_t \times B \times N log_2 M$ bit。其中 M 為調解階數，B 為 OFDM 區塊個數，N 為 OFDM 區塊長度。它被分成屬於每個發射天線的 n_t 個流，然後被獨立地處理。在不喪失一般性的前提下，假設 $n_t \leq n_r$ 和通道支持 n_t 個空間重複使用流。對於調解字母表 A，天線可以表示為 $d_b^{(t)} \in A^N$，具有 N 個 M-QAM 符號。然後，每個調解塊在頻域中被串並轉為 $s_b^{(t)} = W d_b^{(t)}$。其中逆離散傅立葉變換矩陣 W 的第 k 行，第 n 列元素 $w_{k,n} = (1/N) \exp(j 2\pi n k / N)$。

對於第 t 個發射天線，集合 $K^{(t)} \subseteq \{1, 2, \cdots, N\}$ 和它的分量 $\bar{K}^{(t)}$ 分別表示要保留的子載體和要移除（關閉）的子載體的一組索引，即 $(\bar{K}^{(t)} = \{1, 2, \cdots, N\} \setminus K^{(t)})$。然後，在 $\bar{K}^{(t)}$ 中的頻率分量被移除（設定為零）之後在天線 t 處發送的第 b 個 OFDM 區塊被表示為 $x_b^{(t)}$，它的第 K 個元素（頻率分量）可以表示為：

$$x_b^{(t)}[k] = \begin{cases} s_b^{(t)}[k] & \text{if } k \in K^{(t)} \\ 0 & \text{if } k \in \bar{K}^{(t)} \end{cases} \tag{5-33}$$

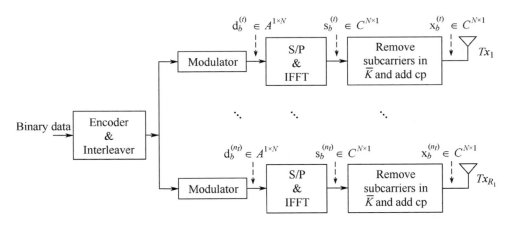

圖 5.47　FTN MIMO-OFDM 發射機方塊圖

3. FTN 應用於光通訊

FTN 訊號對高頻失真的免疫力更強。因此,它已被應用於高串列傳輸速率的光通訊和成本敏感的短距離光通訊。高串列傳輸速率和對成本敏感的短距離光通訊的共同特點是頻寬有限。在頻寬受限的通訊中,FTN 訊號具有優越的性能。

4. FTN+PS

將 PS 應用於 FTN 系統,對 FTN + PS 方案進行理論上的 AMI 分析,結果表明,所提出的 FTN + PS 方案優於傳統的奈奎斯特規則系統。與傳統的奈奎斯特規則系統相比,可以獲得 FTN 系統中 PS 的 FTN 增益和 PS 增益。

當頻譜效率為 2.778bps/Hz 時,所提出的 16QAM FTN + PS 方案具有 1.20dB 的理論 FTN 增益和 0.35dB 的理論 PS 增益,其中 16QAM 的模擬結果表明 FTN 增益和 PS 增益分別為 0.75dB 和 0.40dB。當位元錯誤率為 2.083 bps/Hz 時,所提出的 8QAM FTN 方案具有 1.55dB 的理論 FTN 增益和 0.30dB 的理論 PS 增益,其中 8QAM 的模擬結果表明 FTN 增益和 PS 增益分別為 0.95dB 和 0.55dB。理論分析和模擬結果表明,FTN 系統中提出的 PS 是一種提高系統性能的有效方案,適用於 6G 通訊系統。

FTN 系統中 PS 方案的系統模型如圖 5.48 所示。

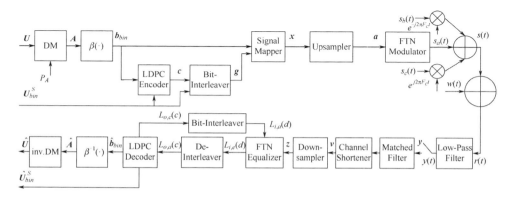

圖 5.48 FTN 系統中 PS 方案的系統模型

5. 可見光通訊中的 FTN DFT-s-OFDM

與傳統的射頻通訊相比，VLC 由於其自由許可和增強安全性等優點，吸引了越來越多的關注。然而，器件有限的調解頻寬所引起的固有高頻衰落限制了 VLC 系統的可實現容量。

基於 VLC 的高速雙頻 FTN-OFDM 系統可以避免在高頻下的嚴重衰落問題。利用子帶之間的頻域重疊來實現 FTN 操作。在發射端，對每個頻帶進行 DFT 運算之前和在接收端進行 IDFT 之後分別進行雙二進位整形和 2 抽頭 MLSD，以減少 ISBI。

與傳統的 DFT-s-OFDM 相比，FTN 方案中的子載體數小於用於所有單一子帶的總 DFT 大小。子帶的頻譜邊緣透過加法操作重疊，從而產生 ISBI。DFT 前的雙二進位整形用於產生頻譜頻寬更窄的子帶，這可以簡單地用延遲加運算來表示。在重疊比為 γ 的情況下，SINR 可以表示為：

$$SINR = S / (N + \int_{(1-2\gamma)\pi/T_B}^{\pi/T_B} H^2(\omega)\mathrm{d}\omega) \qquad （5\text{-}34）$$

其中，$H(\omega) = 2T_B\cos(\omega T_B/2)$，$|\omega| \leq \pi/T_B$ 是雙二進位訊號的頻譜函數。

基於雙頻段 FTN-DFT-s-OFDM 的 VLC 系統的裝置和 DSP 方塊圖如圖 5.49 所示。DFT 大小為 64，而重疊後的子載體總數從 114 到 126 變化，以實現不同的重疊比。在插入 CP 和導頻符號之後，生成的 FTN-DFT-s-OFDM 訊號被饋送到 AWG。AWG 的輸出首先由一個 EA 放大，然後施加一個藍色 LD(Osram PL450)。透過雪崩光電二極體探測 1.5 公尺自由空間傳輸後的光，然後由數位儲存示波器記錄檢測到的訊號，以便進一步離線 DSP。同步之後，訊號恢復採用反向處理，二抽頭 MLSD 檢測雙二進位訊號。

6. FTN 應用於衛星通訊

目前的 5G 蜂巢網路的重點雖然是地面無線技術，但 NTN 技術仍然被 3GPP 的 5G 標準化處理程序所考慮。在所有可能的 NTN 解決方案中，

HTS 系統，特別是低地球軌道衛星，有望被納入 6G 蜂巢網路等無線網路，因為它們可以隨時隨地提供有效的服務，覆蓋範圍更廣。隨著 2014 年推出的最新衛星廣播標準，即 DVB-S2X 的出現，HTS 通訊對三維電視、超高畫質電視等高速率、高品質的廣播業務的需求越來越大。考慮到衛星通訊中頻譜資源的缺乏性，FTN 訊號被認為是提高頻譜效率的一種創新方法，因為它可以在不增加頻寬和天線的情況下提高傳輸速率。

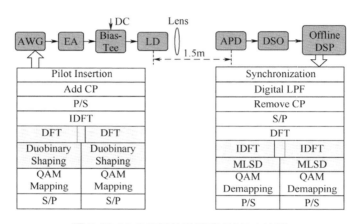

圖 5.49 VLC 系統的裝置和 DSP 方塊圖

參考文獻

[1]　賽迪智庫無線電管理研究所. 6G 概念及願景白皮書[R]. 2020

[2]　University of Oulu. White Paper on Broadband Connectivity in 6G[R]. 2020

[3]　牛凱，戴金晟，樸瑨楠. 針對 6G 的 Polar 碼與極化處理[J]. 通訊學報，2020，41(5): 9-17.

[4]　東南大學. 6G 研究白皮書[R]. 2020

[5]　Dai J, Niu K, Lin J. Polar-Coded MIMO Systems[J]. IEEE Transactions on Vehicular Technology, 2018,67(7): 6170-6184.

[6]   Dai J, Niu K, Si Z, et al. Polar-Coded Non-Orthogonal Multiple Access[J].
       IEEE Transactions on Signal Processing,2018,66(5): 1374-1389.

[7]   陸小甯，王博. TURBO 碼簡介及其模擬研究 [J]. 廣東通訊技術，
       2002,22(7): 13-15+34.

[8]   Ohtsuki Tomoaki. LDPC Codes in Communications and Broadcasting[J].
       IEICE Transactions on Communications,2007,E90-B(3): 440-453.

[9]   Li J, Narayanan K. Rate-Compatible Low Density Parity Check Codes for
       Capacity-Approaching ARQ Scheme in Packet Data Communications[C].
       America: International Conference on Communications, Internet, and
       Information Technology, 2002: 201-206.

[10]   Chen Z, Miyazaki N, Suzuki T. Rate Compatible Low-Density Parity-Check
       Codes Based on Progressively Increased Column Weights[J]. IEICE
       Transactions on Fundamentals of Electronics, Communications and
       Computer Sciences, 2006, E89-A(10):2493-2500.

[11]   FuTURE Mobile Communications Forum. Wireless Technology Trends
       Towards 6G[R]. 2020.

[12]   Zhu K, Wu Z. Comprehensive Study on CC-LDPC, BC-LDPC and Polar
       Code[C]. America: IEEE Wireless Communications and Networking
       Conference Workshops, 2020: 1-6.

[13]   Yuan YF, Zhao YJ, Zong BQ, et al. Potential key technologies for 6G
       mobile communications[J]. Science China-Information Sciences,
       2020,63(8):213-231.

[14]   Pamukti B, Arifin F, Adriansyah N M. Low Density Parity Check Code
       (LDPC) for Enhancement of Visible Light Communication (VLC)
       Performance[C]. America: 2020 International Seminar on Application for
       Technology of Information and Communication (iSemantic), 2020: 262-
       266.

[15]   Wang L, Guo D. Secure Communication Based on Reliability-Based Hybrid
       ARQ and LDPC Codes[C]. America: 2020 Prognostics and Health
       Management Conference (PHM-Besançon), 2020: 304-308.

[16] Gunturu A, Agrawal A, Chavva A K R, et al. Machine Learning Based Early Termination for Turbo and LDPC Decoders[C]. America: 2021 IEEE Wireless Communications and Networking Conference, 2021: 1-7.

[17] Bawage S D, Bhavikatti A M. Robust-LDPC codes for Efficient Wireless Communication system: WiMAX Technology[C]. America: 2020 International Conference on Industry 4.0 Technology (I4Tech), 2020: 131-135.

[18] 何其龍. 一種高可靠低複雜度的短碼-Spinal 碼研究[D]. 成都：電子科技大學，2019.

[19] Chen P, Xie Z, Fang Y, et al. Physical-Layer Network Coding: An Efficient Technique for Wireless Communications[J]. IEEE Network, 2020,34(2): 270-276.

[20] Douik A, Sorour S, Al-Naffouri T Y, et al. Instantly Decodable Network Coding: From Centralized to Device-to-Device Communications[J]. IEEE Communications Surveys & Tutorials, 2017,19(2): 1201-1224.

[21] Hausl C, Dupraz P. Joint Network-Channel Coding for the Multiple-Access Relay Channel[C].America: 2006 3rd Annual IEEE Communications Society on Sensor and Ad Hoc Communications and Networks, 2006: 817-822.

[22] Ranasinghe V, Rajatheva N, Latva-aho M. Partially Permuted Multi-Trellis Belief Propagation for Polar Codes[C]. America: ICC 2020 - 2020 IEEE International Conference on Communications,2020:1-6.

[23] 穆天傑，陳曉輝，汪逸雲，等. 基於深度學習的訊號來源通道聯合編碼方法整體說明[J]. 電信科學，2020，36(10):56-66.

[24] Felix A, Cammerer S, Dörner S, et al. OFDM-Autoencoder for End-to-End Learning of Communications Systems[C]. America: 2018 IEEE 19th International Workshop on Signal Processing Advances in Wireless Communications, 2018: 1-5.

[25] Aoudia F A, Hoydis J. End-to-End Learning of Communications Systems Without a Channel Model[C]. America: 2018 52nd Asilomar Conference on Signals, Systems, and Computers, 2018: 298-303.

[26] Ye H, Liang L, Li G Y, et al. Deep Learning-Based End-to-End Wireless Communication Systems With Conditional GANs as Unknown Channels[J]. IEEE Transactions on Wireless Communications, 2020,19(5): 3133-3143.

[27] 王玉環，尹航，楊佔昕. 基於神經網路的通道解碼演算法研究整體說明[J]. 中國傳媒大學學報（自然科學版），2018,25(3):28-33.

[28] 紫光展銳中央研究院. 6G 無界，有 AI [R]. 2020

[29] Basar E. Reconfigurable Intelligent Surface-Based Index Modulation: A New Beyond MIMO Paradigm for 6G [J]. IEEE Transactions on Communications, 2020,68(5): 3187-3196.

[30] Hadani R, Monk A. OTFS: A New Generation of Modulation Addressing the Challenges of 5G[J]. 2018.

[31] Feng X, Wang J, Zhou M , et al. Underwater Acoustic Communications Based on OTFS[C].America: 2020 15th IEEE International Conference on Signal Processing,2020: 439-444.

[32] Sharma A, Jain S, Mitra R, et al. Performance Analysis of OTFS Over Mobile Multipath Channels for Visible Light Communication[C]. America: 2020 IEEE REGION 10 CONFERENCE (TENCON), 2020: 490-495.

[33] 張長青. 針對 6G 的高階 APSK 調製解調技術[C]. TD 產業聯盟、《行動通訊》雜誌社:中國電子科技集團公司第七研究所《行動通訊》雜誌社，2019:8.

[34] Fettweis G, Drpinghaus M, Bender S, et al. Zero Crossing Modulation for Communication with Temporally Oversampled 1-Bit Quantization[C]. America: 2019 53rd Asilomar Conference on Signals, Systems, and Computers, 2019: 207-214.

[35] Landau L T N, Dörpinghau M, de Lamare R C, et al. Achievable Rate With 1-Bit Quantization and Oversampling Using Continuous Phase Modulation-

Based Sequences[J]. IEEE Transactions on Wireless Communications, 2018,17(10): 7080-7095.

[36] 李雙洋，白寶明，馬嘯. 超奈奎斯特傳輸技術：現狀與挑戰[J]. 電子學報，2020，48(1): 189-197.

[37] Abebe A T, Kang C G. FTN-Based MIMO Transmission as a NOMA Scheme for Efficient Coexistence of Broadband and Sporadic Traffics[C]. America: 2018 IEEE 87th Vehicular Technology Conference (VTC Spring), 2018:1-5.

[38] Qiao Y, Zhou J, Guo M , et al. Faster-than-Nyquist Signaling for Optical Communications [C]. Ameri-ca: 2018 23rd Opto-Electronics and Communications Conference, 2018:1-2.

[39] Kang W, Wu Z. Probabilistic Shaping in Faster-Than-Nyquist System[C]. America: 2020 IEEE Wireless Communications and Networking Conference Workshop, 2020: 1-6.

[40] Shao Y, Hong Y, Gao S, et al. Faster-than-Nyquist DFT-S-OFDM over Visible Light Communica-tions[C]. America: 2018 23rd Opto-Electronics and Communications Conference, 2018:1-2.

[41] Li Q, Gao Y, Gong F -K, et al. PAPR Analysis for Faster-Than-Nyquist Signaling in Satellite Communications[C]. America: 2020 International Conference on Wireless Communications and Signal Processing,2020: 708-711.

OAM

隨著行動網際網路、產業網際網路的發展及沉浸式 VR、AR、XR 等應用場景的普及，傳輸業務對資料的延遲、速率等方面的需求也越來越高。儘管 6G 將開發更高的頻段，但在有限的頻寬及萬物互聯的前提下，頻譜資源依然緊張，因此迫切需要能提高頻譜使用率的新型技術。傳統的分時重複使用及空分重複使用等重複使用技術雖然能夠在一定程度上提高頻譜使用率，但分時重複使用的容量上限不足，而空分重複使用則與天線的數量有關，天線數量越多，訊號處理的複雜度越高，並且還要考慮成本問題。

在傳統重複使用技術由於種種限制而無法突破瓶頸時，OAM 技術為高頻譜效率的無線通訊帶來了希望。區別於傳統的平面波束，每一個 OAM 波束都有一個獨特的螺旋相位前端，稱其為不同模態的 OAM 波束。模態一般為整數，不同模態的 OAM 波束相互正交。這種基於 OAM 模態的多工透過傳輸多個同軸資料流程，在 LoS 徑下可以實現多流傳輸，能顯著地提高無線通訊鏈路的系統容量和頻譜效率。

本章將介紹 OAM 的基本概念及在無線通訊中使用 OAM 實現空間多工的原理，回顧 OAM 在無線通訊中的發展並介紹其研究現狀，並簡單介紹了與 OAM 相關的技術，包括 OAM 的產生、接收。此外還介紹 OAM 的無線

通訊鏈路演示實驗和 OAM 通道的傳播效應。最後介紹 OAM 與其他調解技術的結合，展望了 OAM 未來的研究方向。

6.1 OAM 技術的基本原理及發展

6.1.1 OAM 理論基礎

根據經典電動力學理論，電磁輻射除攜帶 LM，還同時攜帶 AM。AM 分為兩部分，描述粒子自旋特性的 SAM 和描述螺旋相位結構的 OAM。不同於電磁波輻射的 LM，AM 具有完全不同的性質，因此利用 AM 的通訊技術與利用 LM 的通訊技術存在明顯區別。

20 世紀初，Poynting 預測了 SAM 的存在，其與粒子的自旋相關，在光通訊中稱為偏振，在無線通訊中稱為極化，包括左旋圓極化和右旋圓極化。目前基於偏振和極化的資訊調解已經在通訊中被廣泛應用。1992 年，Allen 和 Barnett 等人發現在近軸傳播條件下，光束的相位因數具有確定的軌道角動量的特性，這是第一次從理論上證明 OAM 的存在。

OAM 作為電磁波所攜帶的另外一種角動量，巨觀表現為攜帶波前相位因數寫成指數形式（l 表示 OAM 模態，φ 表示方位角）的渦旋波束，即等相位面沿傳播軸方向呈螺旋狀態分佈。OAM 模態表示繞光束閉合環路一周線積分為 2π 整數倍的個數，當模態 l 取不同整數值時，渦旋電磁波或波束是相互正交的，可以透過訊號處理方法將不同模態的 OAM 波束進行分離。渦旋波束理論上可以擁有無窮多種相互正交的本征模態，該特性可以極大地提高通訊系統的頻譜使用率。

考慮一個圓柱座標系 (r,φ,z)，如圖 6.1 所示，r，φ，z 依次表徵徑向距離、方位角和高度。

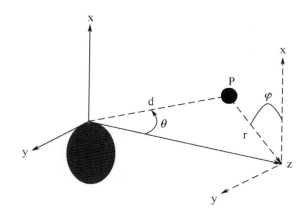

圖 6.1 圓柱座標系 (r, φ, z)

圓柱座標系與直角座標系的換算關係為 $x = r\cos\varphi$ ， $y = r\sin\varphi$ ， $z = z$ ，假設 z 為固定值，那麼電場可以描述為：

$$E_l(\rho, \varphi) = A(r)\exp(\mathrm{j}l\varphi) \tag{6-1}$$

其中， l 為特徵值（OAM 模態）， $A(r)$ 為幅度函數，可以表徵為 l 階第一類貝塞爾函數形式，指數形式為螺旋相位。

攜帶軌道角動量的電磁波有以下基本性質。

（1） $l \neq 0$ 時，電磁波的相位分佈沿著傳播方向呈現螺旋形態，如圖 6.2 所示。不同的 OAM 模式分別對應不同的 l 值， l 的絕對值越大，螺旋相位的旋轉速度越快。

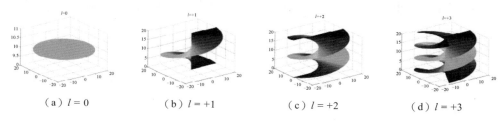

（a） $l = 0$ （b） $l = +1$ （c） $l = +2$ （d） $l = +3$

圖 6.2 不同模態的 OAM 波束的渦旋相位波前

（2）理論上 l 可以取任意離散值，但一般使用整數階的本征模，非整數階 OAM 模態可用傅立葉級數展開為整數階 OAM 模態疊加。

（3）不同本征模數的 OAM 模態正交：

$$\frac{1}{2\pi}\int_0^{2\pi} e^{il_1\varphi} e^{-il_2\varphi}\,\mathrm{d}\varphi = \begin{cases} 1, & l_1 = l_1 \\ 0, & l_1 \neq l_1 \end{cases} \tag{6-2}$$

（4）OAM 波束的主要特點是環狀能量分佈和螺旋相位分佈，如圖 6.3 和圖 6.4 所示渦旋波束中心區域場強為 0，稱為暗區。能量主要集中在以波束傳播軸向為中心的圓環區域上。

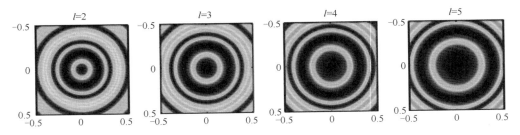

圖 6.3 OAM 波束的能量分佈

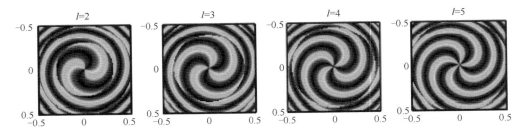

圖 6.4 OAM 波束的相位分佈

（5）隨傳播距離增大，波束逐漸發散，圓環區域半徑擴大，呈現為一個逐漸擴大的中空錐形。OAM 電磁波如圖 6.5 所示。

圖 6.5 OAM 電磁波

（6）OAM 的模態數越大，波束發散角度越大。

6.1.2 OAM 技術在無線通訊中的發展

儘管對電磁波的研究已經有一個多世紀了，但早期的研究都集中在電磁波的線性動量上，對電磁波角動量的研究起步較晚。1912 年，坡印廷就已經預言了電磁波 SAM 的存在，但直到 20 世紀 50 年代才發現並開始研究 SAM，而電磁波 OAM 直到 20 世紀 90 年代才被發現。

1992 年，Allen 第一次提出了 OAM 的概念。他們發現了拉蓋爾高斯光束的相位波前及場強分佈的特性，認為該光束攜帶軌道角動量，並第一次列出了軌道角動量的定義。由於不同模態 OAM 光束之間的良好正交性，該技術得到迅速發展。因為光纖能極佳地反射 OAM 光束，並且光纖的全反射能有效地抑制甚至消除 OAM 波束發散角帶來的發散影響，OAM 率先在光纖通訊中獲得了應用。

與光通訊相比，無線通訊是電磁波在自由空間中的傳播，RF-OAM 波束的發散性給遠場無線傳輸帶來了極大的困難，因此 RF-OAM 研究發展緩慢。近些年隨著一些新型材料技術和新型天線技術的發展，RF-OAM 研究的瓶頸也逐步得到突破。

2010 年，Mohammadi 透過分析理論推導及模擬證明了可以利用標準的圓形天線陣列來產生攜帶 OAM 的波束。相鄰的天線陣子透過饋入具有恒定相位差的訊號，在遠場中就可以觀察到該波束的相位分佈及幅度分佈拉蓋爾高斯光束相似。假設波束軸已知，在遠場採用類似的天線陣列接收整個

環狀波束的能量，利用相位補償便可以解調出不同的模態。並且他們還證明，如果波束軸已知，只需要進行局部測量就可以檢測到波束中的空時碼，這表示接收端不需要設定一個完整的環狀天線陣列，只需接收部分的環狀能量便可以對發射訊號進行解調分離。

2011 年，第一次實現了射頻 OAM 的室外實驗，在同一頻率上傳輸了兩個模態的訊號。訊號採用八木天線在 2.4GHz 的頻點上產生，透過對商用的拋物面天線進行機械改造來產生攜帶 OAM 的渦旋波束，並在距離發射點 442 公尺的地方成功地對兩個模態的訊號進行了接收與解調。這項實驗在威尼斯聖馬可廣場向國際媒體和公民公開展示，是人類第一次透過無線的方式利用渦旋電磁波傳輸訊號。這次實驗也是為了紀念古列爾莫‧馬可尼在 1895 年進行的第一次無線電傳輸實驗。雖然本次實驗成就非凡，但是也有人對 OAM 提出質疑，認為該技術只是 MIMO 的子集，因為該技術無法突破 MIMO 的理論通道容量上界。於是學術界開啟了一場關於 MIMO 與 OAM 關係的辯論，關於 OAM 與 MIMO 的爭議將在後邊的章節介紹。

第一次射頻 OAM 多模傳輸實驗取得成功後，OAM 引起了學者們的注意，他們開始研究基於無線 OAM 的通訊技術。2018 年 12 月，NEC 第一次成功演示了在 80GHz 頻段內，傳輸距離超過 40 公尺的 OAM 模態重複使用實驗（採用 256 QAM 調解、8 個 OAM 模態重複使用）。NTT 在 2018 年和 2019 年成功演示了 OAM 模態的 11 路重複使用技術實驗，在 10 公尺的傳輸距離下達到 100Gbps 的傳輸速率。這些實驗主要針對於點對點的回程應用，因此考慮的都是收發端對準、靜止的場景。

目前主要有兩種方法來利用不同模式 OAM 波束之間的正交性。第一種是 OAM 鍵控，N 個不同的 OAM 模式可以被編碼成代表 $0,1,\cdots,N\text{-}1$ 個不同的資料符號，發射機發送的 OAM 模式序列代表資料資訊。在接收端，可以透過檢測接收到的 OAM 模式來解碼資料。2014 年，B. Allen 等人透過模擬證明 OAM 模式可以用於傳送資料資訊，但該方法對訊號相位估計誤差高度敏感，這些誤差可以透過增加空間或時間樣本的數量，或透過使用通

道編碼來減少；此外，該方法也可以透過增加發射陣列上的元件數量來支持高階調解。

另一種是 OAM 重複使用，將不同模式的 OAM 波束作為不同資料流程的載體。不同模式的 OAM 波束可以透過空間重複使用和解重複使用對每個流的資料進行獨立的調解與解調。理想情況下，傳輸期間可以保持各波束間的正交性，在接收端可以分離和恢復所需的資料通道，這也是目前最為常見的 OAM 傳輸方法，因為 OAM 相比傳統 MIMO 的優勢在於能夠實現 LoS 徑下多流傳輸。然而該方法要求收發端 UCA 陣列嚴格對準，當收發端未對準時，接收訊號會產生模態間干擾，這會導致接收訊號的解調難度增大。

由於 OAM 波束的發散以及波束空心暗區的存在，導致 RF-OAM 在遠場通訊時，接收端接收天線陣列的尺寸會大到難以接受。因此 OAM 不適合遠場傳輸，尤其是在射頻中，因為頻段越低，產生相同模態的發散角會越大。為了減小這種發散角的影響，提出了 PS-OAM，這是一種特殊的電磁波形式，透過水平傳播攜帶二維 OAM 的電磁波來傳輸資訊。與傳統的三維 OAM 波束不同的是，這種二維的 PS-OAM 不會受發散角的影響，更適合於遠場傳播。

此外提出了一種基於 PSOAM-MG 的 MIMO 通訊系統，將 PSOAM-MG 作為一個獨立的發射天線。模擬結果表明，該方案可以提高通道容量，即 PSOAM-MGs 可以提高系統的訊號雜訊比，並且可以降低子通道的空間相關性。在此基礎上還提出了一種部分開縫波導漏波天線，這類天線可以在 60GHz 下產生 l_e=40 的高階 OAM。2021 年，將 OAM-MG 用於 MG-MIMO，該方案在容量或位元錯誤率方面比傳統 MIMO 有更好的性能。這種方法將為下一代通訊和雷達系統帶來新的應用。

各個企業和標準化組織發佈的白皮書中都將 OAM 作為 6G 的潛在關鍵技術之一。人們一致認為 LoS 徑下的 OAM 重複使用對頻譜使用率的提升將是革命性的。然而，目前主流的 OAM 通訊系統都是基於 UCA 的 OAM 通

訊系統，OAM 波束的發散性導致其在遠場傳輸過程中依然面臨巨大的挑戰。此外，多模態重複使用時，收發端非共軸引起的模態間干擾也是亟待解決的問題。可以説 OAM 雖然在提升通訊系統頻譜使用率方面有巨大的潛力，但是其實際應用面臨的挑戰也是巨大的，無線 OAM 在應用的道路上任重而道遠。

6.2 OAM 波束的產生

從 OAM 被發現起，如何更進一步地產生 OAM 波束是實際應用中存在的重要問題。由於 OAM 在光通訊中被率先研究，OAM 光束的產生方法與技術已經相對成熟。對於射頻 OAM，目前主要都是採用一些特殊天線或天線陣列來產生或合成的。透過電磁波的空間向量疊加，使得波束呈現螺旋相位和環狀強度分佈的特徵，這正是 OAM 波束的特性。

6.2.1 正常 OAM 產生方法

目前產生射頻 OAM 波束的主要方法有以下幾種，見表 6.1。

表 6.1 不同 OAM 產生方式的原理、優缺點及應用領域

類型	原理	優點	缺點	應用場景
螺旋相位板（SPP）	利用平面波經過厚度變化或介電常數變化的圓形媒體板引起相位延遲，包括 2 種方案，即厚度螺旋增加的媒體板和多孔型相位板，實際中也採用多階梯相位板近似	原理簡單，成本低	用於高頻到光波波段，只能產生單一模數 OAM 波，模數較高時軸心部分加工難度大，波束發散角度大，透射損耗大，重複使用技術方案複雜	光通訊、無線通訊
波導諧振天線	方案較多，如行波諧振天線、媒體諧振天線等	小尺寸，易整合	傳輸距離較近，離實用尚有差距	無線通訊

類型	原理	優點	缺點	應用場景
階梯反射法	各個階梯之間有相位步階,當波束入射時,由於這種特殊的階梯狀結構導致反射波不再是平面,成為波前扭曲的渦旋電磁波	結構簡單	只能產生單一模數 OAM 波,不易小型化	
旋轉拋物面天線	將拋物面反射器改造為具有螺旋抬升的結構	保留了拋物面天線的優點,不需要相位控制,波束方向性強	只能產生單一模數的 OAM 波,體積大	無線通訊
陣列天線	利用等距圓陣,相鄰陣元採用等幅、相位差為 $2\pi l/N$ 的激勵饋電	理論成熟,可產生多個模數的 OAM 波	饋電結構複雜,高階模數 OAM 需要大量天線單元,波束發散角度大,陣元相位誤差易導致波前抖動和主瓣寬度增大	無線通訊
反射/透射陣列	利用饋源向週期性單元組成的反射/透射面照射,形成 OAM 波	無複雜的饋電網路	反射/透射面上單元設計複雜	無線通訊

6.2.2 超表面技術

超表面可使用更便捷的方法生成 OAM。超表面由具有不同幾何形狀和方向的次波長反射單元組成,透過反射單元上的突變相移局部改變波的性質。透過改變超表面的幾何形狀或反射係數,反射單元可以覆蓋整個 2π 相移範圍,從而可以實現任意波束形成。利用印刷電路板蝕刻製程可以方便地製作出超表面,且不需要複雜的外部饋電網路,具有品質小、外形低、製造成本低等優點。用超表面生成 OAM 一般有兩種方案。

第一種方案基於超表面上反射單元的突變相移生成寫成指數形式，從而產生不同的 OAM 模式。反射超表面如圖 6.6 所示。然而，傳統超表面單元上的相位和振幅分佈通常是固定的，這表示一旦超表面製作完成，只能產生一種特定的 OAM 波束，這嚴重限制了現實無線通訊中 OAM 的產生。最近，可程式化超表面被提出來用以克服這一困難。研究者提出了一種基於 1bit 可程式化超表面的可重構 OAM 發生器。然而，由於採用了非常低的相位量化，這種方法的主瓣損耗（2dB）不能被忽略。還開發了一種價格低廉的 2bit 可程式化編碼超表面，工作頻率在 3.2 GHz 左右，用一種可重新程式設計的方式產生高階 OAM 波束，基於所設計的超表面，可以產生拓撲電荷為 $l = \pm1, \pm2, \pm3, \pm4, \pm5, \pm6$ 的 OAM 電磁波束。2021 年，Li 等人設計了一種反射超表面，可在 Sub-6GHz 頻率產生具有不同拓撲電荷的 OAM 渦旋波束。在圓偏振光的照射下，超表面在 0.3THz 到 0.45THz 的寬 Sub-6GHz 波段產生了拓撲電荷為 $l=+/-1$ 和 $l=+/-2$ 的 OAM 渦旋波束，且 OAM 光束在 0.4THz 時具有大於 90% 的高模純度。

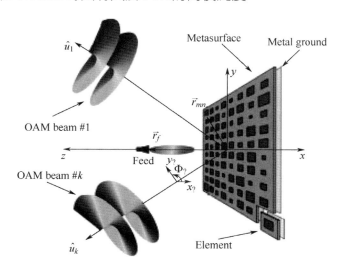

圖 6.6 反射超表面

第二種方案是基於 SAM 的耦合特性，透過超表面將 SAM 轉化為具有不同模態的 OAM。這一過程發生在非均勻和各向異性媒體中，實現了 q 板的

特性。根據動量守恆定律，可以將 SAM 轉為 OAM，如圖 6.7 所示。這種效應要求在兩個正交線性極化和入射圓極化波之間存在 π 的延遲。能夠轉換 SAM 和 OAM 的超表面被稱為幾何相位超表面，產生 OAM 的手性取決於入射的 SAM。2014 年，Ebrahim Karimi 等提出並證明了等離子體超表面在可見區域可以實現自旋—軌道耦合。2016 年，Chen 等人提出了複合完美電導體—完美磁導體超表面，將微波波段具有零模態 OAM 的 LCP 或 RCP 平面波轉化為具有期望 OAM 的 RCP（LCP）螺旋電磁波，轉換效率可接近 100%；隨後，他們又提出了準連續超表面和超薄互補超表面，為高品質、高傳輸效率的 OAM 生成方法提供了極大的便利。2018 年，Guan 等人將共用孔徑的概念引入到超表面中，用於產生具有不同模式的 OAM 渦旋光束。與傳統的共用口徑方案相比，這種極化控制的共用口徑超表面實現了更高的孔徑效率。此外，超表面還用於 OAM 檢測，該發現吸引了越來越多的研究人員的關注。

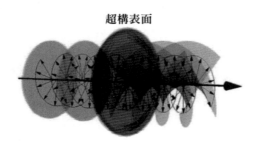

超構表面

圖 6.7 左旋極化的平面波轉化成右旋極化的渦旋波

6.2.3 其他生成方法

除上述方法，近年來由於一些新型材料和新型天線技術的出現，又產生了一些新的 OAM 生成方法。

根據空間變換的概念，提出了一種全媒體微波器件，該器件能夠產生反射狀態下模態為+1 的 OAM 電磁波。重要的是，由於採用了非共振超材料結構，該裝置具有相當寬的工作頻寬。也可以利用特徵模理論分析貼片天線

的電流波模式，並利用環狀貼片天線成功產生三模態 OAM 波束。有研究者提出了一種帶有小型 PAA 饋源的 TAA，以產生攜帶 OAM 的無線電波束，這種天線結合了 PAA 和透鏡天線的優點，正成為高增益陣列天線的有力競爭者。最近，設計出了一種水天線，用於在頻頻內產生模態可調諧的 OAM 波，利用水面作為覆蓋層減小了 OAM 波的發散，為基於 OAM 的遠場通訊應用提供了一種可行的途徑。

OAM 生成也可以與 3D 列印技術相結合。有人使用 3D 列印微尺度螺旋相位板來產生 OAM 光束，同時，他們提出了一種新的 OAM 模式可重構 DDL 天線，工作頻率為 300Ghz。DDL 是一種極具吸引力的天線結構，與 SPP 相比，饋電網路更簡單、形狀更小、媒體損耗更低。由於 DDL 與 3D 列印技術的相容性，可以實現快速成型，並且可以降低成本。

2021 年，Huang 等人提出了一種低剖面模式可重構軌道角動量圓極化陣列天線。每個元素都是一個由 4×4 正方形面片組成的次表面子陣列，所研製的陣列天線具有 PIN 二極體數最少、增益高、體積小、發散角最小、寬頻帶 CP、低交換極化、製造成本低等優點。2021 年，Yang 等人提出了一種用於寬頻軌道角動量通訊的 CLCDAA，產生的 OAM 波束可以覆蓋 2.08 ～3.95GHz 的寬頻帶（62.02%）。該天線陣結構緊湊、設計過程簡單、性能穩定，在無線通訊應用中具有重要意義。Lei 等人提出了一種用於產生 OAM 的圓天線陣，且該天線陣列具有濾波特性。該濾波陣列能產生純度 89%以上的渦流，不僅可以提高通道容量，而且有助避免頻率異常干擾，在無線通訊中具有很大的潛力。

此外，為了對反射陣列的產生和聚焦問題進行深入研究，2021 年，Li 等人設計、製作了一種新型的極化反射陣列，並透過實驗證明了在微波頻率範圍內，該陣列可靈活的產生並聚焦任意模態的 OAM 波束。他們提出了一種多功能的分析理論，對反射陣列的補償相位進行了理論研究，並製作了兩個微波反射陣列原型，在 12GHz 下進行了實驗驗證。其中，兩個陣列一個用於產生 OAM，一個用於聚焦 OAM 載束。與傳統的反射陣列相比，聚

焦 OAM 渦旋波的反射陣列可以顯著減小光束直徑，從而進一步提高 OAM 波束的傳輸效率。該設計方法和反射陣列可以促進新的有效方法的發展，透過產生和聚焦 OAM 渦波，從而應用於微波無線通訊。

6.3 OAM 的接收

OAM 的接收方法主要包括單點接收、全空域共軸接收和部分接收三種。

6.3.1 單點接收法

單點接收又稱為遠場單點近似法，透過檢測電場和磁場在三個座標軸的幅度分量來完成 OAM 模態的檢測，如圖 6.8 所示。舉例來説，在 OAM 電磁波波束上一點接收其電場的 x 分量和磁場的 y 分量（z 為傳播軸方向）即可完成 OAM 模態的檢測。但是，該方法為遠場近似的結果，只有當 OAM 電磁波波束的發散角很小，並且接收點的極化方向與 OAM 波的極化方向完全一致時，才能取得很好的近似效果。此外，由於單點接收法接收的是磁場強度和電場強度的幅度，其檢測性能受雜訊影響很大。該方案只能檢測單模態，對於多模態重複使用的情況，該方案無法檢測。

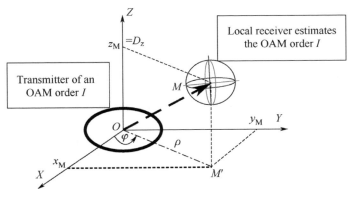

圖 6.8 單點接收法

6.3.2 全空域共軸接收法

接收端採用與發射端 OAM 模態相反的接收天線從空間接收整個環狀波束能量，經過相位補償後，發射的渦旋電磁波變為正常平面電磁波。由於 OAM 波束接收陣列半徑隨模態數的變大而正比例增大，透過空分方式即可分離出相位補償後的正常電磁波。這種全空域接收方法是從光學 OAM 借鏡而來。然而，由於 OAM 波束發散，所需的接收天線尺寸隨著傳輸距離的增加而線性增大，該接收方法難以在遠場通訊中實現。因此，全空域的接收方法只適用於點對點短距離接收。

2014 年，有研究者全空域接收方法在 2.5m 距離處重複使用傳輸了八路 28GHz 頻點訊號（4 種 OAM 模式且每種模式 2 種極化），傳輸速率達到 32Gbps，頻譜效率達到 16bps/Hz。2016 年，Rossella G.等人基於環狀天線陣，採用全空域取樣的接收方式在 400m 距離下傳輸了兩路 VHF 波段的視訊訊號。

6.3.3 部分接收法

由於 OAM 電磁波的相位在環狀波束上呈線性分佈，環狀波束上的任意兩點間存在相位差，且不同 OAM 模態的電磁波產生的相位差不同。當天線間距固定時，天線陣子間的相位差與 OAM 模態呈正比。因此，可以在部分環狀波束上均勻佈置一個弧形天線陣列來接收訊號，透過對接收訊號做傅立葉變換即可完成不同相位差的檢測，進而完成不同 OAM 模態的檢測和分離。然而，由於這種接收方法是對部分環狀波束進行取樣，其可以檢測和分離的 OAM 模態數量受接收天線個數及天線陣所形成的弧段尺寸的限制，且檢測相同 OAM 模態所需的天線陣弧段尺寸隨傳輸距離而線性增大。值得注意的是，部分接收法的簡化情況是相位梯度法。在相位梯度法中，接收端在垂直於傳播軸的環狀波束上放置兩個天線，透過天線間相位差來檢測和區分電磁波的不同 OAM 模態。

6.3.4 其他接收方法

2017 年，有研究者提出了一種基於數位旋轉虛擬天線的 OAM 模式檢測方法，即透過測量對應的旋轉多普勒頻移來辨識不同的 OAM 模式。2019年，有研究者提出了一種有效測量遠距離傳輸的軌道角動量特性的新方法。透過旋轉 OAM 波天線並固定平面波天線作為參考，可以測量 OAM 波前的相位和幅度特性。他們也進行了實驗，來驗證遠距離傳輸的 OAM 相位特性，實驗結果表明，OAM 的渦旋相位特性在遠距離傳輸後保持良好。這為在現實環境中利用 OAM 性能提供更多的選擇和可能性，尤其是在遠距離傳輸方面。

隨著近幾年人工智慧與機器學習的興起，AI 技術也應用到了 OAM 波束的檢測與辨識中。2017 年，有研究者提出了一種深度神經網路方法，該方法可以同時辨識 110 種 OAM 模式，分類錯誤率小於 30%。同時還使用 CNN 區分了 32 種 OAM 模式，在高湍流水準下，準確率超過 99%。然而，這些解決方案的性能會因為大量的 OAM 模式和高湍流顯著降低。2020 年，S. Rostami 等人提出了一種新的方法，結合持久同源性和 CNN 的有效機器學習工具來解碼 OAM 模式。模擬結果表明，在強大氣湍流和大量 OAM 模式下，該方法的分類精度比 CNN 提高了 10%。

如何有效檢測 OAM 波束一直以來都是研究學者最關注的問題之一，研究性能更好的檢測演算法需要注意兩個方面：一方面，需要檢測演算法功率上損失最小；另一方面，不能破壞正交性，除此之外還需要考慮實際的天線尺寸與間距。

6.4 基於 UCA 的 OAM 通訊系統

6.4.1 模型簡介

對 OAM 系統的通道進行建模和特徵分析。首先列出了基於 UCA 發送、接收的 OAM 系統傳輸模型,該模型列出了單 OAM 模式到任意位置接收天線的通道回應的近似運算式。基於對該通道矩陣的數學形式進行分析,發現了接收天線與發送 OAM 模態 l 之間的通道回應幅度值的特徵都符合階數為 l 的第一類貝塞爾函數的形式,引數取決於收發距離、收發 UCA 半徑及頻率。

首先考慮基於 UCA 的單 OAM 訊號—單接收節點的傳輸情況,定義傳輸模型如圖 6.9 所示。

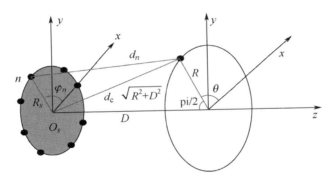

圖 6.9 基於 UCA 的單 OAM 訊號—單接收節點傳輸系統模型

表 6.2 列出了與基於 UCA 的 OAM 傳輸系統模型相關的一些參數,以及這些參數的定義和描述。在後面的分析中,這些參數都被多次使用。

表 6.2 基於 UCA 的 OAM 傳輸參數描述

	parameter	Description
1	O_s	the center of Tx UCA
2	R_s	the radius of Tx UCA
3	d_c	distance from receive point to Tx UCA center

	parameter	Description
4	R	distance from receive point to beam axis
5	D	the projection distance on beam axis of d_c
6	l	OAM mode index
7	d	distance between the transmit antenna and receive antenna
8	α	attenuation and phase rotation, for large value of d, it can be seen as a constant
9	λ	the wavelength of carrier
10	N	the number of transmit antennas at the Tx UCA
11	n	the index of transmit antenna at the Tx UCA
12	k_0	$2\pi/\lambda$

6.4.2 通道模型

可以看出，圖 6.9 所示是一個 MISO 模型。假設接收訊號為 y，發送訊號為 s，W 為發送端預編碼，則無雜訊情況下的接收訊號可以表示為：

$$y = HWs \qquad (6\text{-}3)$$

如果考慮 LoS 環境，收發天線之間的通道回應為

$$h(d) = \alpha \frac{\lambda}{4\pi d} e^{-jk_0 d} \qquad (6\text{-}4)$$

因此通道矩陣 H 可以表徵為：

$$H = \alpha \frac{\lambda}{4\pi} \left[\frac{e^{-jk_0 d_1}}{d_1} \ \frac{e^{-jk_0 d_2}}{d_2} \cdots \frac{e^{-jk_0 d_N}}{d_N} \right] \qquad (6\text{-}5)$$

其中，$k_0 = 2\pi/\lambda$，λ 為波長，d_1，d_2，d_3，$\cdots$，d_n 分別表示接收天線與第 N 根發送天線的空間距離。α 為一個負數，用於表徵實際通道中由各種原因引起的衰減和相位變化，如收發天線的增益及相位影響。本節考慮單一

OAM 模態發送，模態值為 l。由 OAM 模態與 MIMO 預編碼的關係可知，與 OAM 模式 l 傳輸方式等值的 MIMO 傳輸方式使用的預編碼 W_l 描述為：

$$W_l = \frac{1}{\sqrt{N}}\left[1, e^{jl(2\pi/N)\times 1}, \ldots, e^{jl(2\pi/N)\times(N-1)}\right]^{\mathrm{T}} \qquad （6-6）$$

對於該預編碼向量 W_l，每個天線上採用的預編碼權值為相位 $e^{j\Phi_n}$，其中 $e^{j\Phi_n} = e^{jl\varphi_n}$，$\varphi_n$ 描述了第 n 根發送天線在 UCA 上的位置，由於 UCA 上的天線是在圓上均勻分佈，所以存在

$$\varphi_n = \frac{2\pi n}{N} \qquad （6-7）$$

根據式（6-7）可知，當發送訊號 s 為一個純量時，OAM 模式 l 在接收天線上對應的接收訊號 y_l 可以表徵為式（6-8），其中各部分的含義在表 6.2 中列出了對應的註釋。

$$y_l = \sum_{n=0}^{N-1} \underbrace{\frac{1}{\sqrt{N}}}_{\text{power}} \times \underbrace{\frac{\alpha\lambda e^{-jk_0 d_n}}{4\pi d_n}}_{\text{channel response, } n^{\text{th}} tx - rx} \times \underbrace{e^{j\frac{2\pi nl}{N}}}_{\text{precoder of mode } l,\, n^{\text{th}} tx} \times S$$

$$= \frac{\alpha\lambda}{4\pi\sqrt{N}} \sum_{n=1}^{N} \frac{e^{-jk_0 d_n}}{d_n} \times e^{-j\varphi_n l} \times S \qquad （6-8）$$

為了得到 y_l，首先要做的是獲取 d_n（接收天線 m 到發送天線 n 之間的距離）的運算式。由圖 6.10 可知，n、m'、m 三點組成了直角三角形，根據餘弦定理及畢氏定理，可以得到 d_n 的運算式為：

$$d_n = \sqrt{R_s^2 + R^2 - 2R_s R\cos\varphi_n + D^2} \qquad （6-9）$$

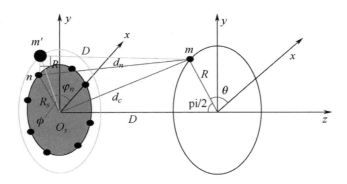

圖 6.10 基於 UCA 的 OAM 傳輸系統模型分析

6.4.3 通訊系統性能分析

OAM 技術已經被認為是可以提高通訊系統容量與頻譜使用率的一種潛在技術。根據上述 OAM 通訊系統的通道模型，本節推導模態重複使用時的系統容量，觀察發散角與 OAM 模態、傳輸距離、中心載頻等參數的關係，並分析這些參數對最佳接收半徑的影響。

已知窄頻通道傳輸函數是 H，則接收訊號可以表示為：

$$Y = H_{\mathrm{OAM}}X + N \tag{6-10}$$

其中，X 表示發射訊號，N 表示高斯白色雜訊。

為了推導基於 OAM 的無線通訊系統的容量，首先採用 OAM 通道矩陣的奇異值分解。

$$H_{\mathrm{OAM}} = U\,\varSigma\,V \tag{6-11}$$

其中，U，V 分別表示通道矩陣的左右奇異矩陣，$\varSigma$ 表示通道矩陣的奇異值矩陣，λ 表示奇異值矩陣中對角線上的元素。根據香農資訊理論，基於 OAM 的無線通訊最大通道容量可以表示為：

$$C = \sum_{i=1}^{k} B\log_2(1+\mathrm{SNR}_i) \tag{6-12}$$

其中，k 表示通道矩陣 $\boldsymbol{H}$ 的秩，SNR_i 表示第 i 個模態通路的訊號雜訊比。

根據上述模型，考慮傳輸距離與最佳接收半徑之間的關係，模擬結果如圖 6.11 所示，從圖中可以看到，隨著傳輸距離的增加，波束越來越發散，接收半徑也越來越大。當傳輸距離達到 1 000 公尺時，最佳接收半徑已經達到 10 公尺，這是實際中不能容忍的尺寸。因此解決 OAM 波束發散的問題成為當前的研究熱點，是 OAM 實際應用道路上的一大挑戰。

此外，當傳輸距離確定時，最佳接收半徑隨著模態值的增大而增大。換句話說，不同模態的 OAM 波束的最佳接收位置不同。這也往往導致了在接收端需要設定多個接收 UCA 來接收重複使用的多個模態。然而這大大提高了成本，並且不能極佳地克服 OAM 的模態間串擾。有學者提出最佳化收發端天線的拓撲來使不同模態的 OAM 波束以相同的發散角發射，這為解決該問題提供了一個解決想法。

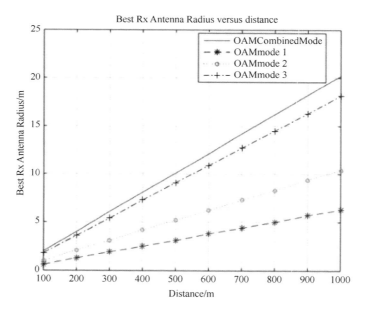

圖 6.11 傳輸距離與最佳接收半徑之間的關係

雖然 OAM 應用的頻段基本是毫米波甚至 Sub-6GHz 波段，但波束的發散性仍然使遠場傳輸時，接收天線陣列的尺寸太大。透過研究發現，當增大發射天線半徑時，接收天線的尺寸呈收斂趨勢。如圖 6.12 所示，當發射 UCA 半徑達到 2 公尺後，接收 UCA 的半徑已經收斂到 5 公尺以下；當發射 UCA 半徑足夠大時，接收 UCA 的最佳半徑將逐漸接近一個穩定值。因此，提高發射 UCA 的半徑可以匯聚光學調幅波束。因此，對於 LoS，可以透過設計合理的收發 UCA 陣列半徑來達到收發端匹配，使收發端陣列尺寸都在系統可以接受的範圍內。

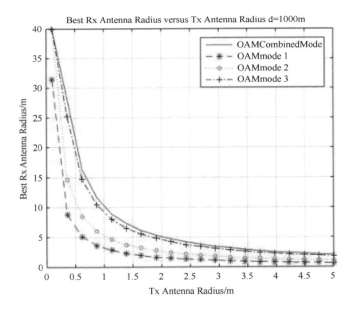

圖 6.12 發射天線半徑與最佳接收半徑之間的關係

圖 6.13 描述了在不同的 OAM 模態數和不同的天線陣列設定下，接收 UCA 的最佳半徑和載體頻率之間的關係。可以看出，較高的載體頻率導致較小的最佳接收半徑，增載入波頻率可以匯聚 OAM 波束，因此 OAM 比較適合高頻段訊號傳輸，頻率越高，波束越匯聚。然而由於不同頻率對應的最佳接收半徑不同，OAM 在寬頻通訊時會面臨單 UCA 接收陣列不匹配的情況。當前對 OAM 的研究多是基於窄頻傳輸，寬頻通訊時 OAM 遇到

的問題也成為當下的研究熱點之一。

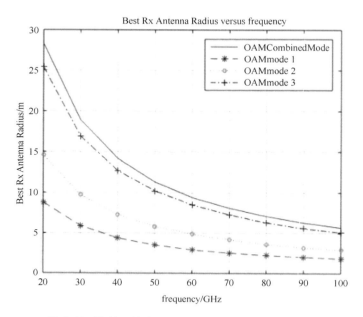

圖 6.13 發射天線半徑與最佳接收半徑之間的關係

6.4.4 非理想條件分析

目前業內的大部分研究和實驗都是在理想（如收發端共軸、收發端靜止、LoS 無反射等）條件下進行的。但這些理想假設會大大限制 OAM 技術在行動通訊中的應用。另外，實際天線部署空間是有限的，需要在受約束的條件下獲得更好的 OAM 傳輸性能。

無線通訊中有多種方式來形成和接收各種模態的渦旋電磁波。但是，對於不同的形成方法與接收方法，其對應的實現複雜度、成本、天線部署需求都不一樣，而且其性能也存在差異。基於 OAM 的無線傳輸容量對傳輸參數的變化是非常敏感的。這些傳輸參數具體包括發送天線拓撲形狀、發送天線的間距、收發距離、通訊頻率、接收天線拓撲形狀、接收天線的間距及接收天線的位置等。

（1）天線拓撲與設定帶來的性能影響：無線通訊的場景繁多，不同場景對收發天線拓撲、發送和接收天線的間距、通訊頻率、收發距離的選擇有不同的要求。而這些參數的改變對 OAM 無線傳輸系統的性能會造成比較劇烈的影響，在系統設計時，需要進行參數的最佳化。

（2）終端移動與旋轉帶來的性能影響：無線通訊的場景都需要考慮一定的行動性。這種行動性給 OAM 重複使用技術帶來了更高的要求，需要更準確的 CSI 回饋技術，以及更即時、更智慧的發送端前置處理和接收演算法。與之類似的，手持終端可能會發生旋轉，導致天線位置發生改變，這實際上也是終端移動的另外一種形式。

（3）收發端非共軸帶來的性能影響：已有研究表明，OAM 在共軸條件下傳輸時，各模態間有良好的正交性。但是在實際情況下，共軸條件是比較難達到的，並且在行動通訊中，典型的場景也不是一對一的鏈路傳輸，而是一個網路節點對多個終端服務的，這樣很難使所有的終端傳輸都滿足共軸條件，因此會破壞 OAM 模態間的固有正交性，產生模態間干擾，需要新的解決方案。

（4）NLoS 反射傳輸帶來的性能影響：無線通訊中不可能所有的情況都是 LoS 的傳播，NLoS 下的通訊也佔了較大的比例。NLoS 的反射問題是影響各模態正交性的重要因素。反射會造成 OAM 模態的偏轉變化，影響傳輸能力，使原有的一些基本假設被破壞。所以反射場景需要新的方案和演算法。

針對上述非理想的情況，很多研究者也在研究對應的解決方案，希望透過波束控制、通道估計與回饋、發端前置處理等方法來補償性能損失。

1. 陣列狀態估計

考慮收發端天線陣列發生偏轉時，任何一端對通道的狀態資訊都是未知的，一般透過獲取 CSI 資訊來估計陣列的偏轉狀態。透過振幅調解譜分析，得到平均振幅調解值分佈和振幅調解模式方差分佈。研究發現，當發

生錯位時，平均值分佈和方差分佈表現不同，即平均值分佈的極值點隨傾斜而移動，而方差分佈的極值點不隨傾斜而移動，該分佈特徵可用於定位傾斜奇點和原始樞軸點。借助提取分佈特徵的影像處理演算法，可以進行錯位測量。與以往的射頻—渦流調解域回饋方案相比，以非迭代方式實現了失調射頻—渦流光束的測量和接收，效率更高，耗時更少。此外還進行了概念驗證實驗，測量了 20GB 赫下傾斜 10° 的射頻—調幅波束的失準資訊，誤差僅為 0.39°。

2. 波束控制實現相位補償

基於 UCA 的 OAM 通訊系統要求收發端天線陣列必須完美對準，這在實際中很難做到。大部分的情況下將未對準分為兩種狀態，即共軸非平行和非共軸。任意一種未對準情況都可以分解成這兩種狀態的疊加。透過發射端波束控制、接收端波束控制或收發端同時波束控制，可以使未對準模型變成等效對準模型，從而解決未對準帶來的性能下降問題。

考慮到 OAM 是傳統 MIMO 技術的子集，有研究者提出一種波束控制的方法來使收發端未對準的天線陣列達到等效對準狀態。每個天線單元攜帶一個模擬移相器，使不同的天線單元攜帶不同的相位因數，來補償由收發端 UCA 偏角引起的相位變化，從而使合成的波束具有方向性。

6.5 基於 OAM 的多模傳輸與多徑傳輸

6.5.1 多模態 OAM 重複使用

傳統的空間重複使用是用多個空間分離的接收器接收每個資料。基於多輸入多輸出的訊號處理對於降低通道間串擾非常重要。然而，隨著天線元件數量的增加，基於多輸入多輸出的訊號處理使傳統的空間重複使用系統變得更加繁重，尤其是在 Gbps 這種高資料速率下。而對於 OAM 重複使用系

統，高階 OAM 模式的檢測給接收機帶來了挑戰，因為高階 OAM 波束有較大的發散角，隨著距離的增加，接收機也需要更大的接收尺寸。同時每種類型的重複使用技術可實現的資料通道數量是有限的，並且使用任何一種方法來實現更多數量的通道相比較較困難。如果將兩種重複使用技術相結合，二者可能會相互補充並提高系統性能。如果傳統空間重複使用系統中的每個天線孔徑可以發射多個獨立的攜帶資訊的 OAM 波束，則容納的通道總數可以進一步增加，從而增加系統傳輸容量。此外，系統的複雜性可以透過利用正交調幅波束的正交性來降低。

使用 OAM 多工與傳統 MIMO 重複使用相結合的 16 Gbps 的毫米波通訊鏈路已經得到證明。實驗建立了一個具有 2×2 天線孔徑結構的空間多工系統，每個發射機孔徑包含多工的 OAM 波束，其中，$l=\pm 1$ 和 $l=\pm 3$ 四個 OAM 通道中的每個通道都以 28 GHz 的載體頻率承載 1G baud 16-QAM 訊號，從而實現 16 Gbps 的容量。在傳播距離超過 1.8 m 以後，來自一個發射器孔徑的 OAM 波束在空間上與來自接收器孔徑平面中的其他孔徑的 OAM 波束重疊，導致非同軸 OAM 通道之間的串擾，使用 4×4 MIMO 出訊號處理減輕了通道干擾。實驗表明，OAM 重複使用和傳統的空間重複使用與多輸入多輸出處理相結合，可以相互相容和補充，從而具備提高系統性能的潛力。

6.5.2 OAM 通道的多徑效應

在實際的無線通訊環境中，存在許多 NLoS 徑的場景，已經有研究人員探索了稀疏多徑環境中的無線通訊，其中包括一條 LoS 路徑和少量的 NLoS 路徑。在這樣的環境中，基於多輸入多輸出的通道容量仍然受秩不足的約束。因此，選擇更優的通訊系統來實現稀疏多徑環境下的高容量傳輸是一個有待解決的問題。OAM 是一種可以在稀疏多徑環境下實現高容量的技術，然而，現有的研究主要集中在無線通訊 LoS 徑中，需要建立和分析多徑環境下基於 OAM 的無線通訊模型。

多徑效應可能會對 OAM 重複使用系統產生重大影響。舉例來說，通道內和通道間的串擾，即反射能量不僅可以耦合到具有相同 OAM 值的同一資料通道中（如傳統的單波束鏈路），還可以耦合到具有不同 OAM 值的另一個資料通道中。此外，對特定 OAM 光束的檢測，需要用空間濾波器來濾除其他光束的能量，這可能會降低從反射光束接收的功率。圖 6.14 顯示了由平行於鏈路的反射器的鏡面反射引起的 OAM 光束的多徑效應。將一個反射器放置在距離波束中心 h 的地方，假設反射器具有 100%反射率，則可將反射波束視為來自成像天線 Tx ˊ 和成像 SPP 的模態數為-ℓ 的 OAM 波束。OAM 光束的正交性取決於螺旋波前，反射導致 OAM 光束波前相位扭曲，引起通道內和通道間串擾。

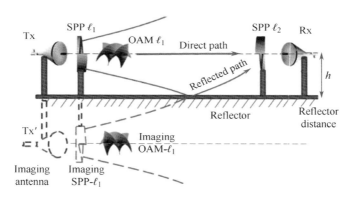

圖 6.14　OAM 光束的多徑模型

6.6 OAM 技術與其他技術的結合

6.6.1 OAM 與 MIMO 結合

1. OAM 與 MIMO 關係

基於 OAM 的無線通訊技術的發展遇到了很大的爭議，主要集中在兩個問題上：一是 OAM 是否提供了一個新的維度？另一個是 OAM 和 MIMO 之

間的關係是什麼？這在研究者中引起了很多討論。2011 年，Tamburini F
等人完成了基於相同頻率的 OAM 無線通訊的室外實驗，他們認為，新的
無線電技術允許在同一頻率上無限使用無線通道，這是一種新的自由度。
這在當時引起了極大的轟動和爭議。Michele Tamagnone 等人立即回應說
OAM 不是一個新的維度，而是 MIMO 的一種特殊實現。他們指出，OAM
技術允許在視線條件下對兩個訊號進行解碼，因為接收天線之間的間隔很
大，使得發射天線位於接收「陣列」的近場菲涅耳區域。這種接收天線之
間的大間距也嚴重限制了該技術的實際應用。由此展開了一場關於 OAM
技術與 MIMO 技術的討論。Tamburini F 和 Michele Tamagnone 分別在
New Journal of Physics 上發表文章，評論並回答對方的意見。Tamburini F
強調電磁角動量（維數×品質×速度的偽向量）是電磁場中攜帶的一種獨
特的基本物理觀測資料，MIMO 技術是一種基於線性動量（品質×速度的
普通向量）的多通訊埠工程技術。結果表明，OAM 無線電獨立於 MIMO
無線電。他們還從理論上解釋了 OAM 技術和 MIMO 技術在每個光子攜帶
的最大資訊量上的差異。然而，任何在發射端和接收端有多個天線的系統
都可以被視為 MIMO，並用通道矩陣 $\boldsymbol{H}$ 來描述。在廣義 MIMO 的定義
下，OAM 技術只是其中一種特殊的實現方式。

對於 OAM 是否提供了一個新的自由度這一問題，認為 OAM 可以分為兩
大類，一類被稱 q-OAM，另一類稱為 s-OAM，由於天線技術的限制，目
前無線通訊中討論的 OAM 大數屬於 s-OAM，其是由空間中多個不同相位
的電磁波合成的空間渦旋波束。雖然一組電磁波能夠合成的渦旋狀態有多
種，且能對應不同的 OAM 模態，但從單一電磁波表現出來的量子特性來
看，每個電磁波繞軸旋轉都是同一種量子自旋狀態。由於其需要依靠多個
電磁單元輻射出的電磁波來合成渦旋波束，可以把它了解為一種波束形
成。從量子學的角度看，當 q-OAM 電磁波發送時，無須饋電相位差就已
經具備了不同模態的軌道角動量。並且 q-OAM 對應不同模態的波的微觀
粒子擁有不同的繞軸旋轉狀態。對於 q-OAM 在通訊方面的應用研究進展
相對較少，主要因為要發送和分離出具有不同量子自旋狀態的電磁波非常

困難。q-OAM 主要是物理學家們在進行一些理論研究，短時間內不具備工程應用的可能性，因此本書暫不討論 q-OAM。

MIMO 理論上是一種處理方向/空間和波數的通用技術，沒有規定訊號形式和天線使用方式，也沒有指出如何根據通道特徵進行空間取樣。因此 OAM 是屬於 MIMO 的一種應用形式，因為其使用的也是傳統意義上的空間資源。但由於目前的空間取樣採用幾何波束形式，只能高效率地讓訊號在空間方向上區分，不能高效率地讓訊號在波數上區分，因此其具有一個非常好的特徵：不再需要利用大量的不相關路徑來進行空間重複使用，即使是在 LoS 環境中，該技術也能夠透過大量的 OAM 模態來分別承載多路數據，實現 LoS 下的高自由度的空間重複使用傳輸並且接收檢測的複雜度變低。

在接收天線尺寸受限的前提下，OAM 不會超過同等天線徑格的 MIMO 的容量極限，也不會提高指定通道的最大自由度，即 MIMO 和 OAM 具有相同的理論性能上界，並且基於 OAM 的無線通訊也不會增加通訊鏈路中的通道容量。這一結論與 Ove-Edfors 等人的結論一致。他們提出在不同 OAM 模式子通道上的通訊是 MIMO 解決方案的子集。在 2015 年，Tamburini F 等人對基於 OAM 的通訊系統和 MIMO 系統做了比較，達成了共識：OAM 與 MIMO 技術的本質區別在於訊號處理複雜度的問題。這裡的 OAM 實際上指的是這裡定義的 s-OAM。自此，OAM 與 MIMO 的關係基本上已經有了確定的答案，那就是 OAM 是 MIMO 的一種特殊實現形式。

然而，最新的研究表明存在一種特殊的情況，即基於 UCA 的 OAM 在鎖孔通道中不再被視為 MIMO 的特例，而是可以在鎖孔通道中提供額外的自由度。這種物理現象為克服傳統多天線無線通訊中的鎖孔效應提供了一種很有前途的方法。

雖然 s-OAM 並不能突破廣義 MIMO 的容量上界，但在多徑通道稀疏的情況下，通道矩陣的秩（自由度）遠小於天線數量，利用傳統的 MIMO 技術

來重複使用不同傳輸層的方法在這種場景中表現不佳。而未來隨著 AR/VR 等沉浸式業務的發展，單使用者重複使用更多的層來提升容量會是一個趨勢。基於不同 OAM 模態來劃分空間資源看起來要比傳統的方法更有優勢，其組成的正交基底可以顯著降低子通道之間的互相關性，增加空間重複使用自由度。

2. OAM 與 MIMO 結合實例

由於在降低單使用者通道相關性方面的優良特性，將 OAM 與 MIMO 這兩種技術結合成為了一個新的研究方向。2017 年，有研究者證明了 OAM-MIMO 在某些 NFC 場景中的可行性。隨後，Hirano 發現當 UCA 半徑增大時，OAM-MIMO 的性能得到改善，他還基於提出的 OAM 無線通道模型推導了 OAM-MIMO 通訊系統的容量。同時，他們研究了一些系統參數（如較大的 OAM 模式間隔和天線間距）對 OAM-MIMO 通訊系統容量的影響。模擬結果表明，系統的通道容量隨著 OAM 狀態間隔和天線間距的增加而增大。

此外，也有研究表明 OAM 與 MIMO 結合可以提高頻譜效率。透過 OEM 通訊框架，獲得 OAM 和基於大規模 MIMO 的毫米波無線通訊的乘法頻譜效率增益。結果表明，該通訊規模比傳統的基於 MIMO 的大規模毫米波通訊規模要大，且 OEM 毫米波通訊可以顯著提高頻譜效率。為了最大限度地提高基於 OAM 的 MIMO 系統的頻譜效率，提出了一種基於分形 UCA 的 RMMVR MIMO 系統，該方案可以有效地將多模重複使用和 MIMO 空間重複使用結合起來。

6.6.2 OAM 與 OFDM 結合

已有的一些學術研究證明，OAM 與傳統的 OFDM 相容，可以在無線通訊中獲得極高的容量。

1. OFDM-OAM 原理

傳統的 OFDM-OAM 使用移相單元，具體過程可分為兩個階段：OFDM 頻率調解和本征模調解。

首先，透過在頻域中進行 M 點 IDFT，將原始資訊符號調解成 M 組 OFDM 訊號，OFDM 訊號可以透過向原始訊號中增加子載體訊號來獲得。

$$v(t,f) = s(t)e^{j2\pi ft} \qquad (6\text{-}13)$$

其次，透過在空域內進行 N_t 點 IDFT，可以將每組 OFDM 資訊符號調解成最多具有 N_t 個不同特徵模式的 OAM 訊號，渦流訊號可以透過在正常電磁波訊號中加入螺旋相位因數 $e^{jl\varphi}$ 來獲得。

$$v(t,\varphi) = s(t)e^{jl\varphi} \qquad (6\text{-}14）$$

模態 l，頻率 f 的 OFDM 渦旋波可由下式產生。

$$a_{l,f} = \frac{P_{l,f}}{\sqrt{N_t M}} x_{l,f} e^{j2\pi \left[\frac{(n-1)l}{N_t} + \frac{(m-1)f}{M}\right]} \qquad (6\text{-}15）$$

在 OFDM-OAM MIMO 系統中，發射機可以同時產生具有不同本征模式和子載體的多個 OFDM-OAM 訊號。因此，第 n 個發射單元上的總激勵為每個獨立的本征模式和子載體饋電的電流的線性疊加。因此，OFDM-OAM MIMO 系統中的總激勵變成：

$$a_{l,f} = \sum_{l \in L} \sum_{f \in F} \frac{P_{l,f}}{\sqrt{N_t M}} x_{l,f} e^{j2\pi \left[\frac{(n-1)l}{N_t} + \frac{(m-1)f}{M}\right]} \qquad (6\text{-}16）$$

2. OAM 與 OFDM 結合實例

實驗證明，在高 SE 的無線渦旋電磁波通訊中，OAM 和 OFDM 不存在衝突。然而，在射頻渦旋無線通訊中，如何聯合使用 OFDM 和 OAM 模式來

實現多工仍是一個具有開放性和挑戰性的問題。寬頻通道如 5G 毫米波通道由於多徑延遲的不同而表現出 FSF，從而導致碼間干擾。OFDM 作為處理 FSF 的最常用技術，對寬頻 OAM 無線通訊非常重要。事實上，OAM 和 OFDM 已經被共同使用。值得注意的是，OFDM 也是在時域內透過基頻 DFT 實現的。因此，OAM 和 OFDM 的結合可以透過時空 DFTs 的串聯來實現。

然而，這些研究主要集中在實驗上驗證 OAM 與 OFDM 聯合應用的可行性，缺乏 OAM 訊號傳輸與分解的理論分析。同樣，假設稀疏多徑環境中基於 OAM 的無線通道模型是已知的，並且不存在由反射路徑引起的模式間干擾。在前人研究的基礎上，建立了稀疏多徑環境下基於 OAM 的無線通道模型，該模型包括一條 LoS 路徑和多筆反射路徑，在抵抗多徑干擾的同時獲得了高容量。

6.7 OAM 技術面臨的挑戰

OAM 通訊技術在提升頻譜效率方面有極大的潛力，然而多使用者、非對準及 UE 行動等場景下的通訊還會有很多問題。舉例來説，OAM 訊號中非零模態訊號主瓣發散及收發天線的設定等問題對整體性能影響巨大。OAM 大多數在無線通訊領域中仍處於探索階段，未來的研究趨勢應當主要集中在以下幾個方面。

6.7.1 非對準情況下 OAM 的傳輸

OAM 系統要求收發天線軸心對齊，當收發機之間出現軸心偏角時，接收器會產生模間串擾，導致位元錯誤率增大，系統性能下降。無線通訊尤其是行動通訊中存在很多非理想狀態（如非共軸、NLoS 等），這些非理想條件會破壞 OAM 模態的正交性，使一些原有的優良特徵喪失，並且會使渦旋電磁波的接收方法故障。解決非對準情況下 OAM 的傳輸問題是將渦

旋電磁波應用於行動通訊的關鍵。目前大多數的接收方法都是基於理想條件下的模擬或實驗。雖然當前也有一些針對某些非理想條件的解決方案，如收發天線非共軸情況下的波束接收方案，但該方案是在非對準狀態先驗資訊已知的情況下對收發端進行調整的，實際中無論是發射端還是接收端都無法預知陣列的偏轉狀態，因此該方案仍有很大的局限性。

2020 年，saito 提出了基於干擾消除的迫零演算法來解決非對準問題，由於非對準會造成模態間干擾，這種干擾對不同模態的影響是不同的。透過非線性的干擾消除，優先解調 SINR 較好的模態。然後在接收端重新構造出該模態的接收訊號，減去構造訊號再解調其他模態，以此方法循環迭代，最終解調所有模態。但該方法僅適用於偏角較小的場景。

對於非對準狀態的估計問題，也有研究者提出了基於傳統的 AOA 估計演算法來進行收發端陣列偏轉狀態的估計，以便確定收發端波束偏轉向量。雖然基於平面波的 AOA 估計已經比較成熟，但是基於渦旋波的 AOA 估計演算法目前研究較少。可透過 ESPRT 演算法對波束的 AOA 進行估計，然後透過計算得出偏轉向量的俯角與方位角。然而該演算法的主要缺點是，它需要利用發射天線參數的部分知識來處理接收到的 OAM 訓練訊號的幅度，這在接收機處可能難以獲得。

目前一些補償方案只能解決較小幅度的離軸和非平行情況，比較適合點對點的應用場景，而對於行動通訊的典型場景則存在大幅度的離軸與旋轉，並且終端還可能發生快速的旋轉和移動。這些非理想條件都是行動通訊中肯定會面臨且必須要解決的問題，因此需要有針對性地進行最佳化。

6.7.2 OAM 發散角的抑制或消除

現有的 OAM 接收檢測方法是採用一個大口徑的天線（或天線陣）將整個環狀波束接收下來，隨著傳輸距離增大，渦旋電磁波的發散角變大，所需接收天線尺寸也越來越大。這種接收方法在遠距離傳輸時變得異常困難，天線尺寸幾乎無法接受。另一個方面，接收端採用大口徑的天線部署也限

制了其在無線通訊中的應用場景。因此，如何較大幅度地抑制甚至消除能量發散角，解決遠場下的 OAM 傳輸問題是值得進一步探索的。目前針對抑制能量發散角，研究者也提出了一些解決辦法，如部分波面檢測演算法，它雖然可以增加通訊距離，但會破壞 OAM 模式的正交性。

2021 年，有人提出了一種新型的人工電磁透射超表面結構，利用全波模擬分析成功驗證了渦旋波束掃描。其中渦旋波的發散角透過超表面調節，在一定程度上可以抑制渦旋光束的發散角，這為 OAM 今後在通訊中的應用提供了新的解決方案。

6.7.3 OAM-MIMO 的天線拓撲研究

傳統的 MIMO 技術偏重於在指定的一些經典天線拓撲下，最大限度地開發其潛在的性能潛力。但是由於應用場景不同，在設計天線結構時考慮的條件就不同。在不同的尺寸限制、通訊頻率、收發距離條件下，如何設計天線拓撲才能獲得最佳的性能是傳統 MIMO 並沒有充分研究的。基於圓柱座標系下輻射場的理論公式，分析了其傳輸和接收特性。透過計算多個 OAM 波的上下邊界的函數公式及分析多個 OAM 波的最佳接收位置的振幅和相位，確認多模 OAM 波的共同接收取樣區域。不同的天線拓撲的通訊性能存在顯著差異，如何在不同的應用場景下找到最佳天線拓撲結構，將會是未來研究的重點。

6.7.4 OAM 模態選擇

OAM 中不同模態相互正交的特性為資訊的傳輸提供了新維度，因此如何利用不同模態進行訊號的調解和處理也成為研究的重點。除了可以像傳統通訊一樣直接傳輸資訊，OAM 電磁波中不同的模態也可用於索引調解、保密傳輸等新的應用場景。無論是部分相位面接收還是虛擬旋轉接收，可利用的 OAM 模態數都是有限的（小於發射天線數），直接利用不同模態傳輸資訊所帶來的增益也是有限的。將 OAM 模態組合調解，模態組合對應獨立的資訊傳輸通道，可以顯著提高頻譜使用率。

有研究者提出了一種在湍流外差相干抑制鏈路中選擇特定軌道角動量模渦旋光束的新方法。基於 CNN 的 OAM 波束 IPM 是 OAM 的顯著特點，根據不同模式的光強分佈模式，將 CNN 訓練成 OAM 模式分類器，透過光強分佈與 OAM 模式的映射來區分 OAM 模式，並輸出模式資訊。結果表明，在中等強度大氣湍流條件下，智慧相位匹配的精度高達 99%。

而針對基地台之間的回傳鏈路，在採用多輸入多輸出時，由於風的吹動會導致收發端陣列發生微小的偏轉，這種偏轉會造成系統性能下降，這種性能下降被認為特別嚴重，因為在每個 OAM 模式下從多個 UCA 傳輸多個流時，模式間干擾會增加。考慮到上述背景，提出了一種僅採用偶數模式進行 OAM 重複使用的模間干擾抑制方法。因為在光束軸未對準的情況下，來自相鄰模態的干擾是模態間干擾的主要組成部分。利用這一特性，只有偶數模式用於 OAM 傳輸，奇數模式未被使用，這樣可以顯著降低模態間干擾的影響。

6.7.5 OAM 應用場景的選擇

目前來說，產生不同模式的渦旋電磁波的方法有很多種，如 SPP 板、UCA 等。不同的產生方法，其對應的實現複雜度、成本、所需的天線數量都不一樣，而且其性能也存在差異。OAM-MIMO 系統也有多種應用場景，針對不同的應用場景，服務的物件、接受服務的人員數量不同，對通訊的標準要求也不同。因此針對不同場景選擇不同的 OAM 實現方法也是值得研究的。

6.8 小結

本章介紹了 OAM 的基本概念及其在無線通訊中的應用，回顧了 OAM 在無線通訊中的發展並梳理了研究現狀；還介紹了幾種生成和解調 OAM 波束的方法；最後複習了 OAM 與其他調解技術的結合，展望了 OAM 未來的研究方向。

從理論角度來看，OAM 重複使用可以被認為是另一種形式的空間重複使用，OAM 模式重複使用的實現不同於傳統的射頻空間重複使用的實現。後者採用多個空間分離的發射器和接收器孔徑對來傳輸多個資料流程。由於每個天線單元接收到的是不同發射訊號的疊加，每個原始通道可以透過使用電子數位訊號處理器來解重複使用；而理想情況下的 OAM 重複使用是指重複使用的波束在整個傳輸過程中完全共軸，並且僅使用一個發射機和接收機孔徑（儘管具有特定的最小孔徑），使用 OAM 波束正交性來實現有效的解重複使用，而不需要進一步的數位訊號後處理來消除通道干擾。因此，這兩種方法之間存在顯著的實現差異。然而，可以將 OAM 重複使用和傳統的空間重複使用相結合，並在二者的空間自由度之間進行折中（在指定孔徑大小的限制內），以便實現最有利的利用。

參考文獻

[1]   Allen L, Beijersbergen M W, Spreeuw R, et al. Orbital angular momentum of light and the transformation of Laguerre-Gaussian laser modes. 2016.

[2]   鄭鳳，陳藝戩，冀思偉，等. 軌道角動量通訊技術的研究[J]. 通訊學報，2020，041(005):150-158.

[3]   Mohammadi S M, Daldorff L K S, ergman J E S, et al. Orbital Angular Momentum in Radio—A System Study[J]. IEEE Transactions on Antennas & Propagation, 2010(2):565-572.

[4]   Tamburini F, Mari E, Sponselli A, et al. Encoding many channels in the same frequency through radio vorticity: first experimental test[J]. New Journal of Physics, 2012, 14(11): 78001-78004.

[5]   DOOHWAN L, HIROFUMI S. An experimental demonstration of 28 GHz band wireless OAM-MIMO (orbital angular momentum multi-input and multi-output) multiplexing [C] //2018 IEEE 87th Vehicular Technology Conference (VTC Spring). Piscataway: IEEE Press, 2018: 1-5.

[6]   Zhang C, Zhao Y. Orbital Angular Momentum Nondegenerate Index Mapping for Long Distance Transmission[J]. IEEE transactions on wireless communications, 2019, 18(11): 5027-5036.

[7]   Allen B, Tennant A, Qiang B, et al. Wireless Data Encoding and Decoding Using OAM Modes[J]. Electronics Letters, 2014, 50(3):232-233.

[8]   張倬銘，鄭史烈，池灝，et al. Plane Spiral Orbital Angular Momentum Electromagnetic Wave[C]// Microwave Conference. IEEE, 2015.

[9]   Xiong X, Zheng S, Zhu Z, et al. Performance Analysis of Plane Spiral OAM Mode-Group Based MIMO System[J]. IEEE Communications Letters, 2020, PP(99):1-1.

[10]   Xiong X, Zheng S, Zhu Z, et al. Direct Generation of OAM Mode-Group and Its Application in LoS-MIMO System[J]. IEEE Communications Letters, 2020, PP(99):1-1.

[11]   紫光展銳. 6G：無界，有 AI [R]. 2020.

[12]   未來行動通訊討論區. 《6G 新天線技術》白皮書[R]. 2020.

[13]   Beijersbergen M W, Kristensen M, Woerdman J P. Spiral Phase Plate Used to Produce Helical Wavefront Laser Beams[C]// Lasers and Electro-Optics Europe, 1994 Conference on. IEEE, 1994.

[14]   Liang J, Zhang S. Orbital Angular Momentum (OAM) Generation by Cylinder Dielectric Resonator Antenna for Future Wireless Communication [J]. IEEE Access, 2016, (99):1-1.

[15]   F Tamburini, Mari E, B Thideì, et al. Experimental Verification of Photon Angular Momentum and Vorticity with Radio Techniques[J]. Applied Physics Letters, 2011, 99(20):321.

[16]   Singh R P, Poonacha P G. Survey of Techniques for Achieving Topological Diversity[C]// Communications. IEEE, 2013.

[17]   Wu H, Yuan Y, Zhang Z, et al. UCA-based Orbital Angular Momentum Radio Beam Generation and Reception under Different Array Configurations[C]//2014 Sixth International Conference on Wireless Communications and Signal Processing (WCSP). IEEE, 2014.

[18] Xing Y L, Yu J C. High-Efficiency and High-Polarization Separation Reflect array Element for OAM-Folded Antenna Application[J]. IEEE Antennas & Wireless Propagation Letters, 2017, 16(99):1357-1360.

[19] Han J, Li L, Yi H. 1-bit Digital Orbital Angular Momentum Vortex Beam Generator Based on a Coding Reflective Metasurface[J]. Opt. Mater. Express, 2018, 8(11):3470.

[20] Shuang Y, Zhao H, Ji W, et al. Programmable High-Order OAM-Carrying Beams for Direct-Modulation Wireless Communications[J]. IEEE Journal on Emerging and Selected Topics in Circuits and Systems, 2020, PP(99):1-1.

[21] Li J S, Zhang L N. Simple Terahertz Vortex Beam Generator Based on Reflective Metasurfaces[J]. Optics Express, 2020, 28(24):36403.

[22] Yu S, Li L, Shi G, et al. Generating Multiple Orbital Angular Momentum Vortex Beams Using a Metasurface in Radio Frequency Domain[J]. Applied Physics Letters, 2016, 108(24):662.

[23] Chen M, Li J J, Sha W. Orbital Angular Momentum (OAM) Generation by Composite PEC-PMC Metasurfaces in Microwave Regime[C]// IEEE International Symposium on Antennas and Propagation and USNC-URSI National Radio Science Meeting. IEEE, 2016.

[24] Yefeng, Chen, Rushan, et al. Polarization-Controlled Shared-Aperture Metasurface for Generating a Vortex Beam With Different Modes[J]. IEEE Transactions on Antennas and Propagation, 2018.

[25] Yi J, Cao X, Feng R, et al. All-Dielectric Transformed Material for Microwave Broadband Orbital Angular Momentum Vortex Beam[J]. Physical Review Applied, 2019, 12(2).

[26] Li W, Zhu J, Liu Y , et al. Realization of Third Order OAM Mode Using Ring Patch Antenna[J]. IEEE Transactions on Antennas and Propagation, 2020, (99):1-1.

[27] Feng P Y, Qu S W, Yang S. OAM-Generating Transmit-array Antenna With Circular Phased Array Antenna Feed[J]. IEEE Transactions on Antennas and Propagation, 2020, (99):1-1.

[28] Ming J, Shi Y. A Mode Reconfigurable Orbital Angular Momentum Water Antenna[J]. IEEE Access, 2020, PP(99):1-1.

[29] Huang H F, Zhang Z P. A Single Fed Wideband Mode - reconfigurable OAM Metasurface CP Antenna Array with Simple Feeding Scheme[J]. International Journal of RF and Microwave Computer - Aided Engineering.

[30] Yang Z, Zhou J, Kang L, et al. A CLoSed-Loop Cross-Dipole Antenna Array for Wideband OAM Communication[J]. IEEE Antennas and Wireless Propagation Letters, 2020.

[31] Lei R, Li S, Yang Y, et al. Generating Orbital Angular Momentum Based on Circular Antenna Array with Filtering Characteristic[J]. International Journal of RF and Microwave Computer - Aided Engineering, 2021.

[32] Nguyen D K, Sokoloff J, Pascal O, et al. Local Estimation of Orbital and Spin Angular Momentum Mode Numbers[J]. IEEE Antennas and Wireless Propagation Letters, 2017:50-53.

[33] Diallo C D, Nguyen D K, Ch Ab Ory A, et al. Estimation of the Orbital Angular Momentum Order using a Vector Antenna in the Presence of Noise. IEEE, 2014.

[34] Yan Y, Xie G, Lavery M, et al. High-capacity Millimetre-wave Communications with Orbital Angular Momentum Multiplexing[J]. Nature Communications, 2014, 5:4876.

[35] Vourch C J, Allen B , Drysdale T D. Planar Millimetre-wave Antenna Simultaneously Producing Four Orbital Angular Momentum Modes and Associated Multi-element Receiver array[J]. IET Microwaves, Antennas & Propagation, 2016, 10(14):1492-1499.

[36] Y Yao, Liang X, Zhu W, et al. Experiments of Orbital Angular Momentum Phase Properties for Long-Distance Transmission[J]. IEEE Access, 2019, (99):1-1.

[37] Knutson E, Lohani S, Danaci O, et al. Deep Learning as a Tool to Distinguish Between High Orbital Angular Momentum Optical Modes[C]// SPIE Optical Engineering + Applications. Optics and Photonics for Information Processing X, 2016.

[38] Doster T, Watnik A T. Machine Learning Approach to OAM Beam Demultiplexing via Convolutional Neural Networks[J]. Applied Optics, 2017, 56(12):3386.

[39] Rostami S, Saad W, Hong C S . Deep Learning With Persistent Homology for Orbital Angular Momentum (OAM) Decoding[J]. 2019.

[40] Chen R, Zhou H, Moretti M, et al. Orbital Angular Momentum Waves: Generation, Detection and Emerging Applications[J]. IEEE Communications Surveys & Tutorials, 2019.

[41] Gao X, Song X, Zheng Z, et al. Misalignment Measurement of Orbital Angular Momentum Signal Based on Spectrum Analysis and Image Processing[J]. IEEE Transactions on Antennas and Propagation, 2019, PP(99):1-1.

[42] Chen R, Xu H, Moretti M, et al. Beam Steering for the Misalignment in UCA-Based OAM Communication Systems[J]. IEEE Wireless Communication Letters, 2018:1-1.

[43] Yan Y, Xie G, Lavery M, et al. High-capacity Millimetre-wave Communications with Orbital Angular Momentum Multiplexing[J]. Nature Communications, 2014, 5:4876.

[44] Yan Y, Li L, Xie G, et al. Multipath Effects in Millimetre-Wave Wireless Communication using Orbital Angular Momentum Multiplexing[J]. Scientific Reports, 2016, 6(1):33482.

[45] Tamagnone, M., C. Craeye, et al, Comment on Encoding Many Channels on the Same Frequency Through Radio Vorticity: First Experimental Test[J]. New Journal of Physics, 2012,14(11),118001.

[46] Tamburiini F, B Thidé, Mari E, et al. Reply to Comment on Encoding Many Channels on the Same Frequency Through Radio Vorticity: First Experimental Test[J]. New Journal of Physics, 2012, 14(11):118002.

[47] Zheng F, Chen Y, Ji S, et al. Research Status and Prospects of Orbital Angular Momentum Technology in Wireless Communication[J]. Progress In Electromagnetics Research, 2020, 168:113-132.

[48] Oldoni M, Spinello F, Mari E, et al. Space-Division Demultiplexing in Orbital-Angular- Momentum-Based MIMO Radio Systems[J]. IEEE Transactions on Antennas & Propagation, 2015, 63(10):4582-4587.

[49] Chen, R., H Xu, X. Wang, et al. On the Performance of OAM in Keyhole Channels[J]. IEEE Wireless Communications Letters, 2019,8(1), 313-316.

[50] Yuan Y, Zhang Z, Ji C, et al. On the capacity of an orbital angular momentum based MIMO communication system[C]// International Conference on Wireless Communications & Signal Processing. IEEE, 2017.

[51] Hirano, Takuichi. Equivalence Between Orbital Angular Momentum and Multiple- input Multiple-output in Uniform Circular Arrays: Investigation by Eigenvalues[J]. Microwave and Optical Technology Letters, 2018, 60(5):1072-1075.

[52] Cheng W, Zhang H, Liang L , et al. Orbital-Angular-Momentum Embedded Massive MIMO: Achieving Multiplicative Spectrum-Efficiency for mmWave Communications[J]. IEEE Access, 2017.

[53] Zhao L, Zhang H, Cheng W . Fractal Uniform Circular Arrays Based Multi-Orbital- Angular-Momentum-Mode Multiplexing Vortex Radio MIMO[J]. China Communications, 2018, v.15(09):126-143.

[54] Chen R, Xu H, Moretti M, et al. Beam Steering for the Misalignment in UCA-Based OAM Communication Systems[J]. IEEE Wireless Communication Letters, 2018:1-1.

[55] Saito S, Suganuma H, Ogawa K, et al. Performance Analysis of OAM-MIMO using SIC in the Presence of Misalignment of Beam Axis[C]// 2019

IEEE International Conference on Communications Workshops (ICC Workshops). IEEE, 2019.

[56] Long W X, Chen R, Moretti M , et al. AoA Estimation for OAM Communication Systems With Mode-Frequency Multi-Time ESPRIT Method[J]. IEEE Transactions on Vehicular Technology, 2021, (99):1-1.

[57] Zheng Y, Feng Q, Xue H, et al. A Transmission Metasurface Design for OAM Beam Generation and Beam Scanning[C]// 2019 IEEE MTT-S International Wireless Symposium (IWS). IEEE, 2019.

[58] Yang Z, Zhang H, Pang L, et al. On Reception Sampling Region of OAM Radio Beams Using Concentric Circular Arrays[C]// 2018 IEEE Wireless Communications and Networking Conference (WCNC). IEEE, 2018.

[59] Yang C, Shan K, Chen J, et al. CNN-Based Phase Matching for the OAM Mode Selection in Turbulence Heterodyne Coherent Mitigation Links[J]. IEEE Photonics Journal, 2020, 12(6):1-13.

[60] H Suganuma, Saito S, Ogawa K, et al. Mode Group Selection Method for Inter-mode Interference Suppression in OAM Multiplexing[C]// 2020 International Symposium on Antennas and Propagation (ISAP). 2021.

智慧超表面

最近，RIS 因其能夠透過智慧地重構無線傳播環境來增強無線網路的容量和覆蓋範圍的潛力而受到極大關注，被認為是 6G 通訊網路中一項有前途的技術。在此背景下，廣大研究者和企業對 RIS 進行了大量的研究，包括實現其可重構性的硬體材料、設定的波束成形技術和資源設定技術等。基於這些研究，本章對 RIS 進行了詳細的介紹，首先簡要闡明其基本原理和現有研究中的多個名稱，之後介紹其起源和研究現狀，並對研究現狀進行了詳細的描述，包括 RIS 的分類、硬體材料及其在輔助無線通訊中的研究等，最後說明了 RIS 與其他先進技術結合的研究進展。RIS 輔助通訊系統見圖 7.1。

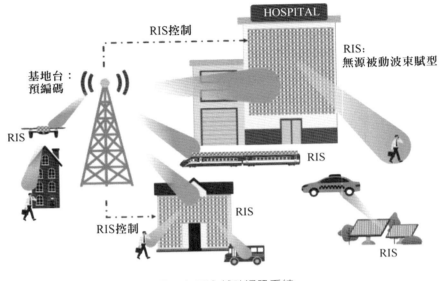

圖 7.1 RIS 輔助通訊系統

7.1 智慧超表面簡介

7.1.1 智慧超表面基本原理

RIS 採用可程式化的新型次波長二維超材料，透過數位編碼主動對電磁波進行智慧調控，形成可以對幅度、相位、極化和頻率進行控制的電磁場。智慧超表面技術透過對無線傳播環境的主動控制，在三維空間中實現訊號傳播方向調控、訊號增強或干擾抑制，建構出智慧可程式化的無線環境新範式，可以用於通訊系統中的覆蓋增強，可顯著提升網路傳輸速率、訊號覆蓋及能量效率。透過對無線傳播環境的主動訂製，可根據所需無線功能，如減小電磁污染和輔助定位感知等，對無線訊號進行靈活調控。智慧超表面技術無須傳統結構發射機中的濾波器、混頻器及功率放大器組成的射頻鏈路，可降低硬體複雜度、成本和功耗。

7.1.2 相關概念和名詞含義

智慧超表面是一個跨學科新興技術，在學術界其也被稱為 LIS、RIS 或 SDS 等。RIS 透過使用大量低成本的反射材料，使無線傳輸環境可控、可程式化，從而提高無線網路的能量效率和頻譜效率。RIS 可以看作是一種部署在通道中的被動多天線技術，與傳統的主動波束形成方法相比，RIS 的被動波束形成方法產生大量相移反射訊號形成波干擾，影響電磁環境，這樣就既簡化了源波束形成所需的大量射頻鏈路，又大大地降低了成本。

智慧超表面技術所面臨的挑戰和困難主要包括超表面材料物理模型與設計、通道建模、通道狀態資訊獲取、波束賦型設計、被動資訊傳輸和 AI 使能設計等。

1. 技術概述

智慧超表面裝置由大規模器件陣列和陣列控制模組組成，如圖 7.2 所示。大型器件陣列是由大量的器件單基礎規則地、反覆地排列在一個平底板上組成。為達到可觀的訊號操控效果，通常需要幾百或幾千個器件單元組成器件陣列。每個器件單元都具有可變的器件結構，舉例來説，器件單元中包含一個 PIN 二極體，PIN 二極體的開關狀態決定了器件單元對外界無線訊號的回應模式。智慧超表面的陣列控制模組可以控制每個器件單元的工作狀態，從而動態地或半靜態地控制每個器件單元對無線訊號的回應模式。大規模器件陣列的每個器件單元的無線響應訊號互相疊加，在巨觀上形成特定的波束傳播特徵。控制模組是智慧超表面裝置的「大腦」，它根據通訊系統的需求確定智慧超表面的無線訊號回應波束，使原有的靜態通訊環境變得智慧、可控。

智慧超表面技術在多個技術領域均有所應用，根據應用場景不同有多種不同的設計方案。按照器件單元的物理原理可分為 Tunable Resonator 可變電容型、Guided Wave 波導型、Element Rotation 極化型等；按照無線訊號輸出形式可分為反射型智慧表面和透射型智慧表面；按照無線訊號回應參數

可分為相位控制型智慧表面、幅度控制型智慧表面和幅度相位聯合控制型
智慧表面；按照回應參數控制分類可分為連續控制型和離散控制型；按照
控制智慧表面幅度和相位的頻次或快慢可分為靜態、半靜態/動態控制的智
慧表面，其中靜態的智慧表面目前就可以應用到已有系統中，如 4G/5G 系
統。考慮器件設計和製作的複雜度，學術界普遍選擇使用單一無線訊號回
應參數的離散控制型器件單元進行研究。目前，學術界廣泛討論的 IRS 就
是一種基於訊號反射的相位控制智慧表面，透過 1 bit 的指示資訊控制器件
單元的反射訊號的相位，實現 0 或 π 的相位翻轉。

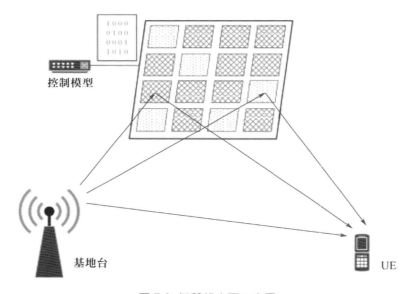

圖 7.2 智慧超表面示意圖

得益於不需要射頻和基頻處理電路，智慧超表面裝置與傳統無線通訊收發
裝置相比有幾點優勢：

（1）智慧超表面裝置有更低的成本和實現複雜度。

（2）智慧超表面裝置具有更低的功耗。

（3）智慧超表面不會引入額外的接收端熱雜訊。

（4）智慧超表面裝置厚度薄、重量小，可以實現靈活的部署。

雖然智慧超表面裝置有上述的優勢，但是其無法對無線訊號進行數字處理，只能實現模擬的訊號波束。

2. 6G 中的應用場景

RIS 的應用場景主要分為兩類：一類是低成本多天線傳輸場景部署在發射機附近，包括被動波束形成、聯合預編碼和超大規模 MIMO。另一類是能量覆蓋場景部署在接收器附近，包括 NLoS 覆蓋、邊緣使用者增強和高精度定位。在 5G 和 6G 階段，為支援更高的資料通訊速率，毫米波和太赫茲的頻段被逐漸開發出來以用於無線通訊。2019 年世界無線電通訊大會對毫米波做了進一步修訂，將 26 GHz、40 GHz、66 GHz 頻段劃分為 5G 及國際行動通訊系統未來發展的頻段。未來的 6G 通訊業務需要更高的通訊速率和更大的連接密度，需要利用更多的頻譜資源以實現更高的頻譜效率。許多新興技術被認為是 6G 通訊系統的潛在技術方向，如太赫茲通訊和超大規模 MIMO 技術。2019 年 4 月，奧盧大學舉辦的第一屆 6G 無線高峰會發佈了第一版 6G 白皮書，太赫茲通訊被納入 6G 通訊的潛在關鍵技術。智慧超表面技術已經應用於雷達技術中的被動陣列天線並獲得了顯著的天線增益，無線通訊環境中的遮擋物會造成陰影衰落，導致訊號品質下降。傳統的無線通訊系統透過控制發射裝置的發射訊號波束和接收裝置的接收訊號波束來提升接收訊號的訊號品質。對於毫米波和太赫茲頻段，高頻訊號的透射和繞射能力更差，通訊品質受物體遮擋的影響更明顯。在實際部署中，智慧超表面可以為物體遮擋區域的終端提供轉發的訊號波束，擴充社區的覆蓋範圍，如圖 7.3（a）所示。對於超高流量的熱點業務，如 VR 業務，基地台與終端的直通鏈路可能無法提供足夠的輸送量。智慧超表面可以為熱點使用者提供額外的訊號傳播路徑，提升熱點使用者的輸送量，如圖 7.3（b）所示。

智慧超表面技術可以與大規模 MIMO 技術結合，克服收發天線數量增加帶來的成本和功耗增大的問題，在降低裝置成本的同時提升 MIMO 的空間分集增益，如圖 7.3（c）所示。4G 時代引入了 Massive MIMO 的概念，並獲

得明顯的性能增益，但是隨著天線數量增多，基地台需要更多的射頻鏈路，導致更高的功耗和複雜度，使基地台的成本大大增加，限制了 Massive MIMO 天線徑模的進一步升級。智慧超表面是 Massive MIMO 的演進方向。由於智慧超表面只反射或折射入射訊號，不需要具備射頻鏈路，避免了硬體複雜度和功耗的問題，可以進一步提升多天線徑模，獲得更高的波束成形增益。

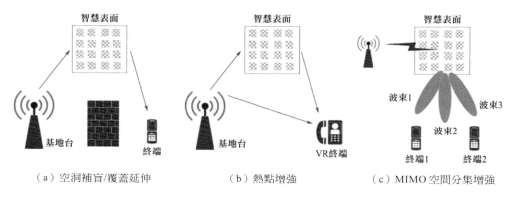

（a）空洞補盲/覆蓋延伸　　　（b）熱點增強　　　（c）MIMO 空間分集增強

圖 7.3 智慧超表面技術的應用場景

3. 名詞含義

1）大型智慧表面（Large Intelligent Surfaces，LIS）
LIS 被視為超越大規模 MIMO 的進一步技術。LIS 通常被定義為主動表面，其各個天線元件配備有專用射頻（RF）鏈、功率放大器，具有訊號處理能力，每個單元可以有一個完整的 RF 鏈和一個獨立的基頻單元。

2）智慧反射面（Intelligent Reflecting Surfaces，IRS）
IRS 通常指用作反射器並且由可單獨調諧的元件組成的表面，其相位回應可針對波束控制、聚焦和其他類似功能進行單獨調整和最佳化。通常假設每個元件不能放大撞擊的無線電波，只能修改它們的相位回應，而不能修改它們的振幅回應。

3）數字可控散射器（Digitally Controllable Scatterers，DCS）

DCS 通常用於強調以數位方式控制智慧超表面。在這種情況下，重點放在智慧超表面的各個單元上，這些單元被視為局部散射體。DCS 通常由不能放大接收訊號的被動元件組成，它的工作是基於元件之間的相互耦合。

4）超表面（Metasurface）

超表面是指一種厚度小於波長的人工層狀材料。可實現對電磁波偏振、振幅、相位、極化方式、傳播模式等特性的靈活有效調控，超表面可視為超材料的二維對應。

5）超材料（Metamaterials）

超材料是指次波長尺度單元按一定的巨觀排列方式形成的人工複合電磁結構。由於其基本單元和排列方式都可任意設計，因此能構造出傳統材料與傳統技術不能實現的超正常媒質參數，進而對電磁波進行高效靈活調控，實現一系列自然界不存在的新奇物理特性和應用。

6）智慧全表面（Intelligent Omni-Surface，IOS）

智慧全表面是智慧超表面的重要實例，它能夠以反射和傳輸的方式向行動使用者提供服務覆蓋。

7）數位編碼超表面（Digital Coding Metasurface）

利用二進位的數位狀態表示反射波或透射波的幅度和相位，對超材料的電磁特性實現了數位化表徵，其設計原理和方法較傳統的模擬超材料都更為簡單：透過將編碼單元按照不同的數位序列排列在陣面上，便可以實現具有對應不同功能的數位編碼超表面。由於其單元狀態為有限的二進位數字字狀態，因此利用可程式化控制載入在單元結構中主動器件，可實現對編碼狀態及整體功能的即時調控。

8）頻率選擇表面（Frequence Selective Surface，FSS）

頻率選擇表面是一種二維週期陣列結構，其本質是一個空間濾波器，透過與電磁波相互作用表現出明顯的帶通或帶阻的濾波特性。FSS 由於具有特定的頻率選擇作用而被廣泛地應用於微波、紅外至可見光波段。

9）電磁超構表面（Electromagnetic Metasurface，EM）

電磁超構表面，又稱超表面，指一種厚度小於波長的人工層狀材料。根據面內的結構形式，超表面可以分為兩種：一種具有水平次波長的微細結構，一種為均勻膜層。超表面可實現對電磁波相位、極化方式、傳播模式等特性的靈活有效調控。

10）軟體可控表面（Software Controllable Surfaces，SCS）

SCS 通常用於強調透過使用軟體定義的聯網技術來控制和最佳化智慧超表面的能力。當智慧超表面的單元元件配備有奈米通訊網路以實現單元元件之間的通訊時，通常使用 SCS。智慧超表面通常配備低功耗感測器以用於環境監測。傳感和通訊的聯合功能為智慧超表面提供了執行簡單本地操作的能力，從而使其更具自治性。然而這可能會影響整個智慧超表面的複雜性和功耗。

由於智慧超表面的命名並不統一，本書將使用 RIS 來指代任何類型的智慧超表面。

7.2 發展歷史和研究現狀

7.2.1 技術的起源和發展

第六代無線網路，其目標是滿足比 5G 更嚴格的要求，如超高的資料速率和能效、全球覆蓋和連接，以及極高的可靠性和低延遲。然而，現有的適應 5G 服務的技術趨勢可能無法完全滿足這些要求，這些趨勢主要包括部署越來越多的活躍節點，如基地台（BSs）、存取點（APs）、中繼站和分散式天線/遠端無線電頭端（RRHs），以縮短通訊距離，從而實現增強的網路覆蓋和容量。但這會導致更高的功耗和部署維護成本在基地台/存取點/中繼站封裝更多天線，以利用巨大的多輸入多輸出增益，這需要增加硬體和能源成本及訊號處理複雜性；遷移到更高的頻段，如毫米波

（mmWave）甚至太赫茲（THz）頻率，以利用其大而可用的頻寬，這不可避免地導致部署更多的活動節點，並為其安裝更多的天線，以補償其更高的遠距離傳播損耗。

鑑於上述問題和限制，迫切需要開發顛覆性的新技術和創新技術，以低成本、低複雜性和低功耗實現未來無線網路的可持續容量增長。除此以外，實現超可靠無線通訊的根本挑戰來自使用者行動性導致的時變無線通道。應對這一挑戰的傳統方法，不是透過利用各種調解、編碼和分集技術來補償通道衰落，就是透過自我調整功率/速率控制和波束形成技術來適應通道衰落。然而，這不僅需要額外的負擔，而且在很大程度上對隨機的無線通道的控制也很有限，因此無法克服實現高容量和超可靠無線通訊的最終障礙。

基於上述原因，為未來 6G 及以上的無線網路尋找創新、節能且經濟高效的解決方案仍然迫在眉睫。RIS 成為 B5G/6G 無線通訊系統實現智慧和可重構無線通道/無線電傳播環境的有前途的新範例。

智慧超表面技術最早由電磁學、材料學的科學家進行研究，之後被引入實際應用中，如電磁隱身材料、全息成像、雷達波束掃描等。智慧超表面在 20 世紀就已經被提出，其技術前身是軍用雷達和反雷達裝置，主要應用於毫米波、太赫茲等高頻波段，因此在早期並沒有引起行動通訊系統的關注。RIS 是由電磁材料組成的人工表面，透過利用電子器件來實現高度可控。本質上，RIS 可以有意控制入射波的反射/散射特性，以提高接收器處的訊號品質，從而將傳播環境轉為智慧環境。由於其有前途的收益，RIS 技術自出現以來受到了各界的廣泛關注，被認為是 6G 系統中潛在的關鍵技術之一。

7.2.2 研究專案情況

1. 合作研究專案

工業界對 RIS 技術的興趣高漲,希望透過實施 RIS 並進行商業化以創造新的價值鏈,與此同時,已經啟動了幾個試點專案來推進這一新領域的研究。儘管目前的研究狀況可能離實現定義的 RIS 還很遠,但一些研究人員正在努力實現智慧超表面。從概念上講,它是一種可程式化的薄桌布,也是一種可程式化的玻璃,它能夠按照要求操縱無線電波。

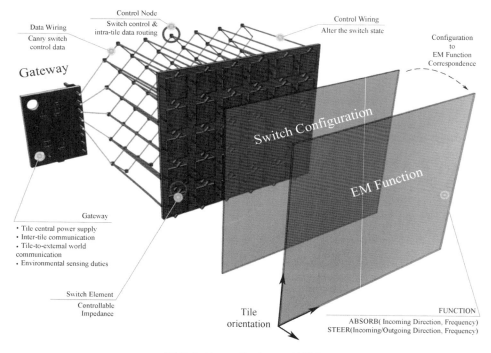

圖 7.4 HyperSurfaces 結構圖

2017 年,VISORSURF 目標開發一套完整的硬體和軟體元件,用於具有可程式化電磁行為的智慧互聯平面物體,即 HyperSurfaces(見圖 7.4)。其關鍵促成因素是超表面,這種人工材料的電磁特性取決於其內部結構。HyperSurfaces 透過嵌入的電子控制元素和定義良好的軟體程式設計介面和

工具合併超表面。控制元件接收外部軟體命令並改變超表面結構，產生所需的電磁行為。此前，超表面並沒有提供一個明確的方式來整合產品和與物聯網的互連性。設計和操作超表面仍然是一個非常專業和沒有記錄的任務，限制了它們在廣泛的工程領域的可及性和使用。

2018 年 11 月 29 日，在 NTT DOCOMO 與 Metawave 公司合作下，世界上第一個成功的超結構反射器在日本東京都江東區進行演示，如圖 7.5 所示。使用 28GHz 頻段的 5G 資料通訊在位於東京國際交流中心屋頂的 5G 基地台（易立信）和運行實驗車的 5G 行動站（英特爾）之間進行測量。演示中使用的超結構反射器，其反射波的反射方向和波束形狀是確定的，以便利用這些微小的結構擴大 5G 網站的面積，形成反射陣列平面內的波束。東京國際交流中心為障礙物，不在視線之內。該演示的結果顯示，在 Metawave 的超結構反射陣列的位置上，通訊速度達到了 560 Mbps，而在沒有反射器的情況下，通訊速度為 60 Mbps。這使以前無法進行 5G 資料通訊的地區，通訊品質獲得了極大的改善，範圍擴充了約 35 公尺。配備 5G 行動站的車輛的通訊速度提高了 500 Mbps。

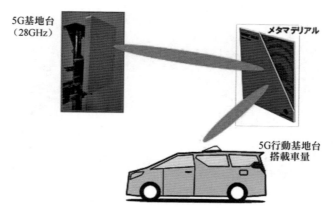

圖 7.5 NTT DOCOMO 實驗系統組態圖

在 2019 年，來自華盛頓州貝爾維尤的 TowerJazz 和 Lumotive 宣佈成功展示了用於汽車雷射雷達（LiDAR）系統的首個全固態（無任何移動部件）

光束轉向積體電路。轉向概念是基於 Lumotive 的 LCM 技術，透過應用電場控制雷射光束方向。這個想法最初是由杜克大學超材料和整合等離子體中心主任 David Smith 博士提出的。他提出了全息光束形成的概念。透過在一個表面上建造微型金屬結構（稱為超材料或超表面），它可以改變這個表面的折射率。當這些結構足夠小，可以像微型天線陣列一樣工作時，它們會對電場做出回應，並透過施加電訊號來控制折射率。Lumotive 與 TowerJazz 的合作是一個重要里程碑，並將使 Lumotive 能夠將這一革命性的技術投入生產。

圖 7.6 Pivotal Commware 演示的裝置部署圖

同年，在 2019 年洛杉磯世界行動大會上的 5G 毫米波現場，Pivotal Commware 對其創新和專利 HBF 技術進行了測試，實現了 GB 級連接，如圖 7.6 所示。首先，他們找到了一個即時的 5G 毫米波（28GHz）5G 基地

台（gNB），將實驗場合設定在酒店的會議室裡，因為 gNB 對酒店的大部分會議空間和客房缺乏 LoS（舉行演示的會議室對 gNB 完全沒有 LoS，而傳統上，毫米波被認為是 LoS 技術）。其次，將 Echo 5G 安裝在針對街道的窗戶上，Echo 5G 是一個可自行安裝的窗上精密波束成形轉發器，旨在抵消毫米波的滲透、反射和結構陰影損失，因此它可以用毫米波訊號溫和地覆蓋室內。最後，由於 Echo 5G 使用者對基地台缺少 LoS 不足，在酒店停車場安裝了 Pivot 5G 戶外網路中繼器。Pivot 5G 本質上是一個基地台代理，它捕捉、塑造和重新導向來自 5G 基地台的毫米波訊號，繞過建築物等障礙物，並啟動覆蓋範圍擴大 5G 基地台的範圍。

測試中，他們使用了一個三星 S10 5G 手機。從會議室內的基準測試開始每個演示，以顯示在不使用 Echo 5G 使用者和 Pivot 5G 網路中繼器的情況下是否可以實現整個 5G。在每個基準測試中，手機不是無法連接到 5G，就是以低輸送量（<100 Mbps）連接。當打開 Echo 5G 使用者和 Pivot 5G 後，立即在 5G 網路上持續實現了 1000 Mbps 的輸送量，手機位於 Echo 5G 的 LoS 中 15～20 英尺（1 英尺=0.304 8 公尺）處。為了創造一個更具挑戰性的測試，他們搬到了會議室後面的走廊裡。在那裡，手機無法連接到 5G，使用 4G 連接的輸送量低於 70 Mbps。隨著 Echo 5G 使用者和 Pivot 5G 的打開，立即持續實現了 800 Mbps 的 5G 輸送量，手機的位置在 20～30 英尺處，不在 Echo 5G 的 LoS 內。最後，他們轉移到第二個走廊的測試地點，離 Echo 5G 使用者有 2 個障礙物和 30 多英尺遠，此時手機仍然沒有發生 5G 的連接。隨著 Echo 5G 的打開，實現了 5G 連接，但輸送量下降到 150 Mbps，這仍然超過了未使用該技術的會議室內的手機的最佳性能。

ARIADNE 專案於 2019 年 11 月 1 日開始，計畫將新型高頻先進無線電架構和 AI 網路結合起來，以形成一種新型的智慧通訊系統，超越 5G，如圖 7.7 所示。新的智慧系統方法是必要的，因為在新的頻率範圍內，新的無線電屬性的規模和複雜性不能用傳統的網路管理方法來最佳化操作。到目前為止，ARIADNE 專案指定其系統模型作為未來調查的基礎，這些調查

將在專案範圍內進行。對 D 波段定向鏈路的分析,包括考慮合適的通道建模方法和性能評估的方法,另外機器學習技術的應用也進行了初步研究。這為 D 波段 RIS 和可重構天線的應用奠定了基礎。

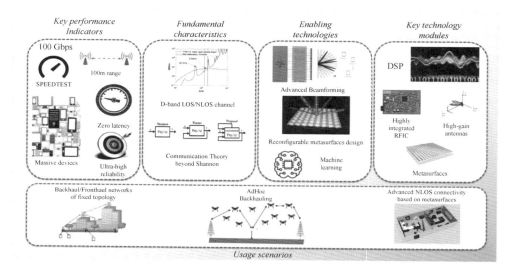

圖 7.7　ARIADNE 系統

東南大學崔鐵軍院士與北京大學李廉林研究員團隊利用智慧超表面實現了成像儀與辨識器,它能夠遠端監控人類的動作、肢體語言,以及日常生活中的生理狀態,為未來的智慧家居、人機互動介面、健康監控和安全篩查開闢了新的途徑。為了使用單一裝置即時完成複雜的連續任務,利用 ANNs 提出了一種能夠自我調整操控電磁波,擷取智慧資料,並即時處理資料的智慧超表面,其工作原理如圖 7.8 所示。三個類神經網路被用於一個綜合的層次結構,將測量的微波資料轉化為整個人體的圖型,在整個圖型中對特別指定的點(手和胸)進行分類,並在 2.4GHz 的 Wi-Fi 頻率下即時辨識人的手勢。

該神經網路驅動的智慧超表面能夠:① 在全視圖場景中對多人進行原位高解析度成像;② 將電磁場(包括環境 Wi-Fi 訊號)快速聚焦到選定的局部點,避免身體軀幹和環境的不良干擾;③ 透過即時掃描感興趣的局部身體

部位，監測現實世界中多個非配合人的局部身體症狀和生命症狀。所設計的反射式可程式化超表面由 32×24 個尺寸為 $54 \times 54\ mm^2$ 的數字超原子組成，每個超原子整合一個 PIN 二極體（SMP1345-079LF）進行電子控制。智慧超表面包括主動和被動的操作模組。

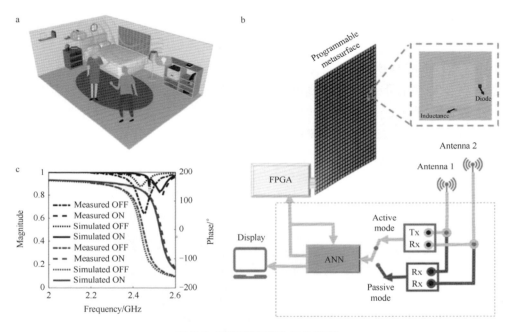

圖 7.8 智慧超表面的工作原理

實驗表明，使用訓練過的智慧超表面生成被測試人員的高解析度圖型後，從這些圖型中可以輕易地辨識出被測試人員的身體姿態資訊，它還能清晰地檢測被測試人員在 5 公分厚的木牆後面的動作情況。

2020 年 1 月 17 日，NTT DOCOMO 宣佈，該公司與全球玻璃製造商 AGC 合作，已成功進行了世界上第一次使用 28 GHz 5G 無線電訊號的透明動態超表面原型試驗。新的超表面在一個高度透明的包裝中實現了對無線電波反射和穿透的動態操縱，適合在建築物和車輛的窗戶及看板上不引人注目地使用。AGC 根據 DOCOMO 提出和設計的理論模型，使用微加工技術製造了光學透明的超表面。輕微移動玻璃基板可以在三種模式下動態控制無

線電波:完全穿透入射無線電波、部分反射入射無線電波和全部反射無線電波。與使用半導體的傳統方法相比,這種新設計有兩個優勢:它允許動態控制,同時保持視窗的透明度,並且有利於基板的放大。

在試驗中,無線電波被垂直發射,以測量兩種模式的穿透力:第一種模式為完全穿透,即超表面基底和可移動的透明基底相互連接,第二種模式為完全反射,即超表面基底和可移動的透明基底相隔 200 多微米。在 28 GHz 下對這兩種模式的測試都成就非凡。無線電波在穿透模式下穿過基底,在反射模式下被阻擋,這兩種情況下都沒有衰減。在目前的測試中,兩個基片之間的距離是手動控制的,但在未來的測試中,將使用壓電制動器在穿透和反射模式之間高速切換。

圖 7.9　麻省理工學院的 RFocus 原型機(照片:Jason Dorfman, CSAIL)

2020 年 2 月,MIT 公佈了由研究人員設計的 RFocus 超表面原型,如圖 7.9 所示。RFocus 原型由 3720 個廉價的天線組成,這些天線佈置在 6 平方公尺的表面上。按比例計算,每個天線單元的成本預計只有幾美分或更少。超表面的功能可以作為反射鏡將一側的訊號反彈至指定位置,也可以作為透鏡將穿透的訊號折射至指定的位置,但無論何種使用方式,這都是將原本散佈在環境中的訊號再次集中向目標,讓收發器都在無須加大天線或輸出功率的情況下,使訊號增強達 9.5 倍之多。不僅可以增強 Wi-Fi 訊號,還能放大 5G 基地台訊號及給物聯網等小型裝置提供資料連接等。RFocus

雖然需要特別的控制器來管理上面的微型天線陣列，但由於表面本身不發射新的無線電波，因此該結構在接近被動模式下工作，可以透過低功率電子電路自我調整地設定，以便波束形成並能將衝擊無線電波分別聚焦到指定的方向和位置。

2021 年 1 月 26 日，NTT DOCOMO 和 AGC 宣佈他們已經開發出一種原型技術，利用附著在窗戶表面的薄膜狀超表面透鏡（見圖 7.10），將從室外收到的 28 GHz 5G 無線電訊號有效啟動到室內的特定位置。而且這種材料對 LTE 和 sub-6 頻段無線電波沒有影響，不會影響傳統無線頻率的性能。

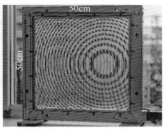

圖 7.10　靜態次表面透鏡（左）和動態超表面透鏡（右）

DOCOMO 和 AGC 還進行了相關試驗，將穿過窗戶的 28 GHz 訊號啟動到室內的特定位置，並提高訊號的強度。28 GHz 等高頻無線電波在長距離傳輸中具有高衰減，其高指向性導致低繞射（或物體周圍的弱彎曲），因此很難穿透窗戶，即使能穿透，也會被減弱到無法在室內充分傳播以建立無線通訊鏈路的程度。這種新型超表面透鏡是由一種人工工程材料製成的，這種材料所具有大量次波長單位細胞週期性地排列在二維度資料表面上，在超表面基板上以各種形狀排列的元素可以附著在玻璃窗上，將無線電訊號定向到室內的特定點（焦點）。據說室外基地台的無線電波可以在窗戶的寬闊表面上被接收到，然後在中繼器和反射器的幫助下，有效地傳播到建築物內的特定焦點。

試驗證明，超表面透鏡（如圖 7.11 所示）提高了室內焦點接收的 28GHz 無線電訊號的功率水準。此外，試驗還證實了控制焦點位置的能力，以及

從單焦點切換到雙焦點的能力。

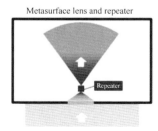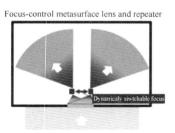

圖 7.11 超表面透鏡方案

由於蜂巢網路的運行仍然受到無線通道固有限制的限制，2021 年 5 月 1 日，歐盟資助的 PathFinder 專案開啟，將試圖推動無線 2.0 模式，以使無線通道適應蜂巢網路的運行。該技術允許設計和生產軟體 RIS，最佳化無線通道，並允許從這些通道中控制波。該專案旨在為 RIS 授權的無線 2.0 網路建立理論和演算法基礎，將會促進無線網路的進一步變革。PathFinder 的首要目標是推導出以下幾種模型：① 受物理啟發的 RIS/無線電波互動模型，來建立 RIS 使無線 2.0 網路的理論和演算法基礎。② RIS 網路的通訊與資訊理論模型。③ RIS 網路的大規模分析模型。④ 演算法對 RIS 運行進行設計和最佳化。⑤ 測量實驗驗證所開發的模型和演算法。這些目標的實現確實可以改變無線網路，推動整個歐洲社會的經濟和智力增長，創造新的就業機會，增加收入，簡化生活。

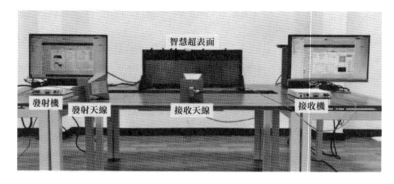

圖 7.12 團隊研發的基於智慧超表面的無線通訊原型系統

同年，華中科技大學尹海帆教授研究團隊自主研製的智慧超表面無線通訊原型系統（見圖 7.12）成功打破業界性能記錄，在不改變發射訊號功率的前提下，實現了接收訊號增強 500 倍的實測效果。團隊完成了業界首個智慧超表面的室外遠距離訊號傳輸實驗，利用其訊號增強作用克服電磁波遠距離傳播的損耗，實現了 500 公尺傳輸距離外高畫質視訊流的即時播放。

圖 7.13 外場測試照片

該團隊將 1080p 高畫質視訊從華中科大啟明學院亮勝樓透過無線訊號傳輸至 500 公尺之外的原光電國家研究中心，並基於智慧超表面技術實現了接

收端訊號功率的大幅度提升，從而實現視訊流的線上播放，場外測試照片如圖 7.13 所示。

此外，在訊號穿牆測試中，智慧超表面也獲得了 400 倍的訊號功率增益，極大地彌補了訊號穿牆時的損耗，保證了通訊品質。這些實地測試結果表明，智慧超表面將有望成為解決 5G 乃至未來行動通訊的網路覆蓋痛點和高功耗痛點的關鍵技術。

2021 年 6 月底完成全球首個 5G 中頻網路外場下的智慧超表面技術驗證。測試結果表明：在 5G 中頻基地台非視距覆蓋社區邊緣，5G 終端參考訊號接收強度提升可達 10dB，5G 社區邊緣使用者性能提升 40%以上。在距離 5G 高頻（26GHz 頻段）基地台 150 公尺以上的非視距覆蓋盲區或弱區，5G 終端參考訊號接收強度提升可達 12.5dB，5G 高頻弱區內使用者性能改進可達 296%。智慧超表面反射技術將為 5G 高頻基地台網路的深度覆蓋提供科學可行的創新技術途徑。

7.2.3 智慧超表面各方面研究現狀

1. 路徑損耗和通道建模

RIS 能夠改變入射頻磁波的幅度和相位，其二維結構和可重構電磁回應使得其在未來的無線網路中具有潛在的應用潛力。一開始的研究工作大多是基於簡單的數學模型，認為 RIS 是一個具有相移值的對角矩陣。而目前 RIS 輔助無線通訊研究面臨的主要問題是缺乏易於處理和可靠的 RIS 物理和電磁模型。RIS 對無線電波的回應尚未從物理學和電磁學的角度進行廣泛的研究，這可能會導致相對簡化的演算法設計和性能預測。建立精確的路徑損耗模型是鏈路預算分析、評估 RIS 輔助系統的性能增益、最佳化 RIS 結構和部署的必要前提。此前，一些初步的研究工作已經開始嘗試建立 RIS 的路徑損耗模型。

針對不同的應用場景，借助在暗室中進行的通道測量，推導了 RIS 的路徑損耗模型，其測量是透過使用三個工作在 10.5 GHz 以下的 RIS 來進行的，但所提出的路徑損耗模型沒有列出天線和單晶胞的聯合歸一化功率輻射方向圖的顯性運算式。利用天線理論提出了 RIS 輔助鏈路路徑損耗的物理模型，證實了之前的發現。在最小散射天線的假設下，計算 RIS 近場和遠場散射場的輻射密度，討論了路徑損耗隨傳輸距離的變化規律，但沒有列出平面 RIS 單元的明確描述。透過列出一維 RIS 在遠場和近場區域路徑損耗的積分和近似閉式運算式，在近場和遠場區域觀測到不同的變化規律為傳輸距離和 RIS 的大小的函數。利用格林定理的向量推廣，將之前的分析推廣到二維 RIS，描述電場和磁場的變化規律與傳輸距離和 RIS 大小的函數關係。Khawaja 使用被動反射器來增強毫米波通訊的覆蓋範圍。但是，由於被動反射器與 RIS 不同，所提解析運算式不能直接用於表徵 RIS 的路徑損耗。Gradoni 介紹了一種基於互阻抗理論的路徑損耗模型。點對點通道模型以代數形式表示，它代表 MIMO 通訊系統。該方法適用於天線為最小散射輻射單元的 RIS，並考慮了天線間的相互耦合。然而，這種方法並不直接適用於平面 RIS。之後，Khawaja 的路徑損耗模型被用於系統最佳化，最佳化了之前提出的路徑損耗模型，提升了路徑損耗模型的精度。並提出了兩種不同的 RIS 輔助毫米波無線通訊的路徑損耗測量，用於鏡面反射和智慧反射。

2. 預編碼

透過設計預編碼方案，合理設計 RIS 的相位，反射訊號可以增加到從其他有路徑的接收器接收到的訊號中，這有助最小化傳輸功率，或提高傳輸性能，包括頻譜效率，能量接收，遍歷容量、符號錯誤率、通道容量、速率和功率效率等。RIS 增強的物理層安全性已在進行了相關研究。為了提供更好的性能，研究了所需數量的反射元件。為了實作方式，研究人員研究了具有有限解析度移相器和相位誤差的 RIS 的應用。

預編碼設計對於促進 RIS 增強的多使用者系統中的資訊傳輸也是非常重要的。在現有的工作中，MUI 被認為是一個有害的成分，並盡可能地透過預編碼和反射設計來抑制它。然而，最近的研究發現，MUI 也可以被視為有用的訊號能量來源，透過符號級預編碼技術來增強資訊傳輸，與線性區塊級預編碼相比，它將有害的 MUI 轉為建設性干擾，以提高符號檢測性能。有研究者首先設計了用於 RIS 的鮑率級預編碼器，以實現單天線接收機的調解和最小化最大鮑率位元錯誤率（SER）。基於這一發現，提出將符號級預編碼和 RIS 結合起來的方法，以享受這兩種技術的優勢。隨後有研究者提出了基地台的單位符號級預編碼和 RIS 的相位轉移的聯合設計，目的是在 PSK 調解下最小化使用者的最差符號錯誤機率。結果表明，與傳統的線性預編碼和單位符號級預編碼相比，擬議的聯合設計可以獲得更好的符號錯誤機率性能。同樣為 MSER，透過對 RIS 處的反射元件和發射機處的預編碼器進行交替最佳化，提出了 MSER 預編碼和 MMED 預編碼。模擬結果表明，在複雜高斯輸入的假設下，所提出的反射和預編碼設計可以提供比現有設計更低的位元錯誤率。

此外，在典型的通訊場景中，RIS 由於「雙衰落」效應只能獲得微不足道的容量增益，為了突破這一基本物理極限，人們提出了主動 RIS 的概念，提出了一種聯合發射和反射預編碼演算法對主動 RIS 和被動 RIS 進行了比較。結果表明，與沒有 RIS 相比，現有的被動 RIS 在典型應用場景中僅能實現 3%的可忽略容量增益，而提出的主動 RIS 可以實現 129%的顯著容量增益，從而克服了「雙衰落」效應的根本限制。在遠場情況下使用 LIS 時，空間干擾抑制對於實現高頻譜效率非常重要。ZF 預編碼在實際曲面尺寸上優於 MR，但這種差異是漸近消失的，當使用 ZF 預編碼時，可以針對不同的效用函數有效地最佳化功率分配。

各種先進的最佳化演算法和基於深度學習的方法已經被提出用於 RIS 輔助系統的設計。利用深度強化學習的最新進展，有研究者研究了基地台的發射波束成形矩陣和 RIS 的相移矩陣的聯合設計，模擬結果表明，所提出的演算法不僅能夠從環境中學習並逐漸改善其行為，而且與兩個最先進的基

準相比，還獲得了相當的性能。還有研究者研究了一種 RIS 輔助的無線保密通訊系統，第一次提出了一種基於深度強化學習的安全波束形成方法來實現動態環境下的最佳抗竊聽波束形成策略，模擬結果表明，基於深度 PDS-PER 學習的保密波束形成方法可以顯著提高系統的保密率和 QoS 滿足機率。

3. 基於表面的調解和編碼

綜上可知，RIS 的優勢主要用於提高訊號的品質，緩解相關通道的相移，沒有控制這些相移的任何額外目的。RIS 的有前途的應用是將資料調解和編碼到它們各自的可重構元件中。RIS 的這種應用可以看作是空間調解和指數調解的例子。特別是，最近關於該主題的研究活動組成了基於可重構天線的空間調解概念的概括，該概念已有相關介紹，並進行了工程設計和實現，在此不再贅述。

有研究者提出了利用 RIS 作為被動發射器的概念，RIS 改變反射元件的參數，透過利用附近的射頻（RF）訊號發生器產生的未調解載體訊號來調解和傳輸資訊符號，研究了基於 RIS 的空間調解的位元錯誤率；利用 RIS 實現正交相移鍵控（QPSK）發射機和 8-PSK 發射機的試驗台平台已經驗證了這一想法。透過研究 RIS 的輻射方向圖，既研究了基於 RIS 的空間調解的誤碼機率，又研究了採用 RIS 的空間移位鍵控（Space Shift Keying，SSK）和空間調解方案提供的錯誤機率。結果表明，基於 RIS 的空間調解能夠以低錯誤率提供高資料率。透過將資訊調解到 RIS 反射元件的 ON／OFF 狀態來應用空間調解原理。有研究者提出了一種基於 RIS 的通訊的反射調解方案，其中反射模式和發射訊號均攜帶資訊。數值結果表明，所提出的最佳化方案在位元錯誤率方面優於現有解決方案。也有人提出了三種基於 RIS 的不同架構，用於毫米波通訊中的 BIM，從而避免了毫米波頻率的視線阻塞。有研究者研究了一種 RIS 輔助的通訊鏈路，由於以前的工作大多假設一個固定的 RIS 設定，而不考慮傳輸的資訊，他們證明了透過聯合編碼發送訊號和 RIS 設定中的資訊的方案來實現容量，透過提出了一種

新的基於分層編碼的訊號策略，該次優策略在足夠高的訊號雜訊比下優於被動波束形成。一種新的調解方案是利用 RIS 的相移，以一種有效的頻譜方式將額外使用者（U2）的資料疊加到普通使用者（U1）上，得出了平均位元錯誤率的分析運算式。數值結果表明，該方法可以以更高的精度獲得 U2 的資料，同時透過設定適當的相移和足夠大的單元數量來確保 U1 的資料的準確性。

4. 通道估計

在 RIS 增強的無線通訊系統中，由於 RIS 提供的巨大的被動波束成形增益是以更多的通道估計負擔為代價實現的，CSI 對於實現 RIS 的被動波束成形增益非常重要。然而，之前關於 RIS 的工作主要是在完美 CSI 假設下進行的，這有利於推導出系統的性能上限，但這在實踐中難以實現。由於其大量的被動元件沒有發射和接收能力，這實際上是一項具有挑戰性的任務，需要新的演算法和協定來執行通道估計，同時保持 RIS 的複雜性盡可能低，並盡可能避免板上訊號處理操作。

與為 RIS 配備專用感測器、接收電路以實現其通道估計的方法相比，基於使用者發送並由 RIS 反射的接收領航訊號，使用適當設計的 RIS 反射模式來估計 AP 處的串聯使用者 RIS AP 通道的方法更具成本效益。以前採用這種方法進行 RIS 通道估計的工作都是基於最小平方法，假設一個簡單的一個元素的 ON/OFF 的反射模式，但這主要有兩個主要的缺點。第一，頻繁地實現大規模 RIS 元件的 ON/OFF 切換是非常昂貴的，因為這需要對每個RIS 元件進行單獨的振幅控制（除了相移）。第二，RIS 的大孔徑沒有得到充分利用，因為每次只有一小部分元素被打開，這降低了通道估計的準確性。為了克服上述問題提出了一種新的 RIS 反射（相移）模式，即在通道估計和資料傳輸階段，其所有元素都以最大的反射振幅開啟，來進行通道估計。並在一個實際的寬頻 RIS 增強正交分頻重複使用（OFDM）系統中，連續執行通道估計和反射最佳化。模擬結果證實了所提出的通道估計和反射最佳化方法的有效性。

此外，Nadeem 在研究不完全 CSI 條件下 RIS 輔助的 MISO 通訊系統方面做出了初步貢獻。他們利用了 BS 的大規模衰減統計的先驗知識，在 RIS 在多個通道估計子階段應用一組最佳相移向量的協定下，得出貝氏最小均方誤差（MMSE）通道估計。性能評估結果說明了擬議系統的效率，並研究了其對通道估計錯誤的敏感性。Jensen 介紹了估計從發射機到接收機的串聯通道的最佳方法，即包括從發射機到 RIS 的鏈路和從 RIS 到接收機的鏈路的組合通道。結果表明，該演算法的估計方差比傳統方法小一個數量級。將基於 RIS 的系統中的通道估計問題公式化為約束估計誤差最小化問題，該問題透過使用拉格朗日乘數法和基於雙上升的演算法來解決。結果表明，該方法在低訊號雜訊比條件下具有更高的精度。還有研究者開發了一種估計串聯通道的演算法，所提出的方法透過利用串聯通道中可用的稀疏性來利用壓縮感應方法。

由於 RIS 通常使用大量反射元素，而且沒有訊號處理能力，通道估計的主要挑戰是應對估計通道狀態資訊和向表面報告最佳化相移所需的負擔。透過一種負擔模型，可將其納入系統速率和能量效率的運算式中，然後針對 RIS 的相移、發射和接收濾波器、用於通訊和回饋階段的功率和頻寬最佳化。該框架的特點是在具有 RIS 的網路中，最佳化的無線電資源設定策略和相關負擔之間的權衡。

5. RIS 和中繼的比較

當新技術成為人們關注的焦點時，有必要認真研究與類似的成熟技術相比，這些新技術可能提供的潛在優勢和局限性。因此，將 RIS 與可能被認為與它們密切相關的傳輸技術進行比較是明智的。

在一項針對解碼和前向中繼的 RIS 比較研究中，全面討論了 RIS 和中繼的所有優缺點。

（1）從性能比較的角度來看，得出了結論：如果 RIS 的大小足夠大，RIS 可能優於中繼。如果考慮透過使用大量廉價天線來實現 RIS，這表示需要

幾個天線元件來實現良好的性能，而不需要使用功率放大和訊號再生。然而，一個有趣的發現是，就可實現的資料速率而言，被設定為作為簡單異常反射器工作的足夠大的 RIS 可能優於理想的全雙工作需求天線解碼和前向中繼。如果考慮其他性能指標，如能效和功耗，如果在不使用主動元件和功率放大器的情況下實現 RIS，增益可能會更大。

（2）RIS 具有比繼電器更低的硬體複雜度，尤其是在使用廉價的電子器件進行大規模生產時。最近已經實現一個由 3720 個廉價天線組成的大尺寸 RIS 的原型。

（3）繼電器中使用的主動電子元件是造成附加雜訊的原因，這種雜訊會對傳統繼電器協定的性能產生負面影響。此外，作為異常反射器的 RIS 不受加性雜訊的影響。但是，它們可能會受到相位雜訊的影響。如果它們幾乎是被動的，RIS 不能放大或再生訊號。

（4）中繼輔助系統的頻譜效率取決於採用的雙工協定。被設定為反常反射器的 RIS 不受半雙工約束和環回自干擾的影響。此外，元面的表面反射係數可以被設計為最佳地結合從發射器和 RIS 收到的訊號。

（5）在繼電器中，將可用功率分配到 N 個天線中，使總功率保持恒定。與此相反，在 RIS 中，每個組成元素在透過傳輸率對接收訊號進行縮放後，在不增加雜訊的情況下，反射出從發射器接收的相同數量的功率。作為 N 的函數，更有利的縮放規律並不一定表示 RIS 的性能優於中繼。對於一個固定的總功率約束，事實上，作為傳輸距離的函數的路徑損耗也是不容忽視的。

將經典的重複編碼 DF 中繼與 RIS 進行了比較，所得出的結果是，即使考慮了理想的相移和平坦通道，但 RIS 仍需要數百個可重新設定的單元才能具有競爭力。因此，RIS 需要許多單元來補償低通道增益。儘管 RIS 所需單元會比中繼站多，但在研究中的模擬中擊敗 DF 中繼所必需的具有數百個單元的 RIS 在物理上仍可能很小，因為決定路徑損耗的通常是 RIS 的總大小。

值得一提的是，可以在電磁級實現的訊號處理比在數位域實現的訊號處理更簡單。此外，具有高功率效率的基於元表面的 RIS 的實現需要複雜的超表面結構的設計，這是該領域的重要研究方向。

6. RIS 用於新的頻段

無線資料流量一直在高速增長，這一趨勢預計在未來十年將加速。為了滿足該需求，無線產業正在設計未來的無線傳輸技術和標準，以釋放包括毫米波、太赫茲和可見光光譜在內的大量未使用頻帶提供的潛在機會。與目前使用的微波頻率相比，由於波長縮小了幾個數量級，在這些高頻段，衍射和材料穿透將導致更大的衰減，從而提高了視線傳播、反射和散射的重要性。因此，毫米波和太赫茲通訊的路徑損耗都很大，尤其是當傳輸路徑被障礙物阻塞時。常用的解決辦法是增大發射功率或部署額外的網路基礎設施，如中繼。但中繼的特性會導致網路功耗增加，導致硬體複雜度和成本增加。RIS 能夠改變入射頻磁波的幅度和相位，RIS 的二維結構和可重構電磁回應使得其在未來的無線網路中具有潛在的應用潛力。

毫米波通訊具有豐富的頻譜資源，能夠支持多十億位元無線連線。然而，嚴重的路徑損失和高方向性使它容易受到阻塞事件的影響，這在室內和密集的城市環境中是經常發生的。針對這一問題，引入 RIS 技術，為毫米波訊號的覆蓋提供有效的反射路徑。在這個框架中研究了 RIS 輔助毫米波系統的聯合主動和被動預編碼設計，其中部署了多個 RIS 來輔助從基地台到單一天線接收器的資料傳輸。分析表明，接收到的訊號功率與反射元件的數量呈二次曲線增長，無論是單 RIS 還是多 RIS 的情況。結果還表明，RIS 可以幫助建立有效的虛擬 LoS 路徑，從而顯著提高毫米波通訊中抗阻塞的穩固性。

在室內毫米波環境通道通常是稀疏散射的，並由強大的 LoS 路徑主導。因此，當 LoS 路徑不存在時，在這種通道上的通訊一般來說是非常困難的。因此，有研究者研究了在沒有 LoS 路徑的室內毫米波環境中利用 RIS 的通

道容量最佳化問題，並提出了兩個最佳化方案，利用 RIS 反射元件的訂製能力，以最大限度地提高通道容量。第一個最佳化方案只利用了 RIS 反射元件的可調整性；第二種最佳化方案是聯合最佳化 RIS 反射元件和發射相位編碼器。模擬結果表明，RIS 反射元件的最佳化產生了明顯的通道容量增益，而且這種增益隨著 RIS 元件數量的增加而增加。

THz 通訊系統被認為是未來室內應用場景中支援超高速資料傳輸的一種有前途的替代方案。同樣由於存在潛在障礙，室內太赫茲通訊的視線通訊鏈路不可靠。可利用 RIS 來提高太赫茲通訊系統的反射傳輸，透過調整 RIS 的所有相移值來改變太赫茲訊號的傳播方向，然後透過選擇最佳的相移值來提高求和速率性能。數值結果驗證了上述結論，也說明了 RIS 增強太赫茲通訊系統的優點。

有研究者研究了無線 VR 網路中，將 RIS 與 VR 使用者聯繫起來的問題。為了提供無縫的 VR 體驗，需要持續保證高資料率和可靠的低延遲。首先提出了一個基於熵值風險的新型風險框架，用於速率最佳化和可靠性能。還提出了一個 RNN 強化學習框架，以捕捉動態通道行為並提高傳統 RL 策略搜索演算法的速度。模擬結果表明，所提出的方法產生的最大佇列長度僅在最佳解決方案的 1%以內。

在光通訊中，由於光鏈路很容易被環境中的障礙物阻擋，所以一直被認為很難直接進行無線通訊。RIS 身為新型的數位編碼超材料，可以透過建立新的鏈路來顯著改善光通訊的覆蓋範圍。一種基於光學 RIS 的可控多分支無線光通訊系統透過在環境中設定多個光 RIS，建立多個人工通道，以提高系統性能，降低斷馬達率。根據數值結果，發現多分支系統的位元錯誤率和中斷機率下限與單一直達路徑系統相比明顯降低。因此，光 RIS 輔助的多分支無線通訊是以應對光通道障礙的有前途的解決方案。

7. 基於機器學習的設計

機器學習已經在許多領域顯示出其壓倒性的優勢，包括電腦視覺、機器人

學和自然語言處理，在這些領域，機器學習已經被證明是一個強大的工具。與上述機器學習應用不同，通訊的發展極大地依賴於理論和模型，無論資訊理論還是通路建模，考慮到通訊網路逐漸增加的複雜性，這些傳統方法目前顯示出一些局限性。因此，對將其應用於通訊領域，特別是無線通訊的機器學習的研究引起了研究界的興趣。此外，最近無線研究人員開始研究將基於模型和資料驅動的方法結合在一起的可能性，試圖利用它們的優勢克服其固有的局限性。機器學習被認為是實現 RIS 賦能的 SREs 願景的潛在推動者。

最近在室內通訊環境中考慮了由可調單元元件組成的 RIS，用於將訊號反射聚焦到預期的使用者位置。然而，當前的概念驗證需要複雜的 RIS 設定操作，這些操作主要透過有線控制連接來實現。由此提出了一種深度學習方法，用於在室內通訊環境中部署 RIS 時進行高效的線上無線設定。所訓練的 DNN 被輸入目標使用者處的測量位置資訊，以輸出 RIS 的最佳相位設定，用於聚焦於該預期位置的訊號功率。

RIS 最近也已成為提高無線通訊系統能量和頻譜效率的有希望的候選者。傳統的方法是使用 SDR 技術尋找次優解，但由此產生的次優迭代演算法通常會導致高複雜度，因此不適合即時實現。有研究者採用深度學習技術來降低基於 RIS 的無線網路的設計複雜性，模擬結果表明，與基於半定鬆弛和交替最佳化的傳統方法相比，該方法保持了大部分的性能，同時降低了計算的複雜度。

作為反射陣列，RIS 能夠在不需要射頻鏈的情況下輔助 MIMO 傳輸，從而顯著降低功耗。有研究者利用 DRL 的最新進展，研究了基地台發射波束成形矩陣和 RIS 相移矩陣的聯合設計。實驗結果表明，所提出的演算法不僅能夠從環境中學習並逐步改進其行為，並且具有良好的性能。

RIS 有前途的覆蓋範圍和光譜效率增益也越來越引起人們的興趣。然而，要在實踐中採用這些表面，需要解決諸如設定被動表面上反射係數的挑戰。一種新穎的深度強化學習框架可以用於以最小的波束訓練負擔預測

RIS 反射矩陣。有研究表明，線上學習框架可以收斂到假設完美通道知識的最佳速率，在這種操作中，表面可以在沒有任何基礎設施控制的情況下自行設定。

RIS 輔助的 MISO 無線傳輸系統也是一個重要的研究方向。受到 DRL 在解決複雜控制問題上的巨大成功的啟發，開發了一個基於 DRL 的框架來最佳化 RIS 輔助下行 MISO 無線通訊系統的相移設計。結果表明，所提出的基於 DRL 的框架可以以相對較低的時間消耗幾乎達到接收訊號雜訊比的上限。

8. 多址邊緣計算

MUEC 是一種網路架構概念，可在任何網路（如蜂巢網路）的邊緣實現雲端運算能力和資訊技術服務環境。MEC 背後的基本理念是，透過在離客戶更近的地方運行應用程式和執行相關處理任務，可以減少網路壅塞，提高應用程式的性能。最近，一些研究人員研究了 RIS 在這種情況下的應用。

MUEC 系統中的計算移除組成了支援行動裝置上資源密集型應用程式的有效範例。RIS 可以減輕傳播引起的損害，它能夠提高光譜效率和能量效率。研究 RIS 在 MUEC 系統中的有益作用，透過考慮單裝置和多裝置場景提出了延遲最小化問題，結果表明，該 RIS 輔助 MUEC 系統能夠顯著優於沒有 RIS 的傳統 MEC 系統。

RIS 身為新興的具有成本效益的技術，可以提高無線網路的頻譜和能源效率。透過設計一個 RIS 輔助的邊緣推理系統，從行動裝置生成的推理任務被上傳到多個基地台並由多個基地台協作執行，目標是根據每個基地台執行的任務集、基地台發射和接收波束成形向量、行動裝置的發射功率和 RIS 相移，最小化網路功耗。也有研究者提出了一個 RIS 輔助的綠色邊緣推理系統，其中從資源受限的 MD 生成的推理任務被上傳到多個資源增強型基地台並協作執行。模擬結果證明了部署 RIS 的最高性能增益，並確認了所提出的演算法在降低整體網路功耗方面相對於基準線演算法的有效性。

7.2.4 研究意義

RIS 被認為是一種很有前途的新技術，可以透過軟體控制反射來重新設定無線傳播環境。控制周圍環境以提供更有利的傳播特性的想法代表了研究者們對無線系統設計範式的轉變。與其將環境中的反射和散射視為只能隨機建模的不可控制現象，不如將其視為可以最佳化的系統參數的一部分，從而克服無線通道的隨機性。

一般而言，無線鏈路上的可實現速率受調解順序和空間流數量的限制，兩者都是根據當前的通道實現來決定的。調解順序根據在接收器處感知到的訊號強度進行調整，這是通道增益的結果。為了保持低位元錯誤率並避免重新傳輸，蜂巢邊緣的使用者將被迫使用低階調解，從而只獲得較低的速率。此外，可以根據通道的可用本征模的數目來調整空間流的數目。雖然 LoS 可能具有較高的通道增益，但會受到空間稀疏的低秩通道的影響，從而限制空間流的數量和可實現速率。這些情況可能出現在任何無線網路中，但預計未來的通訊系統將受到更強烈的影響。特別是，在未來幾代通訊系統中使用的更高頻帶（如 30～100 GHz）的傳播特性，這些場景將更頻繁地出現。RIS 透過在平面上整合大量低成本的被動反射元件，每個元件以特定的相移反射訊號，從而協作的實現定向訊號增強或抑制，可用於改變這些場景中的通道實現，是未來無線通訊一個很有前途的選擇。

7.3 智慧超表面的分類

目前，各種 RIS 正在研究和設計中，其中包括用於發射、反射和透射的表面，以及不同調控方式的表面（主動 RIS 與被動 RIS），這些內容將在本節中詳細說明。

7.3.1 按照功能劃分

RIS 的重要性質就是可重構性，即可以根據需求操縱電磁波，具體地説，超表面應該能實現如圖 7.14 中的電磁操縱功能。

（1）反射：這個功能可以將入射的無線電波反射到一個指定的方向，但這個方向不一定與入射方向一致。

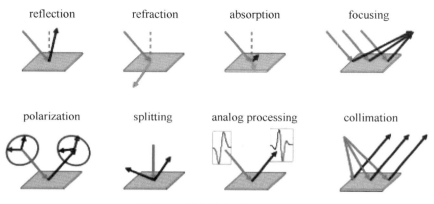

圖 7.14 基本的電磁操縱功能

（2）透射：這個功能可以將入射的無線電波折射到一個特定的方向，但這個方向不一定與入射方向一致。

（3）吸收：該功能使指定入射無線電波的反射和折射無線電波為零。

（4）聚焦/波束形成：該功能為聚焦（即集中能量）衝擊的無線電波到指定位置。

（5）極化：這個功能為改變入射無線電波的偏振（舉例來説，入射的無線電波是垂直電偏振，反射的無線電波是水平磁偏振）。

（6）準直：這個功能為聚焦的補充。

（7）分裂：這個功能為一個指定的入射無線電波建立多個反射或折射無線電波。

除此之外,透過使用主動器件可以使得超表面具有發射頻磁波的功能,基於此可將 RIS 進行以下分類。

1)用於發射的 RIS

如圖 7.15 所示為基於 RIS 的發射機通用架構,圖中的 R1,R2⋯為大型基地台,它是由 RIS 中的多個散射單元組成的(具體數量根據要實現的功能和採用的技術確定),可以看作是實現基於 RIS 發射機的基本單元。以 8PSK 調解為例,大型基地台需要能夠實現八種不同的相移,這些相移對應於傳統 PSK 調解器所調解的相移,這是透過設計組成大型基地台的散射元件來實現的。如圖 7.15 所示,透過饋線向 RIS 發送未調解的訊號,RIS 對發來的訊號進行適當的反射來實現調解。為了對訊號進行調解,RIS 由編碼器控制,編碼器輸出用於設定 RIS 的兩種資料流程。第一個資料流程用於設定每個大型基地台的反射係數(R_1,R_2,⋯),每個反射係數對應於 8PSK 調解的相移。第二個資料流程對應於傳統調解符號。這兩個資料流程用於同時控制在指定時間內被啟動以供傳輸的大型基地台(圖 7.15 中 R3,R5,R6,R12)和它們發射的調解訊號(圖 7.15 中 R3,R5,R6,R12 反射的光束)。圖 7.15 中的發射機架構是足夠通用的,可以實現多種基於 RIS 的發射機。

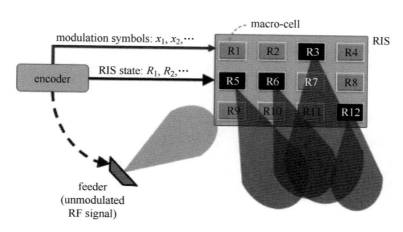

圖 7.15 基於 RIS 的發射機通用架構

（1）基於 RIS 的調解：假設與 RIS 狀態相對應的資料流程只控制大型基地台是啟動還是未啟動，這表示每個大型基地台的反射係數分別僅為 1 或 0。在任何傳輸實例中，只有一個大型基地台被啟動。此外，假設調解符號的資料流程包含一個 PSK 符號。然後，可以使用圖 7.15 中基於 RIS 的發射機方案來實現基於其的空間調解和索引調解，其中發送的資料被編碼到啟動的大型基地台和 PSK 調解符號上。空間調解的這種具體實現是有吸引力的，因為可以在 RIS 上部署許多大型基地台，從而使得大量的位元可以調解到大型基地台的開關狀態上。

（2）基於 RIS 的多流發射機：假設與 RIS 狀態相對應的資料流程控制每個大型基地台的反射係數，從而模擬 PSK 調解。此外，調解符號的資料流程是不啟用的，即 RIS 不通過這個控制訊號接收任何位元。可以使用圖 7.15 中的發射機方案來實現基於 RIS 的空間多工，其中同時傳輸的資料流程的數量取決於啟動的大型基地台的數量。一般情況下，資料流程數量越大，RIS 的控制和設定網路的複雜度越高。在相關研究中可以找到基於 RIS 的多流發射機的現有原型例子。這種空間重複使用的具體實現是有吸引力的，因為多個資料流程同時傳輸，僅採用單一饋線，即單一功率放大器和單一 RF 鏈。

（3）基於 RIS 的編碼：假設與 RIS 狀態相對應的資料流程控制每個大型基地台的反射係數，從而模擬一組離散的值。一般來說，考慮所有大型基地台同時被啟動。另外，假設資料流程中的調解符號屬於指定星座圖中的符號。那麼，利用圖 7.15 中的發射機方案，可以實現將資料聯合編碼到調解符號 x_1, x_2, ⋯ 和大型基地台反射係數 R_1, R_2, ⋯ 上。最近有研究者從資訊理論的角度研究了這個實現，證明了在調解符號和 RIS 的設定上聯合編碼資訊，作為通道狀態資訊的函數，與不利用 RIS 的設定進行資料調解的基準線方案相比，發射機方案提供了更好的通道容量。這個結果是很重要的，因為它證明了從資訊理論的觀點來看，接收功率最大不一定是最佳的。

基於這三個範例，還可以實現其他幾個發射機，它們都利用了透過簡單的射頻饋線對 RIS 發射的無線電波進行整形這一特性。

2）用於反射的 RIS

如圖 7.16 所示為用於反射的 RIS 的典型架構，該 RIS 由一個智慧控制器和三層電路板組成。在外層，大量的金屬片（元件）被印刷在介電基板上，與入射訊號直接相互作用。在該層的後面，使用銅板來避免訊號能量洩漏。最內層是一個控制電路板，負責調整每個元件的反射振幅/相移，由附在 RIS 上的智慧控制器控制。在實際中，FPGA 可以作為控制器，它還充當閘道，透過單獨的無線鏈路與其他網路元件（如 BSs、APs 和使用者終端）進行通訊和協調，以便與它們進行低速率資訊交換。

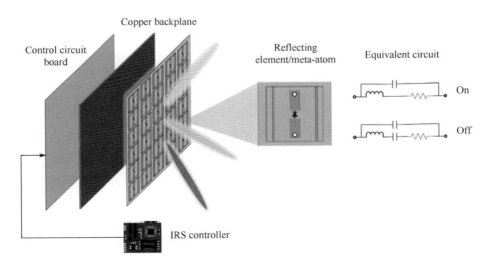

圖 7.16 用於反射的 RIS 典型架構

圖 7.16 列出了單一元件結構的範例，其中 PIN 二極體嵌入在每個元件中。透過直流饋電線路控制其偏壓，PIN 二極體可以在等效電路中所示的「開」和「關」狀態之間切換，從而產生 π 的相移差。因此，透過智慧控制器設定對應的偏置電壓，可以獨立地實現 RIS 元件的不同相移。為了有效地控制反射振幅，可在元件設計中採用可變電阻負載。舉例來説，透過

改變每個元件中電阻的值，入射訊號能量的不同部分被耗散，從而在[0,1]中實現可控反射振幅。在實踐中，期望對每個元件的振幅和相移進行獨立的控制，為此，需要有效地整合上述電路。

雖然連續調諧 RIS 元件的反射幅度和相移對通訊應用肯定是有利的，但是在實作方式中成本很高，因為製造這種高精度元件需要複雜的設計和昂貴的硬體，同時元件的數量會變得非常多。舉例來說，如圖 7.16 所示，為了實現 16 級相移，每個元件需要整合 4 個 PIN 二極體。由於元件尺寸有限，這不僅使元件設計極具挑戰性，而且還需要更多來自智慧控制器的控制接腳來激勵大量 PIN 二極體。因此，對通常具有大量元件的 RIS，只實現離散的幅度/相移級更具成本效益，每個元件需要少量的控制位元，舉例來說，1 位元用於兩級（反射或吸收）幅度控制，或兩級（0 或 π）相移控制。注意，這種粗略量化的幅度/相移設計不可避免地會導致指定接收器處的 RIS 反射和非 RIS 反射訊號不對準的問題，從而導致一定程度的性能下降。

3）用於透射的 RIS

最近出現了一種新的 RIS——IOS，IOS 不僅具有反射訊號的功能而且可以進行透射，從而為表面兩側的行動使用者提供全方位的通訊服務。與 IRS 相似，IOS 是一個二維的散射元件陣列。如圖 7.17 所示，每個可重構元件由均勻分佈在電介質襯底上的多個金屬片和 N 個 PIN 二極體組成。金屬貼片透過 PIN 二極體接地，PIN 二極體可根據預定的偏置電壓在其通斷狀態之間切換。PIN 二極體的開/關狀態決定了 IOS 對入射訊號的相位回應。每個金屬貼片最多能在入射訊號中引入 2^N 種不同的狀態，從而產生不同的相移，並且這些相移是均勻分佈的。當訊號從表面的任意一側撞擊到 IOS 的這些可重構元件中的時，入射功率的一部分被反射，並向撞擊訊號的同一側和相反一側傳輸。

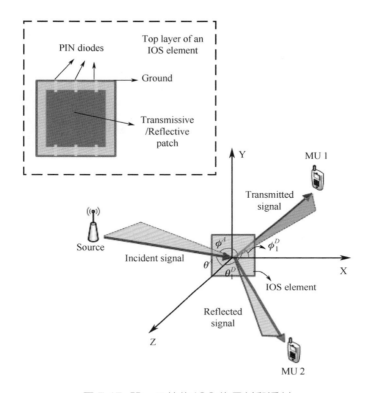

圖 7.17 單一元件的 IOS 的反射和透射

IOS 的可重構元件對入射訊號的響應是一個複數值。特別是，回應取決於入射方向、離開方向（反射或透射）和 IOS 元件所誘導的相移。每個元件的回應幅度與每個元件的尺寸及入射角和離去角上的輻射功率有關。在圖 7.17 所示為撞擊到 IOS 的可重構元件上的訊號方向，以及由 IOS 的可重構元件向行動使用者重新發射的訊號方向。需要指出的是，反射和透射訊號的幅度可能不同。IOS 的反射和發射訊號之間的功率比是由可重構元件的結構和硬體實現所確定的。此外，反射和透射訊號引起的相移可以不同，這也與元件的結構和硬體實現有關。

除此之外，一些文獻研究了使用 RIS 作為透鏡以輔助近場環境下的定位，傳統的定位演算法通常是使用基於 AOA 和 TOA 等中間量估計的，但這種解決方案需要發射機和接收機之間的多次互動以及極其精確的系統同步，

這可能會減少通訊的可用頻寬，並具有較高的成本。一種可能的替代解決方案是從與行動節點（源）發射的訊號相連結的球面波前推斷發射器位置，雖然在遠場傳播狀態下，波前是平面的，並且只有 AOA 資訊可以使用天線陣列來推斷，但是當在近場狀態（菲涅耳區）下操作時，波前往往是球形的，並且距離資訊，如位置，也可以從中推斷出來。而 RIS 可以直接在電磁層面對其波前進行操縱以實現低複雜度的定位功能，有研究者比較了以下三種不同的結構：帶有訊號天線的 RIS 透鏡、帶有多個天線的不可重構透鏡和標準平面陣列。結果表明，使用硬體複雜度較低的大型 RIS 透鏡可以實現更精確的定位。雖然目前對這方面的研究較少，且沒有具體的概念架構，但這仍然為未來 6G 中實現低成本的定位功能提供了一個有效的解決方案。

7.3.2 按照調控劃分

RIS 可根據調控方式的不同，如根據 RIS 所調控的是電磁波的磁特性還是電特性，分為主動表面和被動表面。

1. 被動 RIS

目前廣泛研究的 RIS 實際上是被動的。被動表面之所以有吸引力，是因為它能夠在不使用任何功率放大器或射頻鏈，也不應用複雜的訊號處理的情況下，對撞擊它的無線電波進行整形並轉發輸入訊號，具體如圖 7.18（a）所示，被動表面包括大量被動元件，每個被動元件能夠以可控相移反射入射訊號。被動元件由一個反射貼片組成，貼片端接一個阻抗可調電路，用於相移。由於是被動工作模式，被動表面元件實際上消耗零直流功率，因此引入的熱雜訊可以忽略不計。此外，被動表面可以在全雙工模式下工作，沒有顯著的自干擾或增加的雜訊，並且只需要低速率控制鏈路或回程連接。最後，被動表面結構可以很容易地整合到無線通訊環境中，因為極低的功耗和硬體成本允許它被部署到建築立面、房間和工廠天花板、筆記型電腦主機殼甚至人類服裝中。

2. 主動 RIS

與被動表面類似，主動表面也可以隨選求對入射訊號進行反射，如圖 7.18（b）所示。與只反射訊號而不放大訊號的被動表面不同，主動表面可以進一步放大反射訊號。為了實現這一目標，主動表面元件的關鍵元件是額外整合的主動放大器，這可以透過許多現有的主動元件來實現，如電流反相轉換器、不對稱電流鏡，甚至一些整合晶片。另一方面，主動表面可嵌入 RF 電路和訊號處理單元，以實現收發器的作用。同時，透過將越來越多的軟體控制天線元件封裝到有限尺寸的二維（2D）表面上，這可以看作是傳統大規模多輸入多輸出系統的自然發展。主動表面的實作方式還可以是無限數量的微小天線元件與實現連續天線孔徑的可重構處理網路的緊湊整合。透過利用全息原理，這種結構可用於在整個表面上發送和接收通訊訊號。另一種主動表面的實現基於分立的光子天線陣列，整合主動光電探測器、轉換器和調解器，用於傳輸、接收和轉換光或射頻訊號。

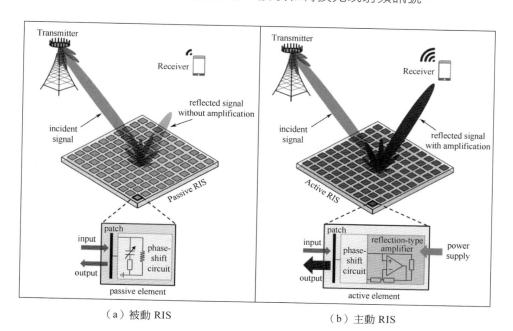

（a）被動 RIS　　　　　　　　　　（b）主動 RIS

圖 7.18　被動 RIS 和主動 RIS 比較

7.3.3 按照回應參數劃分

目前，RIS 在通訊中的研究一般是將其建模為一個對角矩陣，即 $\Phi = \mathrm{diag}(\beta_1 e^{j\phi_1}, \cdots, \beta_N e^{j\phi_N})$，其中，$N$ 表示 RIS 中的單元數，$\{\beta_1, \cdots, \beta_N\}$ 和 $\{\phi_1, \cdots, \phi_N\}$ 分別表示 RIS 單元的振幅係數和相移。根據 $\{\beta_1, \cdots, \beta_N\}$ 和 $\{\phi_1, \cdots, \phi_N\}$ 的離散和連續性，可將 RIS 分為離散表面和連續表面。對於離散表面，回應參數只能取離散值，而這會使其在實際應用中出現一定的性能損失；對於連續表面，由於要實現無限多的幅度和相移值，使得表面上整合的元件數增多，成本及實現難度增大，目前已經有很多對離散表面和連續表面的性能的研究，這部分內容將在 7.6 節中詳細說明。

除此之外，根據 $\{\beta_1, \cdots, \beta_N\}$ 和 $\{\phi_1, \cdots, \phi_N\}$ 的可變性，可以將 RIS 分為幅控表面、相控表面和幅相聯合控制表面。對於幅控表面，$\{\phi_1, \cdots, \phi_N\}$ 是固定的，只有 $\{\beta_1, \cdots, \beta_N\}$ 可以變化；對於相控表面，$\{\beta_1, \cdots, \beta_N\}$ 是固定的，只有 $\{\phi_1, \cdots, \phi_N\}$ 可以變化；而對於幅相聯合控制表面，$\{\beta_1, \cdots, \beta_N\}$ 和 $\{\phi_1, \cdots, \phi_N\}$ 都是可以變化的。

7.4 6G 中有前景的應用

從 5G 至 6G，行動通訊系統在不斷發展，許多關鍵技術都在其中發揮著重要的作用。MIMO 技術演進至今，規模不斷擴大，在提高性能的同時也帶來了一些問題，如複雜度高、硬體成本高、功耗較大。因此，在 6G 中需要開發更靈活的硬體系統結構，尋找能源效率高、頻譜高、成本低的解決方案。RIS 是 6G 中一種非常有前景的技術，可以輔助通訊、節省成本，並且還具備一些非通訊的用途。

7.4.1 輔助通訊

1. 增強覆蓋

超表面由次波長金屬或介電散射粒子的二維陣列組成，可以透過不同的方式轉換入射到它上面的電磁波。透過在無線通訊環境中引入 RIS，建立了基於 RIS 的智慧無線環境。它既可以透過調節超表面有效控制入射訊號的幅度、頻率、極化方式和相位，也可以實現覆蓋增強，而且不需要複雜的編解碼和射頻處理操作。

如圖 7.19 所示，當使用者位於訊號無效區域中，障礙物阻塞了使用者與其服務基地台之間的 LoS 路徑。此時若部署與基地台和使用者都具有直視路徑連接的 RIS，則可以使訊號繞過障礙物，從而建立一條虛擬 LoS 路徑連接。透過這種方法可以擴充易受室內阻塞影響的毫米波通訊的覆蓋範圍。

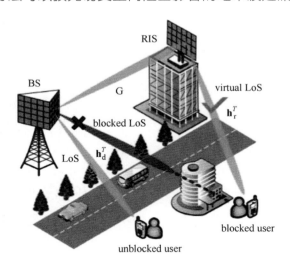

圖 7.19 部分使用者位於訊號無效區域的情況

2. 增強物理層傳輸的安全性

目前已有大量利用 RIS 提高無線通訊物理層的安全性的研究。在 Wyner 提出的最簡單的竊聽通道中，發送器和合法接收器進行通訊，並透過竊聽者

進行竊聽。這個簡單的模型已經擴充到廣播竊聽通道、複合竊聽通道、高斯竊聽通道和 MIMO 竊聽通道。

可以利用 RIS 提高使用者的資料速率，減少竊聽者的資料速率，以提高通訊安全性。前者和後者傳輸速率經過改良，被稱為保密資料速率。

很多研究者都在這個方面進行了研究，舉例來説，J. Chen 等人研究了多個合法接收者和多個竊聽者的情況。H. Shen 等人研究了在竊聽者存在的情況下，多天線基地台與單天線合法使用者之間的通訊。H. Yang 等人研究了一個 RIS 輔助的無線安全通訊系統，部署 RIS 保證多個合法使用者在多個竊聽者存在的情況下的安全通訊。為了提高系統的保密率，考慮不同的服務品質要求和時變通道條件，提出了一個聯合最佳化基地台波束形成和 RIS 反射波束形成的設計問題。

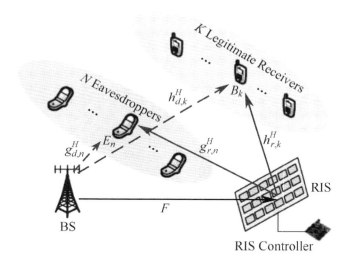

圖 7.20 RIS 用於改進物理層安全性的應用

RIS 的波操縱具有一定的靈活性，表現在它可以同時向預定接收器產生增強光束，並且向非預定接收器產生抑制光束，這可以用來增強無線通訊中的物理層安全性。如圖 7.20 所示為 RIS 用於改進物理層安全性的應用，當從 BS 到竊器的鏈路距離小於到合法使用者的鏈路距離時，或竊聽器位

於與合法使用者相同的方向,即使在後一種情況下透過在 BS 處採用發射波束成形,可實現的保密通訊速率仍然高度受限。然而,如果 RIS 部署在竊聽器附近,則 RIS 反射的訊號可以被調諧以抵消來自竊聽器處的 BS 的(非 RIS 反射的)訊號,從而有效地減少資訊洩漏。

3. 增秩

超表面被實現為離散散射元件的組。每個元件(也稱為超原子或晶格)都有能力向入射波引入相移。局部表面相位的變化是透過調節表面阻抗來實現的,該表面阻抗能夠操縱入射波。這種操作會造成相位不連續,需要在表面上突然改變相位。RIS 遵循廣義 Snell 定律,其離散結構提供了極大的設計靈活性。RIS 輔助的無線通訊系統是一個全新的領域,有很多方面仍未被探索。

在每個使用者配備單一天線的情況下,RIS 具有透過增加可控多徑來改善條件較差的多使用者 MIMO 通道的能力。學者們研究了具有萊斯衰落通道的 RIS 輔助的點對點多資料流程 MIMO 設定。

事實上,RIS 輔助的單使用者 MIMO 系統具有增秩能力,同時可以透過最佳化相移來保持相干相位對準。點對點 MIMO 通訊的經典瓶頸之一是空間重複使用提供的容量增益僅在高 SNR 時大,並且高 SNR 通道主要出現在通道矩陣具有低秩的 LoS 場景中,因此不支援空間重複使用。在 LoS 環境中使用和最佳化 RIS 可以提高通道矩陣的秩,從而大幅提高容量。

RIS 透過增加具有明顯不同空間角度的多路徑來豐富傳播環境,即使在直接路徑具有低秩的情況下也能獲得重複使用增益。它的性能在很大程度上取決於通道路徑損耗和展開角度。為了發揮出 RIS 的全部潛力,需要對它進行仔細部署,並且必須正確選擇 RIS 中的相位,否則傳輸速率會降低。

4. 減小電磁污染

天然和人為的各種電磁波的干擾及有害的電磁輻射都是電磁污染。隨著無

線通訊技術的蓬勃發展，射頻裝置功率成倍增加，地面上的電磁輻射也在大幅度增加，對人體的健康造成了威脅。

RIS 近乎被動的特性為重新定義通訊的概念提供了獨特的想法。在這種通訊概念中，資訊可以在不產生新的電磁訊號的情況下，透過回收現有的無線電波來進行交換。部署額外的網路基礎設施和使用更多的頻譜會增加人類的電磁曝露水準，RIS 可能對減少電磁污染和降低人類的電磁曝露水準非常有利，因此電磁感的環境中也可以部署 RIS，如在醫院中。

雖然未來的醫院可能會部署大量感測器，但這種巨大的連通性可能不是 RIS 在這種應用中的主要目的。醫院對電磁輻射更敏感，因此無線電強度必須足夠低，以符合非常嚴格的規定。在這種情況下，RIS 可以發揮關鍵作用。它透過將訊號從敏感區域轉移出去，可以在不影響通訊品質的情況下控制有害輻射。

5. 提升性能

目前設計的無線網路環境是自然固定的，設計時通常依賴於最佳化所謂的通訊鏈路端，如發射機和接收機。因此，在過去幾十年中，為了提高無線網路的性能，人們提出了許多先進的技術，其中包括基於使用的先進調解/編碼方案和協定。舉例來說，在發射機處使用多個天線、強大的傳輸和重傳協定，以及在接收機處使用穩健的解調和解碼方法。另一方面，無線環境通常被建模為一個無法控制、只能適應的外部實體。根據這種設計模式，通訊工程師通常根據無線通道的具體特性來設計發射機、接收機和傳輸協定，以達到預期的性能。舉例來說，配備有多個輻射元件的發射機可以根據其工作的無線通道的特定特性進行不同的設定，以便在空間重複使用、空間分集和波束形成增益方面實現所需的權衡。

事實上，雖然環境是自然生成的，但它可以透過設計進行程式設計。因此，為了補償無線通道的影響和/或為了利用無線通道的特性，當前無線網路設計的整體範式包括在發射機處前置處理訊號和/或在接收機處後處理訊

號。RIS 為無線研究人員提供了更多設計和最佳化無線網路的機會，這些
網路建立在無線環境所扮演的不同角色之上。事實上，RIS 能夠在無線電
波由發射機發射之後、在接收機觀察到它們之前，對衝擊到它的無線電波
進行整形，在一定原則上，它可以按照人們的願望訂製無線環境，以滿足
特定的系統要求。因此，無線環境不再被視為隨機的不可控制的實體，而
是作為網路設計參數的一部分，這些參數要經過最佳化，以支援不同的性
能指標和服務品質要求。

如圖 7.21 所示的通訊理論模型是一種 RIS 輔助的 SRE 模型，該 SRE 利用
RIS 的狀態來訂製無線環境，同時與發射機聯合編碼資訊。在該設定中，
無線環境的轉換機率取決於影響無線通道的 RIS 的狀態和由發射機根據
RIS 的狀態編碼的資料。與普通的模型相比，執行聯合發射機 RIS 編碼的
模型通常可以產生更好的通道容量。

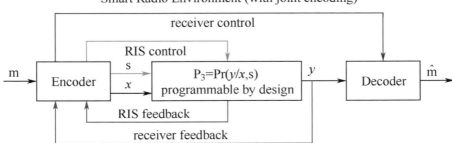

圖 7.21 RIS 輔助的 SRE 模型

總而言之，無線網路的最終性能限制可能還沒有達到。最新的研究證明，
透過對發射機、接收機和環境的共同最佳化，可以進一步提高點對點無線
通訊系統的通道容量。特別是，通道容量可以透過利用 RIS 作為除發射機
外的額外資訊編碼和調解的手段來提高，使系統性能得到明顯增強。

7.4.2 節省成本

由於具有以下幾個方面特性，在通訊系統中使用 RIS 可以大幅度降低成本。

1. RIS 具有二維結構

如圖 7.22 所示的 RIS 模型為人造材料的二維結構，其水平尺寸遠大於其厚度。一般來說 RIS 的水平尺寸比無線電波的波長大得多（舉例來說，比波長大幾十倍或幾百倍，這取決於實現的函數），它的厚度比無線電波的波長小得多。由於這個原因，RIS 通常被認為是一種電磁材料的零厚度薄片。該二維結構使 RIS 更容易被設計和部署，損耗更小，實現成本更低。

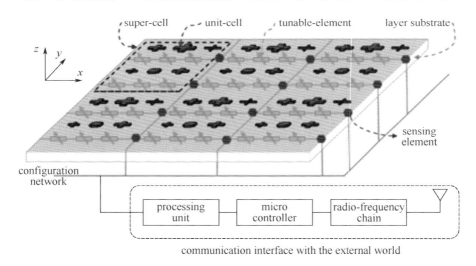

圖 7.22 二維結構的 RIS 模型

2. RIS 的製造材料

為了實現和製造近被動的 RIS，創新的環保超材料的使用為建構未來的可持續設計無線網路創造了可能。未來製造 RIS 的材料對環境影響很小並且高度可回收，具有很高的成本效益。

3. RIS 可以代替大規模天線陣

RIS 是一種薄的二維度資料表面，可以用不同的方式實現。最好的選擇可能是使用由超材料組成的超表面，這些超材料具有不尋常的電磁特性，可以在不需要傳統 RF 鏈的情況下進行控制。事實上，RIS 具有大量的反射元件，當同時考慮通道估計誤差和空間相關的多使用者干擾時，通道硬化效應與 massive MIMO 系統相似。此外，熱雜訊、干擾和通道估計誤差造成的損傷隨著 RIS 反射面數量的增加而變得可以忽略不計。也就是說，RIS 的性能可以與 massive MIMO 系統的性能相媲美。

目前，MIMO 的波束成形需要進行調相，每個天線陣元需要有多個移相器，這涉及多路數據的疊加問題。舉例來說，有 1 路原始資料和 8 個天線陣元，這實際上是 1 至 8 的映射。把 1 路數據分成 8 路需要有分路器，這8 路上每路有 1 個移相器調整相位，再把其饋到天線陣元上去。當有多路原始資料時，還可能會需要合路器合併資料流程。而這些器件並不廉價。目前的天線陣規模較小，成本還在可以承受的範圍之內。但隨著高頻技術在 6G 中的應用，如太赫茲技術的普及，導致成本會大幅度提高，這是因為太赫茲傳輸波長小，支援的天線陣規模變大，所需要的器件的數量也變多了。與傳統的主動 MIMO 陣列相比，大型 RIS 通常不需要這些元件，因此可以以非常低的成本和功耗進行生產，用它來代替大規模天線陣可以減少成本。

4. 調解資訊

無線發射機在現代無線通訊系統中具有非常重要的作用，在過去的幾十年，無線通訊系統的發展獲得了巨大的進步。然而，儘管電子技術發展迅速，但在發射機架構的設計方面卻很少有根本性的創新。當今大多數高性能發射機仍然依賴於傳統架構。傳統無線發射器如圖 7.23（a）所示，其中每個 RF 鏈需要一個 PA、兩個混頻器和幾個濾波器。當它應用在 UM-MIMO 中時，具有極高的硬體成本和功耗。為了解決上述問題，有許多學者對此進行了研究。有學者提出了直接天線調解技術，即利用時變天線直

接產生調解的 RF 訊號，極大地簡化了硬體結構。然而，這樣的架構只支持幾個低效的基本調解方案，如 OOK 和 FSK。與直接天線調解技術類似的技術是直接移相器調解技術，它透過緊湊的結構來實現相位調解，但是由於移相器的更新速率較慢，因此傳輸速率較低。

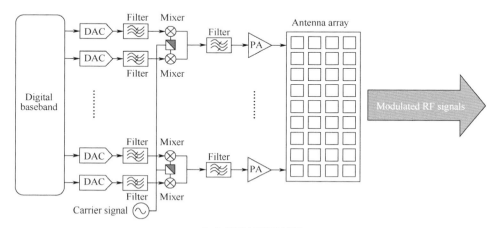

（a）傳統無線發射器

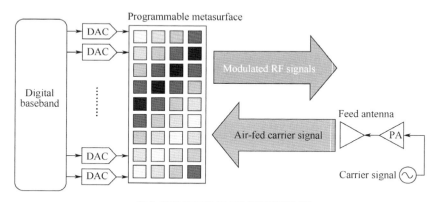

（b）基於 RIS 的無 RF 鏈無線發射器

圖 7.23 傳統無線發射器和基於 RIS 的無 RF 鏈無線發射器比較

RIS 可以用來調解資訊，具體原理及有關內容已經在 7.3 節詳細介紹，在此不再贅述。如圖 7.23（b）所示展示了基於 RIS 的無 RF 鏈無線發射器，旨在從根本上降低 UM-MIMO 和太赫茲通訊系統中的硬體複雜性。利用這

種結構，單音載體訊號透過饋電天線透過空氣饋送到輻射元件（單元）。然後將數位基頻直接映射到控制訊號上，調整 RIS 各單元的反射係數，從而實現對反射頻磁波的調解。舉例來說，PSK 調解可以透過向 RIS 施加不同的控制訊號來實現，以對反射的 RF 訊號進行不同的相位操作。原則上，由於每個單元的幅度和相位回應可以由專用 DAC 獨立控制，無 RF 鏈無線發射器可以同時產生多通道 RF 訊號，從而實現先進的訊號處理方法，如空時調解和波束控制，用於 MIMO 和未來的 UM-MIMO 技術。同時，這種無 RF 鏈的範例只需要一個窄頻 PA 來管理空氣饋電載體訊號的發射功率，無論使用多少個通道都不需要混頻器和濾波器。與圖 7.23（a）中的傳統無線發射器相比，這種無線發射器大大減少了硬體複雜性和製作成本。此外，這種無線發射器中的 PA 只需放大單音載體訊號，而無須放大調解寬頻訊號，因此，它是一種很有前途的技術，可以避開 PA 的非線性問題。

整體來說，無 RF 鏈式發射器可以有效降低硬體成本，降低功耗，簡化整合過程。雖然圖 7.23（b）所示的系統結構基於反射型 RIS，但是類似的系統結構也適用於透射型 RIS。

7.4.3 非通訊用途

1. 無線電能傳輸

無線電能傳輸可以在不使用導線作為物理鏈路的情況下傳輸電能。在無線電能傳輸系統中，發射機（由來自電源的電能驅動）向接收器產生時變的電磁場，接收器從該場中提取電能並將其提供給電能負載。無線電能傳輸技術可以省去電線和電池的使用，從而增加電子裝置的行動性、便利性和安全性。因此無線電能傳輸受到了研究界的廣泛關注。

RIS 身為人工電磁表面結構，由次波長單元按非週期或週期排列而成。其中每個單元的各向異性、電回應、磁回應等特性都可以獨立控制，可以實現對電磁波的散射、傳導、輻射等特性的幾乎任意的調控。由於它可共

形、剖面低、損耗小，不僅能夠大幅度提高現有電磁器件的性能，還可以實現傳統器件無法實現的新功能。

RIS 具有很強的波前重塑能力，可以在遠場區域和近場區域對反射波或透射波的幅度、相位、和極化分佈進行精確的控制。對無線電能傳輸來說，它強大的波前控制能力可以在基於電磁輻射的中遠距無線能量傳輸中發揮巨大作用，很多學者目前正在研究 RIS 在這方面的潛在用途和應用。

2. 定位和傳感

未來的無線網路不僅允許人們、行動裝置和物件之間進行通訊，還將變成分散式智慧通訊、傳感和計算平台。除了連接，更具體地說，這個設想的6G 平台有望能夠感知環境，能夠進行本機存放區和處理資訊，以便提供具有環境感知能力的網路應用和服務。這樣的處理可以適應時間緊迫、超可靠和節能的資料傳輸，以及實現人員和裝置的精確定位。因此，除了增強連接能力，RIS 還將在完成補充和支持通訊的其他任務中發揮重要作用。由於智慧表面可能配備能量收集感測器，RIS 可以一個密集和「毛細管」式的網路，用於感知環境，並建立環境地圖，支持各種新興應用。由於有可能實現大尺寸智慧表面，RIS 還可以提供一個平台，在室內和室外場景中提供高精度的定位服務，並可實現近場高聚焦能力，支持大量部署裝置的通訊。由於具有直接對撞擊的無線電波執行代數運算和函數的可能性，RIS 可能提供實現一個完全基於電磁的計算平台的機會，釋放可重構的反向散射通訊的潛力。基於這些原因，一些研究人員已經開始研究 RIS 為增強連接之外的應用提供的潛在機會。

圖 7.24 所示是基於 RIS 的定位的應用實例，從左至右分別為：RIS 可以繞過 LoS 阻塞以提高定位精度和連續性；可以利用大型 RIS 近場中的波前曲率來求解干擾參數（如時鐘偏差）；透過建立強大和一致的多路徑，RIS 可以在非常惡劣的室內環境中支援定位，動態地考慮物件的運動；RIS 不會引入處理延遲，因此可以支援新的延遲敏感型、超精確應用。

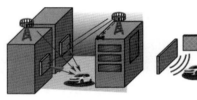

| LoS阻塞下的定位 | 近場定位 | 工業4.0+下的定位 | 擴增實境 |

圖 7.24 基於 RIS 的定位的應用實例

7.4.4 應用實例

無線網路不斷增長的需求，使 RIS 成為一個具有光明前景的研究方向。RIS 透過整合電子電路實現的可重構特性，可以用程式設計方法實現。它透過受控的方式反射入射頻磁波，是一種智慧設計的人造平面結構。未來製作 RIS 的材料價格低廉且重量輕，使 RIS 可以按照共形幾何形狀成型，也可以在很多物體上進行部署，如建築物的外牆上、室內的牆壁或天花板上和 UAV 的機身上。與目前的無線通訊系統相比，RIS 可以獲得更高的頻譜效率。RIS 可以反射訊號，它會將原始訊號導向可以增強最終訊號品質的方向。值得注意的是，由於城市中通訊終端的部署較為密集，因此 RIS 的使用效率在城市中更高。

1. 空中計算

在未來的 6G 中，物聯網將為數十億個具有傳感和通訊能力的低成本裝置提供無處不在的連接，從而實現各種智慧服務的自動化操作。從大量分散式物聯網裝置中聚合資料是一項重要的工作，而且也十分具有挑戰性。如果先傳輸後計算，工作效率可能會受到影響，在密集的物聯網網路中延遲會增加。空中計算整合了通訊和計算，這種技術透過允許併發資料傳輸和利用多連線通道的疊加特性來實現超快速資料聚合。研究者使用 RIS 來輔助空中計算，以建立可控的無線環境，從而有效地提高接收訊號的功率。空中計算收發機和 RIS 相移的聯合設計是一個非常棘手的非凸二次規劃問題。鑑於問題的非凸性，有研究者提出了一種交替差分凸演算法來解決該

問題，也有研究者研究了在大規模雲端無線連線網中為空中計算系統部署 RIS 的優勢。在該系統中，工作裝置透過分散式 AP 將本地更新的模型上傳到參數伺服器，這些 AP 在有限容量的前端鏈路上與參數伺服器通訊，數值結果驗證了在雲端無線連線網系統中採用相位最佳化 RIS 的優越性。

2. UAV 網路

UAV 機動性強、用途廣泛、易於部署且成本低廉，與傳統蜂巢網路相比具有很多優勢，在軍事和民用等領域具有很大的應用潛力。有研究者研究了一種新型的 RIS 輔助 UAV 通訊系統的聯合 UAV 軌跡和 RIS 的被動波束形成設計，以最大化平均可達速率。為了解決該問題，將其分為兩個子問題，即被動波束形成和軌跡最佳化。首先推導了任意指定 UAV 軌跡的閉式相移解，以實現不同傳輸路徑接收訊號的相位對準。然後，利用最佳相移解和逐次凸逼近方法得到一個次優軌跡解。模擬結果表明，RIS 的輔助有利於大幅度提高 UAV 網路的通訊品質。還有研究者考慮了在建築物牆上部署 RIS，用它來反射從地面發射到 UAV 的訊號，UAV 被部署為中繼，將解碼後的訊號轉發到目的地。為了模擬 RIS 輔助地空鏈路的統計分佈，對暫態訊號雜訊比的機率密度函數進行了嚴密的近似分析。利用這種分佈匯出了中斷機率、平均位元錯誤率和平均容量的解析運算式。結果表明，RIS 的使用可以有效地提高 UAV 通訊系統的覆蓋率和可靠性。

3. 智慧家居

將 RIS 部署在室內的牆壁上，它可以增強依賴無線連接操作的多種裝置的本地連線性。在室內，各個裝置之間的距離很短，RIS 反射訊號路徑與直接路徑相比不會長很多，衰減也不會多很多。在這種情況下，RIS 的主要目的是透過相長干涉來提高頻譜效率，對比值很高。

4. 智慧建築

在大型建築的外牆上部署 RIS 可以增加覆蓋增強和頻譜效率提高的可能

性。這種部署方式把包括行人和車輛在內的移動物件也囊括在了智慧城市中。智慧建築是室內和室外實體之間的介面，這表示使用者室內的通訊過程擴充到了公共領域。不僅是在建築的外牆上，城市裡的大型看板上（包括室內和室外的看板）也可以部署不同尺寸和高度的 RIS，它可以同時為大量使用者提供連接。

5. 室內訊號聚焦

目前室內的訊號聚焦一般採用傳統的波束形成技術，需要專用硬體和訊號處理演算法。目前高度精確的訊號聚焦可以採用各種機器學習演算法來實現，如貝氏學習、支持向量機和 K 近鄰。RIS 被廣泛應用於室內通訊環境中，用於將訊號反射聚焦到目標使用者位置。將深度學習用於 RIS 的有效線上設定，旨在改善室內通訊環境中發射訊號聚焦到預期的接收機位置的準確性。該方法在離線訓練階段建立了座標指紋資料庫，該指紋資料庫用於訓練設計合理的 DNN 的權值和偏差，其作用是揭示使用者位置處測量的座標資訊與 RIS 單元設定之間的映射，從而最大化該使用者的接收訊號強度。在該方法的線上階段，訓練後的 DNN 將目標使用者處的測量位置資訊回饋給目標使用者，以輸出 RIS 的最佳相位設定，使訊號聚焦於目標位置。在室內進行的真實模擬結果表明，所提出的基於 DNN 的設定方法具有明顯的優勢，並且有效地提高了目標使用者位置的可實現輸送量。

6. 智慧工廠

智慧工廠離不開大量的機器類型的通訊。RIS 可以幫助擴充覆蓋範圍，從而避免網路的粒度聚類。在工廠中可能存在許多體積較大的金屬物體，這種惡劣的無線傳播環境對通訊極具破壞性。RIS 可以建構一種合適的方法來微調訊號反射，以找到繞過障礙物的路徑，增加覆蓋範圍，在智慧工廠中的應用很有價值。

在未來的網路基礎設施建設中，RIS 是一種有價值的技術，RIS 輔助的城市通訊環境本身將成為一種可控資產。RIS 輕便且對比值高，在空中作業

時可利用 RIS 的優勢獲得訊號傳輸更快且接收效率更高的效果。未來可控的智慧城市環境還可以提高服務品質、資源使用率和安全性等。智慧城市公共服務提供者、使用者和感測器網路之間靈活且針對環境的寬頻連線會使城市的智慧化逐步提升。在未來，RIS 有望在智慧建築等固定物體和車輛等移動物體上進行廣泛部署，它可以提高區域服務站、使用者終端和基地台之間的連通性。

7.5 智慧超表面的硬體實現

超表面是一種可以具有負折射等獨特電磁特性的二維人工次波長結構，在自然界中一般是不存在的。透過將一組精心設計的複雜的小散射體或孔隙排列成一個規則的陣列，以達到啟動和控制電磁波流動的預期能力，可以滿足幾乎任何預期的設定。近年來，具有可重構電磁參數的可程式化超表面的發明為克服傳統超表面的缺陷提供了一種有效的途徑。可程式化超表面可以動態地改變和操縱其表面反射或透射頻磁波的振幅、相位、極化，甚至軌道角動量。這使可程式化的超表面對無線通訊系統特別有吸引力。

7.5.1 基本硬體結構

智慧超表面是透過使無線通訊環境可程式化、可控制，從而實現 SRE 願景的關鍵推動力。廣義的來說，RIS 可以被定義為一種廉價的自我調整複合材料薄片，它類似於桌布，可以覆蓋於牆壁、建築物、天花板等處，同時還能夠透過使用外部刺激來程式設計控制，達到修改入射無線電波的目的。所以，RIS 的突出屬性就是可在無線環境之中部署後可重新設定。

一般來說，可程式化超表面有兩種類型，即反射型和透射型。對於反射型可程式化超表面，入射頻磁波被轉為反射頻磁波，其幅度和相位由外部控制訊號調節。相反，對於透射型可程式化超表面，入射頻磁波主要轉化為透射波。雖然目前的研究狀態可能還未達到上述文中提到的定義，但是一

些研究人員正在努力實現一些可程式化薄壁紙和可程式化薄玻璃，能夠根據需求操縱無線電波等，以作為概念上的智慧表面。

RIS 的硬體實現基於「超表面」的概念，超表面由數字可控的二維超材料組成。具體地說，超表面是一個由大量元素或所謂的超原子組成的平面陣列，其電厚度為相關工作頻率的次波長。透過適當的設計元件，包括其幾何形狀，如方形或開口環、其尺寸大小、方向、排列等，可以對應地修改其單一訊號回應，如反射振幅和相移。在無線通訊應用中，每個元件的反射係數應該是可調的，因為要適應使用者行動性所產生的動態無線通道，從而需要即時地進行重新設定。即時可重構可以透過利用電子裝置來實現，如正負極二極體、場效應電晶體或微電子機械系統開關等。

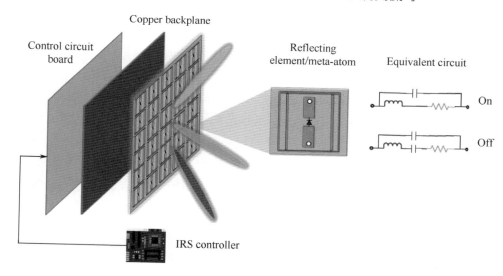

圖 7.25 RIS 的典型架構

如圖 7.25 所示，RIS 的典型架構可以由三層平面和一個智慧控制器組成。在外層，大量的金屬貼部分件被印在電介質基底上，直接與入射訊號相互作用。在這一層的後面，使用銅板來避免訊號能量的洩漏。最內層是一個控制電路板，負責調整每個元件的反射振幅或相移，由連接到 RIS 的智慧控制器觸發。在實踐中，現場可程式化閘陣列（FPGA）可以作為控制器

來實現，它還可充當閘道，透過單獨的無線鏈路與其他網路元件，如 BS、AP 和使用者終端，進行通訊和協調，以便與其他元件進行低速率資訊交換。

圖 7.25 中還顯示出了單一元件結構的範例，其中 PIN 二極體嵌入在每個元件中。透過直流饋電線路控制其偏置電壓，PIN 二極體可以在等效電路中所示的「開」和「關」狀態之間切換，從而產生相移差。因此，透過智慧控制器設定對應的偏置電壓，可以獨立地實現 RIS 元件的不同相移。另一方面，為了有效地控制反射振幅，可在元件設計中採用可變電阻負載。舉例來說，透過改變每個元件中電阻的值，入射訊號能量的不同部分將被耗散，從而實現（0，1）的可控反射振幅。在實踐中，最好能對每個元件的振幅和相移進行獨立的控制，為此需要對電路進行有效的整合。

7.5.2 資訊超材料

表面的深度次波長厚度確保了在合成和分析表面的過程中，垂直於表面方向的傳播或共振效應可以被完全忽略。這表示表面透射側，即 $z=0^+$ 的電磁場只取決於表面入射和反射側（$z=0^-$）的電磁場，表面可以有效地被建模為一片誘導的表面電和磁電流。換句話說，次波長厚度的襯底內的電磁場的影響可以被平均化從而忽略掉。這個特殊的屬性允許人們將超表面定義為一個局部實體、一個零厚度的薄片或一個不連續的薄片。局部實體一詞不可以被解釋為散射單元之間缺乏空間耦合，由於超表面的散射單元之間存在次波長的相互距離，所以這種耦合是不能被忽視的。

散射單元之間的次波長間距使超表面相當於一個可以局部均勻化的次波長粒子晶格，因此，可以透過連續的數學張量函數來描述，與超表面的實際物理結構相比，數學描述處理起來更加簡單。

因為超材料的次波長原子可以按照需求進行設計和製作，所以超材料在控制電磁波方面具有強大的能力和靈活性。一旦被動超材料的結構被製作出來，那麼其對應的功能會被固定。為了動態地控制電磁波，主動器件被整

合到超原子中，產生主動超材料。傳統上，主動超材料包括可調諧超材料和可重構超材料，它們不是具有小範圍的可調諧性，就是具有少量的可重構性。最近提出了一種特殊的主動超材料，即數位編碼和可程式化超材料，它可以實現大量不同的功能，並借助 FPGA 即時切換。超材料的數位編碼表徵使得利用超材料平台連接數位世界和物理世界成為可能。使超材料能夠直接處理數位資訊，就形成了資訊超材料。

現代超材料包括超表面，在過去 20 年獲得了巨大的發展，並且仍然處於物理學、化學、材料和資訊社會的前端領域。這一領域已經出現了許多新的發現、裝置、甚至系統。從可實現功能的角度來看，超材料的發展分為四個階段，超材料的演變如圖 7.26 所示。

第一階段是被動超材料，由專門設計的人工結構組成的週期性或非週期性的次波長散射單元，還可被稱為超原子，以達到自然界不存在或實際難以實現的均勻或不均勻的有效媒體參數。被動超材料在微波和光頻段都獲得了很好的發展，顯示了控制電磁波的強大能力。

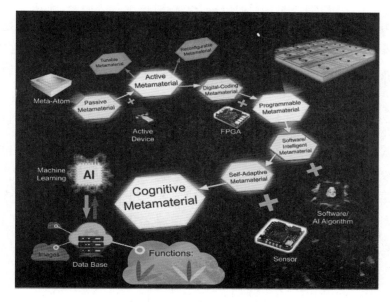

圖 7.26 超材料的演變

早期對超材料的研究主要集中在具有極端有效媒體參數的均勻情況下，如負許可率、負滲透率和零折射率等，以探索不尋常的物理現象。然而，同質超材料在控制電磁波方面的能力有限。為了改變這種情況，John Pendry 在 2006 年建立了變換光學理論，根據該理論可知，電磁波可以以任意方式被操縱，產生一些有趣的現象，就像是隱形斗篷和光學錯覺。通常具有極端媒體參數的各向異性和不均勻的超材料在現實生活中很難實現。由於具有窄頻、高損耗或大致積等缺陷，這類超材料器件不適用於工程應用。後來，人們又提出了另一種超材料——梯度指數材料，用於實現 Luneburg 透鏡、扁平 Luneburg 透鏡和板狀透鏡，這些透鏡具有寬頻帶和小損耗的良好性能，作為微波天線得到應用。受廣義斯涅爾反射和折射定律控制，可以透過在超表面上週期性地設計梯度相移，實現電磁波入射超表面時的異常反射和折射。

超材料發展的第二階段，由超原子和主動器件組成主動超材料的散射單元，改變其在外部激勵下的電磁響應。主動超材料包括可調諧超材料和可重構超材料，可調諧超材料通常表示透過調諧主動器件來實現一些類似的功能，如轉移諧振峰和完美吸收；可重構超材料可以透過切換主動器件表現出明顯不同的功能，如改變偏振態和控制工作頻寬，但功能的數量有限。此外如何即時調整和切換可調諧超材料和可重構超材料的不同狀態也是一個難題。

作為模擬電路的對應物，傳統的被動、可調諧和可重構的超材料可以被視為模擬超材料。數位超材料是主動超材料的分支，其中主動器件的控制狀態被離散為 2、4 或 8 個狀態，以實現超原子的數位狀態，用於 1、2 及 3 位元的編碼。研究表明，電磁波完全由超材料上的空間編碼序列控制。因此，人們可以在超材料孔徑上設計許多套數位編碼序列，計算它們的對應函數，並將它們儲存在 FPGA 中。將數位編碼超材料與 FPGA 結合起來，將產生一個可程式化的超材料，這就是超材料發展的第三個階段。

可程式化超材料不僅簡化了設計，可以即時控制電磁波，還具有處理數位

資訊的特性。這一重要特徵促使資訊超材料出現。可重複程式設計的全息成像系統、單感測器和單頻率的微波成像系統，以及新結構的無線通訊系統都是用可程式化超材料開發的。在生成軟體超材料和智慧超材料時，電腦程式、軟體和機器學習演算法很容易與可程式化超材料整合，這就可以發展成資訊超材料系統，包括可程式化超材料系統、軟體超材料系統、智慧超材料系統和空間—時間編碼數位超材料系統。由於其具有自動決策能力，可以被視為超材料發展的第四階段，自我調整智慧超材料可作為資訊超材料的未來發展方向。

7.5.3 可調電磁單元的實現

最近，研究人員開始對反射陣列和陣列透鏡的電子可調版本感興趣，以實現可重新設定的波束形成。透過在散射體中引入變容二極體、PIN 二極體開關、鐵電器件和微機電系統開關之類的分立元件，使孔徑中的散射體是電子可調的，表面作為一個整體可以被電子整形，以自我調整地合成大範圍的天線方向圖。在高頻下，鐵電薄膜、液晶等可調諧電磁材料，甚至石墨烯等新材料都可以作為反射陣列元件結構的一部分來實現同樣的效果。這使反射陣列和陣列透鏡成為近年來強大的波束形成平台，結合了孔徑天線和相位陣列的最佳特性。它們提供了反射鏡/透鏡的簡單性和高增益，同時提供了相位陣列的快速自我調整波束形成能力；它們也非常高效，因為不需要像相位陣列那樣的傳輸線饋電網路，因此收發器的數量大大減少，所以它們的成本通常比相位陣列低。

近年來，天線等微波器件重構技術平台的開發和應用獲得了顯著進展，主要是由於雷達和通訊系統對適應性或多功能性的需求不斷增加。因此，新興技術獲得了鞏固（如 MEMS），並引入了一些新奇的解決方案，如光導、巨觀力學、流態和基於石墨烯的重構技術。表 7.1 概述了用於實施 RRA 和 RAL 的選定技術及一些相關屬性的定性評估。在實踐中，電源處理和要求的控制電壓等其他標準也必須考慮。需要強調的是，表中不同的

項目並不總是獨立的，應視為一般的定性評價；在實踐中，對具體的 RRA 或 RAL 設計的具體應用和要求的定義將允許更準確地選擇最佳技術。

表 7.1　用於實施 RRA 和 RAL 的選定技術及一些相關屬性的定性評估

Type	製程	成熟度—可靠性	整合(包括偏置)	數模控制	複雜性(成本)	損耗(微波/THZ)	偏置功耗	線性度	轉換時間
集總元件	PIN 二極體	+	–	D	+	–/–	–		0	+
	變容二極體	+	–	A	+	–/–	+	–		+
	RF-MEMS	0	+	D	+	+/0	+	+		0
混合物	鐵電薄膜	0	+	A	0	0/–	+	0		+
可調諧材料	液晶	0	0	A	0	–/+	0	0		–
	石墨烯	–	+	A	0	–/+	+	+		+
	光導	0	–	A	0	–/–	+			+
力學元件	流態	0	–	A	0	0/+	+	0		
	微馬達	–	0	A	–	+		0		+

表 7.1 中的解決方案根據控制是使用要嵌入到陣列單元中的可變集總元件還是透過某些材料屬性的分散式控制來進行分類的。目前，大多數設計都使用集總元件，特別是半導體元件，如 PIN 二極體和變容二極體。這主要是由於現成元件的成熟度和可用性較高，但也是因為這項技術不需要先進的製造設施或專業知識。為了克服這些技術眾所皆知的局限性，採用了 RF-MEMS 技術，其最突出的特性是毫米波頻率以下的極低損耗、幾乎為零功耗、高線性度和單片整合的可能性。用於 RRA 和 RAL 的 MEMS 技術的限制是模擬控制通常不能提供足夠的可靠性或溫度穩定性，因此使用雙態數字件，類似於半導體技術中 PIN 二極體的使用。這表示增加了散射單元和偏置網路的複雜性，此部分內容後面將進一步討論。鐵電薄膜也被用來實現 RRA，該技術的優點是在單片製造過程中提供模擬控制，並且使用非常低的功耗。然而，這樣做的損耗比 MEMS 所能達到的要高得多。

MEMS 技術日趨成熟，可以提供高達 V 或 W 波段的優異性能，但仍需要新的技術來滿足人們對毫米波和太赫茲頻率在通訊和傳感方面日益增長的

興趣。這個問題對於 RRAS 和 RAL 尤其相關，它們的空間饋電對於減少陣列單元饋電損耗是必不可少的，因為隨著頻率的增加。在此背景下，最近液晶技術已被考慮用於次毫米波頻率，而已被提議使用石墨烯來處理太赫茲以上甚至紅外頻率。

控制元件的直流偏置在 RRA 和 RAL 中是一個特別尖銳的問題，因為通常陣列的每個單元必須獨立控制，這可能導致數千條控制線。PIN 二極體和大多數 RF-MEMS 技術等提供每個集總元件最多 1 位元控制的技術將導致大量偏置命令，從而導致在選擇基本相位解析度時在性能和複雜性之間需要進行權衡。這個問題與天線陣列中的相位量化效應有關：由於可用相位狀態的數量有限，每個單元產生的相位誤差會導致增益降低和旁波瓣電位上升。因此，在大型陣列中，考慮低至 1 位元的反射元件的相位解析度是有意義的。在任何情況下，偏置網路都必須仔細設計，以不影響器件和散射性能。在這一點上，先進的 MEMS 製程很容易包括高阻層，允許實現對電磁波透明的極高阻抗偏置線，這對於偏置網路設計極為方便。顯然，無論相位解析度如何，允許透過單一模擬調諧訊號控制相位的技術都具有每個單元一條控制線的好處。這是變容二極體控制單元的情況，也是基於可重構材料（如液晶或石墨烯）的新興技術的情況。

比較集中元件和可調材料技術設計 RRA 或 RAL 單元時的另一個重要方面是建模和設計。具體地説，基於集總元件的單元的設計可以由多通訊埠散射矩陣來表示，其中透過基於電路的後處理包括集總元件的影響。這不僅允許對單元進行單一全波模擬以獲得單元的所有不同狀態，而且還允許進行其他有趣的分析，舉例來説，在每個元件上感應的平均或最大電壓，或與單元對集中控制裝置中的故障的回應的靈敏度有關的一些計算。然而，這裡要注意的是，準確的結果需要對與在全波模擬器中引入集總通訊埠相關的寄生進行嚴格的校正。顯然，對依賴於對某些材料屬性的分散式控制的技術來説，這種單位回應和控制元素的單獨計算實際上是不可能的，因此需要針對每種材料狀態的全波解，並且為進階最佳化方法提供的可能性較小。

接下來介紹幾種常見的智慧表面單元元件。

1）雙偏振單元

實驗證明反射陣列單元利用兩個偏振並獨立控制每個 LP 分量的相位，可獨立掃描兩個 LP 光束。這種單元的原理如圖 7.27（a）和（b）所示，其中微帶環狀諧振器由兩個變容二極體對 A 和 B 載入。在偏振入射場分量的情況下，變容二極體 B 對反射相位沒有影響，因為它們對稱地位於電流分佈的零點，而元件 A 允許控制該偏振的反射相位。在元件的情況下，控制元件 A 現在是電流分佈的零，反射相位由 B 控制。

最近，有研究者探索了一種允許獨立控制兩束極化相反但頻率相同的 cp 光束的反射鏡。由於這種能力不能透過單層反射陣列來實現，這裡必須採用多層結構，雙 cp 反射陣列概念的原理如圖 7.28 所示。頂層必須對一種偏振透明，同時用所需的相位反射另一種偏振。然後，可以簡單地將底層實現為任何單 cp 反射陣列。這一有趣的概念在發表時，還沒有在真正的可重構模式下進行實驗演示，但它的實現將具有與其他反射射線類似的可能性和問題，但額外的限制是具有多達三層都需要嵌入控制元件的層。

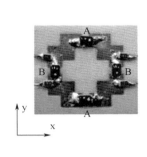

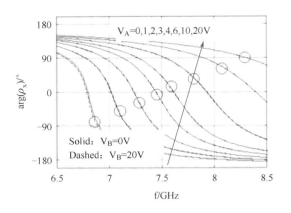

（a）變容二極體控制的散射單元，
用於兩個單 LP 的獨立光束掃描

（b）當改變兩對二極體 A 和 B 的電壓時，
單元沿軸向的反射相位，顯示了獨立的偏振控制

圖 7.27 偏振重新設定

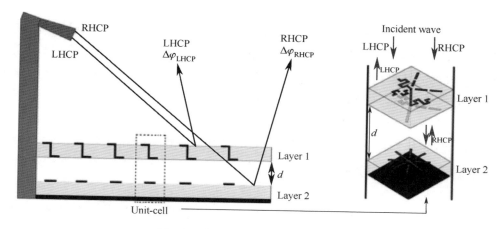

圖 7.28 雙 cp 反射陣列概念的原理

2）偏振柔性單元

在認知無線電應用中，動態控制由反射鏡合成的波束的偏振的可能性也是一個非常有趣的研究方向。事實上，允許獨立控制兩個線性偏振的單元也允許實現這樣的能力。如在前文所解釋的，電池允許獨立地控制，並且可以獨立地控制偏振和相位。當每個分量的解析度至少為 2 位元時，可以使用這種原理，因為這對應於從 LP 轉換到 cp 所需的 90 個相移步進值。最後一個重要的內容是，不同階段的單元損耗的高度變化將強烈影響極化控制的品質，因此必須集中精力在不同的單元狀態中實現類似的損耗。

3）雙波段單元

過去已經提出了固定設定的多波段反射鏡，這些反射鏡是透過為每個所需頻率實現反射單元的集合來設計的，根據應用要求，特別是根據所需頻率之間的相對間距，將這些反射單元佈置在單層或多層上。最近，光束掃描反射鏡中的多波段工作開始被關注。

4）捷變頻反射器元件

眾所皆知，反射器在頻寬方面的性能是有限的，並且在光束掃描單元中實現寬頻操作比在固定陣列中更難。在這種情況下，實現某些應用程式所需的頻寬可能非常具有挑戰性。

如果需要非常大的暫態頻寬，則不能透過頻率調諧來克服頻寬限制，但是
對有選擇的接收/發送，或對跳頻系統和認知無線電來說，頻率重新設定是
一個可行的選擇。要使這種設計有用，調諧頻率範圍必須比單頻設計可實
現的頻寬要寬得多，這具體取決於實際的要求。在此背景下，最近有研究
者提出了一種能夠以可變頻率動態控制反射相位的反射陣列單元。如圖
7.29 的測量結果所示，對於大於 1:1.5 的範圍內的任何所需頻率，它實現
了超過 270 個相位範圍的連續調諧。圖 7.29 對其工作原理也做了象徵性的
解釋。這裡的可設定單元結合了兩個開關和一個變容二極體，分別以粗略
和精細的方式調諧單元頻率回應。結果，該單元可以在較大且連續的相頻
範圍內以可變的工作頻率調整反射相位。單元部分的長度被設計成使四個
開關設定的諧振之間的間距是均勻的，並且與變容二極體感應的最大頻移
相同。

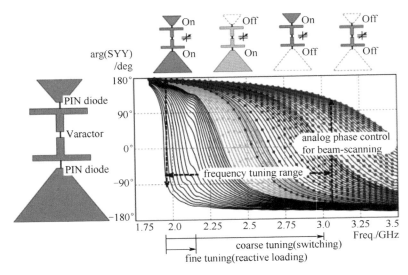

圖 7.29 在 RWG 模擬器中測量的頻率可重構反射陣列單元的反射相位

5）主動反射陣列
最近，有研究者對將放大器形式的主動器件與天線陣列整合非常感興趣，
舉例來說，增加天線的整體增益、補償損耗，以及在發射機的情況下為了

高 EIRP 而進行功率合成。在高頻下，特別是在毫米波頻率範圍內，MMIC 器件的低輸出功率要求使用功率合成網路來實現功率放大器的高輸出功率。在這個頻率範圍內，基於傳輸線的功率合成網路的損耗變得非常明顯，這在 20 世紀 90 年代和 21 世紀的前 10 年觸發了人們對 SPC 的濃厚興趣。本質上，空間功率合成器的工作原理類似於陣列透鏡，不同之處在於其輸出被準直，並由透鏡輸出側的饋電喇叭收集。

在反射陣列中，主動器件被設計到散射單元中，使得來自散射單元的反射係數大於 1。有兩種方法可以實現這一點，主動反射陣列散射單元類型如圖 7.30 所示。在共偏振反射陣列中，輸入和輸出偏振是相同的，需要使用 RMA。

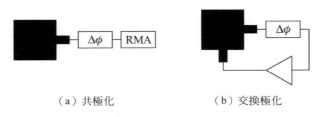

（a）共極化　　　　　　　　（b）交換極化

圖 7.30　主動反射陣列散射單元類型

一種更常見的方法是利用輸入和輸出極化正交的交換極化反射陣列設計，該設計使用二通訊埠雙極化天線作為反射陣列單元，這在輸入和隔離之間提供了一些隔離。

6）陣列透鏡拓撲

陣列透鏡拓撲是空間饋電天線陣列的變形，其中陣列的一側被饋電照亮，輻射在相對側產生。這種拓撲的可重新設定版本相比它們的反射陣列等值物有以下幾個優點。首先，陣列透鏡設計沒有饋電阻塞效應，這可能是小孔徑的考慮因素。除了遠場波束形成，陣列透鏡具有在透鏡孔徑附近形成焦點的能力，這在需要自我調整聚焦的應用中是有用的，如微波熱療。與電子可調反射陣列的情況一樣，可重構陣列透鏡設計可以根據單位單元實現相移的機制分成類似的類別。

7.5.4 控制單元的實現

1. 可調諧諧振器方法

固定的反射陣可以改變諧振器的尺寸來改變諧振頻率，從而產生相移，而可重構元件則可以透過電子調諧來實現這一目的。改變貼片諧振頻率的電子這一方法已經為人所知，舉例來說，透過使用變容二極體使用頻率變化貼片，因此第一個電子可調諧反射陣元件就是基於這種頻率變化的貼片設計。然而，適當地將調諧元件的選擇與貼片的大小相結合是很重要的，這樣就可以實現用相同的固定元件就能實現的大的相位範圍，而這個早期的設計只實現了大約 180°的相位範圍。透過考慮更新的不同載入方案，並將變容器與適當大小的更新耦合，這種變容器載入更新的概念可以實現更大的相位範圍。基於此，也可以將 MEMS 變容器用於相同的目的。

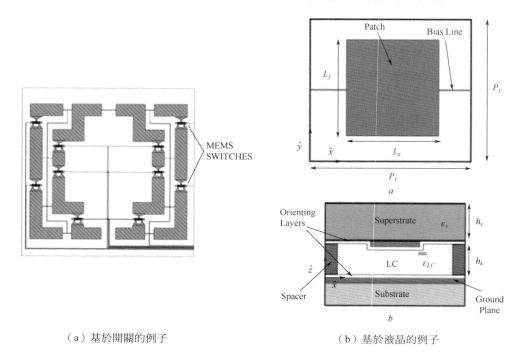

（a）基於開關的例子　　　　　　　　（b）基於液晶的例子

圖 7.31 可調諧諧振器反射陣元的例子

本質上，這些技術可以被認為是改變諧振器的有效電長度。因此，人們考慮了各種各樣的技術來實現基於這一概念的反射陣元素。PIN 二極體和 MEMS 形式的開關與貼片整合，以控制電流路徑和對應的諧振器長度。這種方法依賴於建模技術，可以分析可調諧集總元件器件對器件的大尺度電散射特性的影響。圖 7.31（a）列出了一個使用開關的範例。除了使用集總元件器件來影響諧振腔長度的變化，人們還考慮了一些更奇特的技術，如光誘導等離子體來改變耦合到反射陣元件上的槽的長度。

簡單貼部分件的諧振頻率也可以透過改變襯底的介電常數以分散式方式操縱，這是反射陣元件使用具有可調諧特性的媒體（如液晶）的工作原理。鐵電薄膜也被用於半分佈元素。如圖 7.31（b）所示為在貼片基單元中使用液晶作為可調諧媒體的例子。

2. 導波法

幾種 RRA 或散射單元已經在導波方法的基礎上發展起來，這裡簡介幾個特殊的例子。採用天線孔徑耦合的延遲線設計，嵌入兩個變容二極體，可以實現 360° 範圍內的連續調諧，在 5.4 GHz 時最大損耗為 2.4 dB。有研究者提出，像以前在通常的相位陣列天線中所做的那樣，將反射陣單元排列成子陣，以減少控制元件的數量。多層結構的爆炸圖和完整反射器內子陣列的照片如圖 7.32 所示。在一個 122 個子陣列的全陣列演示器中實現了對元素的收集，演示了在不顯著降低天線性能的情況下節省成本和複雜性的可能性。類似的「收集」方法也可用於可調諧諧振器方法，如 FabryPerot 天線。

為工作在 60 GHz 頻段的毫米波成像系統製作了一個具有 25 000 多個反射元件的大型導波 RRA。為了便於管理該系統，該 RRA 的單元由直接連接到嵌入 PIN 二極體的 1 位元反射傳輸線的微帶貼片組成。這裡還考慮了 MEMS 技術，設計並製造了一個工作在 26 GHz 的單片 MEMS RRA，同時也實現了使用表面貼裝 MEMS 元件的單元。在這兩種情況下，儘管使用

了 MEMS 技術，但熱損失僅是幾個分貝，低於使用 MEMS 技術和可調諧諧振器方法所能達到的性能。這是因為在導波方法中，所有輸入功率都流經調諧電路（即移相器），而可調諧振器方法是更分散式的控制機制，其中部分散射體受到低感應電流和較低損耗的影響。

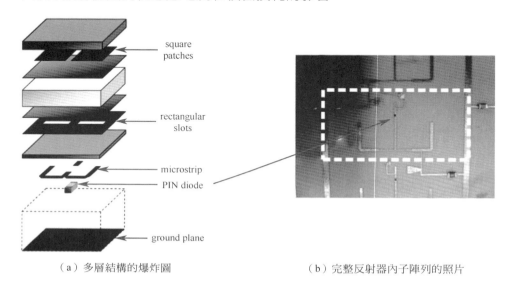

<table>
<tr><td>（a）多層結構的爆炸圖</td><td>（b）完整反射器內子陣列的照片</td></tr>
</table>

圖 7.32 RRA 相位控制的導波方法說明（貼部分件是孔徑耦合到嵌入 PIN 二極體的 1 位元延遲線，兩個天線單元共用相同的移相器以降低複雜度）

舉例來說，7.5.3 節中（1）的元件是前文描述的可調諧諧振器方法類型。然而，與單 LP 單元的情況一樣，也可以使用導波方法來實現雙 LP 元件。在這種情況下，很難實現完美的對稱性，但交換極化仍然可以很低。

除此之外，透過這種方法組成陣列透鏡輸入的陣列元件透過雙通訊埠導波網路連接到組成陣列透鏡輸出的陣列元件。在可重新設定的設計中，這個網路必須是電子可調的，並且還可能包含增益。

只有少數這種類型的可重構陣列透鏡被實驗證明。借用 SPC 的術語，可以採用「工作列」方法，由此相移電路以三維方式與透鏡的輸入和輸出面整合，主要缺點是結構較厚，更難製造。其他方法傾向於「圖磚」形式的整

合，採用使用變容二極體調諧的橋接 T 移相器或微機電系統開關的設計來透過帶通結構調整延遲。

雖然對可調諧陣列透鏡的研究仍處於初級階段，但導波方法潛在的薄特性和頻寬使其成為一種有吸引力的拓撲。圖 7.33 所示為在 5 GHz 呈現 10% 分數頻寬的實驗原型的最近範例。

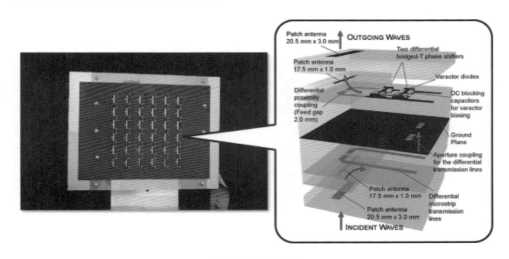

圖 7.33 實驗範例

3. 可調散射體方法

如前所述，反射陣列和陣列透鏡中的單元之間的區別在於，在陣列透鏡中，波的相位必須以最小的反射和插入損耗來控制，而在反射陣列中，由於使用了接地面，通常保證了強反射。這個過程的本質也是這樣一個事實，即波在從饋源傳輸到孔徑平面的過程中會與散射體相互作用兩次，這表示在反射陣列中產生近 360° 相移只需要一個單極諧振器，這與陣列透鏡的情況形成鮮明比較。如眾所皆知，頻率選擇表面領域中，入射波與之相互作用的諧振器可以被視為將單極回應引入到模擬單元的輸入/輸出特性的傳遞函數中。因此多極設計已被廣泛用於使用不同類型的諧振器或透過耦合電感和電容元件層來訂製 FSS 的回應，以實現濾波應用所需的幅度回

應。然而諧振器對可調諧表面的適應對 RAL 單元的設計有幾個重要的影響。

考慮複平面中的極點/零點行為對於了解基於可調諧振器的陣列透鏡元件的設計是非常有用的。圖 7.34 所示是具有單一諧振器的複平面的曲線圖，該諧振器的位置可以使用假設的調諧機構任意操縱。插入損耗和相位分別由極點到複頻率平面中工作頻率點的距離和角度決定。在固定的工作頻率下，為了使散射單元的插入幅度保持恒定，必須操縱電極，使其在左側平面內圍繞中心頻率做圓弧運動。在大多數設計中，實現這樣一個理想的軌跡是不可能的。此外，單一極點最多能夠在傳遞函數中產生 180° 的相移。因此實現了僅採用單極回應的早期可調陣列透鏡設計非常低的相位範圍。因此，至少需要兩個諧振器，優選三個或更多個諧振器來滿足波束形成的相位要求。因此，即使是固定陣列設計也往往需要多層結構的諧振器，除非人們滿足於 1 位元相移，這可以在一定程度上簡化單元。

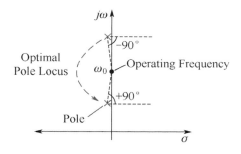

圖 7.34 複平面的曲線圖

同理，在 RAL 中，使用不同類型的諧振器實現了達到所需相位靈活性水準的設計。在許多情況下，需要相同的諧振器元件，因為這極大地簡化了陣列透鏡的偏置控制。在這種情況下，諧振器通常需要相當大的電距離（例如四分之一波長），以便諧振器產生所需的相位範圍，同時保持觀察單元時可接受的反射係數。然而，增加的電距離不僅增加了透鏡的物理厚度，還引入了層間耦合機制，該機制已被證明可能導致不期望方向的寄生輻射。

另一種選擇是使用不同諧振器的排列，以減輕將諧振器分開很大距離的需要。例如可調諧貼片諧振器可以耦合到電容調諧縫隙諧振器，以使用非常薄的結構有效地實現三極回應。理論上，透過將電容和電感表面緊密耦合在一起以形成可調 FSS，實現薄的可調陣列透鏡是可能的，但是需要電容表面上的可調電容和電感表面上的可調電感（實現起來更具挑戰性），以實現最佳的整體性能。使用不同層的方法的主要缺點是，這些層需要彼此獨立地調諧，以便形成右極點軌跡，從而最大化相位範圍，同時最小化透過單元的插入損耗。這可能會使這種表面的偏置和控制變得複雜，加上對薄陣列透鏡的需求，促使人們對下一種方法進行研究。

7.5.5 面臨的挑戰及方向

1. 頻寬擴充和轉換光學方法

反射陣列和陣列透鏡的眾所皆知的限制是它們有限的工作頻寬，這是目前非常活躍的研究領域。頻寬限制的根本原因在於，為了實現理想的頻寬特性，陣列元件必須產生 TTD 響應，但大多數反射陣列和陣列透鏡元件只能在窄頻寬上近似這樣的回應。解決 RRA 和 RAL 的這一限制尤其具有挑戰性，原因概述如下。

在反射陣列的情況下，通常採用兩種方法之一來緩解頻寬限制。第一種方法是透過試圖在有限的頻帶上近似 TTD 回應來增加元件的相位頻寬。這可以透過使用多諧振元件來實現，如堆疊貼片和同心環，這裡僅舉幾個流行的技術。這些方法已成功地應用於固定反射陣列，將 1 分貝增益頻寬從單諧振元件的百分之幾提高到多諧振元件的百分之十以上。使其適應可重構設計的挑戰在於，這些元件設計採用耦合諧振器來提高元件的頻寬。透過改變單一諧振器的尺寸和形狀，不僅可以改變每個組成諧振器的諧振頻率，還可以改變諧振器間的耦合。在電子可調變形中，諧振器頻率可以透過與可調元件整合來輕鬆控制。但是諧振器間的電磁耦合不會受到調諧的顯著影響，因為諧振器的幾何形狀保持固定。因此需要更複雜的調諧技術

來提高多諧振元件設計的頻寬，該技術也採用可調諧器件來改變諧振器間的耦合。使用這種技術，元件相位頻寬可以有效地乘以單元中使用的諧振器的數量。

組成該元件的諧振器也可以設計成共面的，這有助降低耦合效應，並允許每個元件的單一諧振在控制頻寬方面發揮更大的作用。由位於可調諧液晶基板上的三個平行偶極諧振器組成的單元已經被提出並已透過實驗驗證，作為將液晶單元的頻寬擴充到 8%的手段。

使用導波方法可以很容易地獲得期望的 TTD 特性。採用孔徑耦合微帶延遲線的固定設計已被證明可將反射陣列的頻寬大幅提高至 10%的範圍。如前所述，這種方法可以適用於提供波束控制。然而在單元的空間限制內可以產生的時間延遲量是有限的，並且這種元件的頻寬也取決於諧振元件與移相器的寬頻匹配。

對於陣列透鏡，頻寬同樣取決於它們的實現。傳統的陣列透鏡是基於連接輸入和輸出元件的傳輸線。基於諧振 FSS 結構的陣列透鏡有更小的頻寬，儘管這種情況已經透過使用小型化元件 FSS 得到緩解。

與反射陣列類似，寬頻反射陣列必須採用耦合到寬頻元件的寬頻移相器或可重構 TTD 結構。由於寬頻元件和移相器設計已被廣泛研究，最終頻寬限制源於前一種方法中元件與移相器緊密整合中出現的問題。關於後一種方法，同樣，交換結構在位元解析度和頻寬之間進行權衡，試圖實現 TTD 結構來提高頻寬。

進一步提高空間饋電孔徑頻寬的方法是一個新的研究領域，特別有希望的解決方案來自變換光學領域。在使用 TO 方法的寬頻孔徑合成中，期望的場變換（舉例來說，從球面饋電到平面波束）在一個空間域中被空間地定義，並且馬克斯威爾的度量不變特性方程式可以用來在另一個充滿非均勻電介質區域的空間域中實現相同的波傳播。在反射陣列中，該區域是放置在組成反射器的平面反射器上的覆蓋物，而在陣列透鏡中，該區域定義了透鏡本身。從概念上講，如圖 7.35 所示的情況說明了虛擬空間和物理空間

之間的轉換，這種方法實際已經成功地用於設計平面反射鏡和透鏡。

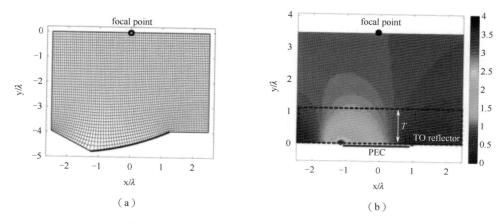

圖 7.35　TO 方法中虛擬空間和物理空間之間的轉換

研究人員已經設想出只要電介質區域的電磁特性可以被操縱，波束就可控的版本。最近已經研究基於金屬導體的有效材料實現，作為實現電介質區域的手段，同時還提供具有非常大的潛在束掃描範圍的反射器。對於陣列透鏡，可以進行類似的實現。這種導體可以載入可調元件，以產生空間饋電孔徑的超寬頻實現，這可能有利於未來的許多應用。這種方法的缺點是，為了促進場轉換，電介質區域往往相當厚，這給未來的研究帶來了挑戰。

2. 減輕非線性行為

電子可調反射陣列和陣列透鏡設計者面臨的主要挑戰是基礎調諧技術的線性度。RRA 和 RAL 被提議用於衛星和雷達應用，它們使用具有非常高輸出功率的發射器。因此，孔徑的照明可能在基礎技術中引起非線性行為，導致諧波和 IMD。在通訊系統領域，特別是衛星通訊，對發射機產生的可允許的相鄰通道干擾和諧波水準有嚴格的限制。即使是被動互調也是這些發射機順從性失敗的原因，這表明，如果可重新設定的孔徑在這些應用中找到實際用途，就必須採用超線性調諧技術。

半導體技術雖然成熟且廣泛，但最容易出現問題。舉例來說，整合在孔徑中的天線罩二極體可以很容易地將其電容調解在照明訊號的頻率上，從而引起相位調解，該相位調解表現為散射訊號的失真。舉例來說，單極反射陣列元件的 IMD 性能已經在波導模擬器中進行了評估，說明即使在適度的照明功率水準下，奇次失真的產生對於變容二極體調諧元件也是重要的，這最終可能使這種孔徑只能用於接收應用。研究人員敏銳地意識到了這一點，並在最近的研究中努力記錄新設計的線性度。

應對這一挑戰仍然是研究人員最關心的問題。最終微機電系統技術可能是這個問題的解決方案。隨著基礎技術的成熟，其他具有大弛豫時間的奇異材料，如液晶，也可能成為競爭者。

3. 使用複合孔徑實現非常大的孔徑

實現由可重新設定的單元組成的非常大的高增益孔徑雖然理論上是可能的，但在所需器件數量和相關成本、偏置網路複雜性及在某些情況下器件功率要求方面存在許多實際限制。然而，透過將自我調整空間饋電陣列與固定孔徑相結合，可以實現許多高增益、高對比值的解決方案。其中最常見的是拋物面或平面主反射器（其本身可以實現為固定的反射陣列），由反射陣列組成的副反射器照射。這種雙反射器組合可以用來模擬它們的傳統對應物，如卡塞格林天線和偏置反射器。特別地，採用可重新設定的子反射陣列或陣列透鏡是管理天線系統成本的有效方式，因為主大面積的孔徑是不可重新設定的。折中的方法是將天線系統的整體掃描範圍減小，通常根據系統幾何形狀減小到幾度。然而許多應用不需要大的掃描範圍，如大氣臨邊探測、某些衛星應用等。為此，液晶反射陣列已經成功地作為子反射器整合到雙反射器系統中，並且將該技術擴充到其他設定，這可能是未來實現非常高增益的可重新設定孔徑的實用方法。

4. 走向太赫茲和光學頻率

反射陣列和透鏡陣列概念在較高頻率上的應用最近引起了極大的關注。舉

例來說，在光頻率下，已經提出了使用等離子體區域的金屬和低損耗電介質散射體的固定設定。儘管較高的工作頻率需要重要的新的實際考慮，但在較低的頻率下，工作原理與現有技術大致相同。

現在在更高的頻率下也考慮動態波束控制。在傳感和通訊領域，太赫茲頻率的潛在應用有很多，其中反射陣列和透鏡陣列的概念應該為電子束控制提供低損耗和相對簡單的解決方案。在光頻方面，應用主要涉及傳感，但未來可能會對靈活的自由空間互連甚至可見光通訊感興趣。

基於可重構材料的使能技術尤為重要。舉例來說，基於液晶各向異性介電常數張量被外加偏置場修正的原理，現在已經有使用液晶的反射陣列單元的實驗演示。雖然這一演示是在次毫米波頻率下完成的，但事實證明，在顯示應用中，液晶在光學頻率下非常有效，因此也應適用於反射陣列概念。現如今已經提出將石墨烯用於 1.3 太赫茲波的束掃描，在這種情況下，石墨烯的 2D 複表面阻抗透過向附近的電極施加偏置電壓（即所謂的石墨烯場效應）來進行動態控制，以實現動態相位控制。這些 LC 和石墨烯單元概念基於典型的諧振單元拓撲，該拓撲由襯底上方的導電貼片諧振器組成，具有以下顯著差異：在液晶的情況下，控制的是襯底參數；而在石墨烯的情況下，襯底是固定的，但是諧振被石墨烯片的複電導率的變化所改變。

這些結果是令人鼓舞的，但就可實現的最高頻率和實驗實施而言，只是初步的。此外還應研究和比較其他賦能技術。因此在太赫茲和光學頻率下實現波束掃描 RRA 和 RAL 是一個重要且令人興奮的研究領域，與較低頻率的應用相比，技術問題必然會在其中發揮極其重要的作用。

5. 其他挑戰

雖然連續調整每個 RIS 元件的反射振幅和相移對通訊應用肯定是有利的，但在實踐中實現起來成本會很高，因為製造這種高精度元件需要複雜的設計和昂貴的硬體，當元件的數量變得非常大時，這可能不是一個可擴充的

解決方案。舉例來說，為了實現 16 級相移，$\log_2 16=4$ 個 PIN 二極體需要整合到每個元件上。由於元件尺寸有限，這不僅使元件的設計工作非常具有挑戰性，而且還需要 RIS 控制器提供更多的控制接腳來觸發大量的 PIN 二極體。因此，對通常有大量元件的 RIS 來說，只實現離散的振幅/相移等級，要求每個元件有少量的控制位元，舉例來說，1 位元用於兩級（反射或吸收）振幅控制，或兩級（0 或 π）相移控制，是比較經濟的。但這種粗量化的振幅/相移設計不可避免地會在指定的接收機上造成 RIS 反射和非 RIS 反射訊號的錯位，從而導致某些性能下降。

近乎被動的 RIS 也可以配備低功率傳感元件，其作用是幫助估計通道或更一般的環境的狀態資訊，這些資訊對根據一些關鍵性能指標最佳化 RIS 的運行是必要的，舉例來說，在一個指定的位置所需的訊號—雜訊比時。但是給 RIS 配備低功率的感測器又會增加整個表面的成本和功耗，因為 RIS 不能自己感知和學習環境，所以給 RIS 配備低功率感測器使必要的環境狀態資訊的估計更具挑戰性。目前絕大多數的研究活動都依賴於近乎被動的 RIS 沒有配備傳感元件的假設，分析不同的演算法和協定，以有效地估計最佳化其操作所需的通道狀態資訊。

7.6 智慧超表面輔助通訊

7.6.1 通道模型

對於分析最終性能限制、最佳化操作和評估智慧超表面輔助無線通訊的優點和局限性，一個主要的問題是，當發射器發射無線電波到智慧超表面時，如何為空間中指定位置接收的功率建立一個簡單但足夠精確的模型。這是一個開放且具有挑戰性的研究課題。目前已經有一些初步的研究可用於參考。

1. 路徑損耗模型

有研究者利用天線理論計算了有限化 RIS 近場和遠場的電場，並證明 RIS 能夠在陣列近場中充當一個異常映像檔。結果是數值計算的，沒有列出接收功率作為距離的函數的解析運算式。

有研究者透過實驗測量研究了在毫米波頻段工作的被動反射器的散射功率。此外，還將所得結果與光線追蹤模擬進行了比較。透過最佳化被照射表面的面積，證明了有限尺寸的被動反射器可以充當反常反射鏡。

有研究者利用天線理論研究了遠場域內 RIS 的路徑損失。所得到的結果與遠場傳播假設下的結果一致。

有研究者提出了具體的路徑損耗模型，考慮了智慧超表面輔助的單輸入單輸出（SISO）無線通訊系統，散射元件為次波長結構，介於 $\frac{\lambda}{10}$ 和 $\frac{\lambda}{2}$ 之間，$F(\theta,\varphi)$ 為單一散射元件的歸一化功率輻射圖，揭示了單一散射單元的入射/反射功率密度與入射/反射角的關係。G 為單一散射單元的增益，其定義為：

$$\text{Gain} = \frac{4\pi}{\int_{\varphi=0}^{2\pi}\int_{\theta=0}^{\pi}F(\theta,\varphi)\sin\theta\,\mathrm{d}\theta\,\mathrm{d}\varphi} \qquad (7\text{-}1)$$

其中，$U_{n,m}$ 為第 n 行第 m 列的散射單元，具有可程式化反射係數 $\Gamma_{n,m}$。$U_{n,m}$ 的中心位置為 $((m-\frac{1}{2})d_x,(n-\frac{1}{2})d_y,0)$，其中 $m \in \left[1-\frac{M}{2},\frac{M}{2}\right], n \in \left[1-\frac{N}{2},\frac{N}{2}\right]$，確保 N 和 M 都為偶數。發射器向智慧超表面發射一個訊號，透過一個具有歸一化功率輻射圖的天線 $F^{\mathrm{tx}}(\theta,\varphi)$，其增益為 G_t。接收器收到的經智慧超表面反射的訊號的具有歸一化功率輻射圖 $F^{\mathrm{rx}}(\theta,\varphi)$，具有增益 G_r。$\theta_{n,m}^{\mathrm{tx}}, \varphi_{n,m}^{\mathrm{tx}}, \theta_{n,m}^{\mathrm{rx}}$ 和 $\varphi_{n,m}^{\mathrm{rx}}$ 表示從發射、接收天線到單元 $U_{n,m}$ 的仰角和方位角。假設發射機和接收機的極化總是適當匹配的，即使在發射訊號被智慧超表面反射。智慧超表面輔助的無線通訊中的接收訊號功率為：

$$P_r = P_t \frac{G_t G_r G d_x d_y \lambda^2}{64\pi^3} | \sum_{m=1-\frac{M}{2}}^{\frac{M}{2}} \sum_{n=1-\frac{N}{2}}^{\frac{N}{2}} \frac{\sqrt{F_{n,m}^{\text{combine}}}\, \Gamma_{n,m}}{r_{n,m}^t r_{n,m}^r} e^{\frac{-j2\pi(r_{n,m}^t + r_{n,m}^r)}{\lambda}} |^2 \qquad （7\text{-}2）$$

其中，$F_{n,m}^{\text{combine}} = F^{\text{tx}}(\theta_{n,m}^{\text{tx}}, \varphi_{n,m}^{\text{tx}}) F(\theta_{n,m}^t, \varphi_{n,m}^t) F(\theta_{n,m}^r, \varphi_{n,m}^r) F^{\text{rx}}(\theta_{n,m}^{\text{rx}}, \varphi_{n,m}^{\text{rx}})$ 說明了歸一化功率輻射模式對接收訊號功率的影響。式（7-2）表明，接收訊號功率與發射訊號功率成正比，與發射/接收天線增益成正比，與單元增益成正比，與單元大小成正比，與波長的平方成正比。還表明接收訊號功率與發射/接收天線和單元的歸一化功率輻射方向圖、單元的反射係數及發射/接收端到單元的距離有關。根據上述公式可分別得出了遠場和近場情況下的路徑損耗模型。

（1）遠場情況：智慧超表面的所有單元向接收機反射的訊號可以相位對齊以增強接收訊號的功率，這使得智慧超表面特別適合於波束形成應用。在這種漸近狀態下，假設智慧超表面的大小與傳輸距離相比相對較小。智慧超表面可以近似為一個小尺寸的散射體。遠場情況下的路徑損耗模型為：

$$\text{PL}_{\text{far field}} = \frac{64\pi^3 (d_1 d_2)^2}{G_t G_r G M^2 N^2 d_x d_y \lambda^2 F(\theta_t, \varphi_t) F(\theta_r, \varphi_r) A^2} \qquad （7\text{-}3）$$

智慧超表面輔助無線通訊的自由空間路徑損耗與 $(d_1 d_2)^2$ 成正比，自由空間路徑損耗還與單位單元的歸一化功率輻射模式 $F(\theta, \varphi)$ 有關，該模式一旦設計和製作完成就固定下來。此外，接收功率通常隨著智慧超表面的增大而增加。接收功率通常在異常反射方向上最大化。

（2）近場波束成形情況：在這種漸近狀態下，假設與傳輸距離和波長相比，智慧超表面的面積很大（理想情況下是無限大）。假設所有單元的反射係數具有相同的強度 A 和不同的相移 $\phi_{n,m}$，則智慧超表面輔助的無線通訊在近場情況下的路徑損耗模型為：

$$\text{PL}_{\text{near field}}^{\text{beamforming}} = \frac{64\pi^3}{G_t G_r GM^2 N^2 d_x d_y \lambda^2 A^2 \mid \sum_{m=1-\frac{M}{2}}^{\frac{M}{2}} \sum_{n=1-\frac{N}{2}}^{\frac{N}{2}} \frac{\sqrt{F_{n,m}^{\text{combine}}} \Gamma_{n,m}}{r_{n,m}^t r_{n,m}^r} \mid^2} \qquad （7\text{-}4）$$

式（7-4）列出了接收訊號功率最大化的智慧超表面相位梯度設計，然而它與 d_1 和 d_2 的關係還需要進一步的實際測量。

（3）近場廣播情況：假設所有單元具有相同的反射係數 $\Gamma_{n,m}$，在這種情況下，路徑損耗模型可近似為：

$$\text{PL}_{\text{near field}}^{\text{broadcast}} \approx \frac{16\pi^2}{G_t G_r \lambda^2 A^2} \qquad （7\text{-}5）$$

在這種情況下，智慧超表面可以近似為一大平面鏡。用 x_0 表示智慧超表面上的點，在該點，組合入射訊號、反射訊號和表面反射係數的總相位回應的一階導數等於零。一般來説，路徑損耗與發射機和 x_0 之間的距離，以及接收機和 x_0 之間的距離的加權和的倒數成比例。此外，接收功率不依賴於被視為漸近無限大的智慧超表面的大小。這個結果證實了這樣一個事實，即智慧超表面的功率標度律在物理上是正確的，因為它不會隨著智慧超表面的大小的變化而變得無限大。

有研究者對之前研究者提出的路徑損耗模型進行了改進，使其更簡單，透過明確考慮增益和散射元件大小的關係，智慧超表面輔助無線通訊系統的一般自由空間路徑損耗模型可以表示為：

$$\text{PL}_{\text{general}}^{\text{refined}} = \frac{16\pi^2}{G_t G_r (d_x d_y)^2 \sum_{m=1}^{M} \sum_{n=1}^{N} \frac{\sqrt{F_{n,m}^{\text{combine}}} \Gamma_{n,m}}{r_{n,m}^t r_{n,m}^r} e^{\frac{-j2\pi(r_{n,m}^t + r_{n,m}^r)}{\lambda}}} \qquad （7\text{-}6）$$

主要路徑損耗模型進行了下列改進，首先列出了 $F_{n,m}^{\text{combine}}$ 與智慧超表面幾何形狀的關係，其次列出了散射增益 G 與散射單元尺寸的關係，這使得模型更易用。

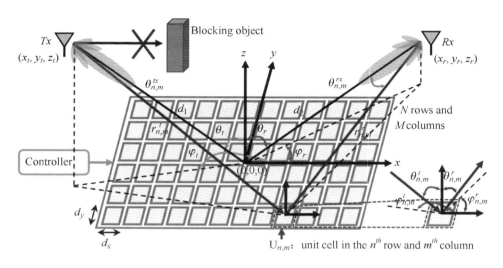

圖 7.36　智慧超表面輔助的無線通訊

2. 小尺度衰落

目前，有兩種主要的方法已經被用於分析小規模衰落通道中智慧超表面輔助系統的性能，即基於 CLT 的分佈和近似分佈。

（1）基於 CLT 的分佈：考慮一個單天線 BS，它借助於一個由 N 個單元組成的智慧超表面與一個單天線使用者進行通訊。如果來自 BS 和智慧超表面的兩個接收訊號可以相干地組合，則有效通道功率增益可表示為：

$$|r^H \Phi g + h|^2$$

$$\text{s.t. } \beta_1, \cdots, \beta_N = 1 \qquad\qquad （7\text{-}7）$$

$$\phi_1, \cdots, \phi_N \in [0, 2\pi)$$

其中，$h \in \mathbf{C}^{1\times1}, g \in \mathbf{C}^{N\times1}, r \in \mathbf{C}^{N\times1}$ 分別表示 BS—使用者、BS—智慧超表面和智慧超表面-使用者鏈路的通道。$\Phi = diag(\beta_1 e^{j\phi_1}, \cdots, \beta_N e^{j\phi_N})$ 表示智慧超表面的反射係數矩陣，其中，$\{\beta_1, \cdots, \beta_N\}$ 和 $\{\phi_1, \cdots, \phi_N\}$ 分別表示智慧超表面單元的振幅係數和相移。在這種設定中，基於 CLT 的技術身為近似工具，可用於分析中低訊號雜訊比情況下的性能，這是因為 PDF 在 0 到 0+範圍內的

分佈不精確。在瑞利衰落通道中，智慧超表面增強鏈路的分佈遵循修正的貝塞爾函數。由於發射機和智慧超表面都是系統中的一部分，並且智慧超表面通常被定位為利用關於發射機和接收機位置的 LoS 路徑來增加接收訊號功率，Zhang 等人研究了萊斯衰落通道，分析表明訊號功率遵循具有兩個自由度的非中心卡方分佈。Ding 和 Poor 提出了一種智慧超表面增強型網路，利用智慧超表面有效地調整使用者通道增益的方向。Cheng 等人利用基於 CLT 的技術研究了多智慧超表面網路，其中研究了有無 BS—使用者鏈路的通道分佈。

（2）近似分佈：由於從智慧超表面反射的訊號的接收訊號雜訊比的精確分佈是不容易獲得的，因此使用近似分佈通常是必要的。Qian 等人提出了一種簡單的接收訊號雜訊比近似分佈，並證明了接收訊號雜訊比可以用兩個（或一個）伽瑪隨機變數和兩個非中心卡方隨機變數的和來近似。Hou 等人提出了一種優先訊號增強設計，其中計算了具有最佳通道增益的使用者的中斷性能和遍歷速率。Lyu 和 Zhang 提出了一種具有多個隨機部署智慧超表面的 SISO 網路，並證明了接收訊號功率的精確分佈可以近似為伽瑪分佈。Makarfi 等人提出了一種智慧超表面增強的網路，其等效通道由 Fisher-Snedecor 分佈建模。

基於最近的研究結果，舉例來說，透過使用基於 CLT 的分佈獲得的分集階數在高訊號雜訊比情況下是 $\frac{1}{2}$，而如果使用基於伽瑪分佈的近似，分集階數是 $\frac{N}{3}$，N 表示智慧超表面單元的數量。然而，基於 CLT 和基於伽瑪的分佈並不精確，這使得智慧超表面增強網路的性能分析成為未來研究的有趣問題。此外，由於精確分佈包含高階分量，在高訊號雜訊比情況下接近於零，大多數以前的貢獻採用近似分佈方法來模擬小規模衰落通道，並且智慧超表面增強網路的精確分佈仍然是一個公開的問題。

7.6.2　理論性能分析

1. 收發端天線數目組合

考慮 BS 數目、使用者數目及 RIS 數目的不同，通訊系統應該存在不同的性能水準。RIS 輔助系統時，使用者端接收訊號通用模型為

$$Y = HGX + N \qquad (7\text{-}8)$$

其中，$H=(H^r)^H \phi H^t + H^d$，H^r，H^t，H^d 分別表示 BS 到 RIS、RIS 到使用者及 BS 到使用者的通道矩陣，G 表示 BS 處生成的波束形成矩陣，X 表示傳輸符號，N 為高斯白色雜訊。當 RIS 為多個時（設為 L），假設多個 RIS 之間的反射是可以忽略不計的，因為多次反射會使訊號逐漸衰弱。此外，多 RIS 系統仍是一個窄頻系統，因為不同的 RIS 反射的路徑的距離差往往很小，可以認為遠小於鮑率週期，也即不存在多徑干擾。假設存在 L 個 RIS，可以視為 L 個 RIS 反射訊號的直接疊加，可表示為：

$$Y = \sum_{l=1}^{L} H_l GX + N \qquad (7\text{-}9)$$

如果考慮網路鏈路中 RIS 輔助的通訊系統（如多社區、多使用者），舉例來說，有 L 個社區，每個社區設定一個 BS，L 個使用者，並由 A 個 RIS 輔助，則第 l 個社區，第 k 個使用者接收到的訊號模型可以表示為

$$Y_{l,k} = \sum_{n=1}^{L} H_{n,l,k}^d G_{l,k} X_{l,k} + \sum_{n=1}^{L} \sum_{a=1}^{A} H_{n,a}^r \Phi_a H_{a,l,k}^t G_{l,k} X_{l,k} + N \qquad (7\text{-}10)$$

在不同的部署方案下，Pan 等人比較了單 RIS 與多 RIS 輔助系統的 WSR（加權和速率），模擬結果如圖 7.37 所示，實驗條件控制總 RIS 單元數相同（多 RIS 場景下每個 RIS 的單元數為 25，總和與單 RIS 場景下的單元數相同）。可以看到，多 RIS 場景下的 WSR 要略高於單 RIS，而且可以觀察到隨著 RIS 接近使用者，WSR 逐漸增大，當 RIS 部署在遠離使用者的位置時，WSR 又會逐漸減小，以上模擬結果說明 RIS 的分散式部署比集

中式部署更有利。一般來說，RIS 的數量取決於使用者叢集的數量。預計在每個使用者叢集的附近，至少有一個 RIS。

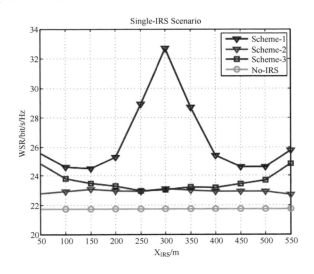

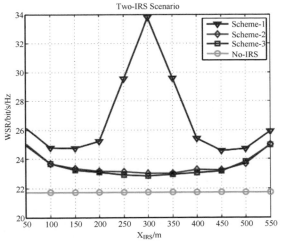

圖 7.37 不同 RIS 部署方案下的可實現 WSR

2. 不同條件下的系統性能分析

前文已經比較了通訊場景中收發端數目及 RIS 數目不同時，接收訊號的不

同及可實現性能的差異,本節將分別討論 RIS 輔助系統的性能具體會受到哪些因素的影響,包括設定不同的 RIS 單元數、不同的相位量化 bit 數目、不同的路損指數、不同距離、不同的傳輸功率等條件。

1) RIS 單元數的影響

RIS 面板上有多個緊密排列的反射單元,透過控制器改變每個單元的幅度和相位,從而實現對訊號的操控。如果僅考慮 RIS 反射單元數,對於 RIS 輔助系統的性能有什麼影響?考慮 RIS 操作反射訊號的原理,透過增加反射單元數,可以提高在 RIS 接收到的訊號功率,從而獲得更高的陣列增益。另一方面,透過適當設計相移,使用者接收到的反射訊號功率隨反射單元數的增加而增大。

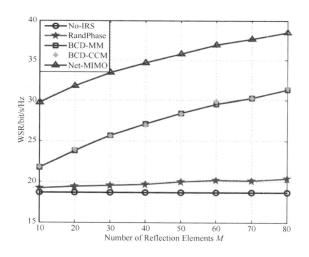

圖 7.38 RIS 單元數與 WSR 的關係

透過實驗驗證了 RIS 單元數與 WSR 的關係,如圖 7.38 所示,模擬結果表明,除了隨機相移和無 RIS 輔助的方案,其他方案的 WSR 均隨著 RIS 反射元件數 M 的增加而增大,當 M 增加到 80 時,RIS 輔助系統的 WSR 相比無 RIS 輔助系統已經有了明顯的增幅。由於 RIS 不像傳統發射機一樣需要主動射頻鏈和功率放大器,因此,身為被動反射裝置,安裝更多的被動反射元件兼具節能和高效的優點。

2）編碼 bit 數（相移數）的影響

對大部分研究，考慮的是理想的相移條件，即連續的相移和幅度模型。但是在實際中，連續相移的情況是很難實現的，因為這對 RIS 尺寸和成本要求較高，所以實際應用中大多考慮離散幅度和相移的情況，透過少量的控制位元實現更高的成本收益，舉例來說，1bit 用於兩級幅度控制（反射或吸收）或用於兩級相移（0 或 Π）。同理，對 Kbit 位元編碼的 RIS 來説，可操控的相移數為 2^K。所以在實際有限相移的條件下，如何設定編碼 bit 數，以使得性能最大化的同時滿足最小成本，是一個值得研究的問題。

Zhang 等人推導了在指定資料速率衰減約束下的有限相移數，並且研究了有限相移數對資料速率的影響。討論了 RIS 反射單元的數目如何影響所需的編碼位元，定義了編碼位數公式可表示為：

$$K = \log_2 \Pi - \log_2 \arccos \sqrt{ \frac{k+1}{k\eta_{\text{LoS}} M^2 N^2} \left(\left(1 + \frac{\eta N_{\text{LoS}}}{k+1} MN + \frac{k\eta_{\text{LoS}}}{k+1} M^2 N^2 \right)^{\varepsilon_0} - 1 - \frac{\eta N_{\text{LoS}}}{k+1} MN \right) }$$

（7-11）

透過令 RIS 尺寸 x=MN，對 x 求導求極值，得出結論是 K 隨著 x 的增大而減小，即所需的編碼位數隨著 RIS 大小的增大而減少。這一結論透過模擬結果獲得了驗證，資料衰減速率與偏碼 bit 位元數的關係如圖 7.39 所示。

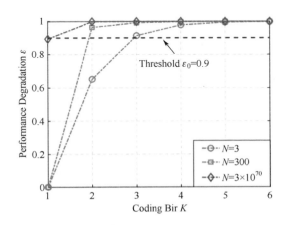

圖 7.39　資料衰減速率與編碼 bit 位元數的關係

從圖 7.39 中可以看出：隨著 RIS 元素數量的增加，所需的編碼位元逐漸減少，當 RIS 的大小趨於無限大時，編碼 bit 數為 1 就足夠了，這驗證了所提出的命題。

3）反射振幅的影響

RIS 反射單元的反射振幅影響訊號的反射和吸收，其強度可能會造成 RIS 訊號功率的損失。下圖顯示反射強度對系統性能的影響，透過將 RIS 的相移矩陣改寫為：

$$\boldsymbol{\Phi} = \eta\,\mathrm{diag}\{e^{j\theta1},\cdots,e^{j\theta m},\cdots,e^{j\theta M}\} \tag{7-12}$$

即所有反射元素的振幅為 η，與預期的情況一致，由於減少了功率損失，採用 RIS 輔助方案實現的 WSR 隨著 η 增加而逐漸增加，說明反射振幅對系統性能有很大的影響。具體來說，當 η 從 0.2 增加到 1 時，WSR 增加約 6bps/Hz。

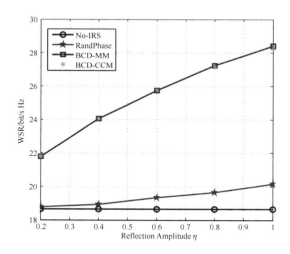

圖 7.40 反射振強度與 WSR 的關係

4）距離的影響

本節主要討論按照 RIS 與使用者的所處位置對 RIS 輔助系統性能的影響，有研究者已經對 RIS 的位置對於多社區可實現 WSR 的影響進行了分析，

RIS 的位置定義為（x_{RIS}，0），將 RIS 從社區中心移動到社區邊界過程中，系統 WSR 的變化趨勢如圖 7.41 所示。

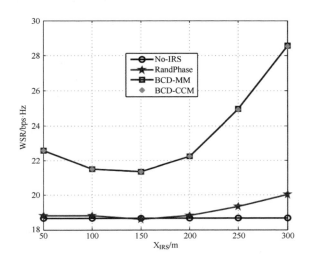

圖 7.41 可實現 WSR 隨 x_{RIS} 的變化曲線

可以觀察到，隨著 x_{RIS} 的增加，WSR 會先逐漸減小，然後逐漸增加，到了社區邊界會實現最大值，如果用 d 表示 BS 和 RIS 之間的距離，用 D 表示 BS 和使用者之間的距離，透過忽略小尺度衰落，組合通道的大尺度通道增益可以表示為：

$$PL_{IRS} = 2PL_0 - 10\alpha_{IRS}\lg_{10}(d) - 10\alpha_{IRS}\lg_{10}(D-d) \qquad （7\text{-}13）$$

當 $d=D/2$ 時，從式（7-13）可以知道 PL_{RIS} 達到最大值，這與 WSR 的變化趨勢一致。在單一社區中，如果用 d 表示 RIS 到使用者之間的距離，當 d 減小時，RIS 的增益會增大，如圖 7.42 所示，當 RIS 逐漸接近使用者，接收 SNR 也會逐漸增加到最大值。這也可以用式（7-13）分析，因為這裡的 d 相當於式（7-13）中的 D，所以當 D 增加時，通道增益也會減小。

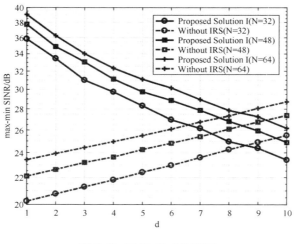

圖 7.42 SNR 與 d 的關係

複習來說，改變 RIS 與使用者及 BS 之間的距離，主要是透過影響系統的通道增益來對系統的性能造成影響的，當 RIS 距離使用者越近，這種增益就越明顯，反之，則越微弱。

5）RIS 相關路徑損耗指數的影響

如果假設 RIS 的位置可以被適當地選擇，可以確保一個自由空間 BS-RIS 鏈路和 RIS—使用者鏈路可以被建立。然而，在一些實際情況下，找到這樣理想的地方可能並不可行。因此，當與 RIS 相關的鏈路經歷較強的散射衰落和較高的 α_{RIS} 值時，研究性能增益是有效的。圖 7.43 顯示了模擬結果，這與預期的一樣，即 WSR 隨著 α_{RIS} 的增加而減小，最終收斂到與無 RIS 情況相同的 WSR。這是因為隨著 α_{RIS} 的增加，與 RIS 相關環節相關的訊號衰減變大，從 RIS 接收到的訊號變弱，因此可以忽略。因此，對於多社區系統，RIS 輔助系統的性能增益可歸因於 BS-RIS 鏈路和 RIS—使用者鏈路的有利通道條件。這提供了一個重要的工程設計想法，RIS 應該部署在無障礙的場景中，如室內使用的天花板或戶外使用的廣告面板。不然 RIS 帶來的績效收益是微不足道的。

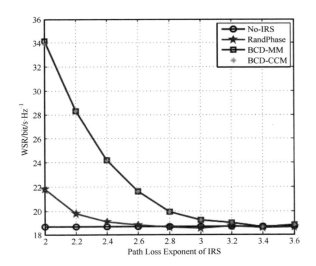

圖 7.43 WSR 與 α_{RIS} 的關係

4. 非理想條件性能分析

目前大部分研究都是在硬體完備的前提下進行的，在大多數實際情況下，由於現實世界中通訊裝置的非理想性，通常會限制系統性能的 HWI，如相位雜訊、量化誤差、放大器非線性等不能被忽略。雖然補償演算法可以緩解 HWI 對系統性能的影響，但由於不精確估計時變硬體特性和隨機雜訊，仍會存在殘差 HWI。因此，研究 HWI 存在時的系統性能具有重要意義。

Hu 等人研究了 HWI 存在時對 LIS 輔助系統性能的影響，並推導出了 HWI 的一般建模公式：

$$f(r) = \alpha r^{2\beta} \qquad (7\text{-}14)$$

模擬結果如圖 7.44 所示，可以看到不同 α 和 β 值的接收 SNR 損失 σ，可以看到，當 LIS 表面積增加時，對於較大的 α 和 β 值，SNR 損失比較明顯。後文還研究了如何減小 HWI 的衰減效果，結論是增加 LIS 單元數，模擬結果如圖 7.45 所示。

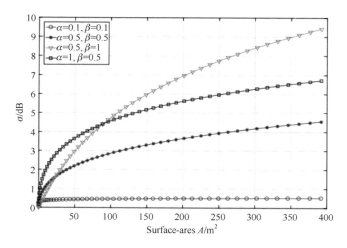

圖 7.44 不同 α，β 值（HWI 存在）下 SNR 的衰減情況

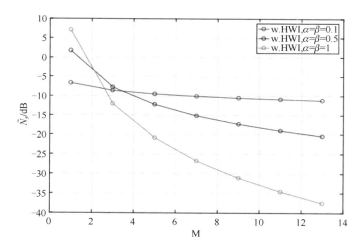

圖 7.45 增加反射單元數的 HWI 衰減

在圖 7.45 中，透過將單一 LIS 分成 M 個小 LIS 單元來顯示 HWI 衰減。從圖中可以看出：增加 HWI 參數中的 α，β 值，容量和效用的衰減會增加；可以透過增加 LIS 單元數的方式（LIS 總面積不變），減小 HWI 的影響。

7.6.3 關鍵演算法

1. 預編碼演算法

如圖 7.46 所示，部署 RIS 透過被動反射訊號來輔助 BS 和使用者之間的傳輸。RIS 反射係數可以由 BS 透過 RIS 控制器來調整。因此，BS 的發射波束形成和 RIS 的被動波束形成必須聯合設計，以提高通訊性能。下文根據最佳化目標介紹了相關的內容。

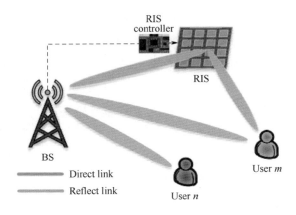

圖 7.46　聯合發射和被動波束形成設計說明

（1）發射功率最小化或 EE 最大化。Wu 等人最小化了單使用者和多使用者場景下的 MISO 系統的發射功率，並利用 AO 演算法來尋找局部最佳解。模擬結果表明，對於多使用者場景，RIS 能夠同時增強期望的訊號強度並減輕干擾。有研究者考慮了離散 RIS 相移，對於單使用者和多使用者場景，分別採用分支定界法和窮舉搜索法得到最佳解，並進一步設計了高效的連續細化演算法。結果表明，所提出的低複雜度演算法能夠獲得接近最佳的性能。Han 等人研究了 RIS 輔助網路中的物理層廣播，實現了在 QoS 滿足的情況下總發射功率最小化。Fu 等人研究了 MISO 下行鏈路系統，透過聯合最佳化發射和被動波束形成向量及使用者解碼階數來最小化發射功率，並提出了一種交替凸差方法來處理非凸秩一約束。Zhu 等人為 RIS 輔助 MISO-NOMA 系統提出了一種改進的準理想化條件以最小化發射

功率。Zheng 等人比較了 OMA 和 NOMA 在離散相移 RIS 輔助的 SISO 系統中的最小發射功率。

利用線性逼近初始化和 AO 方法獲得了近似最佳解。結果表明,當使用者具有對稱部署和速率要求時,NOMA 的性能可能比 TDMA 差。Huang 等人解決了 RIS 增強的多使用者 MISO 系統中 EE 最大化問題,根據 RIS 處反射元件的數量和相位解析度,提出了一個真實的 RIS 功耗模型,並透過呼叫梯度下降法和分式規劃法對 RIS 相移和 BS 發射功率分配進行最佳化。結果表明,與傳統的主動中繼輔助通訊相比,RIS 實現了更好的 EE 性能。Zhou 等人研究了具有不完美 CSI 假設的 RIS 輔助多使用者 MISO 系統的堅固波束形成設計,在所有可能的通道誤差實現下,發射功率被最小化,並將非凸問題轉化為一系列半定規劃子問題,其中 CSI 不確定性和非凸單位模約束分別透過近似變換和凸凹過程來處理。有研究者進一步研究了兩種通道誤差模型下的穩健波束形成設計,即有界 CSI 誤差模型和統計 CSI 誤差模型。結果表明,當通道誤差較大時,RIS 可能會導致系統性能下降。Zappone 等人對執行通道估計和調整 RIS 的負擔進行了建模,並透過聯合最佳化 RIS 相移及發送和接收濾波器,使 RIS 輔助 MIMO 通訊網路的 EE 最大化。

(2)SE 或容量最大化。Yu 等人研究了 RIS 輔助 MISO 系統中的 SE 最大化問題。由於 SDR 方法只提供了近似解,與 SDR 方法相比,他們提出的演算法具有更高的性能和更低的複雜度。Yu 等人進一步提出了一種分支定界演算法,該演算法能夠獲得全域最佳解,他們提出的分支定界演算法雖然計算複雜度極高,但可以作為驗證現有次優演算法有效性的性能基準。Ning 等人研究了 RIS 輔助下行鏈路 MIMO 系統以最大化 SE。Ying 等人考慮了 RIS 輔助毫米波混合 MIMO 系統,此外,Perovic 等人研究了 RIS 輔助的室內毫米波通訊,其中研究了兩種方案以最大化通道容量。\Zhang 等人透過聯合最佳化 RIS 反射係數和 MIMO 發射協方差矩陣,研究了 RIS 輔助 MIMO 通訊系統的基本容量限制。Yang 等人透過考慮 RIS 輔助 OFDM 系統在頻率選擇性通道下的通道估計,提出了一種實用的傳輸

協定。為了減少所需的訓練負擔，將 RIS 反射元素分成多個組，只需估計每個組的組合通道。基於所提出的分組方案，採用 AO 演算法對發射端的功率分配和 RIS 端的相移進行聯合最佳化，使可實現速率最大化。You 等人透過考慮 RIS 處具有離散相移的通道估計，設計了一種傳輸協定，為了減小通道估計誤差，他們提出了一種基於低複雜度離散傅立葉變換的反射模式演算法。利用所提出的逐次細化演算法，透過設計 RIS 相移，在估計通道的基礎上進一步使可實現的資料速率最大化。

（3）和速率最大化。Huang 等人將 RIS 增強的多使用者 MISO 下行鏈路通訊中的和速率最大化。透過在 BS 採用迫零預編碼，利用最佳化—最小化方法交替最佳化 RIS 反射矩陣和功率分配矩陣。此外，Guo 等人研究了加權和速率最大化問題。在 AO 框架下，採用分式規劃方法得到發射波束形成，並針對不同類型的 RIS 反射單元設計了三種迭代演算法來最佳化反射係數。有研究者匯出了漸近最佳離散被動波束形成解，並提出了一種調解方案，以最大化 RIS 增強多使用者 MISO 傳輸的可實現和速率。為了進一步提高性能，Jung 等人[163]設計了一種聯合使用者排程和發射功率控制方案，該方案可以在速率公平性和使用者間最大和速率之間進行折中。Mu 等人將他們的研究集中在 RIS 增強 MISO-NOMA 系統中的和速率最大化問題上，該系統同時具有 RIS 單元的理想和非理想假設。針對被動波束形成設計中的非凸秩一約束，採用序貫秩一約束鬆弛方法進行處理，保證了獲得局部最佳秩一解。Zhao 等人沒有利用暫態 CSI 最佳化被動波束形成，而是提出了一種在 RIS 增強的多使用者系統中最大化可實現平均和速率的雙時標傳輸協定。為了降低通道訓練負擔和複雜度，首先利用統計 CSI 對 RIS 相移進行最佳化，然後利用暫態 CSI 和最佳化的 RIS 相移設計發射波束形成。

（4）使用者公平性。Nadeem 等人最大化了 RIS 增強 MISO 系統的最小 SINR，其中 BS-RIS 使用者鏈路被假設為 LoS 通道。利用隨機矩陣理論，列出了最佳線性預編碼器下最小 SNR 性能的確定性近似。因此，可以使用通道的大規模統計來最佳化 RIS 相移，這可以顯著降低訊號交換的負

擔。Yang 等人研究了單天線和多天線情況下 RIS 增強 NOMA 系統的最大一最小速率問題。為了獲得接近最佳的性能，提出了一種基於通道強度的使用者排序方案。

2. 通道估計演算法

對於 RIS 輔助系統的通道估計，主要是透過檢測發射和接收訊號，從而估計訊號所經過的包含 RIS 的串聯通道，因為發射和接收訊號是透過通道矩陣相連結的，則 RIS 輔助系統的通道估計相關工作如下所示，按照演算法的不同可分為以下幾種。

（1）壓縮感知。有研究者開發了一種估計串聯通道的演算法，該方法利用串聯通道的稀疏性，利用壓縮感知方法，並推廣到多使用者網路中多通道的聯合估計。為了提高估計性能，對訓練反射序列進行了最佳化。還有研究者提出了一種基於壓縮感知的通道估計演算法，其中利用在毫米波頻率下工作的大規模陣列的角通道稀疏性，在降低導頻負擔下執行通道估計。主要採用壓縮感知的方法，根據 LoS 為主的 BS-RIS 通道的先驗知識及高維 RIS—使用者通道的先驗資訊設計領航訊號。利用通道的稀疏性，提出了一種分散式正交匹配追蹤演算法。有研究者開發了一種聯合通道估計和波束形成設計 RIS 輔助 MISO 系統在毫米波頻段。為了降低訓練負擔，利用了毫米波通道固有的稀疏性。首先列出了串聯通道的稀疏表示，然後提出了一種基於壓縮感知的通道估計方法，根據估計的通道進行聯合波束形成設計。

（2）分層搜索。有研究者介紹了一種基於混合波束形成系統結構的低散射通道估計和傳輸設計，設計了兩個不同的碼本，透過三樹分層搜索演算法有效地實現了所提出的估計過程。這兩種碼本被稱為樹字典碼本和移相器失活碼本。利用估計資訊，研究者計算了兩種能最大限度提高整體頻譜效率的閉合形式傳輸設計。還可以透過波束訓練來解決通道估計問題，對相關量化誤差進行表徵和評估。身為低複雜度的通道估計方案，提出了一

種分層搜索碼本設計方案。基於所提出的通道估計方法，研究了基於 RIS 的無線網路的性能。

（3）矩陣分解。考慮了具有大量連接的上行網路，研究了通道估計和活動檢測的聯合問題，將該問題表述為稀疏矩陣分解、矩陣完成和多度量向量問題，並利用訊息傳遞方法提出了一種三階段演算法來求解該問題。有研究者將 RIS 輔助多使用者 MIMO 系統的通道估計問題定義為基於矩陣校準的矩陣分解任務，利用這種方法來減少用於估計串聯通道的訓練序列的長度，串聯通道包括 BS- RIS 和 RIS—使用者鏈路。透過假設通道分量慢變和通道稀疏性，提出了一種基於訊息傳遞的串聯通道分解演算法。列出了一個分析框架來表徵所提估計器在大系統極限下的理論性能。也有研究者介紹了一種利用雙線性備用矩陣分解和矩陣完成來估計發射機到 RIS 和 RIS 到接收機串聯通道的一般框架。特別提出了一個兩階段演算法，其中包括一個廣義雙線性訊息傳遞演算法用於矩陣分解和一個基於黎曼流形梯度的演算法用於矩陣補全。模擬結果表明，該方法具有較好的通道估計性能，可應用於 RIS 輔助系統。

3. 資源排程與分配演算法

在與 RIS 相關的通訊系統中，對資源進行合理排程和分配具有重要的意義，下面對於不同的資源排程和分配演算法做主要工作介紹。

有研究者研究了下行鏈路 RIS 輔助系統可實現速率的漸近最佳性。為了提高可實現的系統和速率，提出了一種可以在不干擾現有使用者的情況下用於 RIS 輔助系統的調解方案。研究了平均符號錯誤機率，並提出了一種資源設定演算法，該演算法能聯合最佳化使用者排程和發射機功率控制，透過數值模擬驗證了所提出的漸近分析的有效性。可以對一個提升的多使用者 MISO 系統進行了堅固設計，其中只有不完全的通道狀態資訊可用於最佳化目的。所考慮的問題包括在每個使用者可實現的速率保證和所有可能的通道錯誤實現的約束下，最小化與 BS 波束形成器和 RIS 相移相關的傳

輸功率。透過利用一些近似，將所考慮的資源設定問題轉化為更易於處理的形式，然後透過求解一系列可有效求解的半定規劃子問題來解決。有研究者考慮了 RIS 輔助系統的設計，其中一個多天線 BS 在 RIS 的幫助下為一個單一的天線使用者服務，而另一個多天線 BS 則為其自己的單天線使用者服務。獲得了遍歷率的運算式，並將其作為最佳化 RIS 相移的目標函數。利用平行座標下降演算法進行最佳化，該演算法一般收斂於所考慮的資源設定問題的平穩點。有研究者考慮了點對點 RIS 輔助 MIMO 系統中 RIS 相移和發射機全域預編碼器的聯合設計。採用交替最大化方法解決了誤差機率最小的問題，其中兩個子問題獲得了全域求解。為了開發更低複雜度的資源設定演算法，還推導了這兩個子問題的近似解。數值結果表明，低複雜度方法仍能提供令人滿意的性能。還有研究者考慮了下行多使用者 MISO 系統，其中 RIS 用於幫助 BS 與下行使用者通訊。在只適用離散相移的前提下，透過最佳化 BS 的數位波束形成和 RIS 的離散相移來解決和率最大化問題。由此產生的資源設定問題由一個基於 AO 的迭代演算法來處理。

7.7 RIS 與其他技術的結合

7.7.1 RIS 與 NOMA 結合

NOMA 可以在同一資源（如時間、頻率、碼區塊）中為多個使用者提供服務，由於其具有提高 SE、大規模無線連接和低延遲等優勢，被認為是未來無線通訊系統的一種有前景的技術。此外，NOMA 在提高頻譜效率、平衡使用者公平性、擴大網路連接等方面也獲得了很多關注，在傳統的無 RIS 無線系統中表現出了優於 OMA 的優勢。在下行 NOMA 中，較強通道的使用者與 BS 或 AP 使用 SIC 技術消除了來自較弱通道使用者的同通道干擾，然後解碼自己的訊息。因此，解碼順序取決於使用者通道功率增益，這由傳播環境和使用者位置所決定。但是 NOMA 比 OMA 能獲取較大

增益是有一定條件的,即多個使用者的訊號強度相差較大的情況,但是這種情況並不總是可以實現的,舉例來說,在下行 MISO 系統中,當使用者的通道向量相互正交時,OMA 技術會更可取,NOMA 技術則無法獲得明顯的增益,所以為了解決這一問題,考慮將 RIS 引入到 NOMA 中。RIS 可以透過數字調整所有反射元件的相移,可以巧妙地設定反射訊號的傳播,以實現某些通訊目標,如訊號功率增強、消除干擾和安全傳輸等。因此,RIS 不僅可以提供額外的通道路徑,建構強度差異顯著的組合通道,還可以人為地重新對齊使用者(組合)通道,從而有可能獲得特定場景下的 NOMA 增益。

受到上述將 RIS 與 NOMA 結合可能產生增益的啟發,已經有諸多研究探討 NOMA 技術在 RIS 增強無線網路中的應用,以進一步提高系統性能。Yang 等人考慮了 RIS 輔助的下行鏈路 NOMA 通訊系統,其中單天線 BS 透過 NOMA 協定向多個單天線使用者傳輸疊加訊號,在相移最佳化中應用了 SDR 技術,隨後是高斯隨機化技術。此外,針對多天線 BS 的一般情況,進一步提出了一種擴充迭代演算法。在每次迭代中,應用 SDR 技術得到指定波束形成矩陣在 RIS 處的相移解,以及在 RIS 得到指定相移在 BS 處的波束形成矩陣的解。對於發射波束形成矩陣最佳化子問題,證明了 SDR 解的秩與 NOMA 使用者的數量無關,證明了該演算法的收斂性,並分析了演算法的複雜度。Fu 等人研究了 NOMA 下行鏈路傳輸的總傳輸功率最小化問題,部署了 RIS 來幫助從多天線 BS 傳輸到多個單天線使用者,將使用者分組到小型集群中,以降低每個使用者的解碼複雜性。在所建構網路中,每個集群包括一個單元邊使用者和一個中央使用者;部署了具有多個低成本被動元件的 RIS,透過被動波束成形來啟動事件訊號,並協助從 BS 與所有使用者進行通訊。有研究者提出了一種 RIS 輔助 NOMA 傳輸的簡單設計,可以保證在每個正交空間方向上比 SDMA 服務更多的使用者。透過 RIS 可以有效地對齊使用者通道向量的方向,這有利於 NOMA 的實現。分析和模擬結果證明了所提出的 RIS-NOMA 方案的性能,並且研究了硬體損耗對 RIS-NOMA 的影響。

7.7.2 RIS 與 UAV 結合

隨著第六代（6G）無線網路的發展，初步預計網路容量將增長 1 000 倍，可容納至少 1 000 億連接裝置，以支援 VR、AR 等一系列新興應用。為了滿足日益增長的需求，UAV 被認為是最有希望實現這些雄心勃勃的目標的技術之一。與使用地面固定 BS 的傳統通訊系統相比，UAV 輔助通訊系統由於其具有靈活部署、完全可控制的機動性和低成本等特性，因此具有更高的成本效益和更好的 QoS。事實上，在 UAV 的幫助下，系統性能（如數據速率和延遲）可以透過在 UAV 和使用者裝置之間建立 LoS 通訊鏈路來得到顯著增強。此外，還可以透過調整 UAV 的動態飛行路線和狀態，從而在無線通訊中提高通訊性能。為了進一步提高通道品質，可以透過 UAV 系統的機動性控制來設計自我調整通訊。

如何對 UAV 進行合理的軌跡規劃和路徑設計是極其重要的，這也是被廣泛研究的課題。然而，鑑於物聯網裝置的分散部署特性，UAV 可能無法從一個特定位置協助所有此類裝置，特別是當裝置部署在一個並不總是具有直接視距的城市環境時，舉例來說，在人群和建築密集的區域，UAV 與終端裝置之間的通訊訊號很容易被高層建築所阻擋，而 RIS 則可以透過改變相移動態調整入射訊號，所以在直接通道受到阻塞和弱 LoS 的損害時，在一對節點之間建立一個間接的通訊通道，考慮用固定於建築物表面的 RIS 輔助 UAV 通訊以推進網路的整體覆蓋。已有的實驗證明，RIS 輔助 UAV 通訊網路對系統性能具有顯著的提升，有研究者研究了 RIS 輔助 UAV 通訊系統，該系統透過在多個建築物上安裝多個反射面來為使用者裝置服務，以提高 UAV 與終端之間的通訊品質，Wang 等人透過聯合最佳化 UAV 的軌跡和 RIS 反射元素的相移來最大化所有終端的整體加權重據率和地理公平性；Samir 等人中對 UAV 的飛行高度、傳輸排程和 RIS 元素的相移矩陣進行了最佳化，並且提出了近端策略最佳化演算法。數值結果表明，與其他基準演算法相比，所提出的演算法具有明顯的性能提升。

上述情況考慮的是固定於建築物表面的 RIS 輔助 UAV 的情況，而另一種情況是 UAV 搭載行動 RIS 對使用者進行訊號強度增益，有研究者研究了這種 RIS-UAV 整合框架對覆蓋、大規模多址連線、PLS、同步無線資訊和 SWIPT 等方面的影響，RIS 輔助 UAV 網路相對於現有和新興的地面蜂巢網路的主要優勢見表 7-2。然而，目前處於研究階段的 RIS-UAV 框架依然存在諸多挑戰。

表 7-2 與現有和新興的地面蜂巢網路相比的 RIS 輔助 UAV 網路

度量標準	陸地蜂巢網路	整合天線節點	空中 RIS 輔助網路
覆蓋範圍	不同的使能技術提供了 5G 的覆蓋擴充，如中繼、D2D、中繼站網路等。	空中通訊節點可以在需要的時候擴大覆蓋範圍。	除了 UAV 的自由定位和追蹤目標終端的能力，RIS 透過將波束指向終端來增加覆蓋範圍。
容量	增強容量的驅動技術是 D2D、多蜂巢密度，這既增加了網路部署成本，也增加了營運的複雜性和成本。	5G 空中系統利用 LoS-MIMO 來開發通道容量，這樣會給地面使用者和其他空中節點帶來嚴重的試點污染。	RIS 輔助系統利用地面和空中系統的容量性能，並透過定義適當數量的 RIS 單元來提高它們的性能。
PLS	5G 利用訊號處理，如預編碼，來降低保密中斷的機率，發射器和接收器的計算複雜度增加。	5G 空中系統透過傳輸網路為地面使用者建立了安全區域；各種通訊技術可以防止或減輕干擾。	RIS 透過將功率導向合法使用者來提高無線安全性，且被動相移可以顯著提高能源效率。
大規模連線	不同的大規模連線技術已經被提出，包括正交和非正交，因此需要複雜的收發器設計。	UAV 頻譜存取和干擾影響可擴充性	RIS 將訊號反射到需要的使用者並減少干擾，可擴充性可以透過協調 UAV-RIS 系統與靜態 RIS 實現。

度量標準	陸地蜂巢網路	整合天線節點	空中 RIS 輔助網路
頻譜共用	對多個 5G 頻段進行動態頻譜共用，協調和同步、來自行動使用者的干擾和 MAC 協定是頻譜共用的許多剩餘挑戰之一。	空中輔助網路為頻譜共用提供了更多的自由度，如透過戰略 UAV 定位限制干擾足跡。	空中 RIS 系統可以在 RIS 的輔助下實現靈活的頻譜共用，使多個使用者共用頻譜而不會對彼此造成有害干擾。
SWIPT	對於採用功率分割或時間交換的地面網路，建議使用 SWIPT。	空中節點是提供 SWIPT 的關鍵推動者，特別是在地面網路被破壞的情況下。	空中 RIS 輔助系統可以同時為多個使用者提供服務。當以使用者為中心的 SWIPT 任務正在進行時，透過使用一部分 RIS 單元來連續地對空中節點充能的能力將延長其生命週期。

（1）通道建模。通道建模需要精確的資料來描述路徑損耗，以及陰影、散射和衰落效應等。為了建立 RIS 輔助 UAV 通道的精確模型，需要考慮各種因素，包括地面和空中距離、RIS 製造材料、元素的數量，以及 RIS 的幾何形狀。RIS 輔助的 UAV 通道的兩個主要組成部分是 UAV 和 RIS，它們共同使通道建模變得複雜且具有挑戰性。UAV 作為一個具有快速動態移動模式的空中節點，其運動和旋轉改變了空中遮蔽，而將會導致廣泛的時空變化。RIS 增加了定義適當的通道模型的複雜性，因為它的被動和反射行為以及需要考慮的近場傳播。

（2）通道估計。一般來說，RIS 的性能取決於作為 RIS 和無線電之間通道的函數的相移向量的最佳化。因此，估計 RIS 元件和服務無線電之間的通道是必不可少的，必須確定以實現最佳波束形成和無線電通道控制。RIS 元件的被動特性使該技術具有低複雜度和節能的特點，不需要功率放大器和資料轉換器。然而，這種被動的性質使通道的估計更加困難。

（3）RIS 控制器及通道負擔。考慮 RIS 要素的控制是很重要的，該控制器負責提供天線元件的相移向量。通常假設所需的相移被轉移到 RIS 控制器的記憶體中，需要在計算節點和 RIS 之間建立完全同步和可靠的控制鏈路。這可以在靜止的使用案例中實現，或在其他可以輕鬆提供控制連結的情況下實現。然而，對於 RIS-UAV 系統，計算節點和 RIS 之間的控制鏈路將面臨時變通道條件，並可能經歷衰落和陰影，將會影響即時上傳相移修改的過程。

針對上述挑戰的研究將有助提升 RIS-UAV 技術的成熟性和應用前景。

7.7.3 RIS 與 FD 結合

FD 模式下，收發機能夠在同一頻段同時收發，FD 傳輸具有將頻譜效率提高一倍的潛力，相比半雙工傳輸，頻譜資源的使用率最高。考慮 RIS 能夠透過電磁波的軟控制功能重新設定無線傳播環境，且在理論上無須任何射頻能量消耗的情況下，RIS 中單元相位變化實現了入射頻磁波在振幅、頻率和方向域的可重構性，不僅用於反射，而且用於在三維空間中傳輸。因此，考慮 FD 傳輸與 RIS 技術相結合的情況，可以獲得新的自由度，便於無線通訊系統的設計和建設，以獲得低成本但高頻效率的無線覆蓋。此外，RIS 的一些電磁功能對改進 FD 傳輸也有一定的幫助，舉例來說，RIS 反射波/透射波可以用於某些特定的目的，如資訊傳遞、協作干擾、無線功率傳輸（WPT）、人工雜訊等。所以，一般來說，共同實現 FD 傳輸和 RIS 有兩個方向：

（1）代替傳統的 RF 中繼，RIS 可以作為建立/增強 FD 傳輸的橋樑：① 用於視距（LOS）和非 LOS（NLOS）場景的同時同頻 FD 傳輸；② 用於 NLOS 場景的分頻 FD。

（2）利用 RIS 獨特的電磁功能，將 FD 傳輸鏈路的反射波/透射波用於其他特定目的，如協作干擾、人工雜訊和 WPT。

根據上述主要方向，有研究者列出了 LoS 和 NLoS 場景中的 FD 傳輸方案：FD 傳輸主要利用 RIS 的功能，透過改變 FPGA[149]中的程式，分別控制 RIS 的各個元素，可以獨立反映不同方向的入射波。① LoS 場景：具有多天線的源（S）在 FD 模式下透過一個 RIS 的協助與一個目標（D）通訊。在這種情況下，利用了 RIS 的對稱/非對稱反射功能，因為對於 RIS 而言，S 的位置可能與 D 的位置不對稱。② NLoS 反射波場景：具有多天線的源（S）在 FD 模式下透過一個 RIS 的協助與多個目標（D）通訊，在這種情況下，S 和 D 之間的雙向通訊依賴於透過 RIS 的反射連結。顯然，有多個終端與 S 通訊，其位置隨機分佈在 S 訊號的盲區。然而，雖然這些終端由於阻擋物不在 S 的覆蓋範圍內，但透過設計 RIS 上各元素的反射矩陣仍然可以達到 FD 傳輸。③ NLoS 傳輸波場景：在這種場景下，S 和 D 分別位於 RIS 的兩側，LoS 傳輸不可用。與 LoS 場景類似，在 NLoS 場景中，利用 RIS 功能，也可以在沒有 LoS 訊號的情況下實現 FD 傳輸。此外，還列出了將 FD 傳輸鏈路的反射波/透射波用於 WPT 和安全傳輸的設計方案，並透過數值模擬結果證明了 RIS 輔助 FD 傳輸在能量使用率，頻譜效率等性能指標上的增益。

目前，FD 結合 RIS 技術依然存在許多問題，舉例來說，對 RIS 和所有終端之間的通道能否獲取準確 CSI，這對 RIS 來說是一個挑戰，特別是被動 RIS；網路狀態資訊對於最佳部署 RIS 也很有意義，以方便和簡化在這種複雜的應用場景下的 RIS 元素的調整。可以肯定的是，RIS 的存在使 FD 傳輸鏈路上的入射波的反射波和傳輸波可以有更多的用途，如協作干擾、人工雜訊和 WPT；並且 RIS 可以建立/改善 FD 傳輸鏈路，特別是對於相互覆蓋之外的裝置。在 LoS 和 NLoS 場景下，可以輕鬆實現同時同頻 FD 傳輸，在 NLoS 場景下可以實現分頻 FD 傳輸。這些結論為以後更多研究 FD 結合 RIS 的實例提供了理論依據。

7.7.4 RIS 與 THz 結合

THz 通訊可以提供更有效的頻譜，但它面臨著來自無線傳播損耗、訊號覆蓋和天線/射頻製造的挑戰。具體來説，THz 波的衍射和散射能力很差，THz 訊號具有高指向性的特性，在無線環境中容易被障礙物阻擋。因此，THz 通訊主要考慮 LoS 傳輸，導致訊號覆蓋範圍有限。將 RIS 整合到 THz 通訊中提供了一個有前途的低成本解決方案，以緩解短距離瓶頸和建立可靠的無線連接。具體而言，在 RIS 的輔助下，可以實現 THz 通訊中主動和被動聯合波束形成，提高頻譜和能量效率，並提供虛擬 LoS 路徑，降低阻塞機率。

THz-RIS 通訊研究熱點在於波束形成，如何將訊號能量導向目標是核心問題。聯合波束形成技術分為 THz 發射機的主動波束控制和 THz-RIS 被動波束控制。THz 發射機透過自己的饋電產生定向電磁輻射，這通常被稱為主動波束形成。傳統的定向天線可以在商業上發現頻率高達 1THz，透過這些天線實現波束轉向的最簡單方法是機械旋轉它們，這已經被用於軍事雷達系統。然而，由於延遲需求和功耗，它們並不適用於現代通訊應用程式。頻率掃描天線可以實現波束方向隨頻率變化的大範圍轉向角，但在基於固定載體頻率的通訊系統中，頻率掃描天線無法使用。所以一些可以實現可調諧波束控制的 THz 發射機也逐漸被使用，如採用電子學、光學等方法產生方向可調的 THz 波束。被動波束控制主要是透過 RIS 中的超材料陣列精確控制入射頻磁場實現，如石墨烯材料、液晶材料等。

由於 RIS 獨特的功能，6G 的 THz 通訊場景將更加多樣化，接下來介紹 6G 應用中 THz-RIS 通訊的幾種新場景。

（1）高速前程/回程線路。6G 無線網路的設想是利用蜂巢的密集部署來滿足熱點地區前所未有的資料速率要求。透過大規模天線波束形成提供高增益傳輸，THz 超高速無線通訊可用於靈活部署前端（基頻單元與遠端無線電單元之間）和反向（蜂巢與核心網路之間）鏈路，從而降低了複雜性和成本問題。此外，THz 通訊還可以利用廣泛部署的 RIS 進行聯合波束形

成，以提供高輸送量的前向/回程傳輸，RIS 輔助 THz 無線前/回程鏈路不僅透過在 RIS 處被動波束形成提供額外的孔徑增益，而且透過建立多筆傳播路徑減少中斷。

（2）新型無線資料中心。隨著行動通訊對雲端服務應用需求的穩步增長，資料中心將在 6G 中發揮更重要的作用。但是，在密集分佈的資料伺服器之間建立的點對點 LoS 鏈路不可避免地會被伺服器自身阻塞或造成鏈路干擾。因此，將 RIS 引入 THz 無線資料中心，建立 RIS 輔助的 THz 鏈路，會極大地擴充伺服器互連路徑規劃的自由度。一方面，RIS 可以為準靜態資料中心提供多種連結路由選項。另一方面，RIS 可以幫助建立多個 THz 備份連接，提高資料中心傳輸的可靠性。

（3）RIS-THz 增強室內覆蓋。由於 THz 通訊頻率高、波長短、傳輸損耗大，導致其只能短距離覆蓋，而有限的衍射能力導致 THz 傳輸依賴於 LoS 路徑。室內 THz LoS 鏈路容易被牆壁或人體阻擋，導致高速通訊中斷。針對上述問題，RIS 已成為一種創新的、高對比值的 THz 室內覆蓋解決方案：① RIS 可以透過控制反射角提供虛擬的無線 LOS 鏈路；② RIS 不需要複雜的硬體電路，厚度小、重量輕。這些物理特性使 RIS 易於安裝在無線傳輸環境中，包括牆壁、天花板和傢俱。

（4）車輛通訊場景。智慧交通系統希望車輛通訊網路能夠提供高資料速率、低延遲和可靠的通訊。對於無線互聯智慧汽車時代，THz 通訊是車輛通訊的潛在支援技術。然而，多變的擁擠交通和密集的人群運動會破壞連接穩定性和對準速度。為此，UAV 攜帶的行動 RIS 可以跟隨車流，輔助交通擁擠區域的 THz 波束訓練和追蹤過程。在車輛行駛過程中，UAV 攜帶的 RIS 可以根據需要調整到不同的高度和位置；車輛可根據不同位置障礙物情況選擇協作 RIS，保證 THz 連接的高速、即時、穩定。

（5）物理層安全。由於僅依賴進階加密協定的無線網路安全存在一定的局限性，考慮 6G 網路的物理層安全具有重要意義。使用大量的天線元件來產生高定向的 THz 波束，能夠為物理層的安全傳輸帶來了許多好處。然

而，當竊聽者位於波束覆蓋的尖銳部分時仍可能危及資訊安全。透過主動和被動聯合波束形成，RIS 輔助 THz 通訊系統可以在抑制竊聽者接收功率的同時將波束能量集中到合法使用者。RIS 不僅幫助 THz 波束在反射路徑上繞過竊聽者，而且可以有意降低竊聽者方向上的訊號功率。

已有的實驗證明了 RIS 輔助 THz 通訊的一些優勢，Konstantinos 等人研究了 RIS 輔助 THz 通訊的通道建模和性能，並分析了近場波束聚焦和正常波束形成下的功率增益，並證明了後者的次優性。結論表明 RIS 需要知道 Tx/Rx 的確切位置，而非它們的角度資訊，才能進行光束聚焦，數值結果鞏固了 RIS 在 THz 通訊中的潛力。Pan 等人透過最佳化 RIS 位置、RIS 相移、子帶分配和功率控制，實現了 RIS 輔助 THz 傳輸系統中各終端的和率最大化。雖然 THz-RIS 通訊網路有望為 6G 系統帶來重大飛躍，但在實現高效性和實用性的應用方面仍存在許多基本問題。理論傳播建模、RIS 硬體設計及通道估計等挑戰不容忽視，需要根據已經存在的實驗結論來分析依然可能存在的問題，如 THz 大規模 MIMO 天線對近場距離的影響，是否需要根據 THz 子帶獨特的衍射/散射能力和分子吸收能力，分別建立 RIS 反射傳播模型等。

7.7.5 RIS 與 AI 結合

RIS 技術能夠降低傳統大型陣列的硬體複雜性、物理尺寸、重量和成本。然而，RIS 的部署需要處理 BS 和使用者之間的多通道鏈路。此外，BS 和 RIS 波束形成器需要聯合設計，其中 RIS 元件必須做到能夠迅速重新設定。資料驅動技術，如機器學習是解決這些挑戰的關鍵。利用機器學習的較低計算時間和無模型特性使其對資料不完善和環境變化具有穩固性。在物理層，DL 已被證明是有效的 RIS 訊號檢測，通道估計和主動/被動波束形成使用架構，如 SL、UL、FL 和 RL。下面將介紹幾種 RIS 與 AI 技術結合的主要應用場景及已有的實例。

（1）訊號檢測。訊號檢測包括在通道和波束形成器的作用下映射接收到的符號及發送的符號。利用神經網路進行 RIS 相關訊號檢測，其主要優點是它的簡單性，學習模型直接估計資料符號，而不需要預先階段的通道估計。因此，該方法有助降低通道獲取成本。相關 SER 分析結果表明，基於 DL 的 RIS 訊號檢測（Deep RIS）提供了比 MMSE 更好的位元錯誤率，且性能接近於最大似然估計。與此相對的，利用機器學習進行 RIS 相關的訊號檢測也存在一些問題，為了保證模型能夠學習不同環境，需要在不同通道、不同使用者位置等條件下擷取資料，這是一項任務量較大的工作，且需要更加複雜和深層次的神經網路對擷取到的資料進行資料處理。

（2）通道估計。RIS 通道狀態擷取是 RIS 輔助無線系統的主要任務。常用的方法是一個一個打開和關閉每個 RIS 單元，同時利用正交領航訊號透過 RIS 估計 BS 和使用者之間的通道。而透過 DL 進行的 RIS 通道估計涉及在使用者接收的輸入訊號與直接和串聯鏈路的通道資訊之間建構一個映射。SL 方法透過 CNN 估計直接通道和串聯通道。首先，使用者接收到的領航訊號透過依次打開各個 RIS 單元來收集。然後，利用擷取到的資料求串聯通道和直接通道的最小平方估計，兩個神經網路都被訓練成將最小平方通道估計值映射到真實通道資料。Liu 等人提出了一種 DDNN，採用一種混合被動/主動 RIS 架構，其中主動 RIS 單元用於上行導頻訓練，而被動 RIS 單元用於將訊號從 BS 反射到使用者。一旦 BS 擷取到壓縮後的導頻測量資料，即可以透過 OMP 等稀疏重構演算法恢復完整的通道矩陣。此外，還可以採用 SL 和 FL 進行 RIS 相關通道估計，但是存在比較大的通道訓練負擔。

（3）波束形成。基於 RIS 的通訊中的波束形成有多種應用，如僅 RIS 波束形成（被動）、BS-RIS 波束形成（主動/被動）、安全波束形成（包括竊聽）、節能波束形成和室內 RIS 波束形成。這些波束形成問題都可以用機器學習作為輔助 RIS 的方法去處理。

RIS 波束形成要求被動單元連續不斷地將 BS 訊號可靠地反射到使用者。在這裡，MLP 系統結構有助使用主動 RIS 單元設計反射波束形成權值。這些單元透過 RIS 隨機分佈，可用於導頻訓練，訓練後使用 OMP 進行壓縮通道估計。在資料獲取過程中，利用估計的通道資料最佳化反射波束形成權值。最後，利用通道資料建構訓練資料集，並將波束形成器作為 SL 框架的輸入輸出對。為了消除基於 SL 標記過程的成本，可採用 RL 設計單天線使用者和 BS 反射波束器。RL 可以透過最佳化學習模型的目標函數直接產生輸出，是一種有前景的方法。具體做法是：首先，利用兩個正交領航訊號估計通道狀態，透過利用（使用先前的學習模型經驗）或探索（使用預先定義的程式本）來選擇動作向量。根據環境中選擇的行動向量計算可實現率（最佳化目標）後，透過與具有設定值的可實現率進行比較來施加獎勵或懲罰。經過計算，DQN 更新從輸入狀態（通道資料）到輸出動作（由反射波束形成器權重組成的動作向量）的映射。對多個輸入狀態重複這個過程，直到學習模型收斂。RL 演算法根據可達到率的最佳化學習反射波束形成器的權值。因此，RL 為線上學習方案提供了一種解決方案，其中模型能夠有效地適應傳播環境的變化。然而，由於獎賞機制和離散的行動空間使其難以達到全域最佳，導致 RL 方法的訓練時間比 SL 方法長，且無標籤過程表示 RL 通常比 SL 的性能稍差。所以引入了 DDPG，它可以比 DQN 結構收斂得更快，而且可以處理連續的動作空間，這提高了應對環境變化的穩固性。

透過上述場景和實例的介紹，可以知道基於機器學習的 RIS 輔助通訊系統的性能會得到顯著提升，然而實現的同時也有很多困難和挑戰。一是資料收集，訊號檢測需要擷取和儲存不同通道條件下的發射和接收資料符號。監督學習具有附加的標記過程，雖然 RL 中的無標籤結構不需要增加標籤，但代價是需要付出訓練時間。透過在數值電磁模擬工具中實現傳播環境，然後使用更真實的模擬資料，可以放寬資料獲取的要求。這在離線建構訓練資料集時很有幫助，但在真實場景中失敗的可能性仍然存在。因此，高效的資料獲取演算法對未來基於機器學習的 RIS 輔助系統具有重要

意義。二是模型訓練，模型訓練需要大量的時間和資源，包括平行處理和儲存。通常在線上部署到與 BS 連接的參數伺服器之前離線進行。FL 有潛力降低這些成本，並能夠實現有效的通道模型訓練。所以將 RL 的無標籤結構和 FL 的通訊效率結合起來，即聯邦強化學習，可能是未來機器學習與 RIS 結合的研究方向。三是環境適應，為了實現基於 DL 的 RIS 輔助通訊的可行性，動態適應環境變化是非常重要的。通道的行為影響所有基於 DL 的任務，包括通道估計、波束形成、使用者排程、功率分配和天線選擇/切換。目前，用於無線系統的 DL 架構仍然與環境相關，其學習模型的輸入資料空間有限。因此，當學習模型接受來自未學習/未發現資料空間的輸入時，性能顯著下降。為了覆蓋更大的資料空間，需要更廣泛、更深入的學習模型。但目前用於無線通訊的深度神經網路架構只包含不到 100 萬個神經元，而用於圖型辨識或自然語言處理的學習模型由數百萬甚至數十億的神經元所組成，舉例來說，VGG（1.38 億）、AlexNet（6000 萬）和 GPT-3（1700 億）。顯然，設計更廣泛和更深入的學習模型對於未來基於機器學習的 RIS 輔助系統有很大的意義。

7.7.6 智慧超表面與無線電能傳輸結合

隨著電子科學技術的不斷發展，無線電能傳輸技術已經獲得了廣泛的應用。目前，美國蘋果公司已經推出了可以使用無線電能傳輸技術充電的行動終端裝置；應用磁耦合諧振技術為電動汽車充電也已成為現實。在偏遠地區、裝置密集地區、特殊領域（如油田礦采領域和地質勘探領域），人為更換裝置電池是不現實的；在生物醫療領域，人體可植入電子裝置的電池更換對人體的傷害和影響幾乎無法避免，這些問題引起了研究者們的思考，高效穩定的無線電能傳輸技術是學術和工業界的研究熱點。

無線電能傳輸可以根據作用距離分為近場區和輻射遠場區。近場區又分為電抗近場區和輻射近場區（菲涅爾區）。RIS 是具有二維或準二維平面結構的人工電磁結構，它的厚度小於工作波長，可以實現對電磁波相位、極

化及幅度等特性的靈活有效調控。利用 RIS 有效調控電磁波,從而實現具有聚焦特性的輻射近場的無線電能傳輸是很有價值的,許多學者都對此展開了研究。

有研究者提出了一種 RIS,它可以幫助兩使用者協作無線通訊網路的傳輸,透過聯合最佳化 RIS 的相移、傳輸時間和功率分配策略,研究了輸送量最大化的問題。數值結果表明,採用 RIS 可以有效地提高協作傳輸的輸送量。

此外,很多研究者都關注到了 MISO 系統的下行鏈路問題。對於同時進行無線和資訊功率傳輸的下行 MISO 無線網路,RIS 可以增強系統的無線傳輸能力。有研究者針對基地台的發射預編碼矩陣和 RIS 的相移問題,分析了系統加權和率的最大化問題。採用交替最佳化的方法求解最佳化問題,特別提出了兩種低複雜度的迭代演算法,該演算法收斂於各最佳化子問題的一階最佳點。有研究者研究了安全傳輸波束形成和 RIS 相移的設計,以最大限度地提高擷取功率。為了解決所產生的非凸最佳化問題,提出了基於 SDR 和逐次凸逼近的交替迭代演算法。

此外對於 MISO 系統的下行鏈路問題,研究者設定基地台向一組接收器發送資訊和能量訊號,RIS 用於說明資訊和能量傳輸。在這種設定中,基地台波束形成器和 RIS 相移被交替最佳化,目的是透過滿足資訊接收器的單一 SINR 約束和基地台的最大發射功率約束,使所有能量收集接收器的最小接收功率最大化。利用交替最佳化和 SDR 來解決最佳化問題,從而得到一個次優但有效的演算法。有研究者在系統模型中,部署了多個 RIS 以輔助資訊和功率的傳輸。透過對發射預編碼器的最佳化和 RIS 的相移來考慮最小化基地台的發射功率的問題,並認為用交替最佳化方法來解決這一問題是不合適的,取而代之的是基於懲罰的演算法。

7.7.7 智慧超表面與定位和傳感技術的結合

數位世界和現實世界之間的互動依賴於高畫質態勢感知，即裝置確定其自身位置的能力，以及作業環境中物件和其他裝置的位置。與其相關的應用一般包括自動駕駛車輛、機器人、醫療保健、高度身臨其境的虛擬和擴增實境，以及新的人機互動。態勢感知可以透過各種技術來實現，具體取決於應用和要求的不同。這些技術既包括雷射雷達、慣性測量單元或照相機，也包括基於無線電的技術，如衛星定位、雷達、超寬頻、蜂巢或WiFi。基於無線電的技術很有吸引力，因為它可以具有通訊和傳感的雙重功能，而且通常不太容易受到如光線不佳等環境因素的影響。

自 4G 以來，專用定位參考訊號一直被視為通訊系統設計和標準化的一部分，其定位精度達到了 10 公尺量級。在 5G 中，結合使用者裝置和基地台處的天線陣列使用更大的頻寬和更高的載體頻率，定位精度提高到了 1 公尺左右。6G 系統中的主要工作在更高的頻率（30GB 赫茲以上，可能高達 1 太赫茲）上開展，以便受益於更大的可用頻寬，從而實現更高的定位精度。

高載體頻率下的傳播會受到障礙物的影響，因為物體會阻擋發射器和接收器之間的 LoS 路徑。透過利用先驗地圖資訊或透過聯合定位和製圖，利用多徑輔助定位，可以減少對 LoS 路徑的依賴。其中，環境中物體的位置與使用者的位置應同時確定，這一過程被稱為基於無線電的同時定位和繪圖。即使這些解決方案利用多徑通道作為定位問題幾何中的建設性資訊來源，由物理環境引起的相關的電磁相互作用仍然是不受控制的。因此，從定位的角度來看，這種方法很大程度上是次優的。

RIS 是一項突破性技術，它指定表面主動修改入射頻磁波的能力。當 LoS 路徑被阻塞時，它可以保證訊號的覆蓋，具有顯著的優勢。RIS 可以用作可重新設定的鏡子或鏡頭，由調整相位分佈或電流分佈的本地控制單元控制。基於這些基本工作模式，RIS 可以充當發射器、接收器或異常反射器，其中反射波的方向不再是根據自然反射定律的鏡面反射，而是可以被

操縱的。RIS 概念可應用於不同的波長，範圍從低至 6GB 赫茲頻段到 28GB 赫茲毫米波頻段，也可以應用於太赫茲範圍。上述 RIS 的性質使研究者開始關注 RIS 在定位和傳感方面的應用。

有研究者分析了 RIS 提供的定位精度的 Cramér-Rao 下界，推導出 Cramér-Rao 下界的封閉運算式和精確逼近，並用於證明 RIS 提供的定位誤差隨其表面積二次減小。除了終端恰好位於 RIS 的中心垂線上的情況，這個規律通常是正確的。在後一種情況下，定位誤差線性減小。結果表明，即使 RIS 模擬電路中存在未知相移時，性能仍有可能比傳統方法有相當大的提高。此外，討論了可用於定位的 RIS 的不同部署架構，並比較了單一大型 RIS 和多個較小 RIS 覆蓋部署區域的案例研究。結果表明，這兩種方法都不總是優於另一種方法。

有研究者推導了 RIS 在離散相移和有限解析度振幅測量的假設下提供的定位精度的 Cramér-Rao 下界。此外，在不考慮相位資訊的情況下，用全解析度測量振幅，計算了與定位誤差有關的 Cramér-Rao 下界的解析界。利用數值結果分析和量化了 Cramér-Rao 下界損耗與量化解析度的關係。

透過調查 RIS 在毫米波 MIMO 無線網路中的定位和目標追蹤的使用，說明 RIS 的性能很有前景，這要歸功於它可以實現非常銳利的波束。推導了定位誤差的 Cramér-Rao 下界，分析了 RIS 反射元個數對定位性能的影響。數值結果驗證了理論分析的正確性，並表明了基於 RIS 的定位系統比傳統的定位系統具有更好的性能。

透過研究具有聯合通訊和定位能力的毫米波 MIMO 無線網路的設計，結果表明使用 RIS 對這兩個設計內容都有好處，既可以實現精確定位，又可以實現高資料速率傳輸。還介紹了一種基於分層碼本和基地台回饋的自我調整移相器設計，該方案不需要部署主動感測器和基頻處理單元。

參考文獻

[1] 中國移動研究院. 2030+技術趨勢白皮書[R]. 2020.

[2] 未來行動通訊討論區. Wireless Technology Trends Towards 6G[R]. 2020.

[3] Li L, Cui T J, Ji W, et al. Electromagnetic Reprogrammable Coding-metasurface Holograms[J]. Nature Communications, 2017.

[4] Huang C, Hu S, Alexandropoulos G C, et al. Holographic MIMO Surfaces for 6G Wireless Networks: Opportunities, Challenges, and Trends[J]. IEEE Wireless Communications, 2020, (99):1-8.

[5] Hum S V, Perruisseau-Carrier J. Reconfigurable Reflectarrays and Array Lenses for Dynamic Antenna Beam Control: A Review[J]. IEEE Transactions on Antennas and Propagation, 2014, 62(1):183-198.

[6] Juntti M, Kantola R, Kysti P, et al. Key Drivers and Research Challenges for 6G Ubiquitous Wireless Intelligence. 2019.

[7] MD Renzo, Zappone A, Debbah M , et al. Smart Radio Environments Empowered by Reconfigurable Intelligent Surfaces: How it Works, State of Research, and Road Ahead[J]. IEEE Journal on Selected Areas in Communications, 2020, (99):1.

[8] Tang W, Chen M Z, Chen X, et al. Wireless Communications With Reconfigurable Intelligent Surface: Path Loss Modeling and Experimental Measurement[J]. IEEE Transactions on Wireless Communications, 2020, (99):1.

[9] Khawaja W, Ozdemir O, Yapici Y, et al. Coverage Enhancement for NLOS mmWave Links Using Passive Reflectors[J]. IEEE Open Journal of the Communications Society,2020, (99):1.

[10] Gradoni G, MD Renzo. End-to-End Mutual Coupling Aware Communication Model for Reconfigurable Intelligent Surfaces: An Electromagnetic-Compliant Approach Based on Mutual Impedances[J]. IEEE Wireless Communication Letters, 2021, (99):1.

[11] A hardware platform for software-driven functional metasurfaces. Available: http://www. visorsurf.eu.

[12] NTT DOCOMO and Metawave announce successful demonstration of 28GHz-band 5G using world's first meta-structuretechnology. Available: https://www.businesswire.com/ news/home/20181204005253/en/NTT-DOCOMO-Metawave-Announce-Successful-Demon-stration-28GHz-Band.

[13] TowerJazz and Lumotive Demonstrate Solid-state Beam Steering for LiDAR. Available: https://techtime.news/2019/06/26/lidar/.

[14] Pivotal Commware Achieves Gigabit Connectivity in Live 5G mmWave Demo at Mobile World Congress Los Angeles 2019. Available: https://pivotalcommware.com/2019/11/04/ pivotal-commware-achieves-gigabit-connectivity-in-live-5g-mmwave-demo-at-mobile-world-congress-los-angeles-2019/.

[15] Artificial Intelligence Aided D-band Network for 5G Long Term Evolution. Available: https://www.ict-ariadne.eu.

[16] Li L, Shuang Y, Ma Q, et al. Intelligent Metasurface Imager and Recognizer[J]. Light: Science & Applications, 2019, 8.

[17] V. Arun and H. Balakrishnan. RFocus: Beamforming using Thousands of Passive Antennas. USENIX Symposium on Networked Systems Design and Implementation, 2020 (9): 1047－1061.

[18] DOCOMO and AGC Use Metasurface Lens to Enhance Radio Signal Reception Indoors. Available: https://www.nttdocomo.co.jp/english/info/media_center/pr/2021/0126_00.html.

[19] Harnessing multipath propagation in wireless networks: A meta-surface transformation of wireless networks into smartreconfigurable radio environments. Available: https://cordis. europa.eu/project/id/891030.

[20] Ellingson S W. Path Loss in Reconfigurable Intelligent Surface-Enabled Channels[J].2019.

[21] Garcia J, Sibille A, Kamoun M. Reconfigurable Intelligent Surfaces: Bridging the Gap Between Scattering and Reflection[J]. IEEE Journal on Selected Areas in Communications, 2020, (99):1.

[22] MD Renzo, Danufane F H, Xi X, et al. Analytical Modeling of the Path-Loss for Reconfigurable Intelligent Surfaces —— Anomalous Mirror or Scatterer ?[J]. IEEE, 2020.

[23] Danufane F H, MD Renzo, Rosny J D, et al. On the Path-Loss of ReconfigurableIntelligent Surfaces: An Approach Based on Green's Theorem Applied to Vector Fields[J]. IEEE Transactions on Communications, 2021.

[24] Qian X, MD Renzo. Mutual Coupling and Unit Cell Aware Optimization for Reconfigurable Intelligent Surfaces[J]. IEEE Wireless Communication Letters, 2021, (99):1.

[25] Tang W, Chen X, Chen M Z, et al. Path Loss Modeling and Measurements for Reconfigurable Intelligent Surfaces in the Millimeter-Wave Frequency Band[J]. 2021.

[26] Zhao J. Optimizations with Intelligent Reflecting Surfaces (IRSs) in 6G Wireless Networks: Power Control, Quality of Service, Max-Min Fair Beamforming for Unicast, Broadcast, and Multicast with Multi-antenna Mobile Users and Multiple IRSs[J]. 2019.

[27] Yu X, Xu D, Schober R. MISO Wireless Communication Systems via Intelligent Reflecting Surfaces: (Invited Paper)[C]// 2019 IEEE/CIC International Conference on Communications in China (ICCC). IEEE, 2019.

[28] Wu Q, Zhang R. Weighted Sum Power Maximization for Intelligent Reflecting Surface Aided SWIPT[J]. IEEE Wireless Communication Letters, 2019, (99):1.

[29] Han Y, Tang W, Jin S, et al. Large Intelligent Surface-Assisted Wireless Communication Exploiting Statistical CSI[J]. IEEE Transactions on Vehicular Technology, 2019, (99):1.

[30] Ye J, Guo S, Alouini M S . Joint Reflecting and Precoding Designs for SER Minimization in Reconfigurable Intelligent Surfaces Assisted MIMO Systems[J]. IEEE Transactions on Wireless Communications, 2020, (99):1.

[31] Perovic N S, MD Renzo, Flanagan M F. Channel Capacity Optimization Using Reconfigurable Intelligent Surfaces in Indoor mmWave Environments[C]// ICC 2020 - 2020 IEEE International Conference on Communications (ICC). IEEE, 2020.

[32] Huang C, Zappone A, Debbah M , et al. Achievable Rate Maximization by Passive Intelligent Mirrors[C]// ICASSP 2018 - 2018 IEEE International Conference on Acoustics, Speech and Signal Processing (ICASSP). IEEE, 2018.

[33] Reconfigurable Intelligent Surfaces for Energy Efficiency in Wireless Communication[J]. IEEE Transactions on Wireless Communications, 2019, 18(99):4157-4170.

[34] Cui M, Zhang G, Zhang R . Secure Wireless Communication via Intelligent Reflecting Surface[J]. IEEE Wireless Communication Letters, 2019, (99):1.

[35] Bjornson E, Ozdogan O, Larsson E G. Intelligent Reflecting Surface vs. Decode-and- Forward: How Large Surfaces Are Needed to Beat Relaying?[J]. IEEE Wireless Communication Letters, 2019, (99):1.

[36] Wu Q, Zhang R. Beamforming Optimization for Wireless Network Aided by Intelligent Reflecting Surface With Discrete Phase Shifts[J]. IEEE Transactions on Communications, 2020, 68(3):1838-1851.

[37] Badiu M A, Coon J P. Communication Through a Large Reflecting Surface With Phase Errors[J]. IEEE Wireless Communication Letters, 2019.

[38] Li A, Ottersten B, Spano D, et al. A Tutorial on Interference Exploitation via Symbol-Level Precoding: Overview, State-of-the-Art and Future Directions[J]. IEEE Communications Surveys & Tutorials, 2020, (99):1.

[39] Liu R, Li H, Li M, et al. Symbol-Level Precoding Design for Intelligent Reflecting Surface Assisted Multi-user MIMO Systems[J]. IEEE, 2019.

[40]   Liu R, Li M, Liu Q, et al. Joint Symbol-Level Precoding and Reflecting Designs for IRS-Enhanced MU-MISO Systems[J]. IEEE Transactions on Wireless Communications, 2020, (99):1.

[41]   Wang S, Li Q, Shao M. One-Bit Symbol-Level Precoding for MU-MISO Downlink with Intelligent Reflecting Surface[J]. 2020.

[42]   Zhang Z, Dai L, Chen X, et al. Active RIS vs. Passive RIS: Which Will Prevail in 6G?[J]. 2021.

[43]   Bjrnson E, Sanguinetti L. Utility-Based Precoding Optimization Framework for Large Intelligent Surfaces[C]// 2019 53rd Asilomar Conference on Signals, Systems, and Computers. IEEE, 2020.

[44]   Huang C, Member, IEEE, et al. Reconfigurable Intelligent Surface Assisted Multiuser MISO Systems Exploiting Deep Reinforcement Learning[J]. IEEE Journal on Selected Areas in Communications, 2020, 38(8):1839-1850.

[45]   Yang H, Xiong Z, Zhao J, et al. Deep Reinforcement Learning Based Intelligent Reflecting Surface for Secure Wireless Communications[J]. 2020.

[46]   MD Renzo. Spatial Modulation Based on Reconfigurable Antennas - A New Air Interface for the IoT[C]// Milcom IEEE Military Communications Conference. IEEE, 2017.

[47]   Phan-Huy D T, Kokar Y, Rachedi K, et al. Single-Carrier Spatial Modulation for the Internet of Things: Design and Performance Evaluation by Using Real Compact and Reconfigurable Antennas[J]. IEEE Access, 2019:1.

[48]   Basar E, MD Renzo, Rosny J D, et al. Wireless Communications Through Reconfigurable Intelligent Surfaces[J]. IEEE Access, 2019, 7(99).

[49]   Tang W, Li X, Dai J Y, et al. Wireless Communications with Programmable Metasurface: Transceiver Design and Experimental Results[J]. 2018.

[50]   Wankai, Tang, Jun, et al. Programmable metasurface-based RF chain-free 8PSK wireless transmitter[J]. Electronics letters, 2019.

[51]   Viet D N, MD Renzo, Basavarajappa V, et al. Spatial modulation based on reconfigurable antennas: performance evaluation by using the prototype of a reconfigurable antenna[J]. EURASIP Journal on Wireless Communications and Networking, 2019(1):149.

[52]   Basar E. Reconfigurable Intelligent Surface-Based Index Modulation: A New Beyond MIMO Paradigm for 6G[J]. IEEE Transactions on Communications, 2020.

[53]   Yan W, Yuan X, Kuai X. Passive Beamforming and Information Transfer via Large Intelligent Surface[J]. IEEE Wireless Communications Letters, 2020, 9(4):533-537.

[54]   Guo S, Lv S, Zhang H , et al. Reflecting Modulation[J]. 2019.

[55]   Gopi S, Kalyani S, Hanzo L. Intelligent Reflecting Surface Assisted Beam Index-Modulation for Millimeter Wave Communication[J]. 2020.

[56]   Yang L, Meng F, Hasna M O, et al. A Novel RIS-Assisted Modulation Scheme[J]. IEEE Wireless Communication Letters, 2021, (99):1.

[57]   Zheng B, Zhang R. Intelligent Reflecting Surface-Enhanced OFDM: Channel Estimation and Reflection Optimization[J]. IEEE Wireless Communication Letters, 2019, (99):1.

[58]   Nadeem Q, Alwazani H, Kammoun A, et al. Intelligent Reflecting Surface Assisted Multi-User MISO Communication: Channel Estimation and Beamforming Design[J]. IEEE Open Journal of the Communications Society, 2020, (99):1.

[59]   Jensen T L, Carvalho E D. An Optimal Channel Estimation Scheme for Intelligent Reflecting Surfaces based on a Minimum Variance Unbiased Estimator[J]. 2019.

[60]   Lin J, Wang G, R Fan, et al. Channel Estimation for Wireless Communication Systems Assisted by Large Intelligent Surfaces[J]. 2019.

[61]   Chen J, Liang Y C, Cheng H V, et al. Channel Estimation for Reconfigurable Intelligent Surface Aided Multi-User MIMO Systems[J]. 2019.

[62] Zappone A, MD Renzo, Shams F, et al. Overhead-Aware Design of Reconfigurable Intelligent Surfaces in Smart Radio Environments[J]. 2020.

[63] MD Renzo, Ntontin K, Song J, et al. Reconfigurable Intelligent Surfaces vs. Relaying: Differences, Similarities, and Performance Comparison[J]. IEEE Open Journal of the Communications Society, 2020, 1:798-807.

[64] Arun V and Balakrishnan H. RFocus: Beamforming using thousands of passive antennas. Proc./ USENIX Symp. Netw. Syst. DesignImplement., 2020, (2): 1047-1061.

[65] Wang P, Fang J, Yuan X, et al. Intelligent Reflecting Surface-Assisted Millimeter Wave Communications: Joint Active and Passive Precoding Design[J]. 2019.

[66] Sum-rate Maximization for Intelligent Reflecting Surface Based Terahertz Communication Systems [C]// IEEE/CIC International Conference on Communications Workshops in China.

[67] Chaccour C, Soorki M N, Saad W, et al. Risk-Based Optimization of Virtual Reality over Terahertz Reconfigurable Intelligent Surfaces[C]// ICC 2020 - 2020 IEEE International Conference on Communications (ICC). IEEE, 2020.

[68] Wang H, Zhang Z, Zhu B, et al. Performance of Wireless Optical Communication With Reconfigurable Intelligent Surfaces and Random Obstacles[J]. 2020.

[69] Zappone A, MD Renzo, Debbah M, et al. Model-aided Wireless Artificial Intelligence: Embedding Expert Knowledge in Deep Neural Networks for Wireless System Optimization [J]. IEEE Veh. Technol. 2019.

[70] Zappone A, MD Renzo, Debbah M. Wireless Networks Design in the Era of DeepLearning: Model-Based, AI-Based, or Both?[J]. IEEE Transactions on Communications, 2019, 67(10):7331-7376.

[71] Dardari D. Communicating with Large Intelligent Surfaces: Fundamental Limits and Models[J]. 2019.

[72] Gacanin H, MD Renzo. Wireless 2.0: Towards an Intelligent Radio Environment Empowered by Reconfigurable Meta-Surfaces and Artificial Intelligence[J]. 2020.

[73] Huang C, Alexandropoulos G C, Yuen C, et al. Indoor Signal Focusing with Deep Learning Designed Reconfigurable Intelligent Surfaces[C]// IEEE. IEEE, 2019.

[74] Bai T, Pan C, Deng Y, et al. Latency Minimization for Intelligent Reflecting Surface Aided Mobile Edge Computing[J]. IEEE Journal on Selected Areas in Communications,2020, (99).

[75] Hua S, Zhou Y, Yang K, et al. Reconfigurable Intelligent Surface for Green Edge Inference[J]. IEEE, 2019.

[76] Cao Y, Lv T. Intelligent Reflecting Surface Enhanced Resilient Design for MEC Offloading over Millimeter Wave Links[J]. 2019.

[77] Wu Q, Zhang R. Towards Smart and Reconfigurable Environment: Intelligent Reflecting Surface Aided Wireless Network[J]. IEEE Communications Magazine, 2019, (99):1-7.

[78] Liaskos C, Nie S, Tsioliaridou A, et al. A New Wireless Communication Paradigm through Software-controlled Metasurfaces[J]. IEEE Communications Magazine, 2018, 56(9): 162-169.

[79] MD Renzo, Haas H, Grant P. Spatial Modulation for Multiple-Antenna Wireless Systems : A Survey[J]. Communications Magazine IEEE, 2011, 49(12):182-191.

[80] Basar E, Wen M, Mesleh R, et al. Index Modulation Techniques for Next-Generation Wireless Networks[J]. IEEE Access, 2017:1-1.

[81] Tang W, Dai J, Chen M, et al. The Future of Wireless?: Subject Editor spotlight on Programmable Metasurfaces[J]. Electronics Letters, 2019, 55(7):360-361.

[82] Tang W, Li X, Dai J Y, et al. Wireless Communications with Programmable Metasurface:Transceiver Design and Experimental Results[J]. 中國通訊，2019.

[83] Karasik R, Simeone O, MD Renzo, et al. Beyond Max-SNR: Joint Encoding for Reconfigurable Intelligent Surfaces[J]. 2019.

[84] Cui T J, Mei Q Q, Wan X, et al. Coding Metamaterials, Digital Metamaterials and Programming Metamaterials[J]. Light: Science & Applications, 2014, 3(10): 218.

[85] Yang H, Chen X, Yang F, et al. Design of Resistor-Loaded Reflectarray Elements for Both Amplitude and Phase Control[J]. IEEE Antennas & Wireless Propagation Letters, 2017:1.

[86] Wu Q, Zhang R. Beamforming Optimization for Intelligent Reflecting Surface with Discrete Phase Shifts[J]. arXiv, 2018.

[87] Zhang H, Zeng S, Di B, et al. Intelligent Reflective-Transmissive Metasurfaces for Full-Dimensional Communications: Principles, Technologies, and Implementation. 2021.

[88] Hu, Sha, Rusek, et al. Beyond Massive MIMO: The Potential of Positioning With Large Intelligent Surfaces[J]. IEEE Transactions on Signal Processing A Publication of the IEEE Signal Processing Society, 2018.

[89] Yang J, Jin S, Han Y, et al. 3-D Position and Velocity Estimation in 5G mmWave CRAN with Lens Antenna Arrays[C]// 2019 IEEE 90th Vehicular Technology Conference (VTC2019-Fall). IEEE, 2019.

[90] Guidi F, Dardari D. Radio Positioning with EM Processing of the Spherical Wavefront[J]. 2019.

[91] Anna G, Francesco G, Davide D. Single Anchor Localization and Orientation Performance Limits using Massive Arrays: MIMO vs. Beamforming[J]. IEEE Transactions on Wireless Communications, 2017:1-1.

[92] Zhang L, Castaldi G, V Galdi, et al. Space-Time-Coding Digital Metasurfaces[C]// 2019 Thirteenth International Congress on Artificial Materials for Novel Wave Phenomena (Metamaterials). 2019.

[93] Yang H, Yang F, Cao X, et al. A 1600-Element Dual-Frequency Electronically Reconfigurable Reflectarray at X/Ku-Band[J]. IEEE Transactions on Antennas & Propagation, 2017:1-1.

[94] MD Renzo, Debbah M, Phan-Huy D T, et al. Smart Radio Environments Empowered by AI Reconfigurable Meta-Surfaces: An Idea Whose Time Has Come[J]. EURASIP Journal on Wireless Communications and Networking, 2019, 2019(1).

[95] Lonar J, Grbic A, Hrabar S. Ultrathin active polarization-selective metasurface at X-band frequencies[J]. 2019.

[96] Bousquet J F, Magierowski S, Messier G G. A 4-GHz Active Scatterer in 130-nm CMOS for Phase Sweep Amplify-and-Forward[J]. IEEE Transactions on Circuits & Systems I Regular Papers, 2012, 59(3):529-540.

[97] Kishor K K, Hum S V. An Amplifying Reconfigurable Reflectarray Antenna[J]. Antennas and Propagation, IEEE Transactions on, 2012, 60(1):197-205.

[98] FuTURE Mobile Communications Forum. Novel Antenna Technologies towards 6G[R]. 2020.

[99] A. D.Wyner. The wire-tap channel[J]. Bell System Technical Journal, 1975,54(8): 1355－1387.

[100] Chen J, Liang Y -C, Pei Y, et al. Intelligent Reflecting Surface: A Programmable Wireless Environment for Physical Layer Security[J]. IEEE Access, 2019, 7: 82599-82612.

[101] Shen H, W Xu, Gong S, et al. Secrecy Rate Maximization for Intelligent Reflecting Surface Assisted Multi-Antenna Communications[J]. IEEE Communications Letters, 2019, PP(9): 1-1.

[102] Özdogan Ö, Björnson E, Larsson E G. Using Intelligent Reflecting Surfaces for Rank Improvement in MIMO Communications[C]. America: ICASSP 2020 - 2020 IEEE International Conference on Acoustics, Speech and Signal Processing, 2020: 9160-9164.

[103] University of Oulu. White Paper on Broadband Connectivity in 6G[R]. 2020.

[104] Tang W, Chen M Z, Dai J Y, et al. Wireless Communications with Programmable Metasurface: New Paradigms, Opportunities, and Challenges on Transceiver Design[J]. IEEE Wireless Communications, 2020,27(2): 180-187.

[105] 蔣之浩，李遠. 超表面多波束天線技術及其在無線能量傳輸中的應用[J]. 空間電子技術，2020,17(188(02)): 86-95.

[106] Wymeersch H, He J, Denis B, et al. Radio Localization and Mapping with Reconfigurable Intelligent Surfaces[J]. 2019.

[107] Fang W, Fu M, Wang K, et al. Stochastic Beamforming for Reconfigurable Intelligent Surface Aided Over-the-Air Computation[C]. America: GLOBECOM 2020 - 2020 IEEE Global Communications Conference, 2020: 1-6.

[108] Jiang T, Shi Y. Over-the-Air Computation via Intelligent Reflecting Surfaces[C]. America: 2019 IEEE Global Communications Conference (GLOBECOM), 2019: 1-6.

[109] Yu D, Park S-H, Simeone O, et al. Optimizing Over-the-Air Computation in IRS-Aided C-RAN Systems[C]. America: 2020 IEEE 21st International Workshop on Signal Processing Advances in Wireless Communications, 2020: 1-5.

[110] Li S, Duo B, Yuan X, et al. Reconfigurable Intelligent Surface Assisted UAV Communication: Joint Trajectory Design and Passive Beamforming[J]. IEEE Wireless Communications Letters, 2020,9(5): 716-720.

[111] Yang L, Meng F, Zhang J, et al. On the Performance of RIS-Assisted Dual-Hop UAV Communication Systems[J]. IEEE Transactions on Vehicular Technology,2020,69(9): 10385-10390.

[112] Cui T J, Li L, Liu S, et al. Information Metamaterial Systems[J]. iScience, 2020, 23(8): 101403.

[113] Chaharmir M R, Shaker J, Cuhaci M, et al. Novel Photonically-Controlled Reflectarray Antenna[J]. IEEE Transactions on Antennas & Propagation, 2006, 54(4):1134-1141.

[114] Legay H, Bresciani D, Girard E, et al. Recent Developments on Reflectarray Antennas at Thales Alenia Space [J]. IEEE Xplore, 2009.

[115] Long S A, Huff G H. A Fluidic Loading Mechanism for Phase Reconfigurable Reflectarray Elements[J]. IEEE Antennas & Wireless Propagation Letters, 2011, 10:876-879.

[116] Carrasco E, Perruisseau-Carrier J . Reflectarray Antenna at Terahertz Using Graphene[J]. IEEE Antennas & Wireless Propagation Letters, 2013, 12(1):253-256.

[117] Romanofsky R R. Advances in Scanning Reflectarray Antennas Based on Ferroelectric Thin-Film Phase Shifters for Deep-Space Communications[J]. Proceedings of the IEEE, 2007, 95(10):1968-1975.

[118] Perruisseau-Carrier J, Pardo P. Unit Cells for Dual-polarized and Polarization-flexible Reflectarrays with Scanning Capabilities[C]// European Conference on Antennas & Propagation. IEEE, 2009.

[119] Carrascoyepez F E, Barba M, Encinar J A, et al. Two-bt Reflectarray Elements with Phase and Polarization Reconfiguration[C]// IEEE Intern Symp on Antennas & Propagation & Usnc/ursi National Radio Science Meeting. 2013.

[120] Rodrigo D, Jofre L, Perruisseau-Carrier J. Unit Cell for Frequency-Tunable Beamscanning Reflectarrays[J]. IEEE Transactions on Antennas & Propagation, 2013, 61(12):5992-5999.

[121] Perez-Palomino G, Encinar J A, Barba M, et al. Design and Evaluation of Multi-resonant Unit Cells Based on Liquid Crystals for Reconfigurable Reflectarrays[J]. IET Microwaves, Antennas & Propagation, 2012, 6(3):348-354.

[122] Carrasco, Eduardo, Barba, et al. X-Band Reflectarray Antenna With Switching-Beam Using PIN Diodes and Gathered Elements.[J]. IEEE Transactions on Antennas & Propagation, 2012.

[123] Lau, Jonathan Y, Hum, et al. Reconfigurable Transmitarray Design Approaches for Beamforming Applications. [J]. IEEE Transactions on Antennas & Propagation, 2012.

[124] Abbaspour-Tamijani A, Sarabandi K, Rebeiz G M. Antenna-filter-antenna Arrays as a Class of Bandpass Frequency-selective Surfaces[J]. IEEE Transactions on Microwave Theory & Techniques, 2004, 52(8):1781-1789.

[125] Garcia J, Sibille A, Kamoun M. Reconfigurable Intelligent Surfaces: Bridging the Gap Between Scattering and Reflection[J]. IEEE Journal on Selected Areas in Communications, 2020, (99):1-1.

[126] Khawaja W, Ozdemir O, Yapici Y, et al. Coverage Enhancement for NLoS mmWave Links Using Passive Reflectors[J]. IEEE Open Journal of the Communications Society, 2020, (99):1-1.

[127] Ozdogan O, Bjornson E, Larsson E G. Intelligent Reflecting Surfaces: Physics, Propagation, and Pathloss Modeling[J]. IEEE Wireless Communication Letters, 2019, (99):1-1.

[128] Tang W, Chen M Z, Chen X, et al. Wireless Communications With Reconfigurable Intelligent Surface: Path Loss Modeling and Experimental Measurement[J]. IEEE Transactions on Wireless Communications, 2020, (99):1-1.

[129] Ding Z, Schober R, Poor H V. On the Impact of Phase Shifting Designs on IRS-NOMA[J]. IEEE Wireless Communication Letters, 2020, (99):1-1.

[130] Zhang Z, Cui Y, Yang F, et al. Analysis and Optimization of Outage Probability in Multi-Intelligent Reflecting Surface-Assisted Systems[J]. 2019.

[131] Ding Z, Poor H V. A Simple Design of IRS-NOMA Transmission[J]. IEEE Communications Letters, 2020, (99):1119-1123.

[132] Cheng Y, Li K H, Liu Y, et al. Non-Orthogonal Multiple Access (NOMA) with Multiple Intelligent Reflecting Surfaces[J]. IEEE Transactions on Wireless Communications, 2021, (99):1.

[133] Qian X, MD Renzo, Liu J, et al. Beamforming Through Reconfigurable Intelligent Surfaces in Single-User MIMO Systems: SNR Distribution and Scaling Laws in the Presence of Channel Fading and Phase Noise[J]. 2020.

[134] Hou T, Member S, IEEE, et al. Reconfigurable Intelligent Surface Aided NOMA Networks[J]. 2019.

[135] Lyu J, Zhang R. Spatial Throughput Characterization for Intelligent Reflecting Surface Aided Multiuser System[J]. IEEE Wireless Communication Letters, 2020.

[136] Makarfi A U, Rabie K M, Kaiwartya O, et al. Reconfigurable Intelligent Surface Enabled IoT Networks in Generalized Fading Channels[C]// ICC 2020 - 2020 IEEE International Conference on Communications (ICC). IEEE, 2020.

[137] Xu P, Chen G, Yang Z, et al. Reconfigurable Intelligent Surfaces-assisted Communications with Discrete Phase Shifts: How Many Quantization Levels are Required to Achieve Full Diversity?[J]. IEEE Wireless Communications Letters, 2020, 10(2): 358-362.

[138] Cheng Y, Li K H , Liu Y, et al. Downlink and Uplink Intelligent Reflecting Surface Aided Networks: NOMA and OMA[J]. IEEE Transactions on Wireless Communications, 2021, (99):1-1.

[139] Tang Z, Hou T, Liu Y, et al. Physical Layer Security of Intelligent Reflective Surface Aided NOMA Networks[J]. 2020.

[140] Nonorthogonal Multiple Access for 5G and Beyond[J]. Proceedings of the IEEE, 2017.

[141] Yang G, Xu X, Liang Y C. Intelligent Reflecting Surface Assisted Non-Orthogonal Multiple Access[J]. 2019.

[142] Fu M, Zhou Y, Shi Y. Intelligent Reflecting Surface for Downlink Non-Orthogonal Multiple Access Networks[J]. IEEE, 2019.

[143] Ding Z, Poor H V. A Simple Design of IRS-NOMA Transmission[J]. IEEE Communications Letters, 2020, PP(99):1119-1123.

[144] Wang L, Wang K, Pan C , et al. Joint Trajectory and Passive Beamforming Design for Intelligent Reflecting Surface-Aided UAV Communications: A Deep Reinforcement Learning Approach[J]. 2020.

[145] Samir M, Elhattab M, Assi C, et al. Optimizing Age of Information Through Aerial Reconfigurable Intelligent Surfaces: A Deep Reinforcement Learning Approach [J]. 2020.

[146] Abdalla A S, Rahman T F, Marojevic V. UAVs with Reconfigurable Intelligent Surfaces: Applications, Challenges, and Opportunities[J]. 2020.

[147] Kim D, Lee H, Hong D. A Survey of In-Band Full-Duplex Transmission: From the Perspective of PHY and MAC Layers[J]. Communications Surveys & Tutorials IEEE, 2015, 17(4):2017-2046.

[148] Pan G, Ye J, An J, et al. When Full-Duplex Transmission Meets Intelligent Reflecting Surface: Opportunities and Challenges[J]. 2020.

[149] Zhang, Lei, Rui Y, et al. Transmission-Reflection-Integrated Multifunctional Coding Metasurface for Full-Space Controls of Electromagnetic Waves[J]. Advanced Functional Materials, 2018.

[150] Akyildiz I F, Chong H, Nie S. Combating the Distance Problem in the Millimeter Wave and Terahertz Frequency Bands[J]. IEEE Communications Magazine, 2018, 56(6):102-108.

[151] Huang C, Zappone A, Alexandropoulos G C, et al. Reconfigurable Intelligent Surfaces for Energy Efficiency in Wireless Communication[J]. IEEE Transactions on Wireless Communications, 2019, 18(99):4157-4170.

[152] Chen Z, an C, Ning B, et al. Intelligent Reflecting Surfaces Assisted Terahertz Communications toward 6G[J]. 2021.

[153] K Dovelos, Assimonis S D, Ngo H Q, et al. Intelligent Reflecting Surfaces at Terahertz Bands: Channel Modeling and Analysis[J]. IEEE, 2021.

[154] Pan Y, K Wang, Pan C, et al. Sum Rate Maximization for Intelligent Reflecting Surface Assisted Terahertz Communications[J]. 2020.

[155] Elbir A M, Mishra K V. A Survey of Deep Learning Architectures for Intelligent Reflecting Surfaces[J]. 2020.

[156] Khan S, Khan K S, Haider N, et al. Deep-Learning-Aided Detection for Reconfigurable Intelligent Surfaces[J]. 2019.

[157] Elbir A M, Papazafeiropoulos A, Kourtessis P , et al. Deep Channel Learning For Large Intelligent Surfaces Aided mm-Wave Massive MIMO Systems[J]. IEEE Wireless Communications Letters, 2020, 9(9):1447-1451.

[158] Liu S, Gao Z, Zhang J , et al. Deep Denoising Neural Network Assisted Compressive Channel Estimation for mmWave Intelligent Reflecting Surfaces[J]. IEEE Transactions on Vehicular Technology, 2020.

[159] Elbir A M, Coleri S. Federated Learning for Channel Estimation in Conventional and IRS-Assisted Massive MIMO[J]. 2020.

[160] Taha A, Zhang Y, Mismar F B, et al. Deep Reinforcement Learning for Intelligent Reflecting Surfaces: Towards Standalone Operation[J]. IEEE, 2020.

[161] Feng K, Wang Q, Li X, et al. Deep Reinforcement Learning Based Intelligent Reflecting Surface Optimization for MISO Communication Systems[J]. IEEE Wireless Communication Letters, 2020.

[162] Pan C, Ren H, Wang K, et al. Multicell MIMO Communications Relying on Intelligent Reflecting Surfaces[J]. IEEE Transactions on Wireless Communications, 2020.

[163] Li X, Fang J, Gao F, et al. Joint Active and Passive Beamforming for Intelligent Reflecting Surface-Assisted Massive MIMO Systems[J]. 2019.

[164] Xing Z, Wa Ng R, Wu J, et al. Achievable Rate Analysis and Phase Shift Optimization on Intelligent Reflecting Surface with Hardware Impairments [J]. IEEE Transactions on Wireless Communications, 2021.

[165] Hu S, Rusek F, Edfors O. Capacity Degradation with Modeling Hardware Impairment in Large Intelligent Surface[C]// GLOBECOM 2018 - 2018 IEEE Global Communications Conference. IEEE, 2018.

[166] Liu Y, Liu X, u X, et al. Reconfigurable Intelligent Surfaces: Principles and Opportunities[J]. 2020.

[167] Wu Q, Zhang R . Intelligent Reflecting Surface Enhanced Wireless Network via Joint Active and Passive Beamforming[J]. IEEE Transactions on Wireless Communications, 2019.

[168] Han H, Zhao J, Niyato D, et al. Intelligent Reflecting Surface Aided Network: Power Control for Physical-Layer Broadcasting[J]. 2019.

[169] Zhu J, Huang Y , Wang J , et al. Power Efficient IRS-Assisted NOMA[J]. 2019.

[170] Zheng B, Wu Q, Zhang R. Intelligent Reflecting Surface-Assisted Multiple Access with User Pairing: NOMA or OMA?[J]. IEEE Communications Letters, 2020, 24(4):753-757.

[171] Zhou G, Pan C, Ren H, et al. Robust Beamforming Design for Intelligent Reflecting Surface Aided MISO Communication Systems[J]. IEEE Wireless Communication Letters, 2020.

[172] Lipp T, Boyd S. Variations and Extension of the Convex-Concave Procedure[J]. Optimization & Engineering, 2016, 17(2):263-287.

[173] Zhou G, Pan C, H Ren, et al. A Framework of Robust Transmission Design for IRS-aided MISO Communications with Imperfect Cascaded Channels[J]. IEEE Transactions on Signal Processing, 2020.

[174] Yu X, Xu D, Schober R . Optimal Beamforming for MISO Communications via Intelligent Reflecting Surfaces[J]. IEEE, 2020.

[175] Ning B, Chen Z, Chen W, et al. Beamforming Optimization for Intelligent Reflecting Surface Assisted MIMO: A Sum-Path-Gain Maximization Approach[J]. 2019.

[176] Ying K, Gao Z, Lyu S , et al. GMD-Based Hybrid Beamforming for Large Reconfigurable Intelligent Surface Assisted Millimeter-Wave Massive MIMO[J]. IEEE Access, 2020.

[177] Perovi N S, MD Renzo, Flanagan M F. Channel Capacity Optimization Using Reconfigurable Intelligent Surfaces in Indoor mmWave Environments[J]. 2019.

[178] Zhang S, R Zhang. Capacity Characterization for Intelligent Reflecting Surface Aided MIMO Communication[J]. IEEE Journal on Selected Areas in Communications, 2020.

[179] Yang Y, Zheng B, Zhang S, et al. Intelligent Reflecting Surface Meets OFDM: Protocol Design and Rate Maximization[J]. 2019.

[180] You C, Zheng B, Zhang R . Intelligent Reflecting Surface with Discrete Phase Shifts: Channel Estimation and Passive Beamforming[J]. 2019.

[181] Guo H, Liang Y C, Chen J, et al. Weighted Sum-Rate Optimization for Intelligent Reflecting Surface Enhanced Wireless Networks. 2019.

[182] Jung M, Saad W, Debbah M, et al. On the Optimality of Reconfigurable Intelligent Surfaces (RIS): Passive Beamforming, Modulation, and Resource Allocation[J]. 2019.

[183] X Mu, Liu Y, Guo L, et al. Exploiting Intelligent Reflecting Surfaces in NOMA Networks: Joint Beamforming Optimization[J]. 2019.

[184] Zhao M M, Wu Q, Zhao M J, et al. Intelligent Reflecting Surface Enhanced Wireless Network: Two-timescale Beamforming Optimization[J]. 2019.

[185] Nadeem Q, Kammoun A, Chaaban A, et al. Asymptotic Max-Min SINR Analysis of Reconfigurable Intelligent Surface Assisted MISO Systems[J]. 2019.

[186] Wan Z, Gao Z, Alouini M S. Broadband Channel Estimation for Intelligent Reflecting Surface Aided mmWave Massive MIMO Systems[C]// ICC 2020 - 2020 IEEE International Conference on Communications (ICC). IEEE, 2020.

[187] Wang P, Fang J, H Duan, et al. Compressed Channel Estimation and Joint Beamforming for Intelligent Reflecting Surface-Assisted Millimeter Wave Systems[J]. 2019.

[188] Ning B, Chen Z, Chen W, et al. Channel Estimation and Hybrid Beamforming for Reconfigurable Intelligent Surfaces Assisted THz Communications[J]. 2019.

[189] Ning B, Chen Z, Chen W, et al. Channel Estimation and Transmission for Intelligent Reflecting Surface Assisted THz Communications[J]. 2019.

[190] Xia S, Shi Y. Intelligent Reflecting Surface for Massive Device Connectivity: Joint Activity Detection and Channel Estimation[J]. 2019.

[191] Liu H, Yuan X, Zhang Y. Matrix-Calibration-Based Cascaded Channel Estimation for Reconfigurable Intelligent Surface Assisted Multiuser MIMO[J]. 2019.

[192] He Z Q, Yuan X. Cascaded Channel Estimation for Large Intelligent Metasurface Assisted Massive MIMO[J]. IEEE Wireless Communication Letters.

[193] Jiang T, Shi Y. Over-the-Air Computation via Intelligent Reflecting Surfaces[C]// 2019 IEEE Global Communications Conference (GLOBECOM). IEEE, 2020.

[194] Yuan J, Liang Y C, Joung J, et al. Intelligent Reflecting Surface-Assisted Cognitive Radio System[J]. 2019.

[195] Wu Q, Zhang R. Beamforming Optimization for Intelligent Reflecting Surface with Discrete Phase Shifts[J]. arXiv, 2018.

[196] 盧雨笑. 聚焦型電磁超表面無線能量傳輸理論與關鍵技術研究[D]. 西安：西安電子科技大學電子工程學院，2018.

[197] Zheng Y, Bi S, Zhang Y, et al. Intelligent Reflecting Surface Enhanced user Cooperation in Wireless Powered Communication Networks[J]. IEEE Wireless Communications Letters, 2020,9(6): 901-905.

[198] Pan C, Ren H, Wang K, et al. Intelligent Reflecting Surface Aided MIMO Broadcasting for Simultaneous Wireless Information and Power Transfer [J].IEEE Journal on Selected Areas in Communications, 2020,38(8): 1719-1734.

[199] Shi W, Zhou X, Jia L, et al. Enhanced Secure Wireless Information and Power Transfer via Intelligent Reflecting Surface[J]. IEEE Communications Letters, 2020,25(4): 1084-1088.

[200] Tang Y, Ma G, Xie H, et al. Joint Transmit and Reflective Beamforming Design for IRS-Assisted Multiuser MISO SWIPT Systems[C]. America: ICC 2020 - 2020 IEEE International Conference on Communications, 2020:1-6.

[201] Wu Q, Zhang R. Joint Active and Passive Beamforming Optimization for Intelligent Reflecting Surface Assisted SWIPT Under QoS Constraints[J]. IEEE Journal on Selected Areas in Communications,2020,38(8): 1735-1748.

[202] Alegria J V, Rusek F. Cramér-Rao Lower Bounds for Positioning with Large Intelligent Surfaces using Quantized Amplitude and Phase[C]. America: 2019 53rd Asilomar Conference on Signals, Systems, and Computers, 2019: 10-14.

[203] He J, Wymeersch H, Kong L, et al. Large Intelligent Surface for Positioning in Millimeter Wave MIMO Systems[C]. America: 2020 IEEE 91st Vehicular Technology Conference, 2020: 1-5.

[204] He J, Wymeersch H, Sanguanpuak T, et al. Adaptive Beamforming Design for mmWave RIS-Aided Joint Localization and Communication[C]. America: 2020 IEEE Wireless Communications and Networking Conference Workshops,2020: 1-6.

MIMO 通訊系統在其發射端和接收端採用多天線,從而實現了多個資料流程在相同時間和相同頻頻內的傳輸和接收,其系統的通道容量隨著發射天線數的增加呈近似線性的增長。由於 MIMO 通訊能夠極大地提高系統的頻帶使用率、滿足高速率通訊的需求,因此獲得了廣泛的關注和研究,MIMO 技術已經成為下一代行動通訊中非常有發展前景的技術之一。本章將介紹超大規模 MIMO、超大規模波束成形、超密集 MIMO 及透鏡 MIMO 的有關技術。

8.1 超大規模 MIMO

大規模 MIMO 是一種蜂巢技術,存取點配有大量天線,用於將每個社區的多個資料流程空間重複使用到一個或多個使用者。大規模 MIMO 技術已經成為 5G 的主流技術,但其硬體實現和使用的演算法與最初提出的並在該主題的教科書中描述的有很大的不同。舉例來說,目前正在使用在方位和仰角域具有有限角度解析度的緊湊 64 天線矩形面板,而非使用具有數百個天線的物理大型水平均勻線性陣列,將會導致非常窄的方位角波束。此外,採用了一種波束空間方法,使用二維離散傅立葉變換碼本來描述矩形

面板上預定角度方向的 64 根波束的網格，而每個使用者只選擇 64 根預先定義波束中的其中一根。這種方法僅適用於與標定平面陣列和一般距離的使用者進行 LoS 通訊。一般來說，NLoS 通道包含這些波束的任意線性組合，陣列可能有不同的幾何形狀，不完全校準陣列的陣列回應不能用二維離散傅立葉變換描述。這些設計被簡化的實際原因是在 5G 領域，模擬和混合波束形成需要迅速進入市場。然而，隨著 6G 的到來，全數位陣列將可用於廣泛的頻率範圍（包括毫米波），因此，可以利用它來實現一些能夠提供與大規模 MIMO 理論所建議的性能基本接近的東西。在 5G 中，由於大量 MIMO 術語已經被許多次優設計選擇所淡化，因此將使用術語超大規模 MIMO 來描述該技術的 6G 版本。

8.1.1 背景

在過去的三十年，無線資料速率每 18 個月成長一倍。按照這一趨勢，太位元每秒（Tbps）鏈路有望在未來五年內成為現實。在 5 GHz 以下的無線通訊系統中，有限的頻寬促進了對更高頻段的利用。根據這個發展方向，毫米波通訊（30～300 GHz）近年來獲得了廣泛的研究。儘管這樣的系統帶來了新的頻段，但毫米波通訊的總連續可用頻寬仍然不到 10 GHz。將會需要幾乎 100 bit/s/Hz 的物理層效率來支援 Tbps，這比現有通訊系統的現有技術水準高出數倍。這一結果觸發了人們對更高頻段的探索。

在此背景下，太赫茲（THz）頻段（0.06～10THz）通訊被設想為實現 Tbps 鏈路的關鍵無線技術。太赫茲頻段的可用頻寬受距離變化影響很大，範圍從一公尺以下的近太赫茲到距離較長的多個傳輸視窗，每個視窗寬數百 GHz。但這種非常大的頻寬是以非常高的傳播損耗為代價的。一方面，THz 天線的有效面積小得多，且與載體訊號波長的平方成正比，這導致了很高的擴充損耗。另一方面，水蒸氣等分子的吸收進一步增加了路徑損耗，這限制了幾公尺以上距離的可用頻寬。

由於太赫茲收發機的輸出功率有限，需要高增益定向天線來進行距離超過

幾公尺的通訊。與低頻通訊系統類似，天線陣列可用於實現 MIMO 通訊系統，其能夠透過波束成形來增加通訊距離，或透過空間重複使用來增加可實現的資料速率。舉例來說，在諸如 IEEE 802.11ac 或 4G LTE-A 網路的無線通訊標準中，在發送和接收中具有 2、4 或 8 個天線的 MIMO 系統是常見的。在這些應用中，由於可用頻寬有限，MIMO 主要用於透過利用空間無關的通道來提高頻譜效率和可實現的資料速率。

大規模 MIMO 使用較多天線陣來提高頻譜效率，而且建立的是二維或平面天線陣列而非一維或線性陣列，輻射訊號可以在仰角和方位角進行控制，從而實現 3D 或全維 MIMO，但有一些缺點限制了它們的實際應用。為了克服這些缺點，可以利用石墨烯和超材料等奈米材料來製造微型奈米天線和奈米收發器，而非依賴於傳統金屬，這些微型奈米天線和奈米收發器可以有效地在太赫茲波段工作。非常小的尺寸使它們能夠整合到非常密集的等離子體奈米天線陣列中，這為太赫茲通訊帶來了前所未有的機遇。

8.1.2 硬體與架構問題

1. 天線的小型化

一般來說，諧振天線的長度大約是諧振頻率處波長的一半。在 THz 波段，波長範圍從 5 mm（60 GHz）到 30μm（10 THz）。舉例來說，調諧為 1THz 諧振的金屬天線需要的長度大約為 $l_m \approx \lambda/2 = 150$μm。雖然這一結果已經顯示出開發超大型太赫茲天線陣的潛力，但利用等離子體材料開發奈米天線和奈米收發機可以獲得更大的增益。

等離子體材料是支援 SUPP 波傳播的金屬或類金屬材料。SUPP 波是由於電荷的整體振盪而出現在金屬和媒體介面上的受限電磁波。不同的等離子體材料可以支援不同頻率的 SUPP 波。貴金屬如金和銀支援紅外和光學頻率的 SUPP 波。石墨烯是一種單原子厚度的碳基奈米材料，具有前所未有的機械、電學和光學性能，支援太赫茲頻段的 SUPP 波傳播。超材料，即

奈米結構構造塊的工程佈置，可以設計成支持許多頻段的 SUPP 波，包括毫米波頻率。

SUPP 波獨特的傳播特性使得新型等離子體奈米天線的發展成為可能。特別值得一提的是，SUPP 波在自由空間中的傳播速度遠低於電磁波。因此，SUPP 波長 λ_{spp} 比自由空間波長 λ 小得多。 $\gamma = \lambda / \lambda_{spp} > 1$ 的比值稱為限制因數，它取決於等離子體的材料和系統頻率。透過求解帶有特定器件幾何形狀的邊界條件的 SUPP 波色散方程式，可以得到限制因數。與金屬天線不同，等離子體天線的諧振長度為 $L_p \approx \lambda_{spp}/2 = \lambda/(2\gamma)$，因此等離子體天線比金屬天線小得多。

基於這些特性，提出利用石墨烯來開發太赫茲等離子體奈米天線。石墨烯的限制因數 γ 在 10 到 100 之間。因此，基於石墨烯的等離子體奈米天線只有幾微米長、幾百奈米寬，幾乎比金屬太赫茲天線小兩個數量級。此外，基於石墨烯的等離子體奈米天線的諧振頻率可以動態調諧。SUPP 波在石墨烯中的傳播特性取決於其動態的複電導率。電導率反過來取決於石墨烯結構的尺寸和它的費米能量，即材料中電子佔據的最高能帶。值得一提的是，費米能量可以很容易地透過材料摻雜或靜電偏置來改變，所以就可以動態地調整 SUPP 波的傳播特性及限制因數。

對於低於 1THz 的頻率，SUPP 波在石墨烯中的短傳播長度限制了石墨烯基等離子體奈米天線在較低頻率下的性能。選擇等離子體超材料可以用來開發頻率在 60 GHz 到 1 THz 之間的等離子體奈米天線。相關文獻列出了 SUPP 波在低至 10 GHz 的超材料上的傳播特性。雖然 SUPP 波可以在這種頻率下在超材料上傳播，但其限制因數 γ 通常小於 10，所以相比於在 1THz 以上的頻率，小型化天線增益更低。雖然傳統的超材料是不可調諧的，但最近提出了新的 SDMS。SDMS 的基本思想是將傳統的超材料與奈米級的通訊網路相結合，透過改變建構區塊的狀態來動態控制超材料的性能。這種方法可以用來改變超材料的有效介電常數或電導率，從而即時修改限制因數。

2. 多天線整合

儘管等離子體奈米天線的輻射效率很高，但其有效面積很小，而且這種小尺寸能夠在非常小的佔用面積內建立非常密集的奈米天線陣列。除了天線的大小，單元的總數還取決於天線之間所需的最小間距和陣列允許的最大佔用面積。將奈米天線之間的最小距離定義為它們之間不存在顯著耦合的距離。結果表明，當兩個奈米元件之間的間距接近等離子體波長 λ_{spp} 時，兩個等離子體奈米天線之間的互耦迅速下降。因此，等離子體約束因數 γ 對可以整合在固定覆蓋區中的單元數量具有關鍵作用。

在不損失一般性的情況下，每側 N 個單元的均勻正方形平面等離子體奈米天線陣列的佔用面積 S 由 $S=(N\lambda/\gamma)^2$ 列出。在圖 8.1 中，佔用面積被視為四種不同情況下天線總數的函數，分別為：

（1）60 GHz 處的金屬天線陣列；
（2）60 GHz 處的基於超材料的等離子體奈米天線陣列；
（3）1 THz 處的金屬天線陣列；
（4）基於石墨烯的等離子體奈米天線陣列。

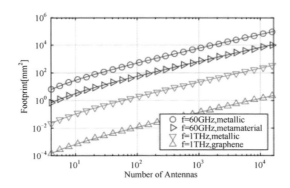

圖 8.1 金屬和電漿天線陣列的佔用面積與元件數量的函數關係

對超材料，假設限制因數 $\gamma=4$；對石墨烯，假設限制因數 $\gamma=25$。如圖 8.1 所示，當工作頻率為 60 GHz 時，使用超材料可以幫助減少一個數量級以上的佔用空間。舉例來說，1024 個等離子體奈米天線將佔用 10 cm²，而相

同數量的金屬天線則需要 100 cm^2，該陣列太大，不能嵌入到傳統的行動通訊裝置中。對頻率為 1 THz 及以上的情況，石墨烯的極高限制因數大大減少了陣列佔用面積。舉例來説，當工作頻率為 1THz 時，1 024 個金屬天線可以封裝在 1 cm^2 的空間內，而整合相同數量的等離子體奈米天線需要不到 1 mm^2。等離子體奈米天線陣列的尺寸非常小，可以將其整合到所有類型的通訊裝置中。這些結果進一步突出了利用等離子體材料設計天線和天線陣列的優勢。

3. 天線的饋電與控制

為了操作該天線陣列，需要能夠在每個奈米天線上產生和控制 SUPP 波的振幅或時間延遲/相位。目前，已經考慮了幾種產生太赫茲波段等離子體訊號的替代方案。對於低於 1 THz 的頻率，可以利用標準矽 CMOS 技術、SiGe 技術和 III-V 半導體技術（如 GaN、GaAs 和 InP）來產生高頻電訊號。透過等離子體光柵結構，SUPP 波可以發射到基於超材料的天線。

對於高於 1 THz 的頻率，可以考慮不同的觸發 SUPP 波的機制。這些技術可以分為光學幫浦技術和電動幫浦技術。在光幫浦方面，與光柵結構相結合的 QCL 可以被設定成用來觸發 SUPP 波。儘管 QCL 可以提供高功率的太赫茲訊號，但其性能在室溫下會迅速下降。紅外雷射器和光導天線也可以用來觸發 SUPP 波。但對外部雷射器的需要限制了這種方法在實際設定中的可行性。對於電動幫浦，基於化合物半導體材料和石墨烯的次微米HEMT 也可以用來觸發 SUPP 波。雖然每台 HEMT 的功率都很低，但HEMT 的小尺寸和能在房間裡操作的可能性觸發了對它們進一步的探索。

等離子體訊號在奈米天線陣列中的分佈取決於激勵機制。當依靠光幫浦時，由於所需雷射器的孔徑相對較大，可以利用單一雷射器同時觸發所有奈米天線上的 SUPP 波。雖然將會簡化奈米天線的饋電，但也會限制陣列的應用，因為所有的元件都將以相同的延遲或相位饋電。對於電幫浦，則可以考慮不同的方法。按照傳統的方案，可以利用單一或一小群基於HEMT 的奈米收發器來產生所需的訊號，然後依靠等離子體波導和等離子

體延遲/相位控制器將具有足夠相位的訊號分配到不同的奈米天線。但因為單一奈米收發器產生的低功率和 SPP 波的有限傳播長度，奈米天線陣列的性能將受到影響。由於單一等離子體源的尺寸非常小，可以將它們與每個奈米天線整合在一起，從而實現全數位架構的功能。這不僅增加了總輻射功率，而且潛在地簡化了支持超大規模 MIMO 通訊所需的奈米天線陣列的控制。

8.1.3 工作模式

建立非常大的可控奈米天線陣列的可能性使超大規模 MIMO 通訊系統能夠工作在 THz 頻段內。超大規模 MIMO 的目標是透過克服影響 THz 訊號傳播的兩個主要因素，即擴充損耗和分子吸收損耗，最大限度地提高遠距離 THz 頻段的使用率。接下來將描述超大規模 MIMO 的工作模式，並列出初步的性能評估。

1. 超大規模空間重複使用

非常大的天線陣列可以被虛擬地劃分，以支援不同方向上的多個更寬和更低增益的波束。與傳統的 MIMO 或大規模 MIMO 一樣，這些波束可用於空間分集並增加單使用者鏈路的容量，或在不同使用者之間建立獨立的鏈路。透過上述等離子體奈米收發器，可以獨立控制每個奈米天線的訊號，從而以創新的方式對陣列元件進行分組，在保持波束的相對狹窄的同時增加波束的數量。舉例來說，子陣列可以物理交錯，而非將陣列劃分為單獨的子陣列。因此每個虛擬子陣列中的單元之間的間隔可以增加，但不會影響系統的物理佔用空間。如前文所討論的，為了執行波束成形，陣列單元需要延伸至少一半波長但不長於一個全波長的區域，以防止光柵瓣的存在。在非交織子陣列的情況下，每個波束的可實現增益將受到影響，這不僅是因為每個子陣列具有較少的主動元件，還因為它們太接近而不能展示波束成形能力。或，透過交錯子陣元，可以將陣元之間的間隔增加到 λ/2，從而獲得波束成形增益。

如圖 8.2 所示，當考慮在 1 THz 處具有 1024 個單元的基於石墨烯的等離子
體奈米天線陣列時，每波束增益被視為單獨子陣和交織子陣兩者的波束數
的函數。一方面，1024 個奈米天線可以用來產生單一波束。這種情況對應
於超大規模波束成形。另一方面，每個奈米天線被用來發射訊號，從而產
生單獨的波束。其間，透過對等離子體奈米天線進行分組，形成方形平面
子陣列。舉例來說，總共可以建立 64 個子陣列，每個子陣列有 16 個元
素。如果利用非交錯子陣列，則每個波束的增益可以是 12dB 量級，並且
透過交織子陣列，每個波束的增益可以增加到 22dB。這些結果突出了子
陣列交織的好處，並推動了新陣列模式綜合方法的發展。

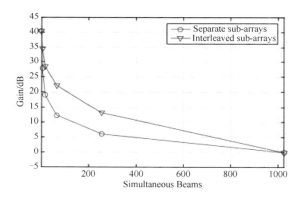

圖 8.2 每個波束的增益是波束數量的函數，有和沒有子陣列交錯
（N = 128 個主動等離子體奈米天線，γ = 25）

2. 多頻段超大規模 MIMO

之前，人們一直認為陣列被設計為在特定的頻率視窗下工作。然而，對於
超過幾公尺的距離，THz 波段擁有多個吸收定義的透射視窗。為了最大限
度地利用 THz 通道並啟用目標 Tbps 鏈路，可能需要多個視窗。

多頻段超大規模 MIMO 透過利用等離子體奈米天線陣列的特性，能夠同時
利用不同的傳輸視窗。其基本思想是將一個奈米天線陣列虛擬地劃分為多
個子陣列，並調整每個子陣列以不同的中心頻率工作。每個傳輸視窗實際

上是窄頻的，即它的頻寬比它的中心頻率小得多。這簡化了每個奈米天線的設計及奈米天線陣列的動態控制。

等離子體奈米天線陣列有幾種獨特的能力，可以實現多頻段超大規模MIMO 通訊。一方面，單一等離子體奈米天線的頻率回應可以透過電子方式進行調諧，因此，可以動態和獨立地修改陣列中各個元素的回應。另一方面，可以透過選擇對陣列有貢獻的正確單元來調整天線單元之間所需的間距。舉例來說，元件的選擇應該使它們在目標頻帶的間隔大約為 $\lambda/2$。非常高的元素密度提供了在所需頻率下建立所需間距所需的「粒度」。此外，不同頻率的「虛擬」子陣列可以像前面討論的那樣交錯。所有這些機遇都帶來了許多挑戰。

最終，製造具有獨立可調和可控元件的奈米天線陣列的可能性，為設計能夠最大限度地利用 THz 頻段的動態和多頻段超大規模 MIMO 方案帶來了許多機會。儘管如此，這也帶來了許多額外的挑戰，後面將對研究挑戰進行複習。

8.1.4 一位元量化預編碼

1. 背景

大規模的 MIMO 系統，也被稱為大規模天線系統，被認為是下一代無線通訊系統的一種有前途的技術。基地台天線數量的大量增加可以提高頻譜效率、能量效率和可靠性。擁有大量天線的基地台同時為數量少得多的單天線使用者提供服務。基地台大規模 MIMO 的優勢隨著天線數量的增加而增加，但隨之而來的功耗和硬體成本也在增加。雖然可以透過增加天線數量來降低發射功率，以保持一定的性能水準，但是在電路級存在某些不能降低的固定功耗來源，並且隨著天線數量的增加，這些來源將導致功耗的增加。比這更重要的是能源效率問題；標準的射頻實現需要高度線性的放大器，因此必須在相當大的功率補償下工作，這嚴重限制了系統的整體能量效率。射頻鏈越多，系統的效率越低。

由前文可知，大規模 MIMO 系統的代價是硬體（射頻鏈和 ADC/DAC 鏈的數量增加）和訊號處理的複雜性增加，從而導致發射機功耗的增加。在大規模 MIMO 下行鏈路中解決這個問題的一種方法是使用混合模擬和數字射頻前端，這種前端採用更少的射頻鏈，有利於在 DAC 之後部署模擬波束成形網路。然而，這種方法不適用於寬頻系統，因為不是必須利用一種次優的解決方案對整個頻帶使用相同的射頻波束形成網路，就是必須以針對不同頻帶的附加相移網路或某種模擬抽頭延遲線的形式增加射頻模擬域的複雜性。相反，另一種最近引起人們關注的方法，是每個天線和射頻鏈使用低解析度 DAC，其中涉及到一位元 DAC 的可能情況。使用一位元 ADC/DAC 可以顯著降低功耗，因為功耗隨頻寬和取樣速率的增加而線性增加，隨量化位元數的增加而指數增加。與混合波束形成方案不同，將一位元系統擴充到寬頻情況不需要使射頻模擬設計進一步複雜化，更重要的是對下行鏈路而言，它透過消除對高度線性放大器和補償操作的需求，極大地簡化了射頻架構，從而進一步降低了電路複雜性並顯著提高了能效。由一位元 DAC 引起的嚴重失真可以透過適當的訊號處理來減輕，並且在大規模 MIMO 系統可能工作的中低訊號雜訊比範圍內，這種影響不會太大，所以可以使用非常低解析度的 ADC 和 DAC 克服與大規模 MIMO 相關的高複雜性和高功耗問題。作為功耗最大的器件之一，ADC 和 DAC 的功耗可以透過降低解析度而呈指數級降低，1 位元量化可以極大地簡化放大器和混頻器等其他射頻元件。

2. 性能分析

在圖 8.3 中，繪製了 $N_t = N_r = 2$ 時的可實現速率。通道係數由 CN(0,1)分佈獨立產生，結果透過對 100 個不同的通道實現進行平均而獲得。包含 $2^{2N_r} = 16$ 個輸入符號的輸入。透過求解得到輸入符號為：

$$x = \sqrt{p}\,\frac{H^{-1}y}{\left\|H^{-1}y\right\|} \qquad （8\text{-}1）$$

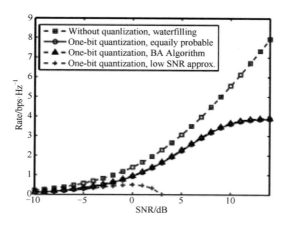

圖 8.3 2×2MIMO 通道的可實現速率

這些符號以相同的機率 1/16 或由 Blahut-Arimoto 演算法最佳化的機率傳輸。可以看到這兩條曲線在圖 8.3 中非常接近。沒有量化的通道容量通常是用注水演算法計算的。當訊號雜訊比小於 5dB 時,有無量化的曲線之間的差距很小;當訊號雜訊比大於 5dB 時,1 位元量化的可達速率接近上限 4bps /Hz。在圖 8.3 中,還繪製了由[13,Eq.(18)]列出的低訊號雜訊比容量近似;當訊號雜訊比小於−5 dB 時,低訊號雜訊比近似曲線與另兩條 1 位元量化曲線非常接近。然而,在高訊號雜訊比的情況下,它將是負的,遠離其他曲線。

在更高的頻率和超大尺寸下,電路功耗、硬體複雜性和系統成本顯著增加。電力消耗的主要來源是上行鏈路的 ADC 和下行鏈路的 DAC。轉換器的功耗以分辨位元數呈指數級增長,而目前先進的 DAC 和 ADC 只能達到每秒 100 十億位元的速率。此外,在大型 MIMO 系統中,對前端互連鏈路的容量要求也很苛刻。在最小化性能衰退的情況下,聯合降低系統成本、功耗和互連頻寬仍然是一個挑戰。作為減少使用混合波束形成的轉換器數量的替代方案,可以透過粗量化來降低位元解析度。後一種方法具有降低線性度和雜訊要求的額外優勢,這在太赫茲設定中是非常重要的。在 1 位元量化的極端情況下,只需要簡單的比較器,不再需要自動增益控制電路。值得注意的是,對於高振幅解析度,ADC 的功耗隨取樣速率呈二次增

長，在相關文獻中提出了一種針對次太赫茲寬頻系統的 1 位元量化解決方案，其中振幅解析度降低，但同時透過時間過取樣來解決這一問題。

8.1.5 面臨的挑戰

1. 等離子體奈米天線陣的製備

太赫茲天線陣列製造的複雜性取決於其底層技術。對於金屬天線，面臨的主要挑戰是陣列饋電和控制網路的設計。與毫米波通訊系統類似，子陣列架構的開發和在模擬域或數位域完成的操作之間的平衡是建構第一個 THz 陣列的必要步驟。當超材料或奈米材料被用來建構等離子體奈米天線陣列時，這個問題變得更加具有挑戰性。對於超材料，第一步是確定將用於建構材料的奈米塊。次波長銅基貼片陣列被用來支援頻率低至 10 GHz 的 SUPP 波，但也可以使用其他元件，如裂環諧振器。此外，訊號激勵、控制和分配網路必須與超材料設計交錯。

就石墨烯而言，用同一材料製作等離子體訊號源、延遲/相位控制器和天線的可能性簡化了陣列的製造。目前，石墨烯可以透過各種方法獲得，但只有微機械剝離和化學氣相沉積才能始終如一地產生高品質的樣品。一旦獲得石墨烯層，就需要在其上定義陣列。目前，化學和電漿蝕刻技術可以用來從石墨烯中切割出所需的結構，但要定義數以千計的天線及其饋電網路，這需要更精確的技術。舉例來説，基於使用離子束對陣列進行「輪廓」的新穎光蝕刻方法可以實現定義陣列及其控制網路的變革性方式。

2. 通道建模

超大規模 MIMO 通訊的性能取決於 THz 頻段通道的行為。目前，針對 LoS、NLoS 和多徑傳播條件的 THz 頻段的通道模型已經開發出來。目前，相關學者正在研究第一個超大規模 MIMO 通道模型，該模型考慮了超大型陣列在發射和接收中的特性及 THz 波段通道傳播效應。更具體地説，

關於陣列，分析捕捉了相鄰奈米天線之間的互耦及所需的訊號分配網路和延遲/相位控制器的性能。在通道方面，分析考慮了現實三維場景中的擴散損耗、分子吸收損耗及在 THz 頻率處非常高的反射損耗的影響。

除了完整的通道特性，還需要開發新的機制來有效地估計數千個平行通道，以用於陣列的即時動態操作。相鄰等離子體奈米天線之間具有空間相關性，其間隔比自由空間波長小得多，可以用來簡化問題的複雜性。此外，需要開發適合通道特性的新型領航訊號，還可以利用通道預測技術來降低通道估計負擔。這些方案還應該能夠即時估計可用傳輸頻寬，這在定義有效的物理層解決方案中具有關鍵作用。

在多頻帶超大規模 MIMO 的情況下，通道特性和即時通道估計都變得更具挑戰性。主要原因是單獨的傳輸視窗不僅在路徑損耗和傳輸頻寬方面，而且在相干頻寬和延遲擴充方面，都會表現出不同的傳播特性。為此，需要考慮同一視窗中載體之間的相關性，但需要獨立分析單獨視窗的混合機制。

3. 物理層設計

物理層的主要挑戰之一是設計能夠充分利用超大型奈米天線陣列的能力的最佳控制演算法，以最大限度地利用 THz 頻段的通道。控制每個單元的操作頻率、每個單元的增益和延遲/相位的能力，以及動態建立虛擬子陣的交織組的可能性，為超大規模 MIMO 通訊系統的設計和操作引入了許多自由度。一方面，這可以被建模為基於超大規模 MIMO 模式的具有不同最佳化目標的資源設定問題，即動態波束形成和空間重複使用或多頻帶通訊。另一方面，需要實用的演算法來即時地在實際場景中找到並實現這樣的最佳解。

此外，太赫茲波段通道提供的獨特的距離相關頻寬推動了距離感知調解技術的發展，通道既可以在單一傳輸視窗中工作，也可以在多個獨立的頻段上工作。在多頻帶超大規模 MIMO 的情況下，可以開發新的編碼策略，將

容錯資訊擴充到不同的傳輸視窗，以增加長距離太赫茲鏈路的穩固性。最終，超大規模 MIMO 模式與動態調解和編碼方案的結合將導致太赫茲波段的最大使用率。

4. 鏈路層及以上

需要新的網路通訊協定來充分利用超大規模 MIMO 通訊系統的能力。在鏈路層，由於用非常窄的波束以非常高的資料速率傳輸，以及在太赫茲振盪器存在相位雜訊的情況下進行傳輸，同步問題成為超大規模 MIMO 主要面臨的一項挑戰。為了最大化通道使用率，需要能夠最小化同步延遲的新的時間和頻率同步方法。影響鏈路層可實現輸送量的另一個因素是與波束控制過程相關的延遲。這取決於用於建構超大規模 MIMO 陣列的技術。對於金屬陣列，這主要與延遲/移相器的性能有關。在等離子體奈米天線陣列的情況下，SPP 波相位可被調解的頻寬約為載體訊號的 10%，即 THz 頻段的數百 GHz，這實現了非常快的波束定向陣列。

在鏈路層需要考慮的另一個因素是多使用者干擾的影響。一方面，在發射和接收中使用非常窄的波束會產生非常低的平均干擾。另一方面，非常高的增益波束經常轉向的問題可能導致非常高的暫態干擾值。因此需要分析這種暫態干擾的影響，並對應地設計克服它的機制。

同理，在網路層，對高增益定向天線的要求在發送和接收中同時進行，這增加了廣播和中繼等頻繁任務的複雜性。在廣播方面，以非常高的速度動態操縱波束的可能性及資訊被非常快地傳輸速率為（即速率為數百 Gbps 或 Tbps）的事實使新的快速廣播方案成為可能。需要開發新的最佳中繼策略，該策略考慮到非常大的陣列、THz 頻段通道行為及在每跳同步方面的負擔。雖然獨特的依賴於距離的可用頻寬進一步推動了更短鏈路的使用，但與波束控制過程相關的負擔和中繼成本決定了另一種情況。因此，可以定義最佳中繼距離。所有這些也將取決於具體的應用，即超大規模 MIMO 是用於裝置到裝置還是用於小蜂巢部署。歸根結底，每個底層的所有這些

挑戰都需要以跨層的方式共同解決，以保證 THz 頻段通訊網路中點對點的可靠傳輸。

8.2 超大規模波束成形

在這種情況下，所有奈米天線都被饋送與正常波束成形中相同的等離子體訊號。超大規模 MIMO 的主要優勢來自可以整合到一個陣列中的大量奈米天線。這與傳統陣列有兩個主要區別，一方面，在每個奈米天線中整合等離子體訊號源的可能將擁有更高的輸出功率，而與天線的間隔或它們之間的延遲/相位無關。在傳統的系統結構中，不是在所有元件之間分配單一訊號，就是使用「子陣列」系統結構，其中每個子陣列都被主動供電。由此看來等離子體奈米天線陣的增益更高。另一方面，事實上奈米天線彼此放置得更近，降低了陣列的波束形成能力。

在不損失一般性的前提下，考慮一個均勻的正方形平面等離子體奈米天線陣，在寬邊方向上只有一個波束。在圖 8.4 中，對於不同的陣列技術，將指向方向上的陣列增益顯示為陣列佔用面積的函數。在互耦可忽略的假設下，對延遲陣列的陣列因數和奈米天線回應進行了分析，獲得了上述結果。對於基於石墨烯的等離子體奈米天線陣列，透過 COMSOL 多物理模擬驗證了在發射和接收中具有多達 128 個單元的更小的佔用面積的結果。驗證的點在圖中用 "+" 表示。從圖中可以看出，當頻率為 60 GHz 時，$100mm^2$ 超材料基等離子體奈米天線陣的增益可達 40dB，即比相同面積的金屬天線陣高出近 25dB。當頻率為 1 THz 時，基於 $1\ mm^2$ 石墨烯的等離子體奈米天線陣的增益可達 55dB，比相同面積的傳統金屬天線陣的增益高出近 35dB。值得注意的是，實現這種更高增益不僅是因為奈米天線的數量更多，還因為每個奈米天線都由奈米收發器主動供電。

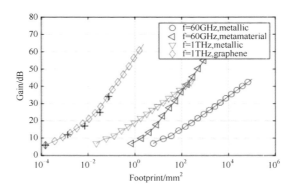

圖 8.4　金屬和等離子體奈米天線陣列在不同頻率下的增益與其佔用面積的函數關係
（ "+" 是指透過模擬驗證的點）

在圖 8.5 中，對於不同的陣列，將指向方向上的波束立體角表示為其佔用
面積的函數。雖然等離子體材料的使用能夠在非常小的佔用面積內整合非
常大量的天線，但這種陣列將不會顯示出波束形成能力，除非它們至少延
伸到自由空間波長的一半以上。這是由於間距小於 λ/2 的奈米天線之間的
空間相關性造成的。雖然這可能促使人們決定將奈米天線擴充到 λ，而不
利用等離子體約束，但透過將奈米天線密集整合，可以創造許多新的機
遇，如為空間重複使用建立交錯子陣列的可能性。

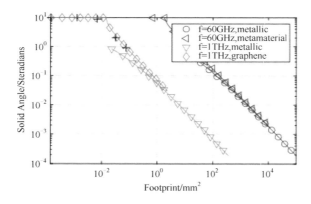

圖 8.5　金屬和等離子體奈米天線陣列的波束立體角隨其佔用面積的變化
（ "+" 指的是透過模擬驗證的點）

為了說明超大規模波束形成的影響，考慮了一個具體的數值例子。在 1THz 的吸收定義的傳輸視窗，它在 10m 處具有大約 120GHz 的頻寬。根據相關文獻可知，在 10m 處的總路徑損耗超過 115dB。如果考慮發射功率為 0dBm，接收端的雜訊功率為-80dBm，那麼可以很容易地證明 1 024×1 024 超大規模波束形成方案，在發送和接收中具有 40dB 的增益，可以支援在 10m 處幾乎 2Tbps 的無線資料連結。然而，隨著傳輸距離的增加，太赫茲頻段的可用頻寬會縮小，試圖透過簡單地增加更多天線來增加容量並不是最好的做法。相反，透過多個視窗同時傳輸可能更有效。

8.3 超密集 MIMO

互耦是指當一個天線工作時，附近的天線吸收的能量。互耦往往會改變陣列元件的輸入阻抗、反射係數和輻射模式。

8.3.1 背景

MIMO 技術廣泛應用於現代電信系統，由於空間的有限性和美觀性的限制，行動終端和基地台都需要緊湊的 MIMO 天線。隨著天線元件彼此接近，天線元件之間的電磁互耦變得不可避免。

MIMO 天線中的互耦是由自由空間輻射、表面電流和表面波引起的。所有類型的陣列引起互耦的因素都包含前兩種情況，而最後一種情況主要是引起微帶天線的互耦。互耦會嚴重降低自我調整陣列的 SINR 和陣列訊號處理演算法的收斂性，它也會降低載體頻率偏移、通道估計和到達角估計。互耦對 MIMO 天線的主動反射係數的不利影響不容小覷。由於 MIMO 傳輸中天線通訊埠的隨機相位激勵，15dB 天線隔離的有效 VSWR 可高達 6，即有效反射係數高達 2.92dB。然而，如果將天線隔離度提高到 20 dB，最差的主動 VSWR 將降低到 2。多個 PA 在互耦的情況下會導致顯著的 OOB 發射，對相鄰通道的通訊系統造成嚴重干擾。互耦對 MIMO 系統

位元錯誤率和容量的影響稍微複雜一些。

在數字領域，已經在互耦緩解方面做出了一些努力，以最佳化 MIMO 預編碼和解碼方案。舉例來說，可以從接收的電壓中去除互耦，然後使用校準的電壓來計算自我調整演算法的權重向量。然而，自我調整陣列的輸出 SINR 不能透過在後處理中單獨補償互耦來提高。雖然可以透過降低後處理中的相對雜訊或干擾來改善 SINR，如平均加性雜訊，但補償互耦不會改變 SINR。上述用於減輕數位域中互耦的技術只能部分改善系統性能。從天線的角度來看，使用解耦技術來克服互耦效應更有效。對 MIMO 系統的整體互耦效應可以透過解耦技術來減輕，所以說從天線角度開發解耦技術非常重要。

整體天線的性能效應（包括互耦）可以透過隨機最佳化來緩解。舉例來說，使用部分遊動最佳化演算法提高了多通訊埠天線的分集增益；透過使用遺傳演算法、混合標記生成演算法或基於星座的搜索演算法最佳化 MIMO 天線，提高了 MIMO 容量。與這些隨機最佳化方法相比，關於確定性減少互耦的技術的文獻更豐富。值得一提的是，雖然互耦往往會降低 MIMO 系統的性能，但它也可以用於陣列校準。

相關研究中有關於互耦的整體說明論文。Craeye 將調查的重點放在互耦情況下阻抗矩陣、輻射模式和波束耦合因數（即相關性）之間的關係上，而 Hema 則全面回顧了在後處理中模擬和減輕互耦效應的方法。本節將對 MIMO 系統常用的解耦技術介紹。互耦會改變陣列中的天線特性，從而影響 MIMO 系統的性能。校準數位域中的互耦可以部分地改善系統性能，雖然在後處理中不能透過校準互耦改善 SINR，但在 MIMO 天線的設計中，減輕互耦還是很重要的。因為從天線點解耦可以改善 MIMO 系統的整體性能，並且相比與數位域中的技術，這樣可以使整個系統更簡單。下面將介紹幾種常用解耦技術。

8.3.2 分離技術

有許多解耦技術來減少互耦。舉例來說，解耦網路、中和線、接地面修改、FSS 或次表面壁、次表面波紋 EBG 結構和特徵模式。

對於 N 通訊埠天線系統，隨著 N 的增加，所需的 $2N$ 個通訊埠可調匹配網路的複雜性變得更高。理想的共軛多通訊埠阻抗匹配網路受限於窄頻寬，並且在實踐中通常無法實現。有研究者提出了一種耦合諧振網路，用於實現兩個非定向天線的寬頻解耦和匹配。然而，耦合諧振器網路的主要應用侷限於雙通訊埠天線。

中和線可視為特殊的解耦網路，透過引入幅度相等、相位相反的第二路徑來消除耦合。因此，研究中提出的大多數中和線都是窄頻的。有研究者提出了一種由圓盤和帶狀線組成的寬頻中和線，圓盤支持多筆不同長度的解耦電流路徑，以抵消接地層上不同頻率的耦合電流。但中和線更適用於天線元件數量較少的 MIMO 系統，對於 700 MHz LTE 手機 MIMO 陣列難以形成激勵。

各種接地層修改應用了帶阻濾波器的特性，但它們是專用的。一種常見的方法是在兩個端子之間的接地層上開一個槽，這種耦合可以減少互耦，但也可能增加背輻射。

次表面壁可以有效地減少互耦。然而，它與低剖面天線不相容。此外，次表面壁也會影響輻射模式。

上述關於手機 MIMO 天線的大部分工作都集中在較高頻段。手機 MIMO 天線在低頻帶的解耦非常具有挑戰性。在低頻時，機體不僅可以用作接地層，還可以用作多個天線元件共用的輻射器。因此，對於低於 1GHz 的頻率，緊湊型終端中 MIMO 天線的隔離度通常小於 6dB。為了避免雙通訊埠 MIMO 天線同時激勵共用機體，可以將第二天線元件的位置移動到機體的中間，以有效降低機體模式激勵。具體而言，透過將其近場由電場支配的天線沿著短邊放置，而將其近場由磁場支配的天線放置在相對的短邊上，

就能夠實現較高隔離。實際上，不可能自由地將天線元件定位，如移動機體的中間，並且不激勵機體的天線元件通常是頻帶受限的。為了解決這個問題，手機的金屬邊框可以用於另一種可行的特徵模式。然而，特徵模式理論更適合分析手機 MIMO 天線。

幾乎所有的上述工作都涉及帶有少量天線通訊埠的手機 MIMO 天線，針對基地台大規模 MIMO 天線的互耦問題，目前只進行了一些研究。在下一小節中，將介紹大規模 MIMO 天線的一些最新解耦技術。

8.3.3 MIMO 天線的解耦

大規模 MIMO 是傳統 MIMO 技術的擴充，該技術利用具有大單元數的 MIMO 陣列的方向性作為另一個自由度。大規模 MIMO 技術主要用於基地台。接下來重點回顧最近在大規模 MIMO 基地台天線中的互耦減少方法，這些方法以前很少被複習。大規模 MIMO 天線中的解耦技術已經多年沒有發展了，這是非常具有挑戰性的。直到現在，關於這個主題的研究仍然非常有限。根據產業經驗，在大規模 MIMO 基地台天線系統中，天線元件之間的互耦必須低於 30dB。

對大規模 MIMO 天線設計的早期研究始於 2015 年。Soltani 和 Murch 開發了一種典型的雙通訊埠天線，可以重複並連接在一起構造任意偶數的 MIMO 天線陣列，該雙通訊埠天線由兩個緊湊的折疊槽和一個用於解耦的寄生元件組成。此外，透過合理設計解耦寄生單元，還可以減少相鄰標準單元（或雙通訊埠天線）之間的耦合。作為一個例子，提出了一種 20 通訊埠的 MIMO 天線。然而，大規模 MIMO 陣列的單元間隔離度優於 10dB，而非 30dB。各元件在工作頻頻內的總效率僅為 30%左右，且元件為單極化。所有這些缺點都限制了該設計在實踐中的應用。雙極化堆疊貼片天線在相關研究中被引入，它具有高增益和兩個極化通訊埠之間的低互耦合。幾個堆疊的更新被列印在一個環狀的地平面上，以便每個更新指向不同的方向。三個堆疊的更新環相互疊加形成三維結構。在這個龐大的

MIMO 陣列中，總共有 144 個通訊埠。因為所有更新都指向不同的方向，在目標頻頻內，疊片具有較低的互耦性，單元間的隔離度大於 35 dB。雙斜極化腔背天線已應用於具有二維結構的大規模 MIMO 陣列。然而，這種設計中的互耦被極佳地抑制，隔離度僅優於 13 dB。

在文獻[32]中，每個天線元件上可以透過四個通訊埠觸發四種不同的特徵模式。由於不同的特徵模式相互正交，四個通訊埠互耦程度較低。如圖 8.6（a）所示，為了有效激勵，每個模式都需要間隙源組合，並舉例說明了四個天線通訊埠的不同間隙源組合。如圖 8.6（b）所示，在一個大的接地面上放置了 121 個單元，單元間距約為 0.58 波長，因此單元之間的隔離度較高。因為每個單元都有 4 個通訊埠，所以在最終的原型中總共有 484 個通訊埠，寬頻頻內通訊埠互耦性能優於−25dB。

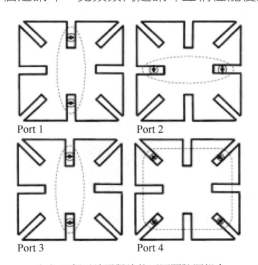

Port 1　　　　Port 2

Port 3　　　　Port 4

（a）四個天線通訊埠的不同間隙源組合　　（b）具有 121 個元件和 484 個通訊埠的原型

圖 8.6　寬頻大規模 MIMO

低成本、高效的實現大規模 MIMO 陣列需要利用基於超材料薄平面透鏡。如圖 8.7（a）所示，可以在超材料薄平面透鏡焦弧附近放置不同的元件饋源。不同單元饋電的準球面波（低增益）將轉為指向不同方向的準平面波（高增益）。只有在元件饋電之間切換，波束才能以高增益進行轉向。該

天線的原型如圖 8.7（b）所示。7 個饋電單元之間的互耦小於-30dB。但是，在圖 8.7（b）中也可以發現，基於超材料的薄平面透鏡與元件饋電之間需要有一定的距離，而且這個距離較大。為了實現非常緊湊的結構，還需要進一步研究如何減小進給距離。

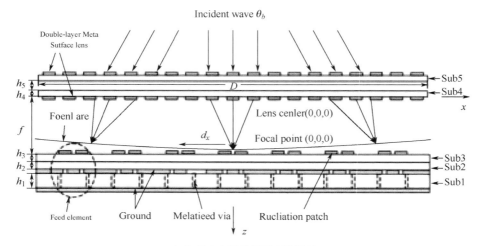

（a）具有七元饋電陣列的透鏡

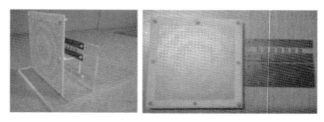

（b）透鏡和七元饋電陣列的原型

圖 8.7　基於超材料的薄平面透鏡大規模 MIMO

最近，人們提出了一種用於大規模 MIMO 天線的 ADS。ADS 是一個由小金屬片組成的薄襯底層，放置在 MIMO 天線上方。透過仔細設計金屬貼片，可以控制來自 ADS 的部分繞射波來消除不必要的耦合波，並且天線方向圖失真可以保持在一個可接受的水準，如圖 8.8（a）所示。圖 8.8（b）所示為 ADS 原型。該方法具有良好的應用前景和可行性，可應用於

不同類型的天線。測量的互耦小於−30 dB，元件間距離較小。然而，有的解耦方法僅適用於 2 × 2 陣列。可以預見，如果陣列數量增加，ADS 上的更新模式將非常複雜。

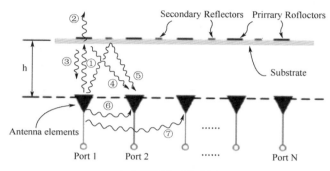

（a）解耦表面的草圖

（b）帶有解耦表面的 MIMO 陣列的原型

圖 8.8 帶有解耦表面的大規模 MIMO

8.4 透鏡 MIMO

在 MIMO 收發機中，使用的天線越多，載體頻率和頻寬越高，實現過程就越複雜。在不犧牲太多性能或操作靈活性的情況下，降低實現複雜度的方法是利用通道和收發器硬體的空間結構。本節將描述波束空間大規模 MIMO，這是支撐混合波束形成及其未來後續技術的一般概念。特別關注與使用透鏡陣列用於波束空間大規模 MIMO 相關的最新進展和未解決的問題。

8.4.1 背景

波束空間方法在大規模 MIMO 和毫米波通訊中獲得了廣泛的應用。然而，波束空間處理的想法有很長的歷史，可以追溯到早期的雷達系統，至少可以追溯到 20 世紀 60 年代，雷達系統經常使用由數百個元素組成的陣列。在蜂巢系統中，透過雙碼本預編碼的思想，LTE-A 廣泛地利用了波束空間。LTE-A 的第 10 版首先包含了用於八天線下行預編碼的雙碼本方法。選擇矩陣 W_1，通常稱為寬頻矩陣，以適應通道的空間特性。然後根據 W_1 選擇矩陣 W_2。

在 LTE-A 的透明概念下，虛擬通道處理的想法成為核心。協調多點系統允許 UE 接收來自多個地理分布的傳輸點的訊號，這可以利用不同形式的預編碼和多使用者傳輸。為了簡化終端的控制、知識和計算負擔，該標準允許終端設定多個參考訊號和 CSI 處理。在波束空間公式中，UE 可以設定 K 個參考訊號和 CSI 處理程序。多個傳輸點可以透過每個可能的第一個預編碼器 $W_1[1]$，$\cdots$，$W_1[K]$。預編碼器 $W_1[k]$ 將有一個對應的虛擬通道 $H_v[k]$。然後，使用者將為每個虛擬通道發送選擇預編碼器的回饋（即透過對應的 CSI 過程）。

這種虛擬方法允許電信業者和製造商部署複雜的預編碼方案，並很容易升級到新的預編碼方案，因為使用者不需要有任何 $W_1[1]$，$\cdots$，$W_1[K]$ 的知識。使用者只需要知道參考訊號的個數、CSI 處理程序的個數及每個參考訊號對應的設定資訊。這種針對未來的思維在 3GPP 中進行了多種應用。最近，由於對毫米波頻率的混合波束形成和預編碼的研究興趣，波束空間的實際應用被重新發現。

8.4.2 使用透鏡陣列的波束空間

射頻技術的最新進展是已不再使用離散天線元件，使天線陣列的功能更像一個光學系統。這可以透過透鏡陣列來實現。在各種定義中，可以將透鏡陣列定義為一種裝置，其主要功能是「在透鏡孔徑上的不同點為電磁射線

提供可變的相移，從而實現依賴角度的能量聚焦特性」。

隨著近十年來毫米波通訊的發展，基於透鏡的拓撲結構已經成為無線通訊研究的前端。原因很簡單，透過利用透鏡陣列的聚焦能力，可以將來自不同方向的電磁功率聚焦到不同的透鏡通訊埠上，從而將空間 MIMO 通道轉為其稀疏的波束空間表示。最重要的是，這樣做只用選擇少量的主導波束（ $\ll N_{v,t} N_{v,r}$ ），以減少用於訊號處理操作的 MIMO 通道矩陣的有效維數及相關的射頻鏈數。此外，與典型的帶移相器的混合毫米波系統相比，透鏡陣列提供了大量的硬體和功耗節省。

第一種方法是將透鏡陣列的特性與波束空間方法結合在一起，因此提出了 CAP-MIMO 的概念，利用 DLA 在毫米波頻率下實現準連續孔徑相控 MIMO 操作。同一研究小組以物理演示為基礎，發表了一系列關於這一主題的論文。下面，將概述基於透鏡陣列的 MIMO 拓撲的最新進展，並指出一些有待進一步研究的問題。

1. 通道估計

傳統混合毫米波系統具有高解析度移相器，在模擬預編碼器的設計上相比透鏡陣列提供了更大的靈活性（如使用壓縮感知技術），這可以轉化為提高通道估計精度。基於透鏡的拓撲在這個意義上是固有且不靈活的，因為模擬預編碼器必須是 DFT 矩陣。這使得針對具有移相器的混合系統結構訂製的傳統通道估計方案存在問題。過去幾年發展起來的基於透鏡拓撲的通道估計方案可分為兩類。

（1）窄頻通道估計：帶透鏡陣列的窄頻波束空間 MIMO 通道的估計最初由不同的學者開展了研究。雖然看起來不同，但都利用了波束空間通道的稀疏性，只選擇捕捉大部分電磁功率的主要波束。這樣做使波束空間通道的尺寸大大減少，這有利於訊號處理操作，舉例來說，可以使用傳統的 LMMSE 估計器。但有的方法存在的缺點是在所有波束上掃描的導頻符號的數量與天線的數量成正比。在大規模 MIMO 機制下，這個數字將嚴重擴

充，留下有限的資源用於資料傳輸。提高通道估計精度的另一種方法是基於 SUD 的方案，主要思想是將總通道估計問題分解成一系列子問題，每個子問題包含一個稀疏通道分量。下一步，對於每一個元件，首先檢測它們的支援度，然後按順序刪除它們。

（2）寬頻通道估計：在一個大規模的天線陣列中，很可能陣列的傳播延遲與符號週期相當。在這種情況下，不同的天線單元會在同一取樣時間內接收到來自同一物理路徑的不同時域符號。這種現象被稱為空間寬頻效應。在寬頻訊號中，這種效應將在頻域引起波束斜視，這表示 AoAs/AoDs 將成為頻率依賴的。儘管這一現象很重要，但相關研究卻很少，僅有的研究中提出了 SSD 技術：這裡的主要思想是，每個稀疏路徑分量都有由其空間方向決定的頻率相關支援，這可以透過波束空間窗來估計。然後，將串列干擾對消原理應用於各單路分量。值得一提的是，在帶移相器的混合系統的寬頻通道估計領域的兩個早期工作採用了不同演算法，一種採用 SOMP 演算法，另一種採用了 OMP 技術。然而，這些研究都沒有考慮波束斜視效應。

對應挑戰

從上述討論中可以明顯看出，在毫米波頻率下基於透鏡拓撲的通道估計領域仍處於起步階段。現在將試著概述一些需要進一步調查的未解決問題。

（1）在最近的一系列研究，人們可以透過利用 FDD 系統中上行鏈路和下行鏈路之間的 AoA 延遲互易性，將通道估計問題重鑄為通道重建問題。因此，只需要定期估計頻率相關的路徑增益，但目前缺少全面的性能分析。

（2）考慮到這種幾何形狀在較高頻率（如毫米波、次太赫茲波段）的重要性，3D 透鏡的通道估計區域也非常重要。最近關於這個主題的研究顯示了 3D 透鏡陣列的通道矩陣的主要優勢是形成了雙重交換形狀，然後引入了利用這個特性的迭代演算法。

（3）如前文所述，與移相器相比，透鏡陣列節省了大量硬體和功率。然而，毫米波收發器的總實現成本和功耗可以透過部署粗略 ADC 量化器來進一步降低。在這種情況下，通道估計的問題變得複雜得多，特別是對於寬頻系統，其中不同的天線在每個取樣時間收集不相同的資料符號。在這個空間中唯一相關的研究涉及使用期望最大化演算法的通道估計。

2. 硬體缺陷

透鏡陣列是存在損耗的裝置，可以找到約束透鏡陣列中不同類型損耗的簡單分類。然而，在通訊工程領域，透鏡陣列的硬體缺陷是一個有待探索的問題。本部分將概述最近在這方面的一些貢獻。

針對基地台帶有透鏡陣列的上行鏈路多使用者 MIMO 毫米波系統，描述了切換誤差和溢位損耗的綜合影響。前一種損耗是並發射頻開關吸收和隔離特性不完整的結果，這會導致阻抗不匹配和通訊埠間隔離不良。另一方面，溢位損失是由於有限數量的天線單元使得 AoAs 的取樣不完美。這樣，特定波束通訊埠所需的射頻功率也洩漏到相鄰波束通訊埠。如圖 8.9 所示為羅特曼透鏡的襯底內的電場分佈，這清楚地示出了一部分能量朝著虛擬通訊埠之一耗散，而剩餘部分被反彈回其他波束通訊埠。

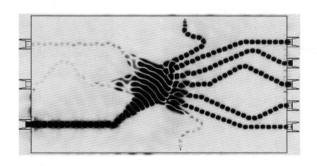

圖 8.9 羅特曼透鏡的基底層內 200 公尺處的電場分佈

同理，有研究提供了 28GHz 溢位損耗的完整電磁特性，並證明了透鏡內部的電磁聚焦對寬邊激勵角更精確（見圖 8.10）。事實上，當向 ϕ=50°移

動時，不僅可以觀察到 E/M 能量溢位，還可以觀察到向相對通訊埠的反射。最近研究了具有透鏡陣列的毫米波大規模 MIMO 系統中的功率洩漏問題（相當於前面提到的溢出問題），提出了一種波束對準預編碼方案，透過發展移相器網路（PSN）結構來緩解這一固有問題。

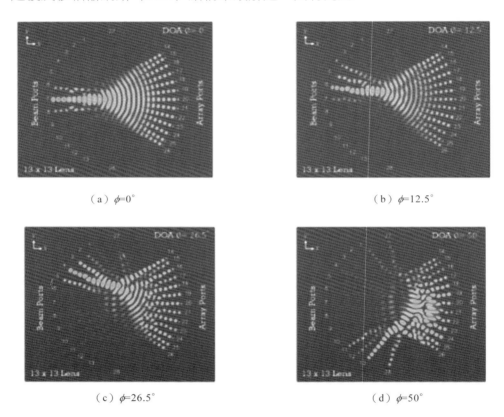

（a）$\phi=0°$　　　　　　　　　　　　　（b）$\phi=12.5°$

（c）$\phi=26.5°$　　　　　　　　　　　　（d）$\phi=50°$

圖 8.10　13×13 羅特曼透鏡基底層內 200μm 處的表面電場分佈，用 ϕ 表示

對應挑戰

不爭的事實是，在存在硬體缺陷的情況下，透鏡拓撲的性能表徵需要通訊工程師和微波工程師之間的協作工作。不幸的是，這兩個團隊經常彼此孤立地工作，這造成了嚴重的知識差距。在這種情況下，未解決問題主要有：

（1）相關研究很大程度上忽略了開關矩陣的影響。在理想世界中，這個矩陣是二進位的，它的每一行只包含一個對應於所選波束索引的非零項。然而，實際的開關不是完全吸收的，這表示能量被反射回透鏡波束通訊埠，而開關之間的不良隔離導致相鄰開關中的能量洩漏。

（2）研究導致頻內和頻外失真的非理想毫米波射頻元件（如混頻器、本地振盪器、功率放大器）是一個非常重要的課題，因為它們的綜合影響會嚴重破壞理論預測的性能。

3. 物理實現

基於透鏡陣列的通訊系統的物理實現是一個新的課題，現在將指出最重要的進展。使用透鏡陣列實現電磁能量聚焦的兩種最流行的方法是分層散射和導波技術。此外，請讀者參考文獻[60]，其中精心涵蓋了基於羅特曼透鏡的波束選擇和數位波束形成 MIMO 系統。

10GHz 的 CAP-MIMO 演示器第一次由 Brady 提出，後來擴充到 28GHz 的多波束操作。有研究製造並測量了使用不同類型射頻透鏡的 77 GHz MIMO 系統，還提出了一種多變數碼本量化方案來減少回饋負擔，還開發了一些 28GHz 的原型，使用聚乙烯製成的雙曲線電介質透鏡，用於靜態和行動應用程式。也有研究者提出了一種 71～76 GHz 的 2D 波束可控透鏡天線原型，具有 64 元件饋電天線，在 55m 的工作範圍內可以提供 700Mbit/s 的輸送量。使用恒定介電材料合成並測量了一個 28GHz 的透鏡陣列，天線饋電用於多波束操作，由於更清晰的電磁聚焦，這種幾何結構被證明整體優於 ULA 和羅特曼透鏡解決方案。

參考文獻

[1] 未來行動通訊討論區 .6G：Gap Analysis and Candidate Enabling Technologies. 2019.

[2] 未來行動通訊討論區. Wireless Technology Trends Towards 6G. 2020.

[3] Chataut R, Akl R. Massive MIMO Systems for 5G and Beyond Networks-Overview, Recent Trends, Challenges, and Future Research Direction[J]. Sensors, 2020, 20(10):2753.

[4] Josep, Miquel, Jornet, et al. Realizing Ultra-Massive MIMO (1024×1024) Communication in the (0.06-10) Terahertz band[J]. Nano Communication Networks, 2016.

[5] Chen S, Zhang J, Bjrnson E, et al. Structured Massive Access for Scalable Cell-Free Massive MIMO Systems[J]. IEEE Journal on Selected Areas in Communications, 2020, PP(99):1-1.

[6] Faisal A, Sarieddeen H, Dahrou J H, et al. Ultra-Massive MIMO Systems at Terahertz Bands: Prospects and Challenges[J]. arXiv, 2019.

[7] Lockyear M J, Hibbins A P, Sambles J R. Microwave Surface-Plasmon-Like Modes on Thin Metamaterials[J]. Physical Review Letters, 2009, 102(7):073901.

[8] RR Müller,Sedaghat M A ,Fischer G. Load modulated massive MIMO[C]// Signal & Information Processing. IEEE, 2015.

[9] Usman O B, Jedda H, Mezghani A, et al. MMSE Precoder for Massive MIMO Using 1-bit Quantization[C]// 2016 IEEE International Conference on Acoustics, Speech and Signal Processing (ICASSP). IEEE, 2016.

[10] Walden R H. Analog-to-Digital Converter Survey and Analysis. 1999.

[11] Svensson C, Andersson S, Bogner P. On the Power Consumption of Analog to Digital Converters[C]// Norchip Conference. IEEE, 2006:49-52.

[12] Singh J, Ponnuru S, Madhow U. Multi-Gigabit Communication: the ADC Bottleneck1[C]// IEEE International Conference on Ultra-wideband. IEEE, 2009.

[13] Mezghani A, Nossek J A. On Ultra-Wideband MIMO Systems with 1-bit Quantized Outputs: Performance Analysis and Input Optimization[C]// IEEE International Symposium on Information Theory. IEEE, 2007.

[14] Sarieddeen H, Alouini M S, Al-Naffouri T Y. An Overview of Signal Processing Techniques for Terahertz Communications[J]. arXiv, 2020.

[15] Laperle C, O'Sullivan M. Advances in High-Speed DACs, ADCs, and DSP for Optical Coherent Transceivers[J]. Journal of Lightwave Technology, 2014, 32(4):629-643.

[16] Neuhaus P, Dorpin Gh Aus M, H Halbauer, et al. Sub-THz Wideband System Employing 1-bit Quantization and Temporal Oversampling[C]// ICC 2020 - 2020 IEEE International Conference on Communications (ICC). IEEE, 2020.

[17] Mo J, Heath R W. High SNR Capacity of Millimeter Wave MIMO Systems With one-bit Quantization[C]// 2014 Information Theory and Applications Workshop (ITA). IEEE, 2014.

[18] Han C, Bicen A O, Akyildiz I F. Multi-Ray Channel Modeling and Wideband Characterization for Wireless Communications in the Terahertz Band[J]. IEEE Transactions on Wireless Communications, 2015, 14(5):2402-2412.

[19] Chen X, Zhang S, Li Q. A Review of Mutual Coupling in MIMO Systems[J]. IEEE Access, 2018:1-1.

[20] Savy L, Lesturgie M. Coupling Effects in MIMO Phased Array[C]// 2016 IEEE Radar Conference (RadarConf16). IEEE, 2016.

[21] Yuan Q, Chen Q, Sawaya K. Performance of Adaptive Array Antenna with Arbitrary Geometry in the Presence of Mutual Coupling[J]. IEEE Transactions on Antennas & Propagation, 2018, 54(7):1991-1996.

[22] Aumann H M, Fenn A J, Willwerth F G. Phased Array Antenna Calibration and Pattern Prediction using Mutual Coupling Measurements[J]. IEEE Trans Antennas Propag, 1989, 37(7):844-850.

[23] Wei H, Wang D, Zhu H , et al. Mutual Coupling Calibration for Multiuser Massive MIMO Systems[J]. IEEE Transactions on Wireless Communications, 2016, 15(1):606-619.

[24] Craeye C, D. Gonz á lez - Ovejero. A review on Array Mutual Coupling Analysis[J]. Radio Science, 2016, 46(2).

[25] Hema S, Sneha H L, Jha R M. Mutual Coupling in Phased Arrays: A Review[J]. International Journal of Antennas and Propagation, 2013, (2013-4-22), 2013, 2013:559-562.

[26] Zhao, Luyu, Yeung, et al. A Coupled Resonator Decoupling Network for Two-Element Compact Antenna Arrays in Mobile Terminals. [J]. IEEE Transactions on Antennas & Propagation, 2014.

[27] Zhang S ,Pedersen G F. Mutual Coupling Reduction for UWB MIMO Antennas with a Wideband Neutralization Line[J]. IEEE Antennas and Wireless Propagation Letters, 2016, 99(1):1-1.

[28] J, OuYang, F, et al. Reducing Mutual Coupling of CLoSely Spaced Microstrip MIMO Antennas for WLAN Application[J]. IEEE Antennas & Wireless Propagation Letters, 2011.

[29] Ying Z ,Chiu C Y ,Zhao K , et al. Antenna Design for Diversity and MIMO Application[J]. 2015.

[30] Hui, Li, Yi, et al. Characteristic Mode Based Tradeoff Analysis of Antenna-Chassis Interactions for Multiple Antenna Terminals[J]. IEEE Transactions on Antennas & Propagation, 2011.

[31] Gao Y, Ma R, Wang Y, et al. Stacked Patch Antenna With Dual-Polarization and Low Mutual Coupling for Massive MIMO[J]. IEEE Transactions on Antennas and Propagation, 2019, 64(10):4544-4549.

[32] Manteuffel D, Martens R. Compact multimode multielement antenna for indoor UWB massive MIMO[J]. IEEE Transactions on Antennas and Propagation, 2016, 64(7):1-1.

[33] Mei J, Zhi N C, Yan Z, et al. Metamaterial-Based Thin Planar Lens Antenna for Spatial Beamforming and Multibeam Massive MIMO[J]. IEEE Transactions on Antennas and Propagation, 2017, 65(2):464-472.

[34] Wu K L, Wei C, Mei X, et al. Array-Antenna Decoupling Surface[J]. IEEE Transactions on Antennas and Propagation, 2017.

[35] Zhang J, Bjrnson E, Matthaiou M, et al. Multiple Antenna Technologies for Beyond 5G. 2019.

[36] Ayach O E, Rajagopal S, Abu-Surra S, et al. Spatially Sparse Precoding in Millimeter Wave MIMO Systems[J]. IEEE Transactions on Wireless Communications, 2013, 13(3): 1499- 1513.

[37] Yong Z, Rui Z. Millimeter Wave MIMO with Lens Antenna Array: A New Path Division Multiplexing Paradigm[J]. IEEE Transactions on Communications, 2016, 64(4):1557-1571.

[38] Sayeed A, Behdad N. Continuous aperture phased MIMO: Basic theory and applications[C]// Communication, Control, & Computing. IEEE, 2010.

[39] Brady, J, Behdad, et al. Beamspace MIMO for Millimeter-Wave Communications: System Architecture, Modeling, Analysis, and Measurements[J]. IEEE Transactions on Antennas & Propagation, 2013, 61(7):3814-3827.

[40] Sayeed A, Brady J. Beamspace MIMO Channel Modeling and Measurement: Methodology and Results at 28GHz[C]// 2016 IEEE Globecom Workshops (GC Wkshps). IEEE, 2016.

[41] Hogan J, Sayeed A. Beam Selection for Performance-Complexity Optimization in High- dimensional MIMO Systems[C]// 2016 Annual Conference on Information Science and Systems (CISS). IEEE, 2016.

[42] Lu, Yang, Yong, et al. Channel Estimation for Millimeter-Wave MIMO Communications With Lens Antenna Arrays[J]. IEEE Transactions on Vehicular Technology, 2017.

[43] Gao X, Dai L, Han S F, et al. Reliable Beamspace Channel Estimation for Millimeter-Wave Massive MIMO Systems with Lens Antenna Array[J]. IEEE Transactions on Wireless Communications, 2016:1-1.

[44] Han Y, Lee J, Love D J. Compressed Sensing-Aided Downlink Channel Training for FDD Massive MIMO Systems[J]. IEEE Transactions on Communications, 2017, PP(7):1-1.

[45] Gao X, Dai L, Zhou S, et al. Wideband Beamspace Channel Estimation for Millimeter-Wave MIMO Systems Relying on Lens Antenna Arrays[J]. IEEE Transactions on Signal Processing, 2019, 67(18):4809-4824.

[46] Gao Z, Dai L, Hu C, et al. Channel Estimation for Millimeter-Wave Massive MIMO With Hybrid Precoding Over Frequency-Selective Fading Channels[J]. IEEE Communications Letters, 2016, 20(6):1-1.

[47] K Venugopal, A Alkhateeb, NG Prelcic, et al. Channel Estimation for Hybrid Architecture- Based Wideband Millimeter Wave Systems[J]. IEEE Journal on Selected Areas in Communications, 2017.

[48] Wang B, Gao F, Jin S, et al. Spatial- and Frequency-Wideband Effects in Millimeter-Wave Massive MIMO Systems[J]. IEEE Transactions on Signal Processing, 2017:1-1.

[49] Wang B, Gao F, Jin S, et al. Spatial-Wideband Effect in Massive MIMO with Application in mmWave Systems[J]. IEEE Communications Magazine, 2018.

[50] Han Y, Liu Q, Wen C K, et al. Tracking FDD Massive MIMO Downlink Channels by Exploiting Delay and Angular Reciprocity[J]. IEEE Journal of Selected Topics in Signal Processing, 2019, PP(99):1-1.

[51] Ma W, Qi C. Channel Estimation for 3D Lens Millimeter Wave Massive MIMO System[J]. IEEE Communications Letters, 2017, PP(9):1-1.

[52] Vlachos E, Thompson J, Abbasi M, et al. Robust Estimator for Lens-based Hybrid MIMO with Low-Resolution Sampling[C]// 2019 IEEE 20th International Workshop on Signal Processing Advances in Wireless Communications (SPAWC). IEEE, 2019.

[53] Popovi D R. Constrained Lens Arrays for Communication Systems with Polarization and Angle Diversity /.

[54] Tataria H, Matthaiou M, Smith P J, et al. Impact of RF Processing and Switching Errors in Lens - Based Massive MIMO Systems (Invited Paper)[C]// 2018 IEEE 19th International Workshop on Signal Processing Advances in Wireless Communications (SPAWC). IEEE, 2018.

[55] Abbasi M, Fusco V F, Matthaiou M. Millimeter Wave Hybrid Beamforming with Rotman Lens: Performance with Hardware Imperfections[C]// IEEE International Symposium on Wireless Communications Systems (ISWCS). IEEE, 2019.

[56] Abbasi M B, Tataria H, Fusco V F, et al. On the Impact of Spillover LoSses in 28 GHz Rotman Lens Arrays for 5G Applications[C]// 2018:1-3.

[57] Xie T, Dai L, Ng D, et al. On the Power Leakage Problem in Millimeter-Wave Massive MIMO with Lens Antenna Arrays[J]. 2020.

[58] Lau,Jonathan Y, Hum, et al. Reconfigurable Transmitarray Design Approaches for Beamforming Applications.[J]. IEEE Transactions on Antennas & Propagation, 2012.

[59] Wei H, Zhi H J,Chao Y, et al. Multibeam Antenna Technologies for 5G Wireless Communications[J]. IEEE Transactions on Antennas & Propagation, 2017, 65(12):6231-6249.

[60] Yuan G,Khaliel M, F Zheng, et al. Rotman Lens Based Hybrid Analog - Digital Beamforming in Massive MIMO Systems: Array Architectures, Beam Selection Algorithms and Experiments[J]. IEEE Transactions on Vehicular Technology, 2017, 66(10):9134-9148.

[61] Sayeed A, Hall C, Zhu K Y. A Lens Array Multi-beam MIMO Testbed for Real-Time mmWave Communication and Sensing[C]// the 1st ACM Workshop. ACM, 2017.

[62] Kwon, Taehoon, Lim, et al. RF Lens-Embedded Massive MIMO Systems: Fabrication Issues and Codebook Design.[J]. IEEE Transactions on Microwave Theory & Techniques, 2016, 64(7b):2256-2271.

[63]   Ala-Laurinaho, Juha, Aurinsalo, et al. 2-D Beam-Steerable Integrated Lens Antenna System for 5G E-band Access and Backhaul.[J]. IEEE Transactions on Microwave Theory & Techniques, 2016.

[64]   Abbasi M, Fusco V F, Tataria H, et al. Constant-ϵ_r Lens Beamformer for Low-Complexity Millimeter-Wave Hybrid MIMO[J]. Microwave Theory and Techniques, IEEE Transactions on, 2019.

無蜂巢大規模 MIMO

同傳統的社區通訊相比，無蜂巢大規模 MIMO 取消了社區之間的劃分，AP 的部署方式也變成了分散式。所有 AP 透過無差錯的光纖網路與 CPU 進行通訊。當有使用者請求服務時，分佈在服務區內的所有 AP 都能為其提供服務。這種 AP 無處不在的服務方式可以提供極高的巨集增益及覆蓋率，在工業和學術界獲得了廣泛的關注。本章將介紹此技術的發展背景，有關研究中的系統模型，演算法及對性能的分析評判，同時說明無蜂巢 MIMO 的優勢和當前研究遇到的一些挑戰。

9.1 背景

蜂巢概念是在 20 世紀 70 年代引入的，建構其動機是透過在網路覆蓋的地理區域內實現許多併發傳輸來有效利用有限的頻譜。為了控制傳輸之間的干擾，覆蓋區域被劃分為預先定義的地理區域，稱為社區，其中固定 AP 負責服務。開始時，使用預先定義的頻率規劃，以便相鄰社區使用不同的頻率資源，從而限制小區間干擾。多年來，透過在每個區域單元部署更多 AP，商用蜂巢網路已經變得更加密集，這實現了更好的空間頻譜重用。使用越來越小的細胞是增加網路容量的一種有效方法，即在指定區域內每秒

可以傳輸的位元數。理想情況下，網路容量與 AP 數量成比例增長（有活動的使用者裝置），但由於小區間干擾增加，這一趨勢逐漸減弱。在某一點之後，進一步的網路緻密化實際上會減少而非增加網路容量。在超密集網路系統中尤其如此，其中 AP 的數量大於同時活動的使用者裝置的數量。即使每個 AP 都有多個天線，這也不足以抑制如此密集場景中的所有干擾。

這些問題的可能解決方案是將每個使用者與多個 AP 連接起來，如果網路中只有一個巨大的社區，根據定義，此時不存在小區間干擾，也不需要切換。過去已經探索過這種解決方案，如使用網路 MIMO、分散式 MIMO 和 CoMP 等技術。然而，它們的實現卻需要巨大的用於 CSI 和資料共用的遠端訊號，以及巨大的複雜計算。為了降低前端訊號和計算複雜性，一種常見的方法是將網路劃分為包含幾個相鄰 AP 的不相交叢集，以便只有這些 AP 需要交換 CSI 和資料。這種以網路為中心的方法可以提供一些性能增益，但只能部分解決干擾和切換問題，這些問題仍然存在於叢集邊緣。

完全解決這些問題的關鍵是讓每個使用者都能得到那些能以不可忽略的訊號強度到達的 AP 的服務。這就建立了一個以使用者為中心的網路，其中每個 AP 在服務不同使用者時與不同的 AP 組協作，是使用者選擇哪組 AP 最適合他們，而非網路選擇。無蜂巢網路的早期實驗在相關研究中有所描述，但直到最近幾年，這個概念才在學術界獲得了巨大的關注，其中無蜂巢大規模多輸入多輸出的名稱已經被提出。簡而言之，它是過去十年構思的最佳網路多輸入多輸出和近期文獻中的調查分析框架的結合。

簡要概述下無蜂巢 MIMO 的發展。在 4G 時期，多社區協作概念被認為是在 CoMP 傳輸/接收的總括術語下，在多個 AP 對資料進行聯合處理，其中每個社區僅服務於其自己的使用者裝置，這屬於傳統蜂巢網路中實現的方法類別。在 CoMP 的背景下探討了促進聯合處理的集中式和分散式架構。在集中式方法中，協作 AP 連接到一個中央處理器（它可能與一個 AP 位於同一位置），並將它們的資訊發送給它。因此，AP 也可以被視為促進

使用者裝置和中央處理器之間通訊的中繼站。在分散方法中，合作 AP 僅從使用者裝置獲取通道狀態資訊，但資料仍必須在 AP 之間共用。其具體實現分為以使用者為中心的聚類和以網路為中心的叢集。

在 5G 時期，5G 蜂巢網路的新功能不是專注於 CoMP，而是巨量多輸入多輸出。這表示每個 AP 大部分都是單獨運行，並配備了大量主動低增益天線陣列，這些天線可以使用單獨的無線電（收發器鏈）進行單獨控制。這與蜂巢網路中傳統使用的被動高增益天線形成比較，後者可能具有相似的物理尺寸，但只有一個無線電。大規模多輸入多輸出起源於空分多址，多個使用者裝置能夠在同一時間和頻率由一個 AP 服務。天線陣列實現了到每個使用者裝置的定向傳輸（以及從它們的定向接收），因此位於同一社區中不同位置的使用者裝置可以在幾乎沒有干擾的情況下被同時服務。這項技術後來被稱為多使用者多輸入多輸出。這種技術下每個 AP 的天線比社區中的活動使用者多得多。在這些情況下出現了兩個重要的傳播現象：通道硬化和有利傳播。雖然此技術可以顯著提高蜂巢網路的速率，但其仍存在較大的速率變化和小區間干擾，並且在物理部署上存在問題。

無蜂巢大規模 MIMO 是於 2015 年提出的，雖然大多數研究將多社區協作增加到現有的蜂巢網路架構中，但無蜂巢大規模 MIMO 遵循了分散式無線通訊概念，在一開始就設計了由分散式協作天線組成的網路。「大規模」一詞指的是比使用者裝置多得多的 AP 的一種設想的操作方式，它類似於蜂巢網路中傳統的大規模 MIMO 方式；也就是說，在基礎設施側具有比要服務的使用者裝置多得多的天線。有趣的是，設想的工作方式與超密集網路一致，但核心區別在於 AP 合作形成分散式天線陣列。

無蜂巢大規模 MIMO 的本質就是一個分散式大規模 MIMO 系統，其中有大量的服務天線，稱為 AP，服務於分佈在大範圍內的數量少得多的使用者。所有 AP 透過回程網路相位一致地協作，並透過分時雙工操作在相同的時頻資源中服務所有使用者。沒有社區或社區邊界。因此，稱這種系統為「無蜂巢大規模 MIMO」。由於無蜂巢大規模 MIMO 結合了分散式

MIMO 和大規模 MIMO 的概念，因此有望從這兩種系統中獲益。此外，由於使用者現在離 AP 很近，無蜂巢大規模 MIMO 可以提供很高的覆蓋機率。其在上行鏈路和下行鏈路上都使用共軛波束形成/匹配濾波技術，也稱為最大比處理。這些技術在計算上很簡單，並且可以以分散式方式實施，也就是說，大多數處理都是在 AP 本地完成的。

在無蜂巢大規模 MIMO 中有一個 CPU，但是 AP 與該 CPU 之間的資訊交換僅限於有效酬載資料和緩慢變化的功率控制係數。在 AP 或中央單元之間不共用暫態 CSI。所有通道在 AP 處透過上行鏈路導頻進行估計。這樣獲得的通道估計用於對下行鏈路中發送的資料進行預編碼，並在上行鏈路中執行資料檢測。從頭到尾，無蜂巢 MIMO 強調的是每個使用者的輸送量，而非總和輸送量。為此，可以採用最大一最小功率控制。

從原理上講，無蜂巢大規模 MIMO 是虛擬 MIMO、網路 MIMO、分散式 MIMO、（相干）協作多點聯合處理和分散式天線系統等一般概念的表現。其目標是使用先進的回程技術來實現地理上分佈的基地台天線之間的一致處理，以便為網路中的所有使用者提供統一的良好服務。無蜂巢大規模 MIMO 的突出之處在於其運行機制，其運行機制為許多單天線 AP 使用簡單的計算進行訊號處理，同時服務於數量少得多的使用者。這促進了對有利傳播和通道硬化等現象的利用，這些現象也是蜂巢式大規模 MIMO 的關鍵特徵。反過來，這使得無蜂巢 MIMO 能夠使用計算高效且全域最佳的功率控制演算法，以及用於導頻分配的簡單方案。總之，無蜂巢大規模 MIMO 是網路 MIMO 和 DAS 概念的有用且可擴充的實現，這與蜂巢式大規模 MIMO 是原始多使用者 MIMO 概念的有用且可擴充形式非常相似。

假設 TDD 操作，因此依賴互易性來獲取 CSI，並且假設在網路中使用任意導頻序列——導致導頻污染，這在以前的工作中沒有研究過。相關研究推導了對任何有限數量的 AP 和使用者有效的嚴格容量下限。

9.2 系統模型

假設有一個 M 個 AP 和 K 個使用者的無蜂巢大規模 MIMO 系統，所有 AP 和使用者都配有一個天線，並且隨機分佈在一個很大的區域。此外，所有 AP 都透過回程網路連接到中央處理器，如圖 9.1 所示。假設所有 M 個 AP 同時服務於同一時頻資源中的所有 K 個使用者。從 AP 到使用者的傳輸（下行傳輸）和從使用者到 AP 的傳輸（上行傳輸）透過分時雙工操作進行。每個相干間隔分為三個階段：上行鏈路訓練、下行鏈路有效酬載資料傳輸和上行鏈路有效酬載資料傳輸。在上行鏈路訓練階段，使用者向 AP 發送導頻序列，每個 AP 估計所有使用者的通道，如此獲得的通道估計被用於對下行鏈路中的發射訊號進行預編碼，並檢測上行鏈路中從使用者發射的訊號。在這項工作中，為了避免 AP 之間共用通道狀態資訊，考慮了下行鏈路中的共軛波束形成和上行鏈路中的匹配濾波。

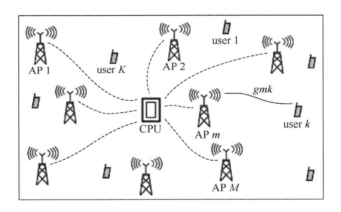

圖 9.1 無單元大規模 MIMO 系統

無蜂巢大規模 MIMO 下行鏈路中沒有導頻傳輸。使用者不需要估計他們的有效通道增益，而是依賴於通道硬化，這使得該增益接近其期望值，即已知的確定性常數。容量界限考慮了當使用者使用平均有效通道增益而非實際有效增益時產生的誤差。

（1）通道模型結合了小尺度衰落和大尺度衰落的影響（後者包括路徑損耗和陰影）。假設小尺度衰落在每個相干間隔期間是靜態的，並且從一個相干間隔到下一個相干間隔獨立地改變。大尺度衰落的變化要慢得多，並且在幾個相干間隔內保持不變。根據使用者行動性，大規模衰落可以在至少大約 40 個小規模衰落相干間隔的持續時間內保持恒定。

（2）假設通道是互易的，即上行鏈路和下行鏈路上的通道增益相同。這種互易假設需要 TDD 操作和硬體鏈的完美校準。對於無蜂巢的大規模 MIMO，該問題也可以得到解決。研究不完全校準的影響是未來工作的重要課題。

（3）g_{mk} 表示第 k 個使用者和第 m 個 AP 之間的通道係數。通道的 g_{mk} 建模如下：

$$g_{mk} = \beta_{mk}^{1/2} h_{mk} \tag{9-1}$$

其中，h_{mk} 為小尺度衰落，β_{mk} 為大尺度衰落。假設 h_{mk}，$m = 1, \cdots, M, k = 1, \cdots, K$，是獨立同分佈的 CN(0,1)的隨機變數。獨立小尺度衰落假設的理由是 AP 和使用者分佈在很寬的區域內，因此，每個 AP 和每個使用者的散射體集可能不同。

（4）假設所有 AP 都透過完美的回程連接，能夠為中央處理器提供無錯誤和無限的容量。實際上，回程將受到重要的實際情況限制。未來的工作需要量化回程限制對性能的影響。

（5）在所有情況下，讓 q_k 表示與第 k 個使用者相關的符號。這些符號是相互獨立的，並且獨立於所有的雜訊和通道係數。

9.2.1 上行鏈路訓練

無蜂巢大規模 MIMO 系統採用了較寬的頻譜頻寬，且 g_{mk} 和 h_{mk} 隨頻率變化，而 β_{mk} 相對於頻率是常數。假設傳播通道在一個相干時間間隔和一個

頻率相干間隔上是分段常數，有必要在每個時間/頻率相干塊內進行訓練。無論何時需要，都假設 β_{mk} 是已知的。

設 τ_c 為相干間隔的長度（以樣本為單位），等於相干時間和相干頻寬的乘積，τ^{cf} 為每個相干間隔的上行鏈路訓練持續時間（以樣本為單位），上標 cf 代表無細胞。要求 $\tau^{cf} < \tau_c$。在訓練階段，所有 K 個使用者同時向 AP 發送長度為 τ^{cf} 樣本的導頻序列。設 $\sqrt{\tau^{cf}}\varphi_k \in C^{\tau^{cf}\times1}$，其中 $\|\varphi_k\|^2 = 1$，是第 k 個使用者使用的導頻序列，$k = 1,2,\cdots,K$。然後，在第 m 個 AP 接收的 $\tau^{cf}\times1$ 導頻向量由下式列出：

$$y_{P,m} = \sqrt{\tau^{cf}\rho_p^{cf}}\sum_{k=1}^{K}g_{mk}\varphi_k + w_{p,m}$$ （9-2）

其中，ρ_p^{cf} 是每個導頻符號和 $w_{p,m}$ 的歸一化訊號雜訊比（SNR），缺少第 m 個 AP 處的加性雜訊向量。$w_{p,m}$ 是 CN(0,1) 的隨機變數。

基於接收到的領航訊號 $y_{p,m}$，第 m 個 AP 估計通道 $g_{m,k}$，$k=1,\cdots,k$，用 $\check{y}_{p,mk}$ 表示，把 $y_{p,m}$ 投影到 φ_k^H：

$$\check{y}_{p,mk} = y_{p,m}\varphi_k^H$$

$$= \sqrt{\tau^{cf}\rho_p^{cf}}g_{mk} + \sqrt{\tau^{cf}\rho_p^{cf}}\sum_{k'\neq k}^{K}g_{mk}\varphi_k^H\varphi_{k'} + \varphi_k^H w_{p,m}$$ （9-3）

雖然，對於任意的導頻序列，$\check{y}_{p,mk}$ 不是 g_{mk} 估計的充分統計量，人們仍然可以使用這個量來獲得次優估計。在任意兩個導頻序列相同或正交的特殊情況下，$\check{y}_{p,mk}$ 是一個充分的統計量，基於 $\check{y}_{p,mk}$ 的估計是最佳的。指定 $\check{y}_{p,mk}$ 的 g_{mk} 的最小均方誤差估計為：

$$\check{g}_{mk} = \frac{E\{\check{y}_{p,mk}^* g_{mk}\}}{\{|\check{y}_{p,mk}|^2\}}\check{y}_{p,mk} = c_{mk}\check{y}_{p,mk}$$ （9-4）

$$c_{mk} \triangleq \frac{\sqrt{\tau^{\mathrm{cf}} \rho_p^{\mathrm{cf}}} \beta_{mk}}{\tau^{\mathrm{cf}} \rho_p^{\mathrm{cf}} \sum_{k'=1}^{K} \beta_{mk'} \left| \varphi_k^H \varphi_{k'} \right|^2 + 1} \qquad (9\text{-}5)$$

如果 $\tau^{\mathrm{cf}} \geq K$ ，那麼可以選擇 φ_1 ， φ_2 ， $\cdots$ ， φ_K ，使它們是成對正交的，因此，（9-3）式中的第二項消失了，則通道估計 $\widehat{g_{mk}}$ 獨立於 $g_{mk'}$， $k' \neq k$ 。然而，由於相干間隔的有限長度，大部分的情況下 $\tau^{\mathrm{cf}} < K$ ，並且相互非正交的導頻序列必須在整個網路中使用。由於（9-3）式中的第二項，通道估計 $\hat{g}_{mk}$ 被從其他使用者發送的領航訊號降級。這就造成了所謂的導頻污染效應。

以分散的方式執行通道估計，每個 AP 自主地估計到 K 個使用者的通道。AP 不在通道估計上合作，並且在 AP 之間不交換通道估計。

9.2.2 下行鏈路有效酬載資料傳輸

AP 將通道估計視為真實通道，並使用共軛波束成形向 K 個使用者發送訊號。從第 m 個 AP 發送的訊號為：

$$x_m = \sqrt{\rho_d^{\mathrm{cf}}} \sum_{k=1}^{K} \eta_{mk}^{1/2} \hat{g}_{mk}^* q_k \qquad (9\text{-}6)$$

其中，滿足 $E\{|q_k|^2\} = 1$ 的 q_k 是針對第 k 個使用者的符號， η_{mk} ， $m = 1, \cdots, M$， $k = 1, \cdots, K$，選擇功率控制係數以滿足每個 AP 處的以下功率約束 $E\{|x_m|^2\} \leq \rho_d^{\mathrm{cf}}$ 。

使用 $g_{mk} = \beta_{mk}^{1/2} h_{mk}$ 的通道模型，功率約束 $E\{|x_m|^2\} \leq \rho_d^{\mathrm{cf}}$ 可以重新定義為對所有的 m，有 $\sum_{k=1}^{K} \eta_{mk} \gamma_{mk} \leq 1$ ，其中， $\gamma_{mk} \triangleq E\{|\hat{g}_{mk}|^2\} = \sqrt{\tau^{\mathrm{cf}} \rho_p^{\mathrm{cf}}} \beta_{mk} c_{mk}$ ，則第 k 個使用者處的接收訊號為：

$$r_{d,k} = \sum_{m=1}^{M} g_{mk} x_m + w_{d,k} = \rho_d^{\mathrm{cf}} \sum_{m=1}^{M} \sum_{k'=1}^{K} \eta_{mk'}^{1/2} g_{mk} \hat{g}_{mk'}^* q_{k'} + w_{d,k} \qquad (9\text{-}7)$$

其中，在第 k 個使用者處，$w_{d,k}$ 是加性的 CN(0,1)雜訊。那麼將從 $r_{d,k}$ 檢測到 q_k。

9.2.3 上行鏈路有效酬載資料傳輸

在上行鏈路中，所有 K 個使用者同時向 AP 發送資料。在發送資料之前，第 k 個使用者對其符號 q_k 進行加權，$E\{|q_k|^2\}$，乘以功率控制係數 $\sqrt{\eta_k}$，$0 \le \eta_k \le 1$。第 m AP 接收到的訊號為：

$$y_{u,m} = \sqrt{\rho_u^{\text{cf}}} \sum_{k=1}^{K} g_{mk} \sqrt{\eta_k} q_k + w_{u,m} \tag{9-8}$$

其中，ρ_u^{cf} 表示歸一化上行鏈路 SNR，$w_{u,m}$ 是第 m 個 AP 處的加性雜訊，$w_{u,m} \sim \text{CN}(0,1)$。

為了檢測從第 k 個使用者 q_k 發送的鮑率，第 m 個 AP 將接收訊號 $y_{u,m}$ 與其從本地獲得的通道估計 $\hat{g}_{mk}$ 的共軛相乘。然後，透過回程網路將如此獲得的 $\hat{g}_{mk}^* y_{u,m}$ 發送到 CPU。CPU 會收到

$$r_{u,k} = \sum_{m=1}^{M} \hat{g}_{mk}^* y_{u,m} = \sum_{k'=1}^{K} \sum_{m=1}^{M} \hat{g}_{mk}^* g_{mk'} + \sum_{m=1}^{M} \hat{g}_{mk}^* w_{u,m} \tag{9-9}$$

然後，從 $r_{u,k}$ 檢測 q_k。

9.3 性能分析

9.3.1 Large-M 分析

在這一部分，提出了一些關於無蜂巢大規模 MIMO 系統在 M 很大時的性能的一些見解。收斂性分析是在一組確定的大尺度衰落係數 $\{\beta_{mk}\}$ 的條件下進行的。與並置大規模 MIMO 的情況一樣，當 M→∞ 時，使用者和 AP 之間的通道變得正交。因此，採用共軛波束成形分別匹配濾波，消除了非

相干干擾、小尺度衰落和雜訊。唯一剩餘的損害是導頻污染，它包括來自使用與訓練階段中感興趣的使用者相同的導頻序列的使用者的干擾。

在下行鏈路上，第 k 個使用者處的接收訊號可以寫成：

$$r_{d,k} = \underbrace{\sqrt{\rho_d^{cf}} \sum_{m=1}^{M} \eta_{mk}^{1/2} g_{mk} \hat{g}_{mk}^* q_k}_{DS_k} + \underbrace{\sqrt{\rho_d^{cf}} \sum_{m=1}^{M} \sum_{k' \neq k}^{K} \eta_{mk'}^{1/2} g_{mk} \hat{g}_{mk'}^* q_{k'} + w_{d,k}}_{MUI_k} \quad （9\text{-}10）$$

其中，DS_k 和 MUI_k 分別表示期望的訊號和多使用者干擾。

$$\frac{1}{M} DS_k - \frac{1}{M} \sqrt{\tau^{cf} \rho_b^{cf} \rho_p^{cf}} \sum_{m=1}^{M} \eta_{mk}^{1/2} c_{mk} \beta_{mk} q_k \xrightarrow[M \to \infty]{p} 0 \quad （9\text{-}11）$$

$$\frac{1}{M} MUI_k - \frac{1}{M} \sqrt{\tau^{cf} \rho_b^{cf} \rho_p^{cf}} \sum_{m=1}^{M} \sum_{k' \neq k}^{K} \eta_{mk'}^{1/2} c_{mk'} \beta_{mk} \varphi_k^H \varphi_{k'}^* q_{k'} \xrightarrow[M \to \infty]{p} 0 \quad （9\text{-}12）$$

上述運算式表明，當 M→∞ 時，接收訊號僅包括期望訊號加上來自導頻序列非正交性的干擾。

$$\frac{r_{d,k}}{M} - \frac{\sqrt{\tau^{cf} \rho_b^{cf} \rho_p^{cf}}}{M} \left(\sum_{m=1}^{M} \eta_{mk}^{1/2} c_{mk} \beta_{mk} q_k + \sum_{m=1}^{M} \sum_{k' \neq k}^{K} \eta_{mk'}^{1/2} c_{mk'} \beta_{mk} \varphi_k^H \varphi_{k'}^* q_{k'} \right) \xrightarrow[M \to \infty]{p} 0$$
$$（9\text{-}13）$$

如果導頻序列是成對正交的，即 $\varphi_k^H \varphi_{k'}$ 對 $k' \neq k$，則接收的訊號變得沒有干擾和雜訊：

$$\frac{r_{d,k}}{M} - \frac{\sqrt{\tau^{cf} \rho_b^{cf} \rho_p^{cf}}}{M} \sum_{m=1}^{M} \eta_{mk}^{1/2} c_{mk} \beta_{mk} q_k \xrightarrow[M \to \infty]{p} 0 \quad （9\text{-}14）$$

在上行鏈路中也有類似的結果。

9.3.2 有限 M 的可達速率

在本節中推導出下行鏈路和上行鏈路可實現速率的閉式運算式。

1. 可實現的下行鏈路速率

假設每個使用者都知道通道統計資訊，但不知道通道實現，則接收訊號 $r_{d,k}$ 可以寫成：

$$r_{d,k} = \mathrm{DS}_k \cdot q_k + \mathrm{BU}_k \cdot q_k + \sum_{k' \neq k}^{K} \mathrm{UI}_{kk'} \cdot q_{k'} + w_{d,k} \qquad （9\text{-}15）$$

其中，$\mathrm{DS}_k \triangleq \sqrt{\rho_d^{\mathrm{cf}}} \cdot E\{\sum_{m=1}^{M} \eta_{mk}^{1/2} g_{mk} \hat{g}_{mk}^*\}$，

$\mathrm{BU}_k \triangleq \sqrt{\rho_d^{\mathrm{cf}}} (\sum_{m=1}^{M} \eta_{mk}^{1/2} g_{mk} \hat{g}_{mk}^* - E\{\sum_{m=1}^{M} \eta_{mk}^{1/2} g_{mk} \hat{g}_{mk}^*\})$，$U_{kk'} \triangleq \sqrt{\rho_d^{\mathrm{cf}}} \sum_{m=1}^{M} \eta_{mk'}^{1/2} g_{mk} \hat{g}_{mk'}^*$ 分別表示期望訊號強度（DS）、波束形成增益不確定性（BU）和第 k 個使用者（UI）造成的干擾。

將式（9-15）中第二項、第三項和第四項的總和視為「有效雜訊」。由於 QK 獨立於 DSK 和 BUK，因此有

$$E\{\mathrm{DS}_k \cdot q_k \times (\mathrm{BU}_k \cdot q_k)^*\} = E\{\mathrm{DS}_k \times \mathrm{BU}_k^*\} E\{|q_k|^2\} = 0 \qquad （9\text{-}16）$$

所以式（9-15）的第一項和第二項是不相關的。類似的計算表明，式（9-15）的第三項和第四項與式（9-15）的第一項不相關。因此，有效雜訊和期望訊號是不相關的。利用不相關高斯雜訊代表最壞情況，可獲得第 k 個使用者在無蜂巢操作下的可實現速率為：

$$R_{d,k}^{\mathrm{cf}} = \log_2 \left(1 + \frac{|\mathrm{DS}_k|^2}{E\{|\mathrm{BU}_k|^2\} + \sum_{k' \neq k}^{K} E\{|\mathrm{UI}_{kk'}|^2\} + 1} \right) \qquad （9\text{-}17）$$

接下來，列出了有限 M 的可達速率的新的精確閉合運算式。

在具有共軛波束形成的無蜂巢大規模 MIMO 系統中，對於任意有限的 M 和 K，從 AP 到第 k 個使用者的可實現的下行鏈路速率為：

$$R_{d,k}^{\mathrm{cf}} = \log_2 \left(1 + \frac{\rho_{\mathrm{d}}^{\mathrm{cf}} \left(\sum_{m=1}^{M} \eta_{mk}^{1/2} \gamma_{mk} \right)^2}{\rho_{\mathrm{d}}^{\mathrm{cf}} \sum_{k' \neq k}^{K} \left(\sum_{m=1}^{M} \eta_{mk'}^{1/2} \gamma_{mk'} \frac{\beta_{mk}}{\beta_{mk'}} \right)^2 \left| \varphi_{k'}^H \varphi_k \right|^2 + \rho_{\mathrm{d}}^{\mathrm{cf}} \sum_{k'=1}^{K} \sum_{m=1}^{M} \eta_{mk'} \gamma_{mk'} \beta_{mk} + 1} \right) \qquad （9\text{-}18）$$

無蜂巢大規模 MIMO 和設定大規模 MIMO 系統的容量界限運算式之間的主要區別是：

（1）在無蜂巢系統中，通常 $\beta_{mk} \neq \beta_{m'k}$ 對應 $m \neq m'$；而在設定大規模 MIMO 系統中，$\beta_{mk} = \beta_{m'k}$。

（2）在無蜂巢系統中，每個 AP 單獨施加功率約束，而在設定系統中，每個基地台施加總功率約束。考慮這種特殊情況：所有 AP 並置，每個 AP 的功率限制被所有 AP 的總功率限制所取代，在這種情況下，有 $\beta_{mk} = \beta_{m'k} \triangleq \beta_k$，$\gamma_{mk} = \gamma_{m'k} \triangleq \gamma_k$，功率控制係數為 $\eta_{mk} = \eta_k / M_{\eta_{mk}}$。此外，如果 K 個導頻序列是成對正交的，則式（9-18）變為：

$$R_{d,k}^{\mathrm{cf}} = \log_2\left(1 + \frac{M \rho_d^{\mathrm{cf}} \gamma_k \eta_k}{\rho_d^{\mathrm{cf}} \beta_k \sum_{k'=1}^{K} \eta_{k'} + 1}\right) \tag{9-19}$$

可達速率是在假設使用者只知道通道統計的情況下獲得的，但該可實現速率接近於使用者知道實際通道實現的情況下的速率，這是通道硬化的結果。為了更定量地了解這一點，將可實現速率與以下運算式進行比較。

$$\tilde{R}_{\mathrm{d},k}^{\mathrm{cf}} = \mathbb{E}\left\{\log_2\left(1 + \frac{\rho_d^{\mathrm{cf}} \left|\sum_{m=1}^{M} \eta_{mk}^{1/2} g_{mk} \hat{g}_{mk}^*\right|^2}{\rho_d^{\mathrm{cf}} \sum_{k' \neq k}^{K} \left|\sum_{m=1}^{M} \eta_{mk'}^{1/2} g_{mk} \hat{g}_{mk'}^*\right|^2 + 1}\right)\right\} \tag{9-20}$$

該速率表示知道暫態通道增益的輔助使用者的可實現速率。圖 9.2 列出了假設使用者只知道通道統計的和假設了解實現的輔助速率之間的比較。如圖所示，差距很小，這表示沒有必要進行下行訓練。

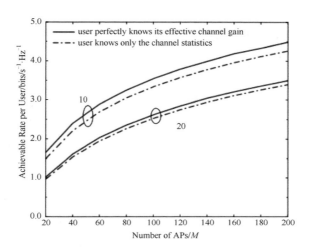

圖 9.2 不同 K 下的可達到速率與 APs 的數量

2. 可實現上行速率

中央處理單元從 $r_{u,k}$ 檢測所需的訊號 q_k。假設中央處理單元在執行檢測時僅使用通道的統計知識,獲得了上行可達速率的嚴格封閉運算式。

對於任意 M 和 K,在具有匹配濾波檢測的無蜂巢大規模 MIMO 系統中,第 K 個使用者的可實現上行速率由下式列出。

$$R_{u,k}^{cf} = \log_2\left(1 + \frac{\rho_u^{cf}\eta_k\left(\sum\limits_{m=1}^{M}\gamma_{mk}\right)^2}{\rho_u^{cf}\sum\limits_{k'\neq k}^{K}\eta_{k'}\left(\sum\limits_{m=1}^{M}\gamma_{mk}\frac{\beta_{mk'}}{\beta_{mk}}\right)^2\left|\varphi_k^H\varphi_{k'}\right|^2 + \rho_u^{cf}\sum\limits_{k'=1}^{K}\eta_{k'}\sum\limits_{m=1}^{M}\gamma_{mk}\beta_{mk'} + \sum\limits_{m=1}^{M}\gamma_{mk}}\right)$$

（9-21）

在特殊情況下,所有 AP 都是並置的,所有 K 個導頻序列是成對正交的,$\beta_{mk} = \beta_{m'k} \triangleq \beta_k$,$\gamma_{mk} = \gamma_{m'k} \triangleq \gamma_k$,$\varphi_k^H\varphi_{k'} = 0$,$\forall k' \neq k$,則上式化為:

$$R_{u,k}^{cf} = \log_2\left(1 + \frac{M\rho_u^{cf}\gamma_k\eta_k}{\rho_u^{cf}\beta_k\sum_{k'=1}^{K}\eta_{k'}\beta_{k'} + 1}\right)$$

（9-22）

9.4 導頻分配方案

當多個使用者裝置同時發送非完全正交的領航訊號時，將發生導頻污染，降低導頻共用使用者裝置通道的估計品質，並增加資料傳輸階段的相互干擾。在大規模 MIMO 中已引起了廣泛關注，主要是因為隨著 AP 天線的數量而增加，產生的額外干擾也將要增加。限制先導污染問題的方法是以合適的方式選擇共用先導的使用者裝置。在蜂巢網路中的標準方法是將每個社區與導頻的預定子集連結起來。舉例來說，可以選擇這個子集，然後相鄰社區使用不同的子集，這樣每個 AP 可以任意地將導頻分配給位於其社區內的使用者裝置。但是這種方法不能用於無社區網路，所以需要研究新的導頻分配演算法。

限制導頻污染就是希望避免兩個接近同一群組 AP 的使用者裝置被分配給同一個導頻。一種簡單的分配方法是隨機分配，為每個使用者裝置生成一個從 1 到 τ 的隨機整數，然後將該使用者裝置分配給具有匹配索引的導頻。此方法的優勢在於它不需要不同使用者裝置或 AP 之間的協調，單使用者裝置將使用與其地理上最近的鄰居相同的導頻的機率是 $1/\tau_p$。但這是最糟糕的情況，應該透過使用更結構化的導頻分配演算法來避免。

9.4.1 效用式

結構化導頻分配的關鍵是定義效用函數用於表示導頻分配的目標，並採用索引作為輸入分配給不同使用者裝置的導頻。舉例來說，可以對效用函數進行定義，使其在導頻污染引起的額外干擾最小化或當 SE 最大化時達到最大。這是一個組合問題，因此，可以透過對所有可能的導頻分配進行窮舉搜索來找到指定效用函數的最佳導頻分配。複雜度隨著使用者數呈指數增長，這使得在具有多個使用者裝置的實際網路中進行窮舉搜索變得困難。為了定期解決導頻分配問題，效用將取決於當前網路中活動的使用者裝置。

透過設計一個演算法，找到一個像樣的次優解，一種方法是設計一種貪婪演算法，一次針對一個使用者裝置最佳化效用。該演算法可以考慮每個使用者裝置一次，也可以一直迭代到收斂。大多數使用者裝置可以被分配到唯一導頻的小型網路中，可以使用 Sabbagh 提出的演算法來找到可以重用導頻的合適的使用者裝置對。Ngo 等人提出的貪婪演算法首先將導頻隨機分配給使用者裝置，然後是迭代過程，其中每個使用者裝置將確定這樣一個問題，即由導頻污染引起的額外干擾是否可以透過切換到另一個導頻來減少。也可以透過利用使用者裝置的地理位置提出貪婪演算法的變形。使用者裝置分簇演算法將網路動態劃分為地理簇，每個導頻只使用一次，這個解決導頻分配問題的方法原理類似於蜂巢方法，但其中利用了實際的使用者裝置位置。還有研究者提出了一種利用 AP 和使用者裝置之間物理距離的改進聚類演算法。另一種聚類演算法使用不同使用者裝置的向量之間的內積作為相似性度量，而非基於位置的參數。

上述幾種演算法預設了兩個位置相近的使用者裝置不應被分配給同一導頻的觀察。然而，當確定導頻污染時，通道增益是重要的，即使這些與使用者裝置位置強相關，也可能有很大的變化，這些變化由陰影衰落建模。

其他研究還包含許多組合演算法，這些演算法有可能應用於導頻分配。禁忌搜索是用於導頻最大化分配的一種演算法，主要原則是反覆迭代當前任務的小變化，並選擇一個更好的，同時保留一個先前選擇的解決方案的列表，以避免迭代回它們。匈牙利演算法也可以被使用，並被調整以最佳化不同的應用。

通常很難對導頻分配演算法進行公平的比較，因為它們可能會最佳化不同的應用程式，它們可能會在不同的設定中陷入不同的局部最佳，並且它們的計算複雜度可能會有很大的不同。然而，人們可以得出結論，即網路範圍的演算法最好在中央處理器上實現，並且複雜性將至少隨著使用者數線性增長，這使得它們不適合大型網路。在無蜂巢網路中，導頻分配的最重要一點是避免最差的分配，也就是位置相近的使用者裝置使用相同的導

頻。這在天線數遠大於使用者數的網路中很容易實現,因為從存取點的角度來看,每個導頻在網路中的重用非常少。相干干擾使導頻污染成為蜂巢巨量多輸入多輸出研究的主要重點,這在無蜂巢網路中可能不是主要問題,雖然無蜂巢網路中也有許多天線,但每個使用者裝置僅由一小部分天線提供服務。

9.4.2 可擴充式

如果導頻分配演算法是可擴充的,那麼它可能要透過使用者裝置與其相鄰 AP 之間的本地互動來實現。任何試圖最大化全網效用並利用全網資訊的演算法都比較複雜。一種可擴充演算法的主要思想是將指定使用者裝置的導頻分配與其連線網路的方式聯繫起來。當使用者裝置活躍時,它選擇相鄰的 AP,並且在該 AP 本地確定哪個導頻最適合使用者裝置使用。更準確地說,它測量每個導頻上的導頻干擾量,並將使用者裝置分配給干擾最小的導頻。這很可能對應於共用導頻的使用者裝置離 AP 最遠的導頻,希望每個導頻在空間中盡可能稀疏地被重用。該演算法不是最佳的,但結果良好。

對可擴充導頻分配的進一步研究肯定是必要的,並且由於這是一種聚類問題,機器學習可能是開發高效演算法的合適工具。

9.5 DCC 選擇

DCC 框架限制哪些 AP 被允許在上行鏈路和下行鏈路中為指定的使用者裝置服務,其服務品質將比任何 AP 都可以服務於任何使用者裝置的網路更低,因為在最佳化系統時的自由度更少。但引入這些限制是有充分理由的,計算的複雜性和前端訊號方面的可擴充性是原因之一。另一個原因是減少能量消耗或限制下行鏈路訊號的延遲擴充,其隨著使用者裝置和最遠的服務 AP 之間的距離而增加。直觀地說,如果每個使用者裝置由其影響

範圍內的所有 AP 服務,則服務品質損失可以保持較小,但問題是這在實踐中無意義。

有研究者提供了一些選擇 DCC 的一般指南。首先,每個使用者裝置應該有一個錨定到的主 AP。該 AP 需要服務於使用者裝置,以保證非零服務品質,而來自其他 AP 的服務是基於可用性來提供的。其次,使用者裝置應該從以使用者為中心的角度來選擇。再次,可以根據本地傳播條件將不同的使用者裝置分配給不同數量的 AP。舉例來說,具有到一個 AP 非常好的通道的使用者裝置可能只需要由該 AP 或更多的 AP 服務,而處於多個 AP 之間或受到很大干擾的使用者裝置將需要多個 AP 來提高訊號雜訊比或抑制干擾。最後,建議應使用通道品質作為評判指標以測量與不同 AP 的接近度並確定哪些 AP 應該為使用者裝置服務。

有許多可能的以使用者為中心的聚類演算法。可以設計網路範圍內的演算法,所有使用者裝置都應被共同考慮,所以其複雜度隨使用者數量線性增加,不可擴充。

有關演算法有兩種重要的限制。第一個限制是可擴充性。每個 AP 的處理能力有限,因此只能在分散式操作中管理有限數量的使用者裝置,並且只能透過其遠端鏈路發送和接收與有限數量的使用者裝置相關的資料。第二個限制是導頻污染。一個 AP 為每個導頻服務一個使用者裝置是合理的,否則較弱的共用導頻的使用者裝置將受到強干擾。但也有例外,如果共用導頻的使用者裝置具有非常不同的空間相關矩陣,那麼 AP 可以基於該資訊在估計階段分離它們的通道。

在進行 DCC 選擇時不能從純粹以使用者為中心的角度進行選擇,而必須考慮網路架構帶來的限制。一種可擴充的解決方案是讓導頻分配演算法確定簇與所有 AP 為所有使用者裝置提供服務相比,至少在天線數遠大於使用者數的運行範例中,SE 損失很小。然而,需要進一步研究可擴充的協作叢集形成,特別是對於網路某些區域中有許多使用者裝置的挑戰性情況。

9.6 性能比較

定量研究無蜂巢大規模 MIMO 的性能，並與小蜂巢系統的性能進行比較。具體展示了陰影衰落相關性的影響。M 個 AP 和 K 個使用者在 $D \times D$ km^2 內隨機分佈。

9.6.1 大規模的衰落模型

大規模的衰落模型描述了用於性能評估的路徑損耗和陰影衰落相關模型，利用大尺度衰落係數 β_{mk} 對路徑損耗和陰影衰落進行建模，根據：

$$\beta_{mk} = \text{PL}_{mk} \times 10^{\frac{\sigma_{sh} z_{mk}}{10}} \qquad （9\text{-}23）$$

其中，PL_{mk} 表示路徑損耗，$10^{\frac{\sigma_{sh} z_{mk}}{10}}$ 表示具有標準差 σ_{sh} 和 $z_{mk} \sim \text{N}(0,1)$ 的陰影衰落。

1. 路徑損耗模型

對路徑損耗使用三斜率模型：如果第 m 個 AP 到第 k 個使用者（表示為 d_{mk} ）的距離大於 d_1，則路徑損耗指數等於 3.5；如果 $d_1 \geq d_{mk} \geq d_0$，則路徑損耗指數等於 2；如果 $d_{mk} \leq d_0$，對於某些 d_0 和 d_1，路徑損耗指數等於 0。當 $d_{mk} > d_1$ 時，符合 HATA-COST231 傳播模型。路徑損耗（以 dB 為單位）為：

$$\text{PL}_{mk} = \begin{cases} -L - 35\lg(d_{mk}), & \text{if } d_{mk} > d_1 \\ -L - 15\lg(d_1) - 20\lg(d_{mk}), & \text{if } d_0 < d_{mk} \leq d_1 \\ -L - 15\lg(d_1) - 20\lg(d_0), & \text{if } d_{mk} \leq d_0 \end{cases} \qquad （9\text{-}24）$$

其中，$L \triangleq 46.3 + 33.9\lg(f) - 13.82\lg(h_{\text{AP}}) - (1.1\lg(f) - 0.7)h_u + (1.56\lg(f)0.8)$，f 是載體頻率（以 MHz 為單位），$h_{\text{AP}}$ 是 AP 天線高度（以 m 為單位），h_u 表示使用者天線高度（以 m 為單位）。路徑損耗 PL_{mk} 是 d_{mk} 的連續函數。當 $d_{mk} \leq d_1$ 時，沒有陰影。

2. 陰影衰落模型

以前大多數的工作都假設陰影係數是不相關的。但在實踐中,彼此接近的發送器/接收器可能被共同的障礙物包圍,所以陰影係數是相關的。這種相關性可能會顯著地影響系統性能。

對於陰影衰落係數,使用包含兩個分量的模型:

$$z_{mk} = \sqrt{\delta}\, a_m + \sqrt{1-\delta}\, b_k \ ,\ m=1,\cdots,M \ ,\ K=1,\cdots,K \qquad (9\text{-}25)$$

其中, $a_m \sim \mathrm{N}(0,1)$ 和 $b_k \sim \mathrm{N}(0,1)$ 是獨立的隨機變數, δ ($0 \le \delta \le 1$)是參數。變數 a_m 對遮擋第 m 個 AP 附近的物體導致的陰影衰落進行建模,並以相同的方式影響從該 AP 到所有使用者的通道。變數 b_k 對陰影衰落建模,該陰影衰落由第 k 個使用者附近的物件引起,並且以相同的方式影響從該使用者到所有 AP 的通道。當 δ =0 時,指定使用者的陰影衰落對所有 AP 都是相同的,但是不同的使用者會受到不同陰影衰落的影響。相反,當 δ =1 時,來自指定 AP 的陰影衰落對所有使用者都是相同的;但是,不同的 AP 會受到不同陰影衰落的影響。在 0 和 1 之間改變 δ ,在這兩個極端之間進行權衡。 a_m 和 b_k 的協方差函數為:

$$\begin{cases} \boldsymbol{E}\{a_m a_{m'}\} = 2^{-\dfrac{d_a(m,m')}{d_{\mathrm{decorr}}}} \\[2em] \boldsymbol{E}\{b_k b_{k'}\} = 2^{-\dfrac{d_u(k,k')}{d_{\mathrm{decorr}}}} \end{cases} \qquad (9\text{-}26)$$

其中, $d_a(m,m')$ 是第 m 個和第 m' 個 AP 之間的地理距離, $d_u(k,k')$ 是第 k 個使用者和第 k' 個使用者之間的地理距離,而 d_{decorr} 是取決於環境的去相關距離。大部分的情況下,去相關距離在 20~200m 數量級。較短的去相關距離對應的環境具有較低的平穩性。這種不同地理位置之間的連結模型在理論上和實際實驗中都獲得了驗證。

9.6.2　參數和設定

表 9.1 中複習用於模擬的系統參數。此表中的量 $\bar{\rho}_d^{cf}$、$\bar{\rho}_u^{cf}$、$\bar{\rho}_p^{cf}$ 分別為下行鏈路數據、上行鏈路數據和導頻符號的發射功率。可以透過將這些功率除以雜訊功率來計算對應的歸一化發射訊號雜訊比 ρ_d^{cf}、ρ_u^{cf}、ρ_p^{cf}，其中雜訊功率由下式列出：

$$雜訊功率＝頻寬 \times k_B \times T_0 \times 雜訊係數 (W)$$

表 9.1　用於模擬的系統參數

Parameter	Value
Carrier frequency	1.9 GHz
Bandwidth	20 MHz
Noise figure (uplink and downlink)	9 dB
AP antenna height	15 m
User antenna height	1.65 m
$\bar{\rho}_d^{cf}$，$\bar{\rho}_u^{cf}$，$\bar{\rho}_p^{cf}$	200,100,100 mW
σ_{sh}	8 dB
D, d_1, d_0	1000,50,10m

其中，$k_B = 1.381 \times 10^{-23}$（焦耳/開爾文）是玻爾茲曼常數，$T_0 = 290$（開爾文）是雜訊溫度。為了避免出現邊界效應，並模擬一個具有無限區域的網路，正方形區域在邊緣被環繞，因此，模擬區域有八個鄰區。

考慮每個使用者的網路輸送量，它包括了通道估計負擔，其定義為：

$$S_{A,K}^{cf} = B \frac{1 - \tau^{cf}/\tau_c}{2} R_{A,K}^{cf}, \quad S_{A,K}^{sc} = B \frac{1 - (\tau_d^{sc} + \tau_u^{sc})/\tau_c}{2} R_{A,K}^{sc} \qquad （9-27）$$

其中，$A \in \{d,u\}$ 分別對應下行上行傳輸，B 為頻譜頻寬，而 τ_c 又是樣本中的相干間隔。τ^{cf}/τ_c 和 $(\tau_d^{sc} + \tau_u^{sc})/\tau_c$ 反映了這一情況，對於長度為 τ_c 樣本的每個相干間隔，在無蜂巢大規模 MIMO 系統中，使用 τ^{cf} 樣本用於上行鏈

路訓練，而在小蜂巢系統中，使用 $\tau_d^{sc} + \tau_u^{sc}$ 樣本用於上行鏈路和下行鏈路訓練。取 $\tau_c = 200$ 個樣本，對應於 200 kHz 的相干頻寬和 1ms 的相干時間，並選擇 B=20 MHz。

為了確保無蜂巢大規模 MIMO 系統和小蜂巢系統之間的公平比較，選擇 $\rho_d^{sc} = \frac{M}{K}\rho_d^{cf}$, $\rho_u^{sc} = \rho_u^{cf}$, $\rho_{u,p}^{sc} = \rho_{d,p}^{sc} = \rho_p^{cf}$ ，這使得總輻射功率在所有情況下都是相等的，則每個使用者的下行/上行淨輸送量的累積分佈如下。

（1）對於具有最大一最小功率控制的情況：① 生成 200 個 AP/使用者位置和陰影衰落簡單的隨機實現；② 對於每個實現，K 個使用者的每個使用者的淨輸送量透過使用無蜂巢大規模 MIMO 的最大一最小功率控制和小蜂巢系統的最大一最小功率控制來計算，對於最大一最小功率控制，這些輸送量對於所有使用者都是相同的；③ 在如此獲得的每使用者淨輸送量上生成累積分佈。

（2）對於沒有功率控制的情況：相同的過程，但在②中不執行功率控制。在沒有功率控制的情況下，對於無蜂巢大規模 MIMO，在下行鏈路傳輸中，所有 AP 以全功率傳輸，並且在第 m 個 AP，功率控制係數 η_{mk}，$k=1,\cdots,K$ 是相同的，即 $\eta_{mk} = (\sum_{k'=1}^{K} \gamma_{mk'})^{-1}, \forall k = 1,\cdots,K$ ，在上行鏈路中，所有使用者都以全功率傳輸，即 $\eta_k = 1, \forall k=1,\cdots,K$。對於小蜂巢系統，在下行鏈路中，所有被選擇的 AP 都以全功率發送，即 $\alpha_{d,k} = 1$ ；而在上行鏈路中，所有使用者都以全功率發送，即 $\alpha_{u,k} = 1$, $k=1,\cdots,K$。

對於相關陰影衰落場景，使用在前文中討論的陰影衰落模型，選擇 d_{decorr} =0.1 km，δ =0.5。

對於小蜂巢系統，貪婪導頻分配的工作方式與無蜂巢大規模 MIMO 方案相同，除了在小蜂巢系統中，由於所選擇的 AP 不合作，最差的使用者將找到一個新的導頻，使與其 AP 對應的導頻污染最小化，而非像在無蜂巢系統的情況下那樣在所有 AP 上求和。

9.6.3 結果和討論

首先比較無蜂巢大規模 MIMO 系統與採用貪婪導頻分配和最大一最小功率
控制的小蜂巢系統的性能。如圖 9.3 所示比較了無蜂巢大規模 MIMO 和小
蜂巢系統的每使用者下行鏈路淨輸送量的累積分佈,如圖 9.4 所示比較了
每使用者上行鏈路淨輸送量的累積分佈。

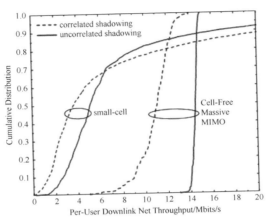

圖 9.3 在貪婪導頻分配和最大一最小功率控制下,相關陰影衰落和非相關陰影衰落的
每使用者下行鏈路淨輸送量的累積分佈(M=100, K=40, $\tau^{\mathrm{cf}} = \tau_d^{\mathrm{sc}}$ =20)

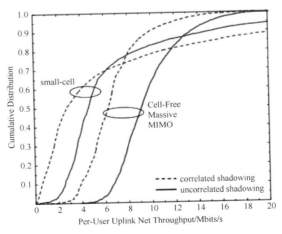

圖 9.4 每使用者上行鏈路淨輸送量的累積分佈($\tau^{\mathrm{cf}} = \tau_u^{\mathrm{sc}}$ =20)

無蜂巢大規模 MIMO 在中值性能和 95%的可能性性能上都明顯優於小蜂巢。與小蜂巢系統相比,無蜂巢大規模 MIMO 系統的淨輸送量更集中在中值附近。在沒有陰影衰落相關的情況下,無蜂巢下行鏈路的 95%可能的淨輸送量約為 14Mbps,這是小蜂巢下行鏈路的 7 倍(約 2.1Mbps)。由此可以看出小蜂巢系統比無蜂巢的大規模 MIMO 系統更容易受到陰影衰落相關性的影響。這是因為當陰影係數高度相關時,在小蜂巢系統中選擇最佳 AP 的增益會降低。在陰影衰落相關的情況下,無蜂巢下行鏈路 95%的可能淨輸送量大約是小蜂巢系統的 10 倍。對於上行鏈路也可以獲得相同的結果。此外,由於下行鏈路比上行鏈路使用更多的功率(由於 $M>K$ 和 $\rho_d^{cf} > \rho_u^{cf}$),並且具有更多的功率控制係數可供選擇,因此下行鏈路性能好於上行鏈路性能。

接下來,比較無蜂巢大規模 MIMO 和小蜂巢系統,假設沒有執行功率控制。

圖 9.5 和圖 9.6 分別顯示了在 $M=100$,$K=40$,$\tau^{cf} = \tau_d^{sc} = \tau_u^{sc} =20$ 及貪婪導頻分配方法下,下行鏈路和上行鏈路的每使用者淨輸送量的累積分佈。在不相關和相關的陰影場景中,無蜂巢大規模 MIMO 在 95%的可能每使用者淨輸送量方面優於小蜂巢方法。此外,圖 9.3(或 9.4)和圖 9.5(或 9.6)的比較顯示,透過功率控制,無蜂巢大規模 MIMO 的性能在中值輸送量和 95%可能性方面都有顯著提高。在不相關的陰影衰落場景中,與沒有功率控制的情況相比,功率分配可以將 95%可能的無蜂巢輸送量提高至下行鏈路的 2.5 倍和上行鏈路的 2.3 倍。對於小型蜂巢系統,功率控制提高了 95%的可能輸送量,但不能提高中值輸送量(功率控制策略明確旨在提高最差使用者的性能)。

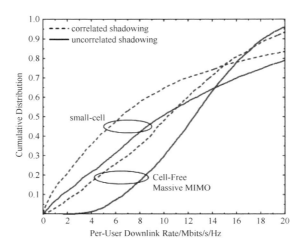

圖 9.5 相關和不相關陰影衰落的每使用者下行鏈路淨輸送量的累積分佈
（M=100，K=40，$\tau^{cf} = \tau_d^{sc}$ =20）

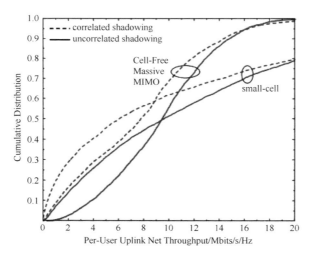

圖 9.6 相關和不相關陰影衰落的每使用者上行鏈路淨輸送量的累積分佈（$\tau^{cf} = \tau_u^{sc}$ =20）

在圖 9.7 和圖 9.8 中，參數設定與圖 9.3 和圖 9.4 中的設定相同，但在這裡使用隨機導頻分配方案。這顯示了與圖 9.3 和圖 9.4 相同的結果。此外，將這些圖與圖 9.3 和圖 9.4 進行比較，可以得出，使用貪婪導頻分配時，95%可能的淨輸送量比使用隨機導頻分配時提高了約 20%。

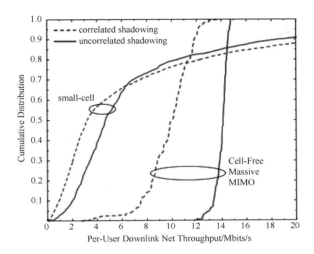

圖 9.7 在隨機導頻分配和最大-最小功率控制下，相關陰影衰落和非相關陰影衰落的
每使用者下行鏈路淨輸送量的累積分佈（M=100，K=40，$\tau^{cf} = \tau^{sc}_{d}$ =20）

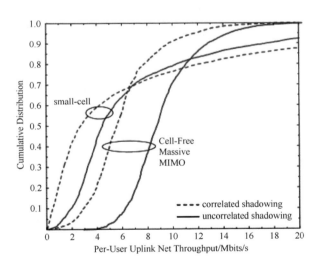

圖 9.8 在隨機導頻分配和最大-最小功率控制下，相關陰影衰落和非相關陰影衰落的
每使用者上行鏈路淨輸送量的累積分佈（$\tau^{cf} = \tau^{sc}_{u}$ =20）

此外，還研究了在無蜂巢大規模 MIMO 下行鏈路中，M 個 AP 如何為指定
的使用者分配功率。第 m 個 AP 在第 k 個使用者上消耗的平均發射功率為
$\rho^{cf}_{d}\eta_{mk}\gamma_{mk}$ 。

$$P(m,k) \triangleq \frac{\eta_{mk}\gamma_{mk}}{\sum_{m'=1}^{M} \eta_{m'k}\gamma_{m'k}}$$
（9-28）

上式為第 m 個 AP 在第 k 個使用者上花費的功率與所有 AP 在該第 k 個使用者上總共花費的功率之間的比率。

圖 9.9 所示為對於 τ^{cf} =5 和 20 及不相關的陰影衰落，服務於每個使用者的有效 AP 數量的累積分佈。服務於每個使用者的有效 AP 數量被定義為至少貢獻分配給指定使用者的功率的 95% 的最小 AP 數量。圖 9.9 的生成方式如下：① 產生 200 個 AP/使用者位置和陰影衰落輪廓的隨機實現，每個實現帶有 M=100 個 AP，K=40 個使用者；② 對於實現中的每個使用者 k，找到 AP 的最小數量，如 n，使 $\{P(m,k)\}$ 的 n 個最大值之和至少達到 95%，k 在這裡是任意的，因為所有使用者都有相同的統計資料；③ 生成了 200 個實現的累積分佈。由此可以看出，在 100 個 AP 中，平均只有 10～20 個 AP 真正參與了為指定使用者提供服務。τ^{cf} 越大，導頻污染越少，通道估計越準確。因此，更多的 AP 點可以有效地服務於每個使用者。

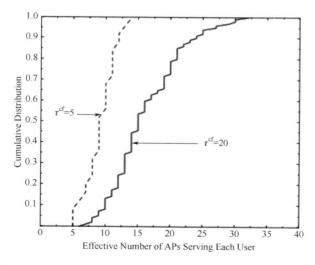

圖 9.9 服務於每個使用者的有效 AP 數量的累積分佈（M=100，K=40，τ^{cf} =5 和 20）

最後，研究了使用者數 K、AP 數 M 和訓練持續時間 τ^{cf} 對無蜂巢大規模 MIMO 和小蜂巢系統性能的影響。圖 9.10 示出了 M=100 時不同 τ^{cf} 和不相關陰影衰落的平均下行鏈路淨輸送量與使用者數的關係。在大範圍的衰落中，平均值被取而代之。

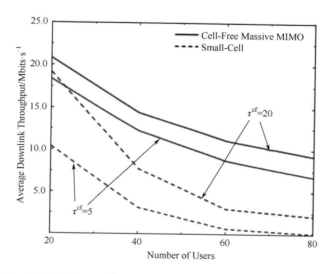

圖 9.10　M=100 時不同 τ^{cf} 的平均下行鏈路淨輸送量與使用者數的關係

從圖 9.10 中可以看到，當減小 K 或 τ^{cf} 時，導頻污染的影響增大，因此性能下降。正如預期的那樣，無蜂巢大規模 MIMO 系統的性能優於小蜂巢系統。無蜂巢大規模 MIMO 受益於良好的傳播，所以它比小蜂巢系統受到的干擾更少。對於固定的 τ^{cf}，無蜂巢大規模 MIMO 系統和小蜂巢系統之間的相對性能差距隨著 K 的增加而增大。

圖 9.11 所示為在 K=20 時，對於不同的 τ^{cf}，平均下行鏈路淨輸送量與 M 的關係。由於陣列增益（對於無蜂巢大規模 MIMO 系統）和分集增益（對於小蜂巢系統），當 M 增加時，無蜂巢大規模 MIMO 和小蜂巢系統的系統性能都會增加。同樣，對於所有的 M，無蜂巢大規模 MIMO 系統明顯優於小蜂巢系統。

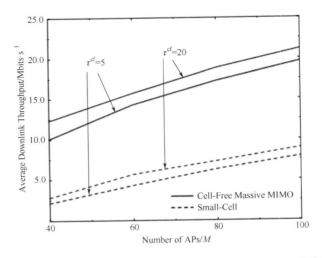

圖 9.11 K=20 時不同 τ^{cf} 的平均下行鏈路淨輸送量與 AP 數量的關係

考慮了通道估計、導頻序列的非正交性和功率控制等因素的影響,分析無蜂巢大規模 MIMO 系統的性能。在不相關和相關陰影衰落條件下,對無蜂巢大規模 MIMO 系統和小蜂巢系統進行比較。結果表明無蜂巢大規模 MIMO 系統在輸送量方面明顯優於小蜂巢系統。無蜂巢系統比小蜂巢系統對陰影衰落相關性有更強的穩固性。具有陰影衰落的無蜂巢大規模 MIMO 的 95%的使用者輸送量比小蜂巢系統的輸送量高一個數量級。就實現時的複雜度而言,小蜂巢系統需要的回程比無蜂巢大規模 MIMO 少得多。

9.7 優勢

提出無蜂巢大規模 MIMO 用以克服蜂巢網路的邊界效應。在無蜂巢大規模 MIMO 中,分佈在地理覆蓋區域內的多個 AP 在相同的時頻資源中一致地服務於多個使用者。由於沒有社區,因此沒有邊界效應。其優勢表現為以下幾方面:① 無蜂巢大規模 MIMO 依賴於大規模 MIMO 技術。更準確地說,使用許多 AP,無蜂巢大規模 MIMO 提供了許多自由度、高重複使用增益和高陣列增益。因此,它可以用簡單的 SP 提供巨大的能量效率和頻

譜效率。② 在無蜂巢大規模 MIMO 中，服務 AP 分佈在整個網路中，因此可以獲得巨集分集增益，所以無蜂巢大規模 MIMO 可以提供非常好的網路連接。沒有死區。圖 9.12 所示為用縮放顏色顯示的用於無蜂巢大規模 MIMO 和共址大規模 MIMO 的下行鏈路可達速率。顯然，無蜂巢大規模 MIMO 可以為所有使用者提供更加統一的連接。③ 與基地台配備了非常大的天線的同位置行動終端不同，在無蜂巢行動終端中，每個接 AP 都有幾個天線。無蜂巢大規模 MIMO 有望由低成本、低功耗的元件和簡單的電源介面卡組成。

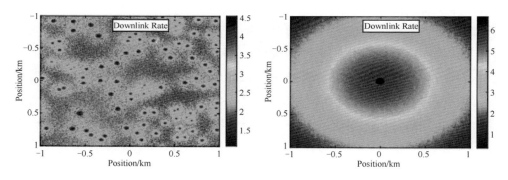

圖 9.12 無蜂巢大規模 MIMO 和共址大規模 MIMO

上述優勢（尤其是高網路連線性）滿足了未來無線網路的主要要求，所以無蜂巢大規模 MIMO 已經成為超越 5G、走向 6G 無線網路的有前途的技術之一，並引起了許多研究者的關注。設計一個低成本和可擴充的系統是無蜂巢人機互動研究的最終目標。為此，需要可擴充的傳輸協定和功率控制技術，而且重要的是要有能夠以分散式方式實現新的 AP 設計，以提高系統性能、可擴充性和穩固性。

9.8　研究挑戰

9.8.1　實用的以使用者為中心

在規範的無蜂巢大規模 MIMO 中，所有 AP 透過與一個或多個 CPU 的回程連接，參與為所有使用者提供服務。而這是不可擴充的，因為當網路規模（AP 數量和/或使用者數量）增長時，這樣的形式不可實現。設計一個可擴充的結構是無蜂巢大規模 MIMO 的主要挑戰之一。由於路徑損耗，只有 10%～20%的 AP 真正參與服務指定使用者。每個使用者應該由一個 AP 子集而非全部 AP 來服務。實現這一點有兩種方法：以網路為中心的方法和以使用者為中心的方法。在以網路為中心的方法中，AP 被分成不相交的叢集。集群中的 AP 為聯合覆蓋區域內的使用者提供一致的服務。以網路為中心的系統仍然有邊界，因此不適合無蜂巢大規模 MIMO。相比之下，在以使用者為中心的方法中，每個使用者都由其選擇的 AP 子集提供服務，由於沒有邊界，所以說以使用者為中心的方法是實現無蜂巢大規模 MIMO 的合適方式。有幾種簡單的方法來實現以使用者為中心的方法，舉例來說，每個使用者選擇其最近的 AP 中的一些或選擇貢獻所需訊號的總接收功率的大部分的 AP 子集。但是現有的方法並不是最佳的，仍然需要從所有 AP 到 CPU 的巨大連接，並且仍然完全由網路控制，每個使用者形成的簇根據使用者位置快速變化，而這需要更多的控制訊號。設計一種實用的、以使用者為中心的方法是一項具有挑戰性的研究工作。

9.8.2　可擴充的功率控制

功率控制是無蜂巢大規模 MIMO 的核心，因為它透過控制遠近效應和使用者間干擾，以最佳化想要實現的目標，舉例來說，最大最小公平性或總能量效率。在理想情況下，功率控制是在 CPU 完全知道所有大規模衰落係數的假設下進行的。最佳功率控制係數將被發送到 AP（用於下行鏈路傳輸）和使用者（用於上行鏈路傳輸）。這需要巨大的前/後牽引負擔。但對

CPU 來說，要完美地了解與潛在空前數量的 AP 和使用者相關的大規模衰落係數是非常困難的。除了當前規範傳輸協定的不可伸縮性，上述功率控制方法還產生了使系統不可伸縮的問題。所以說功率控制應該在 AP 進行分配，並了解通道條件。這又是面臨的另一個問題，因為如果沒有來自所有 AP 和使用者的所有鏈路的完整通道知識，就很難控制遠近效應和使用者間干擾。目前，雖然已有一些啟發式功率控制方案被提出，但這些方案是基於對傳播環境的特定假設而開發的，很難評估這些方案在實踐中的效果如何。最近提出了基於 ML 和 DL 的有前途的方法，但存在的關鍵問題是，這些方法是否也是可擴充的，以滿足可預見的無蜂巢大規模 MIMO 的去中心化。

9.8.3 進階分散式 SP

無蜂巢大規模 MIMO 研究的最終目標之一是設計一種提供良好性能並能以分散式方式實現的 SP 方案，否則系統將無法擴充。在規範的無蜂巢大規模 MIMO 中，通常考慮共軛波束形成，因為它可以以分散式方式實現，並且性能良好。但與其他線性處理方案相比，如迫零和最小均方誤差，共軛波束形成的性能遠不如前者。為了彌補共軛波束形成和 ZF/MMSE 之間的差距，還需要非常多的服務天線。相關研究提出了具有局部 ZF 的無蜂巢大規模 MIMO，但是這個方案要求每個 AP 都有大量的天線，這對上行鏈路設計更具挑戰性。目前，沒有可用於上行鏈路的分散式服務點方案。即使是簡單的匹配濾波，也需要將每個處理過的 AP 的訊號發送到 CPU 進行訊號檢測。

9.8.4 低成本元件

為了實現 AP 無處不在的部署，使用緊湊的低成本元件非常重要，這些元件可能基於使用者裝置級晶片組，而非基於蜂巢基礎設施的傳統硬體。實際收發器元件會受到不同類型的硬體損傷，包括功率放大器的非線性、混

頻器的失配、有限解析度模數和數模轉換及本地振盪器的相位雜訊。這些效應會導致訊號失真，在某些情況下，可以使用巴斯岡分解將訊號失真建模為訊號功率損耗加上不相關的附加失真項，也可以針對一般硬體損傷分析這種失真對無單元網路的影響，有時則需要考慮每個 ADC 中量化失真的特殊情況。所獲得的 SE 運算式可幫助人們更進一步地了解實際可實現的 SE，並基於這些運算式最佳化發射功率。上述分析遵循了無蜂巢巨量多輸入多輸出的方法或其近似，這些模型相對簡單，未來的研究應該考慮更詳細的模型。

9.8.5 前程訊號的量化

無蜂巢系統性能的潛在瓶頸是前端容量的限制。理論上，無蜂巢系統中的控制單元和基地台透過無限容量的前端鏈路進行通訊。然而，在實踐中，前端容量是有限的，因此無社區系統的優勢不能得到充分發揮。由於大量分散式天線的巨集分集，可以向所有 UE 提供統一的良好服務。但這是以增加前端資料負載和部署成本為代價的。網路的可達和速率受到 UE 和 AP 之間無線通道容量以及前向鏈路容量的限制。因此，有效利用有限的前端鏈路容量對提高網路性能非常重要。相關研究一直致力於限制每個相干塊需要透過前向鏈路傳輸的訊號數量。然而，在實踐中，這些訊號在透過前向傳輸之前也必須被量化。雖然硬體損傷導致的量化失真是一個一個樣本的，並且在很大程度上是不可控的，但可以使用應用於訊號樣本塊的適當設計的壓縮格式來最佳化前向壓縮。相關研究發現使用率失真理論可以潛在地限制訊號失真。在進行前向壓縮時，一個有趣的因素是，在哪裡進行某些計算很重要。如果在 AP 本地執行通道估計或訊號檢測，結果將比接收訊號首先被壓縮並發送到中央處理器，然後以相同的方式處理更準確。舉例來說，在集中式操作中，可以在估計和量化以及量化和估計協定之間進行選擇。類似於硬體損傷的情況，透過考慮前端壓縮開發的 SE 運算式可用於最佳化發射功率或其他資源設定任務。

9.8.6 AP 的同步

分散式 AP 的適當同步對於連貫的上行鏈路和下行鏈路傳輸是必要的。AP 無法相位同步,因為通道估計在每個相干塊中是暫態實現的,然而,合作的 AP 必須在時間和頻率上同步,關於如何在無蜂巢大規模 MIMO 系統中實現這一點的最新整體説明,以及關於更全面的整體説明,請參見相關文獻。完美的同步在實際的實現可能具有挑戰性,因為 AP 是分散式的。無蜂巢網路的一些初始演算法在相關文獻中也有描述,但是對這個問題上還需要進一步的研究。

參考文獻

[1] Zhang J, Bjrnson E, Matthaiou M, et al. Multiple Antenna Technologies for Beyond 5G [J]. 2019.

[2] Wong V W S, Schober R, Ng D, et al. Key Technologies for 5G Wireless Systems[J]. 2017.

[3] VH Macdonald. The Cellular Concept[J]. Bell Syst.tech.j, 1979, 58.

[4] M. Cooper. The Myth of Spectrum Scarcity [OL]. Mar. 2010. https://ecfsapi.fcc.gov/ file/7020396128.pdf

[5] Series, M. Minimum Requirements Related to Technical Performance for IMT-2020 Radio Interface[S]. 2017.

[6] Shamai S, Zaidel B M. Enhancing the Cellular Downlink Capacity via Co-processing at the Transmitting End[C]// 2001.

[7] Venkatesan S, Lozano A, Valenzuela R. Network MIMO: Overcoming Intercell Interference in Indoor Wireless Systems[C]// Asilomar Conference on. IEEE, 2007.

[8] Caire G, Ramprashad S A, PapadopouLoS H C. Rethinking Network MIMO: Cost of CSIT, Performance Analysis, and Architecture

Comparisons[C]// Information Theory & Applications Workshop. IEEE, 2010.

[9] Simeone O, Somekh O, Poor H V, et al. Distributed MIMO in Multi-cell Wireless Systems via Finite-Capacity Links[C]// Communications, Control and Signal Processing, 2008. ISCCSP 2008. 3rd International Symposium on. IEEE, 2008.

[10] Marsch E, Fettweis G P. Coordinated Multi-Point in Mobile Communications[J]. 2011.

[11] Marsch P, Fettweis G. On Multicell Cooperative Transmission in Backhaul-constrained Cellular Systems[J]. Annals of Telecommunications - Annales des Télécommunications, 2008, 63(s5-6):253-269.

[12] Zhang J, Chen R, Andrews J G, et al. Networked MIMO with Clustered Linear Precoding[J]. IEEE Trans Wireless Commun, 2009, 8(4):1910-1921.

[13] Huang H, Trivellato M, Hottinen A, et al. Increasing Downlink Cellular Throughput with Limited Network MIMO Coordination[J]. IEEE Transactions on Wireless Communications, 2009, 8(6): 2983-2989.

[14] Osseiran A, Monserrat J F, Marsch P, et al. 5G Mobile and Wireless Communications Technology[M]. Cambridge University Press, 2016.

[15] Bjornson E, Jalden N, Bengtsson M, et al. Optimality Properties, Distributed Strategies and Measurement-Based Evaluation of Coordinated Multicell OFDMA Transmission[J]. IEEE Transactions on Signal Processing, 2011, 59(12):6086-6101.

[16] Kaviani S, Simeone O, Krzymien W A, et al. Linear Precoding and Equalization for Network MIMO with Partial Cooperation[J]. IEEE Transactions on Vehicular Technology, 2012, 61(5):2083-2096.

[17] Barac Ca P, Boc Ca Rdi F, Braun V. A Dynamic Joint Clustering Scheduling Algorithm for Downlink CoMP Systems with Limited CSI[C]// Wireless Communication Systems (ISWCS), 2012 International Symposium on. IEEE, 2012.

[18] Bjrnson E, Jorswieck E. Optimal Resource Allocation in Coordinated Multi-Cell Systems[J]. Foundations and Trends® in Communications and Information Theory, 2013, 9(2).

[19] Artemis Networks LLC. An introduction to pCell[R]. 2015.

[20] Interdonato G, Bjrnson E, Ngo H Q, et al. Ubiquitous Cell-Free Massive MIMO Communications[J]. EURASIP Journal on Wireless Communications and Networking, 2019.

[21] Zhang J, Chen S, Lin Y, et al. Cell-free massive MIMO: A new next-generation paradigm[J]. IEEE Access, 2019, PP(99):1-1.

[22] Ngo H Q, Ashikhmin A, Yang H, et al. Cell-Free Massive MIMO versus Small Cells[J]. 2016.

[23] Nayebi E, Ashikhmin A, Marzetta T L, et al. Precoding and Power Optimization in Cell-Free Massive MIMO Systems[J]. IEEE Transactions on Wireless Communications, 2017, PP(99):1-1.

[24] Larsson E G. Fundamentals of massive MIMO[C]// 2015 IEEE 16th International Workshop on Signal Processing Advances in Wireless Communications (SPAWC). IEEE, 2016.

[25] Bj?Rnson E, Hoydis J, Sanguinetti L . Massive MIMO Networks: Spectral, Energy, and Hardware Efficiency[J]. Foundations and Trends? in Signal Processing, 2017, 11(3-4):154-655.

[26] 東南大學. 6G 無線網路：願景、使能技術與新應用範式[R]. 2020.

[27] Ngo H Q, Ashikhmin A, Yang H, et al. Cell-Free Massive MIMO versus Small Cells[J]. 2016.

[28] Matthaiou M ,Yurduseven O, Ngo H Q, et al. The Road to 6G: Ten Physical Layer Challenges for Communications Engineers[J]. 2020.

[29] Mai T C, Ngo H Q, Duong T Q. Cell-free Massive MIMO Systems with Multi-antenna Users[J]. IEEE, 2019.

[30] Interdonato G, Bjrnson E, Ngo H Q, et al. Ubiquitous Cell-Free Massive MIMO Communications[J]. EURASIP Journal on Wireless Communications and Networking, 2019.

[31] Chen S, Zhang J, Bjrnson E, et al. Structured Massive Access for Scalable Cell-Free Massive MIMO Systems[J]. IEEE Journal on Selected Areas in Communications, 2020, (99):1-1.

[32] Ngo H Q, Ashikhmin A, Yang H, et al. Cell-Free Massive MIMO: Uniformly Great Service For Everyone[C]// 2015 IEEE 16th International Workshop on Signal Processing Advances in Wireless Communications (SPAWC). IEEE, 2015.

[33] Towards 6G Wireless Communication Networks: Vision, Enabling Technologies and New Paradigm Shifts[J]. Science China Information Sciences, 2021, 64(1):1-74.

[34] Bjrnson E, Sanguinetti L, Debbah M. Massive MIMO with Imperfect Channel Covariance Information[C]// IEEE. IEEE, 2016.

[35] Liu H, Zhang J, Zhang X, et al. Tabu-Search-Based Pilot Assignment for Cell-Free Massive MIMO Systems[J]. IEEE Transactions on Vehicular Technology, 2020, 69(2):2286-2290.

[36] Sabbagh R, Pan C, Wang J . Pilot Allocation and Sum-Rate Analysis in Cell-Free Massive MIMO Systems[C]// 2018 IEEE International Conference on Communications (ICC). IEEE, 2018.

[37] Zhang Y, H Cao, Zhong P, et al. Location-Based Greedy Pilot Assignment for Cell-Free Massive MIMO Systems[C]// 2018 IEEE 4th International Conference on Computer and Communications (ICCC). IEEE, 2018.

[38] Attarifar M, Abbasfar A, Lozano A . Random vs Structured Pilot Assignment in Cell-Free Massive MIMO Wireless Networks[C]// 2018:1-6.

[39] Femenias G, Riera-Palou F. Cell-Free Millimeter-Wave Massive MIMO Systems with Limited Fronthaul Capacity[J]. IEEE Access, 2019:1-1.

[40] Buzzi S, D'Andrea C, Fresia M, et al. Pilot Assignment in Cell-Free Massive MIMO based on the Hungarian Algorithm[J]. 2020.

[41] Ngo H Q, Tran L N, Duong T Q, et al. On the Total Energy Efficiency of Cell-Free Massive MIMO[J]. IEEE Transactions on Green Communications and Networking, 2017:1-1.

[42] Zhang J, Wei Y, Bj Rnson E, et al. Performance Analysis and Power Control of Cell-Free Massive MIMO Systems with Hardware Impairments[C]// 2018 中國資訊通訊大會(CICC 2018). 2018.

[43] Zheng J, Zhang J, Zhang L, et al. Efficient Receiver Design for Uplink Cell-Free Massive MIMO With Hardware Impairments[J]. IEEE Transactions on Vehicular Technology, 2020, (99):1-1.

[44] Masoumi H, Emadi M J. Performance Analysis of Cell-Free Massive MIMO System With Limited Fronthaul Capacity and Hardware Impairments[J]. IEEE Transactions on Wireless Communications, 2019, (99):1-1.

[45] X Hu, Zhong C, X Chen, et al. Cell-Free Massive MIMO Systems with Low Resolution ADCs[J]. IEEE Transactions on Communications, 2019, (99):1-1.

[46] Maryopi D, Bashar M, Burr A. On The Uplink Throughput of Zero-Forcing in Cell-Free Massive MIMO with Coarse Quantization[J]. 2018.

[47] Bashar M, Cumanan K, Burr A G, et al. Max-Min Rate of Cell-Free Massive MIMO Uplink with Optimal Uniform Quantization[J]. IEEE Transactions on Communications, 2019, (99).

[48] Jeong S, Flanagan M F, Farhang A, et al. Frequency Synchronisation for Massive MIMO: A Survey[J]. IET Communications, 2020, 14(16).

[49] Etzlinger B, Wymeersch H. Synchronization and Localization in Wireless Networks[M]. 2018.

[50] Cheng H V, Larsson E G. Some fundamental limits on frequency synchronization in massive MIMO[C]// Conference on Signals, Systems & Computers. IEEE, 2013.

[51] Demir Z T, Bjrnson E, Sanguinetti L. Foundations of User-Centric Cell-Free Massive MIMO[J]. Foundations and Trends® in Signal Processing, 2020, 14(3-4).

全息技術

繼AR 和 VR 之後，多媒體的下一個領域包括全息媒體和觸覺通訊服務。隨著時間的增長，人們漸漸發現對 AR 和 VR 的體驗不夠真實，這就需要一種新的媒體，這種媒體不受 HMD 的束縛。全息媒體由於其可以對物體真實繪製，它將更有吸引力和真實感。全息媒體的應用並不侷限於娛樂和遠端會議領域，其中一些應用對生活也有影響，如遠端手術，而另一些應用則提供了卓越的參與體驗，如遠端全息。

全息技術的第一步是利用干涉原理記錄物體光波資訊，即拍攝過程：被拍攝物體在雷射照射下形成漫射式的物光束；另一部分雷射作為參考光束照射到全息底片上，和物光束疊加產生干涉，把物體光波上各點的相位和振幅轉換成在空間上變化的強度，從而利用干涉條紋間的反差和間隔將物體光波的全部資訊記錄下來。記錄著干涉條紋的底片經過顯影、定影等處理常式後，便成為一張全息圖，或稱全息照片。第二步是利用衍射原理再現物體光波資訊，這是成像過程：全息圖猶如一個複雜的光柵，在相干雷射照射下，一張線性記錄的正弦型全息圖的衍射光波一般可列出兩個象，即原始象（又稱初始象）和共軛象。再現的圖型立體感強，具有真實的視覺效應。全息圖的每一部分都記錄了物體上各點的光資訊，故原則上它的每一部分都能再現原物的整個圖型，透過多次曝光還可以在同一張底片上記錄多個不同的圖型，而且能互不干擾地分別顯示出來。

10.1 全息通訊

全息通訊是針對未來將虛擬與現實深度融合的一種新的呈現形式，以其自然逼真的視覺、觸覺、嗅覺等多維感官的物理世界資料資訊還原、賦能虛擬世界的真三維顯示能力，使人們將不再受時間、空間的限制，身臨其境般地享受完全沉浸式的全息互動體驗。全息通訊塑造了全息式的智慧溝通、高效學習、醫療健康、智慧顯示、自由娛樂，以及工業智慧等許多領域的生活新形態，如圖 10.1 所示。

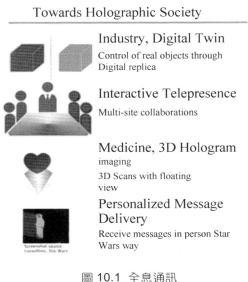

圖 10.1 全息通訊

10.1.1 全息型通訊

HTC 不只是技術上的噱頭，還有很多有用的應用。舉例來說，HTC 將允許遠端參與者以全息方式投射到房間裡；再比如，HTC 把遠處的物品呈現在房間裡，使本地使用者進行遠端控制。遠端故障診斷和維修應用將使技術人員能夠與遠端的、難以到達地點的物品的全息繪製進行互動，如在石油鑽井平台上或空間探測器內。HTC 在教育訓練和教育的應用可以為學生

提供與物體或其他學生遠端接觸的機會,使其積極參與課堂。此外,在沉浸式遊戲和娛樂領域也有很多應用的可能性。

要想讓 HTC 成為現實,未來的網路還需要應對多種挑戰。需要提供非常高的頻寬,因為高品質全息圖的傳輸涉及大量資料。全息圖的「品質」不僅包括像視訊中那樣的色彩深度、解析度和每秒顯示畫面,還包括從多個視點傳輸體積資料,以解釋觀察者相對於全息圖的傾斜、角度和位置的變化(六自由度)。底層的體積資料流程和圖型陣列強加了額外的同步要求,以確保使用者的平滑觀看。

除了全息資訊流本身,一些應用程式可能還會將全息圖型與來自其他資訊流的資料結合起來。舉例來說,全息化身可以將全息圖型與化身結合起來,這使得實體不僅可以從遠端網站投射或呈現,還可以從該遠端角度向該實體回饋資訊。舉例來說,視訊流和音訊流可以從全息圖投影的角度匯出,這可以透過將全息圖疊加在對應的攝影機、麥克風或其他感測器上來實現。為此,需要跨多個資料流程進行緊密同步,提供更真實的使用者互動性體驗。

第二種擴充是將 HTC 與觸覺網路應用相結合,允許使用者「觸控」全息圖,這為教育訓練和遠端維修等使用領域開闢了新的可能性。觸覺網路應用在底層網路上要求超低延遲(提供準確的觸覺回饋),特別是對於關鍵任務應用,如遠端醫療,不允許任何損失。與 HTC 耦合的觸覺網路引入了額外的高精度同步要求,以確保所有不同的資料流程得到適當的協調。

10.1.2 基於全息通訊的擴充現實

隨著技術的快速發展,可以預期大約 10 年以後(約 2030 年),資訊互動形式將進一步從 AR/VR 逐步演進成以高保真的 XR 互動為主,甚至是基於全息通訊的資訊互動,最終將全面實現無線全息通訊。使用者可隨時隨地享受全息通訊和全息顯示帶來的體驗升級——視覺、聽覺、觸覺、嗅覺、味覺乃至情感,這些將透過高保真 XR 充分被調動,使用者將不再受到時

間和地點的限制,而是可以以「我」為中心,享受虛擬教育、虛擬旅遊、虛擬運動、虛擬繪畫、虛擬演唱會等完全沉浸式的全息體驗。

增強 XR 作為未來行動通訊的一種重要業務,能夠透過電腦技術與可穿戴裝置,在現實與虛擬世界結合的環境中,實現使用者體驗擴充與人機互動,滿足使用者日益增長的感官體驗與互動需求,如圖 10.2 所示。根據虛擬化程度的不同,增強 XR 可分為擴增實境(AR)、混合現實(MR)及虛擬實境(VR)等多種類型,並將廣泛應用於娛樂、商務、醫療、教育、工業、緊急救援等領域。隨著增強 XR 業務的普及,未來行動通訊系統所面臨的技術挑戰是應對該業務資料傳輸速率與傳輸延遲的更高要求。舉例來說,需要在滿足極高可靠性的同時,還要求有更低的點對點延遲,如小於 1ms;對一些 XR 業務還至少需要 1.5Gbps 的傳輸要求,當 100 個使用者同時應用該 XR 業務時,所需區域流量密度約為 13Mbps/m^2。此外,隨著使用者對終端裝置的便攜性及功能完整性要求的提升,一部智慧終端機應用 XR 需要 3～5W 的功耗,終端節電也是未來行動通訊系統所面臨的巨大挑戰之一。

圖 10.2 真正的身臨其境的 XR

10.2 6G 無線網路的全息 MIMO 表面

未來的無線網路預計將朝著智慧化和軟體可重構的模式發展,使人類和行動裝置之間無處不在的通訊成為可能。它們還將能夠感知、控制和最佳化

無線環境，以實現低功耗、高輸送量、大規模連接和低延遲通訊的願景。最近越來越受歡迎的概念是 HMIMOS，它是一種低成本的革命性無線平面結構，由次波長金屬或媒體散射粒子組成，能夠根據預期目標塑造電磁波。本節概述了 HMIMOS 通訊，包括可用於重新設定此類表面的硬體架構，並強調了設計 HMIMOS 無線通訊的機遇和關鍵挑戰。

未來的無線網路，即第五代（5G）和第六代（6G）行動通訊技術都需要支援大量使用者，對 SE 和 EE 的要求越來越高。近年來，無線通訊研究領域對大規模 MIMO 系統越來越感興趣，其中 BS 配備了大型天線陣列，作為解決 5G 輸送量需求的創新方式。然而實現真正大規模天線陣（即幾百個或更多天線陣）的大規模 MIMO，BS 仍然是一項非常具有挑戰性的任務，主要原因是其製造和運行成本高，以及功耗增加。

未來的 6G 無線通訊系統有望實現智慧化和軟體可重構範式，裝置硬體的所有部分都將適應無線環境的變化。支援波束形成的天線陣列、認知頻譜的使用，以及自我調整調解和編碼是收發器目前可調的幾個方面，以最佳化通訊效率。而在這個最佳化過程中，無線環境仍然是一個不可管理的因素，並且仍然不知道其內部的溝通過程。此外無線環境一般對無線鏈路的效率有不好的影響。訊號衰減限制了節點的連通性半徑，而導致衰落現象的多徑傳播是一個被廣泛研究的物理因素，會導致接收訊號功率的劇烈波動。訊號退化可能是毫米波和未來 Sub-6GHz(THz)通訊的主要面臨的問題之一。

雖然大規模 MIMO、三維波束形成，以及硬體高效的混合模擬和數位對應的相關研究提供了顯著的方法，透過基於軟體的傳輸指向性控制來抵消無線傳播導致的訊號衰減，但它們導致了行動性和硬體可擴充性問題。更重要的是，智慧操縱電磁傳播只是部分可行的，因為在部署區域的物件，除了收發器，都是不可控的。因此作為一個整體，無線環境仍然不知道其內部正在進行的通訊，並且通道模型繼續被視為一個機率過程，而非透過軟體控制技術實現的幾乎確定的過程。

隨著可程式化材料製造方面的最新突破，可重構智慧表面有潛力實現 6G 網路的挑戰性願景，並在無線通訊系統中實現部署在各種物體表面時的環境無縫連接，以及基於軟體的智慧控制。透過利用這一進步，全息 MIMO 表面（HMIMOS）旨在超越大規模 MIMO，基於低成本、小尺寸、低重量和低功耗硬體架構，為將無線環境轉變為可程式化智慧實體提供了變革性手段。

10.2.1 HMIMOS 設計模型

本節將介紹 HMIMOS 系統可用的硬體架構、製造方法和操作模式，使其成為可靈活整合的概念，適用於各種無線通訊應用。

1. 基於功耗的分類

（1）主動 HMIMOS：為了實現可重構的無線環境，HMIMOS 可以作為發射器、接收器或反射器。當考慮到收發器所起的作用，並將能量密集型 RF 電路和訊號處理單元嵌入表面時，可採用主動 HMIMOS 一詞。另一方面，透過將越來越多的軟體控制天線元件封裝到有限尺寸的二維度資料表面，主動 HMIMOS 系統是傳統大規模 MIMO 系統的自然演變。當相鄰表面元素的數量增加時，它們之間的間距減少，活躍的 HMIMOS 也被稱為 LIS。主動 HMIMOS 的實現可以是將大量具有可重構處理網路的微型天線單元緊湊整合，實現連續天線孔徑。透過利用全息圖原理，該結構可用於在整個表面傳輸和接收通訊訊號。另一種主動 HMIMOS 的實現可以基於整合主動光電探測器、轉換器和調解器的離散光子天線陣列，用於執行光或射頻訊號的傳輸、接收和轉換。

（2）被動 HMIMOS：也被稱為 RIS 或 IRS，其作用類似被動式金屬鏡或「波收集器」，可以透過程式設計以可訂製的方式改變衝擊電磁場。與主動 HMIMOS 相比，被動 HMIMOS 通常由低成本被動元件組成，不需要專用電源。並且它們的電路和嵌入式感測器可以用能量收集模組供電。不管

它們的具體實現是什麼，從能量消耗的角度來看，使被動式 HMIMOS 技術具有吸引力的是能夠形成對它們產生衝擊的無線電波，並在不使用任何功率放大器或射頻鏈的情況下轉發或傳入訊號，也不需要複雜的訊號處理。此外，被動 HMIMOS 可以在全雙工模式下工作，而且不會產生顯著的自干擾或增加雜訊，並且只需要低速率控制鏈路或回程鏈路。最後，被動 HMIMOS 結構可以很容易地整合到無線通訊環境中，因為它們極低的功耗和硬體成本允許它們被部署到建築外牆、房間和工廠天花板、筆記型電腦盒，甚至人類服裝中。

2. 基於硬體結構的分類

（1）連續 HMIMOS：連續 HMIMOS 在有限的表面積內整合了幾乎不可數的無限個單元，從而形成一個空間上連續的收發器孔徑。為了更進一步地了解相鄰表面及其通訊模型的操作，開始從光學全息概念的物理操作進行簡要描述。全息技術是一種利用電磁波的干涉原理記錄電磁場的技術，電磁場通常是一個干擾源散射物體產生的結果。根據差分原理，可以利用記錄的電磁場重建初始場。值得注意的是，連續孔徑上的無線通訊受到了光學全息技術的啟發。在訓練階段，由射頻源產生的訓練訊號透過分束器分成兩個波，即目標波和參考波。物體波指向物體和部分反射波，反射波與不碰撞的參考波束混合在一起被提供給 HMIMOS。在通訊階段，透過 HMIMOS 的空間連續孔徑將發射訊號轉為所需的波束發送給目標使用者。全息訓練和全息通訊的兩個通用步驟如圖 10.3 所示。由於連續孔徑受益於整合理論無限數量的天線，可視為大規模 MIMO 的漸近極限，它的潛在優勢包括實現更高的空間解析度，並允許建立和檢測具有任意空間頻率分量的電磁波，以及不存在無用的旁波瓣。

（2）離散 HMIMOS：離散 HMIMOS 通常由許多由低功率軟體可調的材料製成的離散單元組成。這種結構與傳統的 MIMO 天線陣列有基本的差異。離散表面的實施方案基於離散的「元原子」，具有電子操縱反射特性。如前所述，另一種離散面是基於光子天線陣列的主動離散面。與連續

的 HMIMOS 相比，離散的 HMIMOS 在實現和硬體方面有一些本質上的區別，將會在後續部分進行描述。

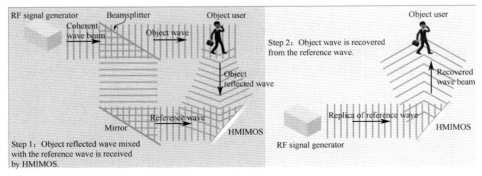

（a）全息訓練　　　　　　　　　　（b）全息通訊

圖 10.3　全息訓練和全息通訊的兩個通用步驟

3. 製造方法

HMIMOS 有多種製造技術，包括光學頻率的電子束光蝕刻、聚焦離子束銑削、干涉和奈米壓印光蝕刻，以及微波直接雷射書寫或印刷電路板製程。通常這些製造技術將歸因於產生兩個典型的孔徑，連續孔徑或離散孔徑。這是一種利用可程式化超材料近似實現連續微波孔徑的製造方法。這種次粒子結構使用變容器載入技術來擴大其頻率回應範圍，並且實現孔徑連續，反射相位可控。它是一種連續的單層金屬結構，由大量的元粒子組成。每個元粒子包含兩個金屬梯形片，一個中央連續條和變容二極體。透過獨立連續地控制變容管的偏置電壓，可以動態地程式設計連續 HMIMOS 的表面阻抗，從而操縱反射相位、強度狀態和在寬頻帶範圍內的相位分佈。需要強調的是，這種阻抗模式是全息圖的映射，可以直接從所提供的參考波和反射物波的場分佈計算出來。採用智慧控制演算法，利用全息原理實現波束形成。

與連續孔徑相比，HMIMOS 的另一個實例是基於離散孔徑的實現，通常由軟體定義的超表面天線實現。提出了一個通用的邏輯結構（不考慮其物理

特性）。其一般單元結構包括材料層、傳感和驅動層、隱藏層、計算層，以及具有不同目標的介面和通訊層。具體來說，材料層是由石墨烯材料實現的，而傳感和驅動層的。隱藏層由簡單的金屬層組成，以解耦頂層和底層的，避免相互干擾。計算層用於執行來自介面層或感測器的外部命令。最後介面和通訊層透過可重新設定的介面協調計算層的行為，並更新其他外部無線實體。

雖然 HMIMOS 的發展還處於初級階段，但這種技術的不同類型的基本原型工作已經可用。一個獨立的 HMIMOS 是由 Greenwave 初創公司開發的，這表明了利用離散超表面天線的 HMIMOS 概念的基本可行性和有效性。相比之下，另一家初創公司 Pivotal Commware，在比爾‧蓋茲資本的投資下，正在開發基於低成本和連續超表面的連續 HMIMOS 的初始商業產品，這進一步驗證了 HMIMOS 概念的可行性及全息技術的進步性。持續的原型開發非常希望用全新的全息波束形成技術來證明 HMIMOS 概念，並發現潛在的新問題。

4. 操作模式

HMIMOS 通常考慮以下工作模式：連續 HMIMOS 作為主動收發器，離散 HMIMOS 作為被動反射器，離散 HMIMOS 作為主動收發器，以及連續 HMIMOS 作為被動反射器。考慮目前的研究興趣和空間的限制，對前兩種具有代表性的操作模式進行了說明，如圖 10.4 所示。

（1）連續 HMIMOS 作為主動收發器：根據這種工作方式，連續型 HMIMOS 作為主動收發器。射頻訊號在其背面產生，並透過可操縱的分配網路傳播到由大量軟體定義和電子可操縱元件組成的相鄰表面，這些元件向預期使用者產生多個波束。主動連續 HMIMOS 和被動可重構 HMIMOS 的顯著區別在於，前者的波束形成過程基於全息概念，是一種基於軟體定義天線的新型動態波束形成技術，具有低成本、重量小、體積小、低功耗的硬體架構。

（2）離散 HMIMOS 作為被動反射器：HMIMOS 的另一種工作模式是反射鏡或「波收集器」，其中 HMIMOS 被認為是離散和被動的。在這種情況下，如前所述，HMIMOS 由可重構單元組成，這使得它們的波束形成模式類似於傳統波束形成，而不像連續收發器 HMIMOS 系統。值得注意的是，現有的大部分工作都集中在這種 HMIMOS 操作模式上，這樣更容易實現和分析。

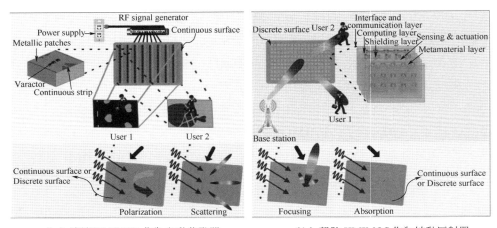

（a）連續 HMIMOS 作為主動收發器　　　　（b）離散 HMIMOS 作為被動反射器

圖 10.4　HMIMOS 系統的兩種工作模式及其實現和硬體結構

10.2.2　功能、特徵和通訊應用程式

HMIMOS 系統的不同製造方法導致了各種各樣的功能和特性，其中大多數都與未來 6G 無線系統的期望（如 Tb/s 峰值速率）非常相關。本節將重點介紹 HMIMOS 的功能和關鍵特性，並討論它們的各種無線通訊應用。

1. 功能類型

智慧表面可以支持廣泛的電磁互動，這歸因於它們的可程式化特性並且根據它們是透過離散單元還是連續單元的結構實現的，HMIMOS 有四種常見的功能類型。

（1）電磁場極化，是指波的電場和磁場振盪方向的可重構設定。

（2）電磁場散射，表面將指定到達方向的入射波重新導向到一個預期或多個同時發生的預期方向。

（3）鉛筆狀聚焦，當一個 HMIMOS 作為一個透鏡將電磁波聚焦到近場或遠場的指定點時，就會發生這種現象。準直（即反向功能）也屬於這種波束形成操作的一般模式。

（4）電磁場吸收，實現入射頻磁場的最小反射和最小折射功率。

2. 特徵

與目前在無線網路中使用的技術相比，HMIMOS 概念最顯著的特點在於，透過提供完全塑造和控制分佈在整個網路中的環境物件的電磁回應的可能性，使環境可控。HMIMOS 結構通常被用作具有可重構特性的訊號源或「波收集器」，特別是用作被動反射器以提高通訊性能。HMIMOS 系統的基本特性及其與大規模 MIMO 和傳統多天線中繼系統的核心區別如下。

（1）HMIMOS 幾乎可以是被動的。被動 HMIMOS 的重要優點是它們不需要任何內部專用的能量源來處理傳入的攜帶資訊的電磁場。

（2）HMIMOS 可以實現連續孔徑。最近的研究集中在實現空間連續發射和接收孔徑的低營運成本方法。

（3）HMIMOS 中沒有接收機熱雜訊。被動 HMIMOS 不需要在轉換接收波形時進行基頻處理。相反，它們直接對撞擊的電磁場進行模擬處理。

（4）HMIMOS 元素在軟體中調諧。元表面的可用系統結構允許對其單元元素的所有設定進行簡單的重新程式設計。

（5）HMIMOS 具有全頻帶回應。由於材料製造的最新進展，可重構的 HMIMOS 可以在任何工作頻率下工作，從聲譜到 Sub-6GHz 和光譜。

（6）獨特的低延遲實現。HMIMOS 是基於可快速重新程式設計的金屬材料，而傳統的中繼和大規模 MIMO 系統依賴於天線陣列處理。

3. 通訊應用程式

HMIMOS 的獨特特性使其能夠實現智慧和快速可重構的無線環境,使其成為低功耗、高輸送量和低延遲 6G 無線網路的新興候選技術。接下來將討論 HMIMOS 在室外和室內環境中的代表性通訊應用——戶外應用程式。

考慮一個離散的被動 HMIMOS,作為一個範例,它包含有限數量的單元,旨在將碰撞訊號的適當相移版本轉發給位於不同戶外場景的使用者,如典型的城市購物中心和國際機場。假設 HMIMOS 是幾公分厚且可變尺寸的平面結構,幾乎可以很容易地部署到所有環境物體上。

(1)建立連接:HMIMOS 可以將覆蓋範圍從室外基地台擴充到室內使用者,特別是在使用者與基地台沒有直接連接或連接被障礙物嚴重阻塞的情況下。

(2)高效節能的波束形成:HMIMOS 能夠回收周圍的電磁波,並透過有效地調整其單元元件,將其聚焦於目標使用者。在這種情況下,表面作為中繼部署,透過有效的波束形成將資訊承載的電磁場轉發到期望的位置,以補償來自基地台的訊號衰減或抑制來自鄰近基地台的共道干擾。

(3)物理層安全:可以部署 HMIMOS 進行物理層安全防護,從而消除向竊聽者發出 BS 訊號的反射。

(4)無線電能傳輸:HMIMOS 可以收集周圍的電磁波,並將其定向到低功率物聯網裝置和感測器,從而實現同時進行無線資訊和電能傳輸。

室內應用:室內無線通訊由於存在多個散射體和被牆壁、傢俱阻擋的訊號,以及由於密閉空間中電子裝置的高密度造成的射頻污染,使室內無線通訊面臨多徑傳播。因此,提供無處不在的高通量室內覆蓋和定位是一項具有挑戰性的任務。

(5)增強的室內覆蓋:如前所述,室內環境可以塗上 HMIMOS,以增加傳統 WiFi 存取點提供的輸送量。

（6）高精度室內定位：在正常全球定位系統無法提供所需精度或無法執
行的情況下，HMIMOS 增加了室內定位和定位的潛力。巨大的表面積可以
提供大的、可能連續的光圈，從而提高空間解析度。

10.2.3 設計挑戰與機遇

在本節中，提出了基於 HMIMOS 通訊系統的一些理論和實踐挑戰。

1. 基本的限制

與基於傳統多天線收發器的傳統通訊相比，融合了 HMIMOS 的無線通訊
系統將表現出不同的特點。回想一下，當前的通訊系統是在不可控的無線
環境下運行的，而基於 HMIMOS 的系統將能夠重新設定電磁傳播。這一
事實資料表明，需要新的數學方法來表徵基於 HMIMOS 系統的物理通
道，並分析其最終容量增益，以及實現 HMIMOS 輔助通訊的新的訊號處
理演算法和網路方案。舉例來說，使用全息圖概念，連續 HMIMOS 用於
接收和傳輸連續孔徑的衝擊電磁場。不同於巨大的 MIMO 系統，
HMIMOS 運算可以用基於惠更斯—菲涅耳原理的菲涅耳—基爾霍夫積分來
描述。

2. HMIMOS 通道估計

在基於 HMIMOS 的通訊系統中，估計可能非常大的 MIMO 通道是另一個
關鍵的挑戰，這是由於現有 HMIMOS 硬體架構的各種限制。目前大多數可
用的方法主要考慮透過訓練訊號從 BS 發送，以及透過通用反射接收到使用
者裝置來訓練所有 HMIMOS 單元的長時間。另一類技術採用壓縮感知和
深度學習，透過線上波束和反射訓練進行通道估計和相位矩陣的設計。然
而，這種操作模式需要大量的訓練資料，並採用全數位或模擬和數位混合
收發架構的 HMIMOS，這導致硬體複雜性和功耗增加。

3. 有效的 CHANNEL-AWARE 波束形成

通道相關波束形成在大規模 MIMO 系統中獲得了廣泛的研究。而在基於 HMIMOS 的通訊系統中，實現環保設計是極具挑戰性的，因為材料製造的 HMIMOS 單元電池施加了苛刻的調諧約束。最新的 HMIMOS 設計公式包含大量具有非凸約束的可重構參數，使得其最佳解非常不易獲得。對於連續的 HMIMOS，智慧全息波束形成是一種智慧定位和追蹤單一或小叢集裝置的方法，並為它們提供高保真波束和智慧無線電管理。然而最佳化全息波束形成技術依賴複雜孔徑合成和低電位調解目前還沒有實現。

4. 分散式設定和資源設定

考慮一個基於 HMIMOS 的通訊系統，由多個多天線 BS、多個 HMIMOS 和大量使用者群組成，其中每個使用者配備一個或多個天線。HMIMOS 的集中設定將需要向中央控制器傳遞大量的控制資訊，這在計算負擔和能源消耗方面都是不允許的。因此，需要開發最佳資源設定和波束形成的分散式演算法、HMIMOS 設定和使用者排程。使網路最佳化複雜化的參數是功率分配和頻譜使用，以及使用者對 BS 和分散式 HMIMOS 的分配。在網路中融入的 HMIMOS 越多，演算法設計就越具有挑戰性。

10.2.4　結論

本節研究了 HMIMOS 無線通訊的新概念，特別是可用的 HMIMOS 硬體系統結構、功能和特點，以及它們最近的通訊應用，強調了其作為未來 6G 無線網路物理層關鍵使能技術的巨大潛力。HMIMOS 技術在 SE 和 EE 方面提供了豐富的優勢，並且還提供了智慧和可重構的無線環境。HMIMOS 技術降低了網路裝置的成本、尺寸和功耗，在室內和室外場景中提供無處不在的覆蓋和智慧通訊。得益於其優點，HMIMOS 可以緊湊且容易整合到各種應用中。代表性的使用案例是覆蓋範圍的擴充、物理層安全、無線電力傳輸和定位。然而要充分發揮這一新興技術的潛力，還面臨著諸多挑

戰。這包括很多方面，舉例來說，元表面的現實建模，分析使用多個 HMIMOS 的無線通訊的基本限制，智慧環境感知適應的實現，以及接近被動表面的通道估計。這些挑戰為學術和產業研究人員提供了一個新問題和挑戰的金礦。

10.3 全息 MIMO 通道的自由度

一個隨機的電磁各向同性通道，在空間受限的矩形對稱孔徑上，會產生與表面面積成比例的空間自由度，以波長平方為單位測量。自由度的數目告訴人們在一個指定的空間中應該部署多少個天線，這樣產生的離散陣列才能達到與連續系統相同的容量。因此，通道 DoF 透過最大化通訊系統的能源效率來最佳化陣列的容量一成本權衡。一個接收離散陣列可以在一維線段、二維矩形和三維平行六面體上獲取資訊。重點是各向同性的散射環境，但可以推廣到非各向同性的情況。

一個全息 MIMO 陣列由大量的（可能是無限的）天線組成，分佈在一個緊湊的空間中。在 MIMO 系統中，容量隨空間自由度的 η 值線性增長，這是由發射端和接收端側天線陣的幾何形狀和散射環境決定的。在 η 值線性增長的情況下，一個全息 MIMO 系統可以被認為是一種終極形式，由一個傳輸和接收陣列組成電磁光闌，天線的數目 N 在雙方趨於無窮。因此，η 值受到散射環境和這些光闌在空間上的解析度的限制。由此產生了一個基本的問題：當指定孔徑的面積受到限制時，空間連續全息 MIMO 系統的空間 DoF 的平均 η 值是多少？為了回答這個問題，研究了在不同的傳播條件和孔徑幾何下使用的連續空間通道模型，這些模型是基於物理的，因此是由電磁理論考慮驅動的。此外，還使用基於物理的連續空間通道模型來計算確定性單色散射通道下球對稱孔徑（如段、碟、球）的自由度。採用了一種訊號空間方法，該方法基於極座標和球面空間傅立葉基上通道的正交擴充。對於球形孔，η 本質上受限於它的表面積（不是體積），以波長平方為單位。這表示增加 N 並不會無限地增加 η。這類似於頻寬受限的波形

（時域）通道，指定頻寬約束 B 和傳輸間隔 T，增加時間樣本的數量不會無限期地增加容量。可用的自由度基本上被限制為 2BT。基於著名的朗道特徵值定理，提供了對更一般的非單色環境和任意幾何孔徑的擴充。

考慮了在視線（即無散射）下傳播的矩形對稱孔徑（如線段、矩形、平行六面體），將會導致一個確定性通道，它首先用於評估容量，歸一化孔徑面積，然後計算可用的自由度。結果表明每 m 段部署的自由度基本限制為 $2/\lambda$，λ 為波長。對於矩形部署，每平方公尺的自由度限制為 π/λ^2。

考慮矩形對稱的光闌，但專注於一個空間平穩的隨機單色散射傳播通道，該通道的統計特主動相位陣列征是使用 Pizzo 開發的方法。特別是，一種訊號空間方法，它直接依賴於笛卡爾空間傅立葉基上的標準正交展開，用於檢索自由度數的極限。這種擴充產生了一組統計上獨立的隨機係數，其基數直接列出了平均可用自由度。考慮一個豐富的散射環境（即各向同性傳播），特別是因為它提供了任何其他散射環境的自由度的上限。非各向同性的情況也可以用一般統計模型進行處理。此外，因為發送端可以被類似地處理，因此只關注接收端，並且空間自由度的總數將由兩者的最小值列出，就像在經典的 MIMO 系統中一樣。

如前所述，基本最大自由度結果是眾所皆知的結果，可以用不同的方法來證明。但與以往研究不同的是，這裡採用了新的方法，並且隨後經驗證獲得了相同的結果：即隨機通道在笛卡兒座標下的一種新的傅立葉平面波級數展開。到目前為止，文獻研究還沒有涉及在廣義隨機中考慮自由度 spatially-stationary 單色通道。

10.4　主動相位陣列

APA 天線在每個輻射單元上都有移相器，這些移相器被用來在每個天線單元上設定訊號的所需相位，從而控制波束。APA 在每個輻射元件上都有放大器以抵消射頻損耗。大多數的 APA 在每個元件上也有射頻增益控制元

件（衰減器或可變增益放大器），這些器件用於校正與其他電路元件相關的幅度誤差，它們通常也用於控制每個輻射元件的射頻訊號幅度，從而控制波束旁波瓣電位。

為了降低成本和緩解封裝挑戰，這些射頻元件通常在支援多種輻射元件的波束形成應用的 ASIC 中實現。許多商用 ASIC 支持半雙工通訊，每個輻射元件都包含傳送接收群元件。發射和接收開關通常用於一個典型的 APA 在一個 PCB 上鑲嵌幾個波束成型 ASIC 來實現所需的孔徑大小。為了支援較大的掃描角度和良好的光束品質，輻射元件通常被放置在大約半波長的網格上。

10.5 全息波束成形

HBF 是一種新的動態波束形成技術，使用 SDA，採用最低的 C-SWaP（成本、尺寸、重量和功率）架構，它與傳統的相位陣列或 MIMO 系統有本質上的不同。

HBF 是 PESA，內部不使用主動放大。這導致了 HBF 天線的對稱發射和接收特性。然而 HBF 不同於相位陣列類型的 PESA。HBF 不使用離散的移相器來完成天線對波束的控制，相反，波束形成是使用全息圖完成的，這是一種與傳統相位陣列非常不同的操作模式。

典型的 HBF 如圖 10.5 所示。該裝置是一個 Ku 波段口徑，在方位角和仰角上具有二維波束導向，尺寸約為 $10 \times 10 \times 1/8$，它被構造成一個多層印刷電路板。

HBF 在天線的背面中心有一個單獨的射頻輸入通訊埠，該通訊埠直接連接到 HBF 的內層上的射頻分配網路。一個行射頻波從輸入連接器連線，再透過配電網路傳播，如圖 10.6 中從中心饋電點呈扇形散開的線所示。在光學全息術中，這種行波稱為參考波，並且希望把這種波轉換成想要的光

束。所需要的光束形狀在光學術語中稱為物波。全息圖是將能量從參考波轉移到物體波的結構。

圖 10.5 經典的 HBF

圖 10.6 相同的 HBF 與內部參考波長區分布網路覆蓋圖

與配電網相鄰的是一組精心設計的輻射天線子單元。參考波和這些元件之間的耦合透過使用每個天線子元件的變相器而改變。變容器也位於陣列的背面,帶有控制和介面電子器件。變容器的直流偏置會改變每個元件參考波的阻抗,這種阻抗模式是全息圖,可以直接從提供的參考波和所需要的目標波來計算。圖 10.7 和圖 10.8 顯示了 HBF 上的兩種不同的數字疊加,表示了變容管的偏置狀態。圖 10.7 所示的全息圖將射頻波束轉向一個方向,而圖 10.8 所示的全息圖將波束轉向舷側。

所有用於製作 HBF 天線的部件都是高容量商用現貨部件。這些令人難以置信的低成本控制元件利用了它們在手機中的廣泛應用,帶來了規模經

濟,這是訂製矽夢想的實現方式。同樣重要的是,光束指向功能是用一個大的反向偏置變容二極體陣列完成的,這帶來了天線指向操作幾乎可以忽略的功率消耗。大多數 HBF 只需要 USB 等級的電源即可運行,這就消除了對主動或被動冷卻解決方案的需求,並顯著減少了體積和重量。

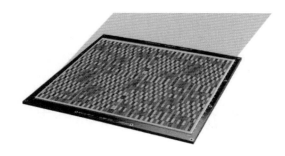

圖 10.7 HBF 彩色疊加全息圖,用於啟動光束離開側面

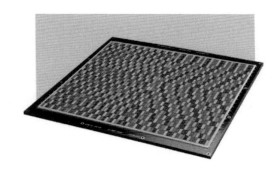

圖 10.8 帶有彩色全息圖覆蓋層的 HBF,用於啟動光束到舷側

如前所述,MIMO 使用天線和無線電對實現波束形成,並使用非常複雜的基頻單元協調系統。相位陣列比較簡單,因為每個天線元件只需要一個移相器和放大器。相位陣列的控制相對簡單,全息波束發生器也有類似的簡單控制,並使用更密集的天線陣列。HBF 系統使用的元素數量大約是 MIMO 的 2.5〜3 倍。但幸運的是,對 HBF 來說,所需的控制元件價格低廉。

雖然 MIMO 具有較少的元件,但由於每個元素背後的元件相對昂貴,因此

整體成本最高，更不用說複雜而昂貴的 BBU 了。相位陣列在總成本上排名第二，因為它們與 MIMO 擁有相同數量的元素，但每個元素後面的元件更便宜。HBF 有最低的總成本，因為雖然它有最多的元素，但每個元素都由最少和最便宜的元件支援。

在總成本中，MIMO 使用的元件最少，但由於每個元件的價格相對高昂，因此總成本最高。相位陣列與 MIMO 相比，因為相位陣列的元件數量與 MIMO 相同，但每個元件更便宜，所以 HBF 有最少的總成本。

10.6　全息光束形成與相位陣列比較

10.6.1　性能比較

對於一階比較，兩種天線類型可以提供相同的性能。兩者都能滿足與通訊應用相關的典型的發送和接收性能要求。兩者都可以在毫米波市場感興趣的主頻段實現，並且都可以支持每個頻段所需的頻寬。此外，兩種天線類型都可以支援快速波束跳變，並且也可以實現發送和接收操作之間的快速切換。

這兩種天線類型之間有一些有意義的區別。舉例來說，在方位平面上，HBF 天線可以支援比 APA 更大的掃描角度（最高可達 $\pm 80°$），APA 通常只能支持 $\pm 60°$ 左右的掃描角度。這種更強的掃描能力是由於每個 HBF 輻射元件的尺寸小於與 APA 相關的半個波長。對 HBF 來說，這種尺寸差異為每個輻射單元創造了比 APA 所創造的更寬的光束模式。HBF 更高的掃描角度允許行動網路電信業者減少基地台磁區從 3 個到 2 個。

此外，HBF 天線使用外部放大器來設定發射功率和接收靈敏度。通常每個 HBF 只使用一個發射放大器和一個接收放大器，這允許在發射時使用數字預失真。數位預失真校正的訊號失真產生的工作功率接近其最大輸出功率。如果不能校正這些失真，就必須增大功率放大器的尺寸，使其工作點

大大低於可能的最大輸出功率。但這增加了功率放大器的成本、功耗和發熱,並且用 APA 實現這種技術是不實際的,因為射頻放大器在每個輻射元件上都有一個發射放大器。

如上所述,APA 要求在每個元件上有可控制的衰減器或可變增益放大器。這些元件可用於在工作過程中調整波束旁波瓣水準。HBF 還可以調整旁波瓣電位,並且使用現有的控制元件來降低旁波瓣,不需要額外的硬體。在具有嚴重多徑挑戰的位置,使用減少的旁波瓣來強化通道是很有吸引力的,即使這降低了發射功率和接收靈敏度。

10.6.2 成本比較

一個網路的總成本的 65%～70%是在無線連線網路 RAN 中。隨著 RAN 在通訊中的密集化,波束形成器將主導 RAN 成本,因此降低波束形成器成本對電信業者非常重要。硬體成本取決於許多假設,但最公平的比較表明,APA 有許多 RF ASIC。HBF 通常每 25 個調諧元件有一個數字控制專用積體電路,這個非常簡單的 ASIC 設定控制電壓應用到每個調諧元件,從而控制波束。其他費用包括移相器和放大器。HBF 不使用移相器,一個放大器用於發送,一個放大器用於接收。事實上,HBF 所需要的簡單部件(如調諧元件、印刷電路板、直流量控制制電路、單一低雜訊放大器)不僅可以降低成本,而且體積更小、重量更輕、功耗更低。即使將最樂觀的 APA 擴充場景與最悲觀的 HBF 擴充場景進行比較,也會發現 APA 的價格是 HBF 的兩倍。根據更現實的假設,比較目前的定價和類似的規模,HBF 的主要成本優勢是它的價格僅為 APA 價格的 1/10。

10.6.3 功率比較

不要忘記持續的營運成本,因為多個 ASIC、移相器和放大器表示 APA 比 HBF 消耗更多的功率。圖 10.9 比較了 HBF 和典型的 APA,它們電力消耗存在的差異是顯著的。

	Phased Array	HBF	Unit
Number of Unit Cells	256	640	#
Antenna Gain	28	26	dB
Number of RF chains	256	1	#
Transmit Power per chain	6.2	2512	nW
Total RF Transmit Power	1.58	2.51	W
Power Added Efficiency	4.0%	25.0%	%
DC Draw for RF	39.6	10.0	W
HBF Controller	0	2.9	W
Total DC Power	39.6	12.9	W

圖 10.9　HBF 和典型 APA 的區別

在密集部署毫米波的情況下，即使是功耗上的微小差異也會導致電信業者的營運成本增加，而 APA 供應商也意識到了這一問題。

10.6.4　尺寸和重量比較

由於更高的功耗產生更多的熱量，APA 需要更大的表面積來消散熱量，這表示基於 APA 的產品，在熱設計考慮的驅動下，將顯著大於基於 HBF 的產品；這也表示它們也將更重。與以往不同的是，6G 節點將經常被放置在公共場所或當地公共道路上，人們可以看到它們，它們不能偽裝成樹木等；而且與手機訊號塔不同，它們需要安裝在住宅區內。在這種公眾可見性的新模式下，電信裝置的規模和審美吸引力將影響 6G 部署的速度。

10.6.5　複習

本節比較了兩種適用於毫米波頻率的通訊波束形成技術——主動相位陣列（APA）和全息波束形成（HBF）。HBF 是一種更新、更簡單的系統結構，使用低複雜度、低成本的元件；而 APA 使用多個更昂貴的元件，如 ASIC、移相器和放大器，因此，APA 的成本要比 HBF 高得多，消耗的功率也要大得多，這反過來又會產生更多的熱量，需要用更大的表面積來消散這些熱量。HBF 相對較低的成本、尺寸、重量和功耗降低了電信業者的

資本支出和營運成本，也降低了通訊裝置佔用公共財產或在人們可以看到的地方公共通行權的市政阻力。

10.7　全息無線電

全息無線電是一種新的方法，它可以創造一個空間連續的電磁孔，以實現全息成像、超高密度和像素化的超高解析度空間重複使用，如圖 10.10 所示。一般來說，全息技術基於電磁波的干涉原理，記錄空間的電磁場。透過參考波和訊號波的干涉記錄的資訊，重建目標電磁場。全息無線電的核心是參考波必須嚴格控制，全息記錄感測器必須能夠重新記錄訊號波的連續波前相位，從而準確記錄高解析度的全息電磁場。由於無線電波和光波都是電磁波，因此全息無線電與光學全息非常相似。對全息無線電來說，通常全息記錄感測器是天線。

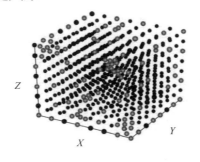

圖 10.10　全息無線電

10.7.1　全息無線電的實現

為了實現連續孔徑主動天線陣列，一個巧妙的方法是使用基於電流片的超寬頻 TCA。在該方法中，倒裝晶片技術將單載體光電探測器（utc - pd）綁定到天線單元上，並在天線單元之間形成耦合。此外，貼部分件直接整合到電光調解器中。由 utc - pd 輸出的電流直接驅動天線元件，因此整個主動天線陣列具有非常大的頻寬（約 40 GHz）。此外，這種創新的連續

孔徑主動天線陣列根本不需要超密集的射頻饋電網路，這不僅表示其可以實現，而且具有明顯的實現優勢。

與在 5G 中佔主導地位的大規模 MIMO 波束空間方法不同，全息無線電能夠利用基於惠更斯原理的衍射模型，利用更多的空間維度。訊號波是一種近平面波，因此沒有光束的概念，只有干涉圖樣，即全息無線空間。對應地，全息無線電通訊性能的準確計算需要對無線電空間進行詳細的電磁數值計算，即用到電磁學和全息技術相關的演算法和工具。此外，全息無線電利用全息干涉成像獲得射頻發射源的射頻頻譜全息圖，不需要 CSI 或通道估計。同時，一個三維（3D）星座透過空間光譜全息術可以獲得射頻相位空間內的分散式射頻發射源，為下行鏈路的空間射頻波場合成和調解提供精確的回饋。空間能量密集型射頻（RF）波場合成和調解可以得到三維像素級結構的電磁場（類似於無定形或週期性的電磁場晶格），這是全息無線電的高密度重複使用空間，與 5G 中考慮的稀疏波束空間不同。

因此，在大規模 MIMO 中，原則上可以使用經典的通道估計和訊號處理理論來實現相同的性能。然而，由於全息無線電利用了光學處理、頻譜計算、大規模光子整合、電光混頻和模擬—數位光子混合整合等技術的優勢，必須設計新的物理層來利用這些新方法。

10.7.2　全息無線電的訊號處理

為了實現聯合成像、定位和無線通訊的目的，有多種不同的方法來實現全息無線電。然而極端寬頻頻譜和全息 RF 的產生和傳感將產生大量的資料，這對於處理和執行低延遲和高可靠性的關鍵任務具有挑戰性。為了滿足 6G 在能源效率、延遲和靈活性方面的需求，層次化的異質光電子計算和訊號處理架構將是不可避免的選擇。幸運的是，全息無線電透過微波光子天線陣列的相干光子轉換，實現了訊號的超高相干性和高平行性，這種超高相干性和高平行性也便於直接在光學領域進行訊號處理。然而，如何使物理層的訊號處理演算法適應光域仍是一個挑戰。

如何實現全息無線電系統是一個具有十分廣闊前景的領域。由於現有模型的缺乏，在未來的工作中，全息無線電將需要一個全功能的理論和建模，匯聚通訊和電磁理論。此外，大規模 MIMO 理論也可以擴充到最佳利用這些全息無線電系統模型中。

如前所述，分層異質的光電子計算系統結構是全息無線電的關鍵。硬體和物理層設計方面的研究挑戰包括射頻全息技術到光學全息技術的映射、基於光子的連續孔徑主動天線的整合和高性能光學計算。

10.8　全息廣播

於 HR 的 6G 通訊系統主要有以下三個特點。

（1）全閉環控制：傳統的透過簡化建模和減少回饋（特別是在較高載體頻率時）來抽象通道狀態的方法是不夠的。這是因為過於簡化的模型通常無法做到模擬未知的通路。因此，一個閉環回饋的精確模擬通道是必要的。

（2）干擾利用：社區尺寸較小的密集網路和天線數量的增加（如大規模或極端 MIMO）導致社區內和小區間干擾也對應增加。雖然在 5G 中使用大規模 MIMO 可以透過簡單的線性操作來消除干擾，但波束成形設計通常在消除干擾和 SINR 之間進行權衡。因此傳統的干擾抵消技術不再是最佳的，需要一種新的干擾利用方法。與傳統的認為干擾是有害現象的觀點相反，基於 HR 的 6G 將干擾身為有用的資源來開發節能、高精度的全息通訊系統。

（3）光子定義系統：下一代 6G 系統將為更小的天線提供更高的載體頻率，並為提高解析度拓寬頻寬。因此未來無線通訊系統將面臨一個重大挑戰，在不了解訊號、載體頻率和調解格式的情況下，即分時析和處理 100 GHz 或更多的寬頻 RF 訊號。這種由光子定義的系統可以提供極高的寬頻

甚至全頻譜容量,因此它將成為未來 6G 無線通訊的理想方案。

一般而言,HR 技術可以實現全息成像級、超高密度和像素化超高解析度的空間重複使用,它具有全閉環控制、干擾利用、光子定義系統等關鍵特點,應建立在異質光電子計算架構上,實現基於光子的連續孔徑主動天線與高性能光計算的無縫整合。此外,在人力資源上的成像、定位、傳感和通訊的融合等方面,將顯示出更有前景的行動網路。

10.9 全息定位

第六代蜂巢網路支援大頻寬、高頻率和大型天線陣列。這些功能不僅可以實現高速通訊,還可以實現空前規模的高精度無線定位。本節設想的全息定位是無線定位的未來,其特徵是使用超材料製成的智慧表面,完全控制電磁波,從而增加可用自由度的數量。舉例來說,透過控制天線或多個裝置產生的電磁波,可以利用電磁場的不同傳播機制來推斷位置資訊。

全息定位是充分利用訊號相位輪廓來推斷位置資訊的能力。換句話說,它指的是記錄連續測量剖面的可能性,透過這種剖面可以推斷使用者的位置或方位。舉例來說,當一個天線陣列或一個超表面的尺寸足夠大,以考慮周圍的使用者在近場區域,衝擊波形的相位輪廓提供了足夠的資訊來估計他們的位置。事實上平面波近似在近場條件下已不再有效,電磁波的球形特性為位置估計提供了所需的所有資訊(測距和方位),因此撞擊電磁波的到達曲率是一個有用的特徵。

10.9.1 全息定位的基本極限

定位性能極限為定位估計器的估計均方誤差提供了一個下界,這些限制通常基於 CRLB 為實際的估計提供基準,並且取決於各種參數,舉例來說,採用的技術(操作頻率、可用頻寬)、幾何場景(多個或單錨、有或沒有

RIS）、陣列幾何（線性的、平面的、圓形等）、測量的準確性和數量及參數的任何先驗資訊的存在或不存在。此外節點之間的任何類型的協作都應考慮到這些限制及採用的波形和碼本，以及同步和技術障礙的存在。直到最近，關於基本極限的研究才提倡考慮使用大曲面引起的近場傳播的重要性，其中最終的定位和方位基本限制是在 RIS 作為反射器的情況下推導出來的。針對特定的目標位置和圓盤形狀的 RIS 提出了一種封閉形式的 CRLB 解決方案。從費舍爾資訊的角度分析了 RIS 輔助的毫米波技術下行定位問題，然後研究了 RIS 資源設定問題，以啟動和控制 RIS 的相位。透過評估 CRLB，既可以研究在毫米波下基於 RIS 的反射器和多個子載體也可以研究量化誤差對 RIS 相位和幅度設計的影響。透過匯出了一個三維 RIS 輔助的無線定位通道模型和一個 CRLB，用於室外場景下位置的估計。最後，使用大規模天線陣列的單錨節點對多個天線單元的使用者進行定位，使用利用達曲率的單一大型天線陣列追蹤移動源的情況下，匯出了後置 CRLB。

所有這些研究都顯示了使用 RIS 在定位精度和覆蓋範圍方面的性能提高，以及使用單節點和窄頻訊號進行定位的可能性，因此它們可以被認為是邁向全息定位概念的第一步。

10.9.2 審查的演算法

近年來，在毫米波 MIMO 系統中提出了一種單使用者雙 RIS 雙級定位方法。第一步是估計角度資訊，然後對所採用的 RIS 元件的相位進行最佳化。在第二步中，定位參考訊號由使用者發送，基地台透過直接路徑和 RIS 反射路徑接收。透過分析接收訊號在兩條鏈路上的互相關係，估計了兩條傳輸路徑的延遲差。最後根據幾何規律估計出使用者的位置。由此提出了一種 RIS 輔助多使用者的定位方案，提出了一個最小化偽定位加權機率的最佳化問題，也稱為定位損失。

考慮了室內定位應用，提出了超寬頻技術，並採用 RIS 的能力，以解決多徑。在這種情況下，使用最大後驗方法得到有用的通道參數，並將得到的結果與邊界進行了比較。也有研究者考慮了利用球面波前的最大似然估計方法進行定位。此外分析顯示了多使用者干擾的影響，它還研究了利用一個天線陣列，以便將部分訊號處理操作委託給模擬域的可能性。在一個類似的主題上，RIS 被認為是一種能夠利用波前曲率的透鏡接收器（即在近場工作）。透過進行了費舍爾資訊分析，評估了不同鏡頭結構的影響，並提出了一種兩階段定位演算法。

上述定位演算法的性能很大程度上依賴於 RIS 相位輪廓。實際上，為了提高定位性能，每個 RIS 單元上的相移應該進行充分的設計，這可以作為一個最佳化問題的解決方案。為了提高 RIS 輔助定位系統的性能，可以將一些性能指標作為目標函數進行最佳化，如訊號雜訊比、位置和方向估計的 CRLB 及演算法訂製的定位誤差。

10.9.3　未來方向

下面列出了全息定位在未來的一些發展方向和挑戰。

（1）有限的決議階段。在實踐中，RIS 用一個有限的解析度來描述可能的誘發相移，從而導致性能損失。此外限制相移會顯著增加最佳化的複雜性。

（2）RIS 振幅和相位耦合。在實際的 RIS 架構中，反射係數的振幅和相位是耦合的。因此它們不能獨立設計。此外，相鄰的 RIS 元件之間存在相互耦合，從而導致非線性通道模型，進一步使相位設計複雜化。

（3）高複雜度迭代演算法。RIS 相位設計的問題通常需要對當地語系化的裝置進行初始粗略位置估計，因此定位問題通常需要多次迭代。這個過程需要反覆進行，直到演算法收斂到實際位置，所以在低負擔和極低延遲的情況下獲取位置資訊是一個巨大的挑戰。

（4）定位中的多目標函數。一般來說不能同時最小化位置、方位和速度估計誤差來實現的精確定位。因此階段設計變成了一個多目標最佳化問題，需要更複雜的演算法。從這個意義上說，透過最佳化多目標函數來實現 RIS 階段設計的有效解決方案仍然缺乏。

（5）特別的波形設計。對於定位，一般也可以針對不同時間槽設計多個波形，以分時方式對不同參數進行更好的估計。

（6）全息同步定位與映射。6G 可以利用全息無線電透過重建周圍環境（全息映射）和允許使用者根據重建的地圖進行自我定位來增加環境感知。

（7）全息定位的人工智慧。機器學習方法可以幫助解決相位輪廓的最佳化問題。此外使用者的位置和方向可以透過機器學習方法從接收到的訊號中推斷出來，其中深度神經網路可以透過將環境映射到子樣本來訓練。然而使用機器學習需要大量的訓練資料才能達到目標精度。

10.10 關鍵基礎設施

關鍵基礎設施是指那些被認為對社會作為一個整體的持續平穩運轉非常重要的基本資產。雖然網路和物聯網安全是當前資訊通訊技術系統的重點，但是在緊急情況下，保護和維護社會的技術進步依然十分重要。關鍵基礎設施的新功能需要確保受試者在任何地方、在任何時間、在任何緊急的事件下都是安全的。展望未來，關鍵安全操作需要考慮應急區域主體的所有特徵。舉例來說，確定災害中的受傷者在獲救前始終有可用的位置，並參考區域地圖，透過安全路徑導航能力存取，提供必要的行動路線。特別是，必須確定與終端（如電話或平板裝置）相連結的主題，清楚將如何使用這些緊急情況下專家為該主題開發的服務，此外，還需要進一步研究在異質、獨立的基礎設施上開發此類服務需要哪些條件。對先進國家和發展中國家來說，這種服務能夠解決的問題每年都變得更加尖銳和緊迫。這是

由於自然原因和世界發展的主要方向：全球處理程序的活動增加，如地震、洪水等；有人口城市化的趨勢；民族國家內部和民族國家之間的合作不斷深化，商品和人口的逆向流動加劇；地處亞熱帶和熱帶地區的國家，越來越多地利用領土作為度假和娛樂場所。開發這種服務的系統正著眼於先進的應用，如遠端全息呈現、擴增實境和虛擬實境，以及觸覺網路應用，它們還受益於嗅覺和味覺等感官的參與。

參考文獻

[1]　M&M, Virtual Reality Market, Available: https://www.marketsandmarkets.com/Market-Reports/r-eality-applications-market-458.html?gclid=CjwKCAjw7-P1BRA2EiwAXoPWA17McofYdIRbzxQwtSHg-0M9nWNuD09joYOUiYA4N7cI_xTXs0djAhoCKrUQAvD_BwE, 2020.

[2]　FG-NET-2030. Network 2030 A Blueprint of Technology, Applications and Market Drivers Towards the Year 2030 and Beyond White Paper [R]. 2020.

[3]　賽迪智庫無線電管理研究所. 6G 概念及願景白皮書[R]. 2020.

[4]　Digi-Capital, AR to Approach $90bn Revenue by 2022. Available: https://advanced-television.co-m/2018/01/29/digi-capital-ar-to-approach-90bn-revenue-by-2022/

[5]　大唐行動通訊有限公司. 6G 願景與技術趨勢[R]. 2020.

[6]　紫光展銳中央研究院. 《6G 無界，有 AI》[R]. 2020.

[7]　Issued by Samsung Research. 6G The Next Hyper Connected Experience for All. White Paper[R]. 2020.

[8]　Akyildiz I F, Chong H, Nie S. Combating the Distance Problem in the Millimeter Wave and Terahertz Frequency Bands[J]. IEEE Communications Magazine, 2018, 56(6):102-108.

[9]　P. Yang. 6G Wireless Communications: Vision and Potential Techniques[J]. IEEE ,2019.

[10] MD Renzo, Debbah M, Phan-Huy D T, et al. Smart Radio Environments Empowered by AI Reconfigurable Meta-Surfaces: An Idea Whose Time Has Come[J]. EURASIP Journal on Wireless Communications and Networking, 2019, 2019(1).

[11] Hu, Sha, Rusek, et al. Beyond Massive MIMO: The Potential of Positioning With Large Intelligent Surfaces[J]. IEEE Transactions on Signal Processing A Publication of the IEEE Signal Processing Society, 2018.

[12] C. Huang. Reconfi Gurable Intelligent Surfaces for Energy Efficiency in Wireless Communication[J]. IEEE, 2019.

[13] Liaskos C, Nie S, Tsioliaridou A, et al. A New Wireless Communication Paradigm through Software-controlled Metasurfaces[J]. IEEE Communications Magazine, 2018, 56(9): 162-169.

[14] Kaina N, M Dupré, Lerosey G, et al. Shaping Complex Microwave Fields in Reverberating Media with Binary Tunable Metasurfaces[J]. Rep, 2014, 4:6693.

[15] Wu Q, Zhang R. Intelligent Reflecting Surface Enhanced Wireless Network via Joint Active and Passive Beamforming[J]. IEEE Transactions on Wireless Communications, 2019, (99):1-1.

[16] Tang W, Chen M Z, Chen X, et al. Wireless Communications with Reconfigurable Intelligent Surface: Path LoSs Modeling and Experimental Measurement[J]. 2019.

[17] Ayach O E, Rajagopal S, Abu-Surra S, et al. Spatially Sparse Precoding in Millimeter Wave MIMO Systems[J]. IEEE Transactions on Wireless Communications, 2013, 13(3):1499-1513.

[18] Han Y, Tang W, Jin S, et al. Large Intelligent Surface-Assisted Wireless Communication Exploiting Statistical CSI[J]. 2018.

[19] Taha A, Alrabeiah M, Alkhateeb A. Enabling Large Intelligent Surfaces with Compressive Sensing and Deep Learning[J]. 2019.

[20] O. Yurduseven. Dynamically Reconfi gurable Holo-graphic Metasurface Aperture for a Mills-Cross Monochro-matic Microwave Camera[J]. 2018.

[21] A. Pizzo, T. L. Marzetta, L. Sanguinetti. Spatial Char-acterization of Holographic MIMO Channels[J]. 2019.

[22] Wu Q, Zhang R. Towards Smart and Reconfigurable Environment: Intelligent Reflecting Surface Aided Wireless Network[J]. IEEE Communications Magazine, 2019, (99):1-7.

[23] Hieving A C, Thro B, Learning A, et al. Noncooperative Cellular Wireless with Unlimited Numbers of Base Station Antennas[M]. IEEE Press, 2010.

[24] Rusek, Fredrik, Edfors. Beyond Massive MIMO: The Potential of Data Transmission With Large Intelligent Surfaces.

[25] Poon A, Brodersen R W, Tse D. Degrees of freedom in Multiple-antenna Channels: a Signal Space Approach[J]. IEEE Transactions on Information Theory, 2005, 51(2):523-536.

[26] Franceschetti M. On Landau's Eigenvalue Theorem and Information Cut-sets[J]. Information Theory IEEE Transactions on, 2014, 61(9):5042-5051.

[27] C. E. Shannon. The Mathematical Theory of Communication[J]. Bell System Technical Journal, 2018.

[28] Robert G. Gallager. Principles of Digital Communication[J]. 2008.

[29] HJ Landau. On Szegő's eigenvalue distribution theory and non-Hermitian kernels[J]. Journal D Analyse Mathématique, 1975, 28(1):335-357.

[30] Pizzo A, Marzetta T L, Sanguinetti L. Spatially-Stationary Model for Holographic MIMO Small-Scale Fading. 2019.

[31] Kildal P S, Martini E, Maci S. Degrees of Freedom and Maximum Directivity of Antennas: A bound on maximum directivity of nonsuperreactive antennas[J]. IEEE Antennas and Propagation Magazine, 2017:1-1.

[32] O-RAN Alliance. O-RAN: Towards an Open and Smart RAN White Paper[R]. 2018.

[33] Eric J. Black. Holographic Beam Forming and MIMO[J]. 2020.

[34] Bjrnson E, Sanguinetti L, H Wymeersch, et al. Massive MIMO is a Reality—What is Next? Five Promising Research Directions for Antenna Arrays[J]. 2019.

[35] D-Phan-Huy, P. Ratajczak, R. D'Errico, et al. Massive multiple input massive multiple output for 5G wireless back-hauling[J]. IEEE, 2017.

[36] Bjrnson E, Sanguinetti L. Utility-Based Precoding Optimization Framework for Large Intelligent Surfaces[C]// 2019 53rd Asilomar Conference on Signals, Systems, and Computers. IEEE, 2020.

[37] 6G Research Visions.On Broadband Connectivity in 6G White Paper[R]. 2020.

[38] Josep, Miquel, Jornet, et al. Realizing Ultra-Massive MIMO (1024×1024) communication in the (0.06-10) Terahertz band[J]. Nano Communication Networks, 2016.

[39] 未來行動通訊討論區. Wireless Technology Trends Towards 6G [R]. 2020.

[40] Hu, Sha, Rusek, et al. Beyond Massive MIMO: The Potential of Positioning With Large Intelligent Surfaces[J]. IEEE Transactions on Signal Processing A Publication of the IEEE Signal Processing Society, 2018.

[41] Wymeersch H, Denis B. Beyond 5G Wireless Localization with Reconfigurable Intelligent Surfaces[J]. IEEE, 2020.

[42] He J, Wymeersch H, Kong L, et al. Large Intelligent Surface for Positioning in Millimeter Wave MIMO Systems[C]// 2020 IEEE 91st Vehicular Technology Conference (VTC2020-Spring). IEEE, 2020.

[43] J. V. Alegr´ ıa, F. Rusek. Cramér-rao Lower Bounds for Positioning with Large Intelligent Surfaces using Quantized Amplitude and Phase[J]. 2019.

[44] Y. Liu, E. Liu, R. Wang. Reconfigurable Intelligent Surface Aided Wireless Localization[J]. 2009.

[45] Anna G, Francesco G, Davide D. Single Anchor Localization and Orientation Performance Limits using Massive Arrays: MIMO vs. Beamforming[J]. IEEE Transactions on Wireless Communications, 2017, PP:1-1.

[46] Guerra A, Guidi F, Dardari D, et al. Near-field Tracking with Large Antenna Arrays: Fundamental Limits and Practical Algorithms[J]. 2021.

[47] Zhang H, Zhang H, Di B , et al. MetaLocalization: Reconfigurable Intelligent Surface Aided Multi-user Wireless Indoor Localization[J]. 2020.

[48] Ma T, Xiao Y, X Lei, et al. Indoor Localization with Reconfigurable Intelligent Surface[J]. IEEE Communications Letters, 2020, (99):1-1.

[49] F Guidi, Dardari D. Radio Positioning with EM Processing of the Spherical Wavefront[J]. IEEE Transactions on Wireless Communications, 2021, (99):1-1.

[50] Abu-Shaban Z, K Keykhosravi, Keskin M F, et al. Near-field Localization with a Reconfigurable Intelligent Surface Acting as Lens[J]. 2020.

Note

Note

Note

Note